Stephen Fedtke

Pascal

Algebra — Numerik —
Computergraphik

Vieweg Programmothek 8

Stephen Fedtke

Pascal

Algebra – Numerik – Computergraphik

Herausgegeben von Hansrobert Kohler

Friedr. Vieweg & Sohn   Braunschweig / Wiesbaden

CIP-Kurztitelaufnahme der Deutschen Bibliothek

Fedtke, Stephen:
Pascal: Algebra – Numerik – Computergraphik/
Stephen Fedtke. Hrsg. von Hansrobert Kohler. –
Braunschweig; Wiesbaden: Vieweg, 1987.
  (Vieweg-Programmothek; Bd. 8)
    ISBN 978-3-528-04488-6   ISBN 978-3-322-90107-1 (eBook)
    DOI 10.1007/978-3-322-90107-1

NE: GT

Das in diesem Buch enthaltene Programm-Material ist mit keiner Verpflichtung oder Garantie irgendeiner Art verbunden. Der Autor, der Herausgeber und der Verlag übernehmen infolgedessen keine Verantwortung und werden keine daraus folgende oder sonstige Haftung übernehmen, die auf irgendeine Art aus der Benutzung dieses Programm-Materials oder Teilen davon entsteht.

Umschlaggestaltung: Peter Lenz, Wiesbaden

ISBN 978-3-528-04488-6

Vorwort

Die programmtechnische Umsetzung effizienter Algorithmen entscheidet wesentlich darüber, ob sich deren besondere Eigenschaften auch im Laufzeitverhalten des Programms widerspiegeln werden. Der Software-Entwickler bestimmt im allgemeinen mit der Auswahl seiner Programmelemente und dem globalen Programmablauf die notwendige Rechenzeit sowie die Qualität der Resultate seines Programms und ob die Effizienz des Algorithmus im programmierten Overhead, den Rechenungenauigkeiten etc. wieder untergeht.

Das vorliegende Buch nimmt sich dieser Thematik an und behandelt Programmiertechniken in Standard-Pascal. Der Einsatz der Sprachelemente wird unter verschiedenen Aspekten vorgestellt, ein Hauptschwerpunkt liegt bei der Rekursion. Der sinnvolle und effiziente Einsatz der Rekursion und die programmtechnischen Realisierungen sind Thema eines eigenen Kapitels. Gleichzeitig werden Beurteilungen aus der Sicht des Compilers vorgenommen. Die "Black Box" Compiler wird dem Programmentwickler dadurch transparenter, daß Programmtechniken aus der Sicht des Compilers beurteilt und die daraus resultierenden charakteristischen Programmerkmale erläuert werden.

Das Spektrum der Anwendungen ist breit gewählt und reicht von der Booleschen Algebra und der numerischen Mathematik (Gleichungssysteme, Differentiation, Integration) über die Codierungstheorie und Kryptographie bis hin zur graphischen Datenverarbeitung. Die Behandlung des mathematischen Teils ist ausführlich gehalten. Dem Charakter der Programmothek entsprechend gewinnt der Leser einen Einblick in die betreffenden Themenbereiche, so daß ihm beste Voraussetzungen für selbständige Programmentwicklungen gegeben sind.

An dieser Stelle möchte ich mich bei Herrn Prof. Dr. Oskar Hermann, Herrn Peter Stede, dem Rechenzentrum der Universität Heidelberg, Herrn Klaus Staab, dem Leiter des Klinikrechenzentrums Heidelberg, sowie Herrn Prof. Dr. Dr. Kohler, dem Herausgeber der Programmothek, für Anregungen fachlicher und technischer Art bedanken.

Bei der Daimler-Benz Aktiengesellschaft bedanke ich mich für die beiden Zeichnungen aus Kapitel 8. Zweifellos gewinnt Kapitel 7 dank der SPIEGEL-Redaktion mit der Gegenüberstellung zweier Artikel einen hohen Grad an Anschaulichkeit.

Besonderer Dank gilt meinem Vater für die Durchsicht des Manuskriptes.

Heidelberg, im April 1987   *Stephen Fedtke*

INHALTSVERZEICHNIS

EINLEITUNG

Zwei grundliegende Beurteilungs- und Entscheidungskriterien bei der Anwendung von Algorithmen auf Computern sind der Bedarf an Speicherplatz und die notwendige Bearbeitungszeit zur Bewältigung der Aufgabenstellung. Es läßt sich häufig feststellen, daß die eine stets nur auf Kosten der anderen Resource eingespart werden kann. Benötigt der eine Algorithmus viel Speicherplatz bei weniger Rechenzeit, verhält sich ein anderer gerade umgekehrt.

Unabhängig vom Charakter des Algorithmus müssen ferner bei dessen programmtechnischer Umsetzung Überlegungen bzgl. der Effizienz angestellt werden. Auf die Kapazität wie auch auf den Rechnertyp muß Rücksicht genommen werden. Einige dieser Maßnahmen, die alle eine Optimierung des Programms zum Ziel haben sollen, werden heute von (optimierenden) Compilern eigenständig übernommen. Eine analoge Zielsetzung haben die Compiler auf Vektorrechnern. Diese versuchen, dem besonderen Charakter dieses Rechnertyps dadurch gerecht zu werden, daß sie ihm mit dem vektorisierbaren Teil des Programms zu einer hohen Auslastung und dem Anwender zu kurzen Ausführungszeiten verhelfen. Da Compiler nicht den Algorithmus, sondern dessen umgesetzte Form, das Programm in einer höheren Programmiersprache, als Vorgabe haben, bleibt die Hauptverantwortung weiterhin beim Programmentwickler. Er muß dafür Sorge tragen, daß Variablen geeignet verwendet werden, Terme optimal formuliert sind, Rekursionen überlegt angewandt werden, Berechnungen auf ein Minimum reduziert sind, Ein- und Ausgabeoperationen in Verbindung mit der Zugriffsmethode (Dateiart) sinnvoll gewählt sind etc. Die Bedeutung dieser Optimierungsfaktoren wächst proportional zur Aufrufquote. Diesem Aspekt der Programmierung wird daher in allen Kapiteln ein hoher Grad an Aufmerksamkeit geschenkt werden. Ein weiterer Ansatzpunkt der Optimierung liegt grundsätzlich auf der elementaren Ebene des Betriebssystems; man spricht von der Betriebssystemoptimierung, engl. Tuning.

Dieses Buch behandelt die programmtechnische Umsetzung vieler interessanter Aufgabenstellungen aus den Bereichen der Mathematik und Informatik. Die Theorie wie auch die Programme werden ausführlich durch Text und Flußdiagramme beschrieben. Als Programmiersprache ist Standardpascal gewählt worden, was in ihren vielen Vorzügen begründet liegt. Sie ist strukturbewußt, unterliegt einer Normung (DIN 66256) und unterstützt mit der Rekursion, den dynamischen Datenstrukturen sowie den problemorientierten Datentypen äußerst effiziente Formulierungselemente. In diesen Eigenschaften liegt unter anderem die weite Verbreitung von Pascal auf sämtlichen Ebenen der elektronischen Datenverarbeitung begründet, sowohl im Bereich der Klein- als auch der Großrechner.
Die hier dargestellten Programme wurden auf einem IBM-Großrechner entwickelt. Dieser ist jedoch keine "notwendige Bedingung" für die Anwendung; ausschließlich die Ein- und Ausgabe ist an die Systemumgebung anzupassen. Auf eine Dialogschnittstelle zum Benutzer ist konsequent verzichtet worden; auch werden Plausibilitätskontrollen bzgl. des dem Programm übergebenen Inputs nur in einem beschränkten Umfang vorgenommen. Ein

Ausbau und die Implementierung des Programms in ein komplexeres System bleibt den individuellen Wünschen des Lesers überlassen. Unterstützt wird dies durch eine Programmkonzeption, die sich an die Technik der Unterprogrammbibliothek anlehnt. Jedes Programm umfaßt diese dem Algorithmus entsprechend entwickelte(n) Prozedur(en) und Funktion(en), die im Hauptprogramm zur Veranschaulichung aufgerufen werden. So können die einzelnen Prozeduren den Programmen unmittelbar entnommen und anderweitig Einsatz finden.

1 BOOLESCHE ALGEBRA

George Boole legte mit der "Booleschen Summe" den Grundstein für die Boolesche Algebra, eines der sehr wichtigen Werkzeuge für die theoretische und praktische Anwendung in der Mathematik und Informatik. Mathematische Aussagen können mit ihrer Struktur und den Axiomen bewiesen werden, ebenso lassen sich digitale Schaltkreise und logische Ausdrücke in Bedingungsanweisungen vereinfachen.

1.1   DIE BOOLESCHE ALGEBRA ALS ALGEBRA BETRACHTET

Eine Menge M und eine Folge von Operationen in M bilden zusammen eine **universelle Algebra** (Verknüpfungsgebilde); M ist ihr Träger (Trägermenge). Unter einer **Operation** ist die Verknüpfung der Elemente zu verstehen, die als Ergebnis wieder ein Element aus M hervorbringt. Allgemein wird von einer **n-stelligen** Operation gesprochen, wenn bei dieser n Elemente gleichzeitig miteinander verknüpft werden. Zeigt sich dabei der Definitionsbereich der möglichen Operationselemente beschränkt auf, handelt es sich um eine **partielle Operation**. Die Addition in den reellen Zahlen ist ein Beispiel für eine 2-stellige Operation, dagegen ist die Division als 2-stellige partielle Operation zu betrachten, denn durch die Zahl Null kann nicht dividiert werden.

Die Trägermenge und die Operationen der **Booleschen Algebra** gehen aus ihrer Definition hervor.

Die Menge M, bestehend aus den beiden Elementen 0 und 1 ($0 \neq 1$), heißt Boolesche Algebra, wenn in ihr zwei zweistellige Operationen & und | sowie eine einstellige Operation ¬ definiert sind, die dem **Axiomensystem** gemäß Tabelle 1.1 mit $x,y,z \varepsilon M$ gerecht werden.

Der systematische Ausdruck für diese Boolesche Algebra B ist $\{M,\&,|,\neg,0,1\}$, und man bezeichnet allgemein die Operation & als **Multiplikation**, | als **Addition**, ¬ als **Komplement** sowie 0 als **Null-** und 1 als **Einselement**. In den einzelnen Booleschen Algebren werden die Operationen &, | und ¬ aber jeweils verschieden durchgeführt, daher existieren für die Operationen meistens Eigennamen. So bildet man in der Mengenalgebra die Vereinigungs-, Schnitt- und Komplementmenge.

Die jeweiligen Symbole für die Operationen (z.B. &, | und ¬), nicht diese selbst, nennt man **Junktoren**. Für den Junktor des Komplements (Negation) ist anstatt des ¬ auch der Querstrich über dem zu komplementierenden Term üblich (z.B. $\neg a := \overline{a}$). Jedoch bietet dies für eine Verarbeitung mit einem Programm keine geeignete Grundlage und wird in diesem Buch nicht verwendet. In der Tabelle 1.3 werden die Operationen/Junktoren AND, OR und NOT bzw. &, | und ¬ der Aussagenlogik und der Schaltalgebra definiert; erwähnt sei, daß diese Definition der Junktoren von der DIN 66000 abweicht.

Umformungsregeln für Boolesche Terme

(1a) $x\|y = y\|x$	(1b) $x\&y = y\&x$	**Kommutativgesetz**
(2a) $x\|(y\&z) = (x\|y)\&(x\|z)$	(2b) $x\&(y\|z) = (x\&y)\|(x\&z)$	**Distributivgesetz**
(3a) $x\|0 = x$	(3b) $x\&1 = x$	**Neutrales Element**
(4a) $x\|\neg x = 1$	(4b) $x\&\neg x = 0$	**Negationsgesetz**
(5a) $x\|1 = 1$	(5b) $x\&0 = 0$	
(6a) $\neg(x\|v) = \neg x\&\neg y$	(6b) $\neg(x\&y) = \neg x\|\neg y$	**de Morgansche Gesetze**
(7a) $x\|(y\|z) = (x\|y)\|z = x\|y\|z$	(7b) $x\&(y\&z) = (x\&y)\&z = x\&y\&z$	**Assoziativgesetz**
(8a) $x\&(\neg x\|y) = x\&y$	(8b) $x\|(\neg x\&y) = x\|y$	
(9a) $x\|x = x$	(9b) $x\&x = x$	**Idempotenzgesetz**
(10a) $x\&(x\|y) = x$	(10b) $x\|(x\&y) = x$	**Absorptionsgesetz**
(11) $\neg\neg a = a$		**Gesetz der doppelten Negation**

Tabelle 1.1

Mit den Punkten (1) - (11) sind in der Tabelle 1.1 neben den für die Definition notwendigen Axiomen zugleich die gebräuchlichsten Umformungsregeln aufgeführt.

Die Symmetrie in Tabelle 1.1 beruht auf dem **Dualitätsprinzip** der Booleschen Algebra, wodurch Axiom (na) in seine **duale Form** (nb) und umgekehrt übergeht, indem | und & sowie 0 und 1 miteinander vertauscht werden. Allgemein muß jeweils nur eine Form bewiesen werden, weil sich mit diesem Prinzip die Gültigkeit der dazu dualen Form ergibt.

Als **Boolescher Term** wird jeder Ausdruck bezeichnet, in dem endlich viele Variablen über die drei Operationsarten verknüpft werden. Analog dazu ist die **Boolesche Funktion** als Abbildung in der Trägermenge definiert ($f(x_1, x_2,...) = $"**Boolescher Term** mit **Booleschen Variablen**").

Sind zwei Algebren strukturgleich und unterscheiden sie sich nur in ihren Grundmengen und in der Ausführung ihrer Operationen, so heißen sie **isomorph**. Es existiert dann eine **bijektive** Abbildung, ein **Isomorphismus**, der eine gegenseitige Überführung der Algebren möglich macht, ohne daß ein Strukturwandel vollzogen werden muß. Dieser Isomorphismus bildet die sechs definierenden Elemente der einen Booleschen Algebra in die entsprechenden sechs Elemente der anderen und umgekehrt ab, daher bijektiv. Dies hat zum Vorteil, daß die Umformungsregeln, Definitionen und Verfahren, die in einer Booleschen Algebra entwickelt wurden, auch in anderen Gültigkeit haben. Aufgrund dessen werden die Junktoren nicht konsequent für jede Boolesche Algebra einheitlich verwendet, so daß Terme z.B. statt mit AND mit & und umgekehrt (äquivalent) formuliert werden. Dies bietet sich insbesondere bei umfangreichen Termen an, auch aus diesem Grund bieten Compiler zu den Junktoren des Standard(pascal)s Alternativen an.

1.2 SCHREIBWEISE VON TERMEN

Um Terme auch mit weniger Klammern eindeutig formulieren zu können, muß eine Über-
einkunft getroffen werden, in welcher Reihenfolge die Operationen zu vollziehen sind. Erst
dann darf auf eine **Klammerung** verzichtet werden, indem ihre regelnde Wirkung von dieser
Vereinbarung übernommen wird. Hierzu bekommt jede Operation bzw. der entsprechende
Junktor eine **Priorität** zugewiesen, die sie/ihn gegenüber den anderen zusätzlich abgrenzt.
Die bekannteste einer solchen Vorschrift dürfte "Punkt vor Strich" sein. Diese spricht der
Multiplikation/Division gegenüber der Addition/Subtraktion eine höhere Priorität zu, so daß
erstere stets zuerst vollzogen werden müssen. Von dieser bei Programmiersprachen üblichen
Priorität weicht jedoch die DIN 66000 ab.

Die Verteilung der Prioritäten kann willkürlich erfolgen, jedoch lassen die Bezeichnungen
Multiplikation (&) sowie Addition ($|$) (vgl. Abschnitt 1.1) darauf schließen, daß man sich an
die übliche Arithmetik anpaßt. Damit bietet sich folgende Prioritätenverteilung
$P(\text{Junktor}) > 0$ mit $P(|) = 1$, $P(\&) = 2$, $P(\neg) = 3$ an, womit z.B. die Negation vor den anderen
Operationen vollzogen werden muß. Gleichzeitig bekommt eine einzelne Variable sowie das
Null- und Einselement formal die Priorität vier zugeordnet.

Das Streichen überflüssiger Klammern läßt sich dann wie folgt beschreiben. Links beginnend, ermittelt man den ersten geklammerten Term und sucht in diesem die Operation O_{min}
mit **kleinster** Priorität, wobei die Suche nur auf dieser Klammerebene stattfindet. Denn trifft
man beim Suchen der Operation O_{min} auf einen weiteren geklammerten Term, wird der
laufende Suchprozeß unterbrochen und hinter diesem geklammerten Term fortgesetzt.
Wurde schließlich für eine Klammerung O_{min} ermittelt, so werden anschließend die beiden
Operationen O_l und O_r bestimmt, mit denen der in Klammern eingekleidete Term (in der
darunterliegenden Klammerebene) **links** und **rechts** verknüpft ist. Nur wenn $P(O_{min}) \geq P(O_l)$
und $P(O_{min}) \geq P(O_r)$ gilt, kann die Klammerung entfernt werden. Existieren O_l, O_r oder
beide nicht, gilt $P(O_l) = 0$ bzw. $P(O_r) = 0$, daher kann auf Klammern um den gesamten Term
sowie auf mehrfache Klammerung immer verzichtet werden. Auf diese Weise bearbeitet
man den gesamten Term von links nach rechts; Beispiel 1.1 dient der Verdeutlichung.
Auch kann z.B. die paarweise Klammerung in ...$(((((a|b)|c)|d)|e)$... entfallen und dafür
...$a|b|c|d|e$... geschrieben werden. Man bezeichnet dies mit der **Linksassoziation in Termen**,
daß mit einer beliebigen zweistelligen Operation α der Term $a\alpha b\alpha c$ für $(a\alpha b)\alpha c$ steht und
Terme allgemein von links nach rechts bearbeitet werden. Besonders wichtig ist eine solche
Richtungsübereinkunft bei nicht-kommutativen Operationen.
Da die Reihenfolge, in der die Klammern entfernt werden, keinen Einfluß auf das Endergebnis hat, ließe sich der Prozeß ebensogut **rekursiv** formulieren. Dann müßte bei der Suche
nach O_{min} derselbe Prozeß erneut aufgesetzt werden, falls dabei auf einen geklammerten
Term gestoßen wird. Die Bearbeitungen laufen dann ineinander geschachtelt ab; darüber
jedoch mehr in Kapitel 3.

Entklammerung eines Booleschen Terms

Term: $((a\&b)|(c\&(\neg(d|(e\&f\&g)|\neg h))))$

Term auf entsprechender Ebene	Tiefe	O_{min}	O_l	O_r	"()?"
`((a&b)	(c&(¬(d|(e&f&g)|¬h))))`	-				
`( ..... | ........................ )`	1	|	---	---	nein
`(a&b)`	2	&	---	|	nein
`(c&................)`	2	&	|	---	nein
`(¬...............)`	3	¬	&	---	nein
`(d|........|¬h)`	4	|	¬	---	ja
`(e&f&g)`	5	&	|	|	nein

"---": existiert nicht

"...": bleibt unberücksichtigt

"()?": ist die Klammerung notwendig?

= > entklammerter Term: a&b | c&¬(d | e&f&g | ¬h)

Beispiel 1.1

Obwohl Terme jeglicher Art durch unnötige Klammmern aufgebläht werden, schadet es vielfach der **Übersichtlichkeit**, auf die **strukturbetonenden** Klammern zu verzichten. Im Standardpascal ist die **Prioritätenverteilung** wie folgt festgelegt:

P(NOT) > P(*,/,DIV,MOD,AND) > P(+ ,-,OR) > P(> , > = , < = , < , < > , = ,IN).

Die **u**mgekehrte **p**olnische **N**otation (UPN) ermöglicht eine **klammerfreie** Schreibweise von Termen. Anstatt die Junktoren zwischen die Symbole zu schreiben, werden sie vor beide Symbole gestellt ("a&b" = > "& a b" usw.). Die UPN findet hauptsächlich im Bereich der Taschenrechner Anwendung.

1.3 AUSSAGENLOGIK UND LOGIKSCHALTUNGEN

Der Verknüpfung von Aussagen, deren Wahrheitswerte **wahr** (w,true) oder **falsch** (f,false) sein können, sind keine Grenzen gesetzt. Die **Aussagenlogik** (**formale Logik**) ist die dazugehörende Theorie, die beschreibt, wie derartige Einzelaussagen operativ miteinander verknüpft werden können.

Für die Aussagenlogik definiert sich die Boolesche Algebra B als B:= {"Menge aller Aussagen mit den Wahrheitswerten wahr oder falsch", "logisches und", "logisches oder", "logische Negation",f,w}; Definition der logischen Operationen vgl. Tabelle 1.3. Hierbei bedeutet **logisch**, daß allein das Ergebnis der Aussagenbewertung betrachtet wird, die entweder wahr oder falsch ergibt und die (Formulierung der) Aussage an sich unberücksichtigt bleibt. Im Gegensatz zum alltäglichen Gebrauch des Wortes "oder" ergibt das "logische oder" auch wahr, falls beide Argumente (Aussagen) wahr sind. Es handelt sich folglich nicht um das **ausschließende oder**, sprich "entweder oder" (engl. **ex**clusive **or**, kurz **exor**).

Ein naheliegendes Anwendungsbeispiel ist die Formulierung von **Bedingungsanweisungen** bei der Programmierung. Die Axiome werden herangezogen, um die **(aussagen-)logischen Ausdrücke** in ihrer Gesamtheit zu optimieren. Damit kann sowohl Rechenzeit gespart als auch die Übersichtlichkeit verbessert werden. Mittels dieser Umformungen können vorrangig nur die operativen Verknüpfungen optimiert werden und nicht die Formulierung der Aussagen selbst.

Stellt sich heraus, daß der Aussagenwert **immer wahr** ist, dann ist die Aussage allgemeingültig, eine sogenannte **Tautologie**; eine allgemein ungültige Aussage heißt **Kontradiktion**.

Die **Booleschen Terme**, die den zugrundeliegenden logischen Sachverhalt ausdrücken sollen, können über die **Wahrheitswertetabelle** bezogen werden. In einer solchen Tabelle ist der Gesamtaussagenwert zu sämtlichen Möglichkeiten, die verwendeten Variablen mit dem Null- oder Einselement zu besetzen, verzeichnet. Fließen n verschiedene Variablen in den Gesamtwert ein, so umfaßt die vollständige Tabelle 2^n Zeilen und definiert die zugrundeliegende Funktion **eindeutig**, vgl. Beispiel 1.2.

Damit die Verfahren zur Bestimmung der zu einer Wertetabelle gehörenden Funktion exakt aber doch einfach beschrieben werden können, werden folgende vier Begriffe definiert.

(1) **Konjunktionsterm**: Ein Boolescher Term ist ein Konjunktionsterm, wenn er jede Variable höchstens einmal enthält, die einzigen Operationen & und $\neg$ (einfaches Komplement!) sind und er somit in seiner kompaktesten Form vorliegt.

   Beispiele: [Konjunktionsterm:$\neg$a&$\neg$b&c; a;a_1 & b_1 / kein Konjunktionsterm: $\neg$(a|b|$\neg$c); a&b&$\neg$a; $\neg\neg$a&b&c]

(2) **Disjunktionsterm**: Ein Boolescher Term ist ein Disjunktionsterm, wenn er jede Variable höchstens einmal enthält, die einzigen Operationen | und $\neg$ (einfaches Komplement!) sind und er somit in seiner kompaktesten Form vorliegt.

   Beispiele: [Disjunktionsterm: a|$\neg$b|c; a / kein Disjunktionsterm: $\neg$(a&b); $\neg\neg$a|b|c; $\neg$($\neg$a&$\neg$b)]

(3) **Konjunktive Normalform (Standardprodukt)**: Eine Aussage liegt in konjunktiver Normalform vor, wenn sie entweder aus einem einzigen Disjunktionsterm besteht oder bei mehreren diese einzig über & miteinander verknüpft sind.

   Beispiele: [konjunktive Normalform: (a|b|$\neg$c)&(r|t|$\neg$u) / keine konjunktive Normalform: (a&b)&(o|p)]

(4) **Disjunktive Normalform (Standardsumme)**: Eine Aussage liegt in disjunktiver Normalform vor, wenn sie entweder aus einem einzigen Konjunktionsterm besteht bzw. bei mehreren diese einzig über | miteinander verknüpft sind.

Bsp.: [disjunktive Normalform: (a&b&¬c)|(r&t&¬u) / keine disjunktive Normalform: (a|b)|(o|p)]

Aus der kompakten Form folgt auch, daß a und ¬a nicht gleichzeitig in einem Konjunktionsterm oder Disjunktionsterm auftreten können, weil a&¬a = 0 bzw. a|¬a = 1 gemäß (4a/b) gilt und der Term damit weiter vereinfacht werden kann. Bei den Normalformen gibt es zusätzlich das Attribut **vollständig**, wenn in jeden der einzelnen Disjunktiv- bzw. Konjunktivterme alle Variablen einfließen; Beispiele: [vollständige konjunktive Normalform: (a|b|c)&(¬a|b|¬c); nicht vollständige konjunktive Normalform: (a|b|c)&(a|¬b)]. Für Konjunktionsterme in einer **vollständigen disjunktiven Normalform** existiert die Bezeichnung **Minterm**, die ihre Verwendung bzw. Herkunft genauer umschreibt. Entsprechend heißen Disjunktionsterme in einer vollständigen konjunktiven Normalform **Maxterme**.

Zur Bestimmung der gesuchten Funktion ist folgendermaßen vorzugehen. Es wird für **jede** Zeile der Tabelle, in der die Gesamtaussage **wahr** ist, jeweils ein Konjunktionsterm gebildet und zwar nur für diese Zeilen. In den Konjunktionsterm müssen **alle** Variablen bzw. deren Komplement derart einfließen, daß dessen Gesamtaussage bei der zugrundeliegenden Variablenbesetzung **wahr** ergibt; dieser Term ist eindeutig. Ist die Variable mit dem Nullelement besetzt, so fließt folglich die Variable komplementiert in den Term ein, ansonsten unverändert. Sämtliche Konjunktionsterme sind schließlich zu einem Term in **disjunktiver Normalform** zusammenzusetzen, dies erfolgt über die Verknüpfung der 2^n erstellten Terme über | miteinander. Da sämtliche Variablen in die Konjunktionsterme einfließen, resultiert die **vollständige disjunktive Normalform**, und die Boolesche Funktion entspricht der Wahrheitswertetabelle; sie definiert diese eindeutig. Aufgrund der Dualität besteht ein analoges Verfahren darin, zu den Zeilen mit **falsch** die Disjunktionsterme (Maxterme) mit der Gesamtaussage **falsch** zu entwickeln und diese am Ende zu einem Term in vollständiger konjunktiver Normalform zusammenzusetzen. Beide Verfahren gelten natürlich allgemein und können entsprechend in jeder Booleschen Algebra angewandt werden.

Für die Auswahl des einfacheren Verfahrens ist zu prüfen, bei welchem weniger Terme entwickelt und miteinander verknüpft werden müssen. Dementsprechend einfacher ist dann die Funktion, und viele Umformungen werden überflüssig. Im Beispiel 1.2 werden beide Varianten des Verfahrens auf eine vorgegebene Wertetabelle angewandt.

Sind nicht alle Funktionswerte von Bedeutung, so brauchen lediglich für die entscheidenden Zeilen die Terme aufgestellt und am Ende verknüpft zu werden. Die Aussagenwerte in den nicht berücksichtigten Zeilen sind dann undefiniert.

Das Überprüfen eines entwickelten Terms ist entsprechend einfach, denn für die signifikanten Variablenbesetzungen ist lediglich der Gesamtaussagewert zu ermitteln und zu vergleichen. Durch die beschränkte, endliche Anzahl an möglichen Kombinationen lassen sich auch Sätze und Umformungsregeln mit Hilfe einer Tabelle einfach beweisen.

Für die einfachere Handhabung sind in der Aussagenlogik weitere Operationen definiert, die sich jedoch auf entsprechende Boolesche Funktionen zurückführen lassen. Einige wichtige Operationen, die auch in Verbindung mit **logischen Ausdrücken** bei der Programmierung verwendet werden, sind zusammen mit deren Termen in Tabelle 1.2 aufgeführt.

Die Erfindung und Entwicklung der Halbleitertechnologie vom Transistor bis zum Megabit-Chip ergab, daß **Logikschaltungen** nicht mehr mit Schaltern und Relais, sondern bspw. aus **TTL-Bausteinen** (**T**ransistor-**T**ransistor-**L**ogik) aufgebaut werden. Diese **bistabilen** bzw. **binären Bausteine** wurden für die grundliegenden **Schaltfunktionen** entwickelt, angelehnt an die elementaren Funktionen der Aussagenlogik. So gibt es hier einen OR-, AND- und NOT-Baustein, der gemäß den Eingangspegeln den Pegel am Ausgang setzt.

Dafür läßt sich eine entsprechende Boolesche Algebra definieren, auf die Definition soll jedoch verzichtet werden. Der entsprechende Isomorphismus bildet ″wahr″ in ″Spannung vorhanden/Strom fließt″, ″falsch″ in ″Spannung nicht vorhanden/Strom fließt nicht″ etc. ab. Die Junktoren lauten weiterhin &, | und ¬ sowie AND, OR und NOT. Tabelle 1.3 enthält neben den definierenden Wertetabellen auch die **Schaltsymbole**, wie sie in **Schaltplänen** verwendet werden.

Selbstverständlich gelten auch die bisher beschriebenen Verfahren, Axiome, Definitionen und Tabellen. Eine Anwendungsmöglichkeit der Axiome (1) bis (11) besteht im Umformen der vorliegenden Schaltfunktion. Das Ziel ist, eine nur kleine Menge an **Logikbausteinen** -auch **logische Gatter** genannt- und möglichst wenig unterschiedliche Typen zu verwenden. Beides hängt mit den effektiven Kosten zusammen, die durch die notwendige Menge und durch die Preisunterschiede bei den Bausteintypen entstehen. Integrierte Schaltkreise gibt es mit sämtlichen Funktionen und Kombinationen. Damit auf nachgeschaltete NOT-Bausteine -auch **Inverter** genannt- aus Platzgründen verzichtet werden kann, steht die NAND- und NOR-Ausführung zur Verfügung. Diese geben am Ausgang das Komplement -die Negation- der AND- bzw. OR-Funktion aus, siehe Tabelle 1.3. Entsprechend führen Bausteine mit n Eingängen die jeweilige Operation α mit n Größen durch ($f(x_1,x_2,...,x_n) = x_1 \alpha x_2 \alpha ... \alpha x_n$).

Dies wird am nachfolgenden Beispiel dargestellt. Eine Logikschaltung wird mit den Eingängen a, b, c sowie den Ausgängen d und e, an d die Summe ($d = (a+b+c) \bmod 2$) und an e den entstandenen Übertrag ausgeben (Volladdierer); a, b, c ϵ {0,1}. Dabei sind a und b die beiden Summanden und c der Übertrag der vorangegangenen Addition. Damit das mit NAND-Bausteinen überfüllte Lager geleert wird, gilt als Ziel, die Schaltung allein aus

---

Entwicklung der Booleschen Funktion aus der Wahrheitswertetabelle

Wahrheitswertetabelle für f(a,b,c)

a	b	c	f(a,b,c)	Konjunktionsterm	Disjunktionsterm
f	f	f	f	--	a | b | c
f	f	w	w	¬a & ¬b & c	--
f	w	f	w	¬a & b & ¬c	--
f	w	w	f	--	a | ¬b | ¬c
w	f	f	w	a & ¬b & ¬c	--
w	f	w	f	--	¬a | b | ¬c
w	w	f	f	--	¬a | ¬b | c
w	w	w	w	a & b & c	--

"--": entsprechender Term wird nicht benötigt

f(a,b,c) in **vollständiger konjunktiver Normalform**:

f(a,b,c) = (a\| b\| c) & (a\|¬b\|¬c) & (¬a\| b\|¬c) & (¬a\|¬b\| c)

f(a,b,c) in **vollständiger disjunktiver Normalform**:

f(a,b,c) = (¬a&¬b& c) \| (¬a& b&¬c) \| (a&¬b&¬c) \| (a& b& c)

Beispiel 1.2

NAND-Bausteinen zu entwickeln. Zur Lösung der Aufgabenstellung kann nach folgendem Konzept vorgegangen werden.

Im ersten Schritt wird eine Tabelle aufgestellt, die sämtliche Möglichkeiten für a, b und c sowie die geforderten Werte für d und e enthält. Anschließend entwickelt man mit der bereits beschriebenen Methode die Booleschen Funktionen (**Schaltfunktionen**) f und g mit d = f(a,b,c) und e = g(a,b,c). Diese formt man solange um, bis nur noch die "erlaubten" Bauelemente Verwendung finden.

Die **binären Variablen** a, b, c, d und e -sie nehmen nur **zwei** Werte an- verkörpern zwar Dualzahlen, werden aber als logische Aussagenwerte behandelt; Abschnitt 1.5 geht auf diesen Doppelcharakter näher ein.

Im Beispiel 1.3 ist die detaillierte Behandlung dieser Aufgabenstellung vorgegeben. Die Funktion f wurde dabei unter dem Aspekt der Aussagenlogik bereits im Beispiel 1.2 ermittelt, so daß die Ergebnisse hierfür schon vorliegen und mitverwendet werden konnten.

Die Tatsache, daß die drei Operationen AND, OR und NOT über eine Kombination aus NAND-Operationen äquivalent formuliert werden können (vgl. Tabelle in Beispiel 1.3), läßt

Zusätzliche Funktionen in der Aussagenlogik

Bezeichnung(en)	Boolesche Funktion(en)
exklusive Disjunktion ("a exor b"), Ungleichheit (a < > b), Antivalenz	$(\neg a \& b) \mid (a \& \neg b) =$ $(a \mid b) \& (\neg a \mid \neg b)$
aus a folgt b ("b < = > a"), Bijunktion, Gleichheit (a = b), Äquivalenz	$(a \& b) \mid (\neg a \& \neg b) =$ $(\neg a \mid b) \& (a \mid \neg b)$
wenn a dann b ("a = > b"), Subjunktion	$(\neg a \mid b)$

Tabelle 1.2

den Operator NAND zu einer **Verknüpfungsbasis** werden. Unter einer Verknüpfungsbasis versteht man eine Menge an Junktoren, mit der jeder Boolesche Term äquivalent formuliert werden kann; {AND, OR, NOT} sowie der Junktor NOR stellen weitere Beispiele dar.

Für die Vereinfachung Boolescher Terme bis hin zur minimalen Form wurden viele Überlegungen angestellt. Diese führten zu **Minimalisierungsverfahren**, deren Resultat die sogenannten Primimplikanten sind, aus denen der kleinste Term gebildet werden kann. Ein in [12] entwickeltes Verfahren zur Minimalisierung -zur Ermittlung von Primimplikanten- wird hier in Form einer Prozedur vorgestellt.

Liegen zwei Konjunktionsterme T_1, T_2 vor und wird **ausschließlich eine einzige** Variable a im einen Term komplementiert und in dem anderen nicht-komplementiert verknüpft, so ist die **Verschmelzung** $V(T_1, T_2)$ beider Terme definiert. Diese wird gebildet, indem man T_1 und T_2 zu einem neuen Konjunktionsterm vereinigt und dabei die Variable a streicht sowie mehrfache Variablen nur einmal aufführt, z.B. $V([\neg a \& b \& e], [a \& b \& d]) = [b \& d \& e]$. Trifft dies auf mehrere Variablen zu, dann ist die Verschmelzung nicht definiert, z.B. existiert $V([\neg a \& b \& \neg c], [a \& b \& c])$ nicht. Die Prozedur zur Vereinfachung eines in **disjunktiver Normalform** vorliegenden Terms besteht aus zwei Operationen.

(1) Beinhaltet von zwei Konjunktionstermen a und b der Term a den Term b vollständig, so streicht man den Term a. Gilt z.B. $a = (a \& \neg b)$ und $b = (a \& d \& \neg b)$, so kann a gestrichen werden.

(2) Findet man zwei Konjunktionsterme a und b, für die die Verschmelzung $V(a,b)$ möglich -definiert- ist, so ist an den gesamten Term $V(a,b)$ über | anzuhängen. Der Term wird

Definition der Operationen/Junktoren in der Aussagenlogik und Schaltalgebra

a	b	a&b a AND b	a|b a OR b	¬a NOT a	¬b NOT b	¬(a&b) a NAND b	¬(a|b) a NOR b
0	0	0	0	1	1	1	1
0	1	0	1	1	0	1	0
1	0	0	1	0	1	1	0
1	1	1	1	0	0	0	0

0 ist gleichbedeutend mit "falsch", "false", "Strom fließt nicht" = > Nullelement
1 ist gleichbedeutend mit "wahr", "true", "Strom fließt" = > Einselement

Tabelle 1.3

damit zwar länger, jedoch wird meistens die Anwendung von (1) ermöglicht.

Man wendet diese beiden Operationen solange an, bis dies nicht mehr möglich ist, das Resultat ist ein Term in minimaler Form.
Eine ausführliche Behandlung dieser Thematik findet in [2,3,12] statt, der Hauptstellenwert dieser Verfahren liegt bei der Entwicklung komplexer digitaler Schaltungen.

1.4   FORMULIERUNG LOGISCHER AUSDRÜCKE

Gemäß dem Pascalstandard lauten die Junktoren OR, AND und NOT, wie sie bereits in der Aussagenlogik bezeichnet wurden. Wird von einem nicht-optimierenden (Pascal-)Compiler für die Übersetzung ausgegangen, ist darauf zu achten, daß in stark frequentierten Programmsegmenten die **logischen Ausdrücke** möglichst optimal gestaltet (klein gehalten) werden. Die folgende Aufstellung ist eine zusätzliche Orientierungshilfe für die Optimierung logischer Ausdrücke.

(1)   Den Booleschen Term mit den bekannten Umformungsregeln verkleinern.

(2)   Daraus auch Verbesserungen in der Aussagenformulierung (arithmetischer oder Mengenvergleich) vornehmen (Verwendung von Tabelle 1.2).

Entwicklung einer Logikschaltung zur Addition mit Übertrag (Volladdierer)

$d = f(a,b,c) = (a + b + c) \bmod 2 = $ "Summe", $e = g(a,b,c) = $ "Übertrag"

(1) Wahrheitswerttabelle für g(a,b,c)

| Eingang | | | Ausgang | | Konjunktionsterm | Disjunktionsterm |
a	b	c	d	e	für g(a,b,c) = e (Übertrag)	
0	0	0	0	0	--	a OR b OR c
0	0	1	1	0	--	a OR b OR NOT c
0	1	0	1	0	--	a OR NOT b OR c
0	1	1	0	1	NOT a AND b AND c	--
1	0	0	1	0	--	NOT a OR b OR c
1	0	1	0	1	a AND NOT b AND c	--
1	1	0	0	1	a AND b AND NOT c	--
1	1	1	1	1	a AND b AND c	--

"--": entsprechender Term wird nicht benötigt

g(a,b,c) in **vollständiger konjunktiver Normalform**:

g(a,b,c) =   (a OR b OR c) AND (a OR b OR NOT c) AND
             (a OR NOT b OR c) AND (NOT a OR b OR c)

g(a,b,c) in **vollständiger disjunktiver Normalform**:

g(a,b,c) =   (NOT a AND b AND c) OR (a AND NOT b AND c) OR
             (a AND b AND NOT c) OR (a AND b AND c)

Funktion	Aufbau aus NAND-Bausteinen	Anzahl
NOT a	(a NAND a)	1
a AND b	(a NAND b) NAND (a NAND b)	3
a OR b	(a NAND a) NAND (b NAND b)	3

Das Ziel ist es, die gesamte Schaltung lediglich aus NAND-Bausteinen (mit 2 Eingängen) aufzubauen, wobei obige Aufstellung als Hilfestellung dienen soll.

(2) Der Term für g wird entsprechend umgeformt, wobei nachfolgend aus Platzgründen die Junktoren &, | und $\neg$ stellvertretend verwendet werden:

Teil 1 von Beispiel 1.3

g(a,b,c) =   (a| b| c) & (a| b| ¬ c) & (a| ¬ b| c) & (¬ a| b| c)   < = >

              [(a|b) | (c& ¬ c)] & [c|((a| ¬ b)&(¬ a|b))]   < = >

              (a|b) & [c|((¬ a& ¬ b)|(a&b))]   < = >

              ¬ (¬ a& ¬ b) & [c| ¬ (¬ (¬ a& ¬ b) & ¬ (a&b))]   < = >

              ¬ (¬ a& ¬ b) & ¬ [¬ c& ¬ (¬ (¬ (¬ a& ¬ b) & ¬ (a&b)))]   < = >

mit w : = (a NAND a) NAND (b NAND b), x : = a NAND b   und

     y : = (c NAND c) NAND [[w NAND x] NAND [w NAND x]] ergibt sich

g(a,b,c) = (w NAND y) NAND (w NAND y)

(3) Analog dazu läßt sich f in folgenden Term überführen (Beispiel 1.2):

f(a,b,c)= ¬ [¬ c& ¬ [¬ (¬ a& ¬ b)& ¬ (a&b)]] & ¬ [c&[¬ (¬ a& ¬ b)& ¬ (a&b)]]

Das Schaltbild, das f und g "berechnet", hat folgende Gestalt.

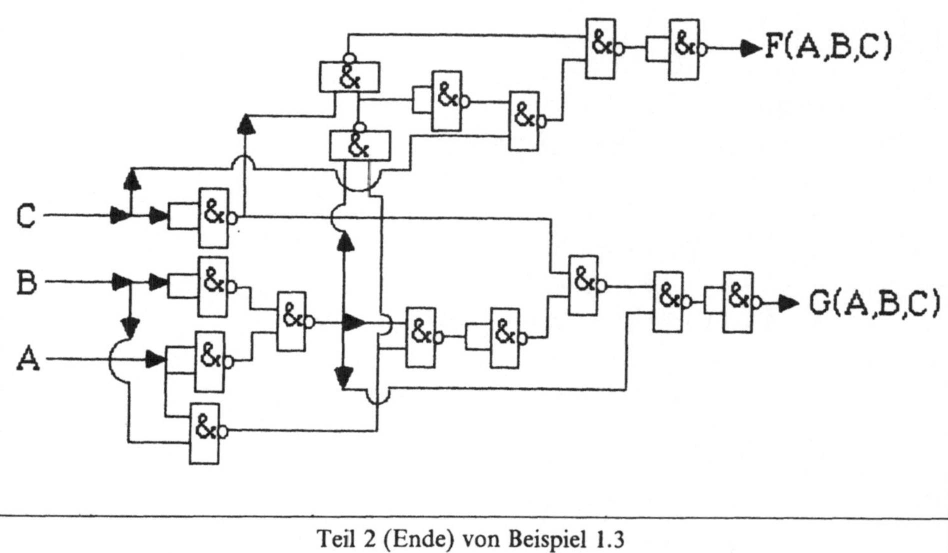

Teil 2 (Ende) von Beispiel 1.3

(3) Mehrfache Auswertung gleicher Terme vermeiden.

    (a) Den Term dahingehend umformen, daß möglichst viele Terme doppelt vorkom-
men, die anschließend substituiert werden können. Dabei muß ein Kompromiß
zwischen (1) und (3a) gefunden werden.

    (b) Terme, die mehrfach vorkommen, zuvor berechnen bzw. einer Variablen zuweisen.
Mit dieser Variablen wird dann im logischen Ausdruck gearbeitet, man substituiert.

Anhand Beispiel 1.2 läßt sich die Gewinnung des optimierten logischen Ausdrucks aus dem
Booleschen Term anschaulich darstellen. Der Term für die Funktion f lautet

$$f(a,b,c) = (\neg a \,\&\, \neg b \,\&\, c) \mid (\neg a \,\&\, b \,\&\, \neg c) \mid (a \,\&\, \neg b \,\&\, \neg c) \mid (a \,\&\, b \,\&\, c),$$

wobei mittels Umformung der Term

$$f(a,b,c) = [c \,\&\, ((\neg a \,\&\, \neg b) \mid (a \,\&\, b))] \mid [\neg c \,\&\, ((\neg a \,\&\, b) \mid (a \,\&\, \neg b))]$$

gewonnen werden kann. Gemäß Tabelle 1.2 bedeuten die beiden mit c bzw. $\neg$c über & ver-
knüpften Terme Gleichheit (links) und zum anderen Ungleichheit (rechts) von a und b.
Somit wird mit der Variablen "z:=(a=b)" substituiert, und es ergibt sich der Term
"(c&z)|($\neg$c&$\neg$z)", der für sich wieder bedeutet, daß c und z ungleich sind. Damit zeigt sich
die einfache Befehlssequenz "if (a=b)=c then ..." oder "z:=(a=b); if z=c then ..." auf,
falls der Term z später nochmals Verwendung findet. Die wesentliche Vereinfachung gegenüber der obigen Formulierung ist offensichtlich.

1.5 INTEGERVARIABLEN UND DIE INTERPRETATION VON BINÄRMUSTERN

Ein festgehaltenes Null/Eins-Muster bestimmter Länge, ein **Binärmuster**, ist solange "wert-
los", bis man es zu interpretieren weiß, präziser formuliert, den zugrundeliegenden **Binärcode**
kennt. Eine solche Folge aus Nullen und Einsen wäre bspw. folgendermaßen interpretier-
bar: als Dualzahl, Maschinenbefehl, Wahrheitswerte bestimmter Aussagen, Spannungspegel
in einer Digitalschaltung oder als Zustand der Lampen im Haus etc. Entsprechend verhält
es sich mit Ziffern und Buchstaben, doch haben sich über die allgemeinen Verwendungs-
zwecke feste Regeln eingebürgert, wie z.B. die Rechtschreibung.
Es gibt somit grob eingeteilt zwei Möglichkeiten, ein vorliegendes Binärmuster zu verstehen.
Entweder symbolisieren Null und Eins einen **logischen Zustand** oder eine **Dualziffer**; vgl.
Kapitel 7. In welcher äußeren Form das Binärmuster vorliegt, ist dabei ohne Bedeutung, ob
auf Papier geschrieben, in einem Register oder Speicherelement gespeichert oder über
geschaltete Lampen dargestellt.

In einem Computer werden **ganze Dezimalzahlen** meistens gemäß ihrer Darstellung im
Dualsystem in Registern bzw. in Speicherelementen einer bestimmten Länge festgehalten.
Diese Länge ist computerspezifisch und wird als **Wortlänge** oder **Maschinenwortlänge**
bezeichnet, weil der Rechner pro **Operationszyklus** jeweils eine solche Einheit verarbeitet.
Eine übliche Wortlänge ist 32 Bits bzw. 4 Bytes, wie auch in vielen Großrechnern.
Bei dieser Wortlänge belegt eine Variable vom Typ Integer vier Bytes, wobei ein Bit für das
Vorzeichen reserviert ist, weil auch negative Zahlen darstellbar sein müssen. Physikalisch
hebt sich dieses Bit von den restlichen 31 Bits nicht ab. Die Funktion als Vorzeichen resultiert allein aus der internen Darstellung für negative Zahlen; eine nähere Beschreibung

Erweiterte Operationen mit Integervariablen (I und J) der Länge n (m < n-1)

$Z :=$	Wirkung auf die Bits $Z(i)$ des Ergebnisses Z
I AND J	$Z(i) = I(i)$ AND $J(i)$ für $1 \leq i \leq n$
I OR J	$Z(i) = I(i)$ OR $J(i)$ für $1 \leq i \leq n$
NOT I	$Z(i) = $ NOT $I(i)$ für $1 \leq i \leq n$
- I	$Z = ($NOT $I) + 1$ ("+" bleibt auf n Bits beschränkt!)
$I \cdot 2^m$ mit $|I| \leq 2^{n-1-m}$	$Z(i) = I(i\text{-}m)$ für $n\text{-}1 \geq i \geq m+1; Z(n)$ bleibt; $Z(i) = 0$ für $1 \leq i \leq m$; (**arithmetic shift left**)
$I / 2^m$	$Z(i) = I(i+m)$, $n\text{-}1\text{-}m \geq i \geq 1$; $Z(n) = 0$ für $Z \geq 0$, sonst $Z(n) = 1$; $Z(i) = Z(n)$ für $(n\text{-}m) \leq i \leq n\text{-}1$ (**arithmetic shift right**)
I OR 2^m	$Z = I$ mit $Z(m+1) = 1$ ("Flagge setzen")
I AND (NOT 2^m)	$Z = I$ mit $Z(m+1) = 0$ ("Flagge rücksetzen")
I AND 2^m	$Z(i) = 0$ für $i \neq (m+1)$; $Z(i) = I(i)$ für $i = (m+1)$
I MOD 2^m $(I > 0)$	Z enthält den niederwertigen Teil bis Stelle m
I AND 2^m-1	$Z = I$ MOD 2^m, wenn $I > 0$
I AND (NOT 1)	$Z = I - 1$, wenn I ungerade $=>$ ("I wird gerade")
I OR 1	$Z = I + 1$, wenn I gerade $=>$ ("I wird ungerade")

Tabelle 1.4

hierzu folgt weiter unten. Mit der Zuweisung eines bestimmten Zahlenwertes werden die 32 Speicherstellen demgemäß mit 0 und 1 besetzt.

Gleichzeitig besteht jedoch auch die Möglichkeit, die 32 Bits einer Integervariablen als 32 Aussagenwerte zu verstehen, wodurch sich der oben beschriebene **Doppelcharakter** aufzeigt. Ein entscheidender Vorteil liegt in dem gleichzeitigen Zugriff auf 32 Aussagenwerte; dies ist erst dann von Nutzen, wenn die Junktoren OR, AND und NOT auch bei Integervariablen zulässig bzw. definiert sind. In die entsprechende Operation ist das gesamte Wort (Variableninhalt) eingeschlossen. Es wird jeweils das i-te Bit der beiden Variablen miteinander verknüpft, und es resultiert das i-te Bit des Ergebnisses; dies erfolgt mit sämtlichen n Bits.

Pascal ist eine **typenorientierte** Programmiersprache, daher sieht der **Pascalstandard** die Verwendung der logischen Junktoren bei Integerzahlen nicht vor, so daß einige Compiler diese Operationen nur "stillschweigend" -im Sinne einer Erweiterung- zur Verfügung stellen. In anderen Programmiersprachen gehören diese wiederum zum Standard, bspw. in PL/I und BASIC und den neueren Sprachen FORTH, C etc. Die Erweiterung ist jedoch stets auf die Variablen vom Typ Integer beschränkt, weil die **Gleitkommadarstellung** der Realzahlen dies aufgrund ihres Aufbaus nicht als sinnvoll erklärt, vgl. Abschnitt 2.2.

Für die sichere Anwendung dieser Erweiterung ist die Beherrschung der logischen Operationen und die des **Zweierkomplements** Bedingung. Das Zweierkomplement ist bei Integerzahlen die übliche Darstellung von negativen Zahlen. Einer der Gründe ist, daß die Addition der positiven Zahl a zu -a (-a im Zweierkomplement) bei einer n-stelligen Dualarithmetik ohne nachträgliche Korrekturen direkt Null ergibt.

Die Bildung des Zweierkomplements bei n Dualziffern (Wortlänge = n) erfolgt in zwei Schritten. (1) Zunächst ist das Komplement aller n Bits zu bilden (Interpretation als Aussagenwerte) und (2) anschließend zu der entstandenen n-stelligen Dualzahl (Interpretation als Ziffern) eine 1 zu addieren. Die abschließende Addition bleibt auf die n Stellen beschränkt(!), und es entsteht somit **keine** (n + 1)-stellige Dualzahl. Anhand der Zahl 5 wird dies bei einer Wortlänge von acht (n = 8) verdeutlicht:

$$x_{10} = 5 => x_2 = 00000101 \overset{(1)}{===>} 11111010 \overset{(2)}{===>} 11111011 := -5.$$

Ein weiteres Merkmal des Zweierkomplements ist, daß es stets mit einer festen Stellenanzahl arbeitet und sich damit ein festgelegtes Zahlenintervall verbindet. Die ebenfalls feste Wortlänge n im Rechner läßt das aber nicht zu einem Problem werden, und der mögliche Zahlenbereich ergibt sich als

$$[-(2^{n-1}-1); 2^{n-1}-1]. \tag{1.1}$$

Gemäß dem Pascalstandard ist die betragsgrößte Integerzahl mit der Konstanten MAXINT definiert, so daß aus ihr mittels

$$\log_2(MAXINT + 1) + 1 \tag{1.2}$$

die zugrundeliegende Wortlänge ermittelt werden kann.

Die zum Teil "katastrophalen" Auswirkungen der Beschränkung erkennt man erst bei der Suche von theoretisch eigentlich nicht begründbaren Rechenfehlern. Formuliert man im Programm z.B. einen Term "(I*J)" oder "(I+J)", und sei es nur als Bestandteil eines umfangreicheren arithmetischen Ausdrucks, so ist dies bedeutungslos, solange der Wert I*J bzw. I+J betragsmäßig kleiner als MAXINT bleibt. Überschreitet der Term aber diese Schwelle, so wird dies von verschiedenen Compilern leider auch unterschiedlich behandelt. Die einen erkennen den Überlauf und signalisieren es mit einer Meldung (fixed point overflow) und evtl. mit dem Abbruch des Programms. Andere Compiler ignorieren das und fahren nun mit falschen Ergebnissen fort, als wäre nichts weiter geschehen.

Eine Übersicht darüber, wofür sich die Erweiterung um die logischen Operationen mit Integervariablen auch eignen, ist mit Tabelle 1.4 gegeben. Dabei wurde die Wortlänge, die für das interne Darstellen der Variablen I Verwendung fand, mit n allgemein gehalten. So bedeutet I(5) das fünfte Bit von rechts, I(1) steht ganz rechts und I(n) wird gemäß des Zweierkomplements vom "Vorzeichen" belegt. Entsprechendes gilt für J(i) und Z(i), die i-ten Bits der Variablen J und Z.

Vorrangig dienen diese Operationen auch dazu, (mathematische) Funktionen aufgrund besonderer Vorgaben schneller berechnen und Variablen leicht verändern zu können.

Bei der Begutachtung von Ergebnissen ist zu beachten, daß die Integervariablen zur Druckaufbereitung in Dezimalzahlen umgewandelt werden, auch wenn Bitoperationen durchgeführt wurden; damit wird z.B. NOT 1 als "-2" ausgegeben.

Eine besondere Anwendung liegt auch in der Befehlssequenz [O. Herrmann]

$$I := (\neg I\ \&\ J)\ |\ (I\ \&\ \neg J);\ /^*\ I := I\ exor\ J\ ^*/ \qquad\qquad (1.3)$$

$$J := (\neg I\ \&\ J)\ |\ (I\ \&\ \neg J);\ /^*\ J := I\ exor\ J\ ^*/$$

$$I := (\neg I\ \&\ J)\ |\ (I\ \&\ \neg J);\ /^*\ I := I\ exor\ J\ ^*/.$$

Diese drei Befehle zusammen vertauschen die beiden Variablen I und J, ohne auf eine Möglichkeit der Zwischenspeicherung angewiesen zu sein. Vor allem in der **Assemblerprogrammierung** bekommt (1.3) einen besonderen Stellenwert. Die zur Verfügung stehenden Register sind eine äußerst knappe Resource, weil Register für die Adressierung verwendet werden, Registeroperationen schneller sind und einige Operationen ausschließlich mit Registern und nicht als Speicheroperationen zur Verfügung stehen.

2 EFFIZIENTE PROGRAMMIERUNG ARITHMETISCHER AUSDRÜCKE

Auch bei Programmen, die nicht oft Verwendung finden und keinen zeitkritischen Faktor im Gesamtablauf darstellen, ist es von Vorteil, Ausdrücke überlegt zu formulieren. Man kann dadurch verhindern, daß der Bedarf an Rechenzeit durch überflüssige **Konversionen** und die **mehrfache Berechnung** arithmetischer Terme unnötig ansteigt. Auch für diesen Arbeitsschritt wurden die **optimierenden Compiler** entwickelt, die bei der Übersetzung aus dem Quellprogramm durch Umstellung und Entfernung von Befehlssequenzteilen -natürlich innerhalb des erzeugten Maschinencodes- eine optimierte Befehlsfolge erstellen. Dem ablauffähigen Maschinenprogramm liegt dann nicht mehr die sonst übliche 1:1-Übersetzung zugrunde, und es werden weniger Operationen durchgeführt.

Bei den nachstehenden Erläuterungen wird der Compiler nicht als "Black Box" betrachtet, somit bleiben seine üblichen Techniken der Übersetzung nicht unberücksichtigt. Die Allgemeingültigkeit der Erläuterungen wird aber nicht eingeschränkt.

2.1 DIE MODULO-FUNKTION

Die Wichtigkeit der **Modulo-Funktion** ist mitunter daran zu erkennen, daß diese bei gleichzeitigem Verzicht auf einen Potenzoperator mit in den Pascalstandard aufgenommen worden ist.

Ihren Ursprung findet die Modulo-Funktion im Begriff des Moduls, er ist Teil des Kongruenzbegriffes. Zwei ganze Zahlen a, b heißen **kongruent modulo m** ($m \varepsilon N$) (in Zeichen: $a \equiv b \pmod{m}$), wenn a und b bei der Division durch m denselben **Divisionsrest** besitzen; m ist der **Modul**. Diese Definition ist an den Restklassenbegriff der Mathematik angelehnt, vgl. Abschnitt 7.2.1.

Aus dieser Aussagenformulierung heraus wurde die Modulo-Funktion bzw. -Operation "mod(a,m)" bzw. "a mod m" abgeleitet, die den **Divisionsrest** von a/m als Funktionswert hat (m heißt auch hier Modul). Die Modulo-Funktion ist eher als ein Kunstprodukt zu verstehen, und es empfiehlt sich, MOD nur als definierten Junktor für obige Operation zu verwenden. Die Abfrage für kongruent modulo m ließe sich damit in folgenden logischen Ausdrücken programmieren: "(a mod m) = (b mod m)" oder "(a-b) mod m = 0".

Daß die Modulo-Funktion bei Compilern bisher keiner Normung unterliegt bzw. einer Definition genügt, wird bei negativem a oder b deutlich. Denn "-5 mod 3" berechnen manche Compiler als 2 und andere wieder als -1 oder +1 (-5 = 3•-2+<u>1</u>), was sich zwar nicht auf die zweite Formulierung der Kongruenzabfrage auswirkt, jedoch auf die erste, die die einzelnen Divisionsreste vergleicht. Dies trifft nicht nur auf Pascal zu, sondern auch in anderen Programmiersprachen ist der Fall undefiniert geblieben. Daher verschafft man sich mittels einer

Proberechnung Gewißheit, wie der jeweilige Compiler diesen Fall behandelt. Auch kann man diesen Fall umgehen, indem mit dem Absolutbetrag beider Argumente gerechnet wird. Zwei Rechenregeln stehen für mögliche Umformungen zur Verfügung:

$$(a + b) \bmod c = [(a \bmod c) + (b \bmod c)] \bmod c \qquad (2.1)$$

$$(a \cdot b) \bmod c = [(a \bmod c) \cdot (b \bmod c)] \bmod c \; . \qquad (2.2)$$

Aber nicht nur für diese Besonderheit lassen sich die beiden Regeln verwenden. Programmiert man Terme der Form "(I * J) MOD K" oder "(I + J) MOD K", so kann selbst das schwerwiegende Rechenfehler zur Folge haben. Durch die festgelegte Wortlänge bei Integervariablen ist es möglich, daß das Zwischenergebnis "I*J" bzw. "I+J" das beschränkte Zahlenintervall (1.1) der Integervariablen überschreitet. Diese Thematik -das Verhalten des Compilers bei einer Intervallüberschreitung- ist im Abschnitt 1.5 näher beschrieben.

Die Anwendung der Modulo-Funktion liegt vielfach in den Algorithmen oder den Theorien begründet. Und zwar wenn diese auf der Divisionsrestbildung basieren, wie bspw. die ggT-Bestimmung gemäß dem Euklidischen Algorithmus (Abschnitt 3.3.4) oder die Restklassenrechnung bei den zyklischen Codes (Abschnitt 7.3.4).
Weitere Anwendungsbeispiele sind die Rücksetzung von Zahlen in definierte Intervalle und die Zerlegung von Zahlen in einen **höher-** und einen **niederwertigen** Teil. Letzteres tritt z.B. bei manchen Prozessoren auf, deren Adreßbus aufgrund der internen Struktur in mehrere n-Bitgruppen zerlegt wird. So teilt der 6502-Prozessor seine 16-Bit-Adresse in zwei 8-Bitgruppen (Bytes) auf. Gemäß ihrer Gewichtung in der 16-stelligen Dualzahl wird die eine als **Low-Byte** (niederwertiger Teil) und die andere als **High-Byte** (höherwertiger Teil) bezeichnet. Das Low-Byte der Adresse X kann damit leicht mit LOW_BYTE := ADRESSE MOD 256 ($256 = 2^8$) berechnet werden (vgl. Tabelle 1.4). Hat man die Elemente einer m×n-Matrix zeilenweise linear angeordnet, so erhält man aus der relativen Position des Elementes zum Listenanfang die Spaltennummer durch SPALTE := REL_POS MOD M. Ein Hinweis auf eine Methode der schnellen MOD-Berechnung, die für Moduli der Form 2^n möglich ist, wird in Tabelle 1.4 gegeben.

2.2 RECHENGENAUIGKEIT UND VARIABLENTYP

Ein wichtiges Entscheidungskriterium bei der Wahl des Variablentyps ist die geforderte Rechengenauigkeit und damit auch die Größe der Zahlen. Pascal unterstützt die beiden Typen **Real** und **Integer**, die sich in ihrer internen Darstellung unterscheiden und entsprechend Vor- und Nachteile besitzen. Auf die interne Darstellung des Typs Integer wurde bereits in Abschnitt 1.5 eingegangen.

Die Zahl a ($|a| > 0$) liegt in **normalisierter Gleitkommadarstellung** -halblogarithmischer Form-vor, wenn $a = m \cdot b^e$ und $1/b \leq |m| < 1$ gilt, wobei b die **Basis** des zugrundeliegenden Zahlensystems ist (Dualsystem→b = 2). Die Darstellung für a = 0 entspricht obiger mit m = 0. Bei der Gleitkommadarstellung für Realvariablen werden **Vorzeichen**, **Mantisse** m und **Exponent** e getrennt bearbeitet, daher wird bei der Mantisse überlicherweise auch nicht das Zweierkomplement für negative Zahlen herangezogen, sondern ein separates Bit für das Vorzeichen verwendet. Bei der Darstellung einer Zahl in obiger Form ist im Gegensatz zur **unnormalisierten Gleitkommadarstellung** die Eindeutigkeit gewährleistet, indem bei letzterer an die Mantisse **keine** weitere Bedingung geknüpft ist (z.B. 12.32 = 1.232E1 = 0.1232E2 = ...). Realzahlen liegt vorrangig die normalisierte Form zugrunde, wobei die Arithmetikeinheit häufig unterschiedliche Genauigkeitsstufen (Mantissenlängen) unterstützt; z.B. **double precision** in FORTRAN.

Die endliche Anzahl an Stellen, die für die Mantisse und den Exponenten in der **Arithmetikeinheit** eines Rechners zur Verfügung stehen, legen das Intervall als auch die Genauigkeit für das mögliche Zahlenspektrum fest. Auf Überschreitungen des Exponentenintervalls wird entsprechend mit einer **Over-** bzw. einer **Underflow-Fehlermeldung** reagiert. Laut Norm werden in Pascal alle Zahlen, welche betragsmäßig größer als **MAXINT** sind, als Gleitkommazahlen dargestellt. Das heißt aber nicht, daß mit Integergrößen formulierte Terme bei einer zwischenzeitlichen Bereichsüberschreitung einer Konversion unterzogen werden. Aus dem Verhältnis

$$\alpha = [\ln(10)/\ln(2)] \approx 3.32 \tag{2.3}$$

ergibt sich der Umrechnungsfaktor für die Stellenanzahl zwischen den beiden Zahlensystemen; eine n Dualziffern umfassende Mantisse kann daher höchstens n/α Dezimalstellen aufnehmen. Bei der Verwendung der Konstanten π und e sind daher die beiden Zuweisungen

$$\text{pi} := 4 * \text{ARCTAN}(1.0) \quad \text{und} \tag{2.4}$$

$$\text{e} := \text{EXP}(1.0) \tag{2.5}$$

den Konstanten mit einer bestimmten Stellenanzahl vorzuziehen.

Durch die beschränkte Stellenzahl besteht auch die Gefahr, daß eine Subtraktion leicht Null ergeben kann (**Auslöschung signifikanter Stellen**), obwohl aus einer exakten Berechnung etwas völlig anderes resultiert. In diesem Fall werden viele, wenn nicht alle, führende Stellen in der Mantisse Null. Dies stellt sich gerade bei numerischen Algorithmen als eine große Fehlerquelle heraus. Hierzu tragen interne Rundungen mit der damit verbundenen Rechenungenauigkeit zusätzlich negativ bei wie auch die Tatsache, daß nicht jede gebrochene Dezimalzahl durch eine endliche Dualzahl dargestellt werden kann, z.B. $0.2_{10} = 0.0011_{2}$. Methoden, mit denen allzu große Zahlen und die oben beschriebenen Auswirkungen verhindert werden können, sind Voraussetzung für das Umsetzen numerischer Verfahren in ein Computerprogramm; darüber mehr in Kapitel 4 und 5.

Ein weiterer Nachteil der Realzahl liegt im erhöhten Bedarf an Rechenzeit, weil für sie erheblich mehr komplexere Operationen notwendig sind, selbst wenn in der Hardware eine

Gleitkommaarithmetik integriert ist; nähere Untersuchungen finden im folgenden Abschnitt
statt.

Auch aus diesem Grund verfügen Personal Computer und Rechner mit entsprechender
Kapazität über einen **Arithmetikprozessor** -kurz Co-Prozessor- und ihre großen Brüder über
Arrayprozessoren, die sie als "Rechenknechte" verwenden. Diese besitzen bereits ein breites
Spektrum an Standardfunktionen (SIN, usw.), die sie selbständig berechnen können, so daß
sich der Hauptprozessor zwischenzeitlich mit anderen Dingen beschäftigen kann, bis ihm
das Ende der Operation(en) signalisiert wird. Ein Arrayprozessor (Vektorrechner) ermöglicht
weiter noch die Vektorisierung, indem er pro Operationszyklus nicht nur eine einzige Operation, sondern die Operation jeweils mit den n Komponenten zweier Vektoren (n-Tupel)
gleichzeitig vornimmt.

Diese Vorsicht ist bei den "einfachen" Integervariablen nicht angebracht. Von den Nachkommastellen abgesehen ist ihre Arithmetik die schnellste und genaueste. Auf keinen der
beiden Variablentypen kann verzichtet werden, trotzdem sollte stets abgewogen werden, ob
eine Variable nicht auch vom Typ Integer sein kann.

2.3   RECHENGESCHWINDIGKEIT UND AUSDRUCKSFORMULIERUNG

Die Ursache für ungenaue Berechnungen und erhöhten Rechenzeitaufwand ist auch in der
Formulierung **arithmetischer Terme** zu finden. Doppelberechnung von Termen, unnötig
hohe Potenzen, übermäßige Verwendung transzendenter Funktionen und allgemein aufge-
blähte Terme sind die wesentlichen Merkmale "schlecht" programmierter Ausdrücke.

Abhilfen hierzu können das **Horner-Schema** sein (vgl. Abschnitt 5.1.1), ferner die Axiome
für trigonometrische Funktionen, gezielte Substitution mehrfach verwendeter Terme und die
Linearfaktorzerlegung etc. Auch wenn die Optimierung der Terme nicht allein wichtig ist,
sollten diese stets begutachtet werden, weil sich mit jeder weiteren Schleifenebene bzw. jeder
höheren Aufrufquote auch ein erhöhter Nutzen einstellt. Als Beispiel sei die rechenintensive
Computergraphik erwähnt, deren Nutzen wesentlich durch kürzere Antwortzeiten gesteigert
werden kann.

Bei der Programmierung besonders zeitkritischer Aufgabenstellungen können vielfach **Stütz-
werttabellen** die Lösung sein. Über diese werden die Funktionswerte mit der geforderten
Genauigkeit genähert. Das bietet sich insbesondere bei periodischen Funktionen an, vgl.
Abschnitt 5.1.1. Der Zeitaufwand für die interne Berechnung transzendenter Funktionen
mittels **Taylorpolynomen** kann bereits anhand ihrer Formulierung aufgezeigt werden.
Da der Pascalstandard die Potenzierung nicht über einen eigenen Operator/Junktor unterstützt, ist es bspw. für die Quadrierung auch nicht sinnvoll, auf die EXP-Funktion auszu-
weichen, weil das Produkt mit sich selbst schneller gerechnet ist als das entsprechende Tay-

Laufzeitvergleich zweier funktionsgleicher Programme

```
PROGRAM VERSION_EINS (INPUT,OUTPUT);
CONST  A1=2; A2=1; A3=4; A4=2; A5=5; A6=8; ANZAHL= ???;
VAR    I, J, K : INTEGER;
BEGIN FOR I:= 1 TO ANZAHL DO FOR J:= 1 TO 20  DO
K := J*A1+ J*J*A2+ J*J*J*A3+ J*J*J*J*A4+ J*J*J*J*J*A5-
         J*J*J*J*J*J*A6;
END.
PROGRAM VERSION_ZWEI (INPUT,OUTPUT);
CONST  A1=2; A2=1; A3=4; A4=2; A5=5; A6=8; ANZAHL= ???;
VAR    I, J, K : INTEGER;
BEGIN FOR I:= 1 TO ANZAHL DO FOR J:= 1 TO 20  DO
K := TRUNC(J*A1 + EXP(2*LN(J))*A2 + EXP(3*LN(J))*A3 +
          EXP(4*LN(J))*A4 + EXP(5*LN(J))*A5 - EXP(6*LN(J))*A6);
END.
```

CPU-Zeit in Abhängigkeit von ANZAHL und VERSION

ANZAHL	VERSION_EINS		VERSION_ZWEI	
10	0.03	$\Delta = 0$	0.07	$\Delta = 0.38$
100	0.03	$\Delta = 0.97$	0.45	$\Delta = 3.81$
1000	0.1	$\Delta = 0.72$	4.26	$\Delta = 37.75$
10000	0.82	$\Delta = 1.59$	42.01	$\Delta = 83.56$
30000	2.41	$\Delta = 2.38$	125.57	$\Delta = 124.63$
60000	4.79	$\Delta = 2.38$	250.20	$\Delta = 125.37$
90000	7.17	$\Delta = 0.82$	375.57	$\Delta = 41.4$
100000	7.99		416.97	

Die beiden **Regressionsgeraden**:

VERSION_EINS: CPUZEIT(ANZAHL) = $7.96 \cdot 10^{-5} \cdot$ ANZAHL + 0.03

VERSION_ZWEI: CPUZEIT(ANZAHL) = $4.17 \cdot 10^{-3} \cdot$ ANZAHL + 0.03

FAKTOR = $(4.17 \cdot 10^{-3})/(7.96 \cdot 10^{-5})$ = 52.4

Der Laufzeittest wurde auf einem IBM 3081-Rechner (MVS) vorgenommen, die CPU-Zeiten stammen direkt aus den Joblogs und unterliegen einem kleinen Fehler. Der Wert FAKTOR läßt den hohen Rechenzeitbedarf bei transzendenten Funktionen erkennen. Falls in VERSION_EINS der Term zusätzlich über das Horner-Schema formuliert würde, ließe sich die Laufzeit noch etwas weiter verkürzen.

Beispiel 2.1

lorpolynom für EXP(X). Insbesondere zur Berechnung der ganzzahligen Potenz einer Integerzahl empfiehlt sich dieser Weg. Im Beispiel 2.1 werden Integer- und Gleitkommaarithmetik anhand zweier funktionsgleicher Programme gegenübergestellt. Der Wert FAKTOR
zeigt des weiteren, daß beim Abschätzen des Operationsaufwandes eines Algorithmus im
wesentlichen nur die Gleitkommaoperationen (inkl. der Vergleiche) berücksichtigt werden
müssen. Differenzierter betrachtet, führt dies bei den Gleitkommaoperationen +, -, * und /
zu den oft meßbaren Zeitverhältnissen

$$t(/) \approx 3t(*), \quad t(*) \approx 2t(+), \quad t(\text{arithmetischer Vergleich}) = t(+) \quad \text{und} \quad t(+) = t(-). \qquad (2.6)$$

Diese Verhältnisse ergeben sich mit der verschieden großen Anzahl an **Taktzyklen**, die die
CPU für einen **Operationszyklus** benötigt, und sind von den Operanden unabhängig.
Man ermittelt diese Werte für eine vorliegende Hardware über entsprechende Laufzeittests.
Nimmt man diese Tests in einer höheren Programmiersprache vor, so müssen die Zeitver-
hältnisse nicht unbedingt denen der entsprechenden Maschinenoperationen entsprechen,
dies hängt mit der Compiler-Software zusammen. Da zwischen der Anzahl an Schleifen-
durchläufen, also den durchgeführten arithmetischen Operationen, und der Rechenzeit ein
linearer Zusammenhang besteht, gibt die Steigung der Geraden die Zeit für eine bestimmte
Befehlssequenz an. Mit dieser vom Compiler generierten Befehlssequenz wird die arithmetische Operation vorgenommen, so daß diese nicht unbedingt allein aus der Maschinenin-
struktion für diese Gleitkommaoperation bestehen muß.
Bei einem präziseren Vergleich von Algorithmen bzw. den Prozeduren ist es auch sinnvoll,
alle Gleitkommaoperationen auf eine gemeinsame Einheit (bspw. in Additionen) umzurech-
nen. Es ist dann ein einfacher Schritt, beide Verfahren in Relation zu setzen und miteinander zu vergleichen, vgl. Abschnitt 4.3.3.

Werden in arithmetischen Termen unterschiedliche Variablentypen verwendet, so nimmt der
Compiler **Konversionen** von Integer nach Real und umgekehrt vor. Viele dieser Konversionen sind überflüssig und können durch eine Umformulierung vermieden werden. Bspw.
werden in "A: = (I*47.11)/(J*32.12)" (I,J:Integer, A:Real) I und J unnötigerweise nach Real
konvertiert und zwei Gleitkommamultiplikationen und eine -division durchgeführt. Bei dem
äquivalenten Term "A: = (I*4711)/(J*3212)" wird dagegen erst bei der abschließenden Division konvertiert, da die Multiplikationen ganzzahlig erfolgen. Einen Nachteil besitzt die
Formulierung mit Integervariablen: die Schranke MAXINT begrenzt das Zahlenintervall.
Eine Verallgemeinerung ist aufgrund der Vielfältigkeit an Compiler-Software jedoch nicht
möglich.

Mit all diesen Optimierungen können sich auch Verluste in der Übersichtlichkeit ergeben.
Daher kann die Frage, ob Programme, die einem Demonstrationszweck dienen, mit demselben Maßstab bewertet werden sollen wie die Programme für die "Produktion", nicht allgemein beantwortet werden.

3 REKURSIVE UND ITERATIVE ALGORITHMEN

Rekursion bei der Programmierung anzuwenden, besitzt vielfach "faszinierende" Elemente, indem für die Verdeutlichung ein erhöhtes Maß an Vorstellungsvermögen aufgebracht werden muß. Die beiden Formen/Möglichkeiten, einen Algorithmus zu formulieren, und zwar iterativ oder rekursiv, werden nachfolgend vor- und auch gegenübergestellt. Diese Diskussion findet in den formal mathematischen und den programmtechnischen Anwendungen statt.

3.1 REKURSION UND ITERATION

Allgemein liegt eine **rekursive Formulierung** vor, wenn bei der Beschreibung einer Menge jedes beliebige Element -bis auf endlich viele- über ein Bildungsgesetz aus (einem) anderen "vorangehenden" Element(en) dieser Menge gewonnen bzw. definiert wird.

Dieses Bildungsgesetz, mit dem auch die Beschreibung einer unendlichen Menge möglich ist, basiert auf einer **rekursiven Definition**, kurz Rekursion. Mit den endlich vielen, fest definierten Elementen wird die **Rekursionsstartbedingung** in dieser Definition formuliert. Sie bewirkt, daß der fortlaufende Bestimmungsprozeß eines Elements über (einen) Vorgänger schließlich auch **terminiert** und zum Ergebnis führt, dem gesuchten Element. Für die Anwendung **rekursiver Algorithmen** -diese werden auch aus rekursiven Definitionen heraus entwickelt- und der aus ihnen gewonnenen **rekursiven Prozeduren** spielt die **Termination** eine entscheidende Rolle. Die Wahl der **Rekursionsstartbedingung** (Terminationsbedingung) bedarf daher einer besonderen Sorgfalt.

Ein Beispiel für eine **nicht-terminierende** Rekursion liegt vor, wenn man einen Pascalcompiler in Pascal selbst schreibt; das Problem der Compilierung wird in einem endlosen Prozeß auf sich selbst zurückgeführt.

Das wohl gängigste Beispiel einer **rekursiven Definition** in der Mathematik ist die **Fakultätsfunktion** (FAKULTÄT(n) := 1•2•...•n mit $n \varepsilon N_0$; in Zeichen: n!):

$$n! := n \bullet (n\text{-}1)! \qquad \text{für } n > 0 \qquad\qquad (3.1)$$

$$0! := 1 \qquad\qquad \text{(Rekursionsstartbedingung)}.$$

Übersetzt aus dem Lateinischen bedeutet recurrere zurücklaufen. Dies verdeutlicht nochmals, daß jedes Element n! ($n \neq 0$) auf einen Vorgänger (n-1)! zurückgeführt wird, der selbst entsprechend zu bestimmen ((n-1)! = (n-1)•(n-2)! für n > 1) oder als Startbedingung definiert ist (0! = 1). Genauso läßt sich die **vollständige Induktion** als Beweisverfahren rekursiv definieren.

Im **Newton-Verfahren** für die Bestimmung von Nullstellen (vgl. Abschnitt 5.1.2) wird ebenfalls aus "Vorgängern" ein neuer Wert ("Nachfolger") berechnet. Trotzdem handelt es sich **nicht** um einen rekursiven, sondern um einen **iterativen** Vorgang; iterare lat. wiederholen.

Dies ist ein **voranschreitender** Prozeß, bei dem der Startwert weniger von Interesse ist als der Endwert, weil ersterer bereits vorliegt -vorliegen muß- und im Endwert das gesuchte Ergebnis liegt. Folglich wird mit dem eigentlichen Rechenvorgang unmittelbar begonnen. Die allgemeine Formulierung einer **Iterationsvorschrift** $x_{n+1} = f(x_n)$ macht dies zusätzlich deutlich. Auch bei **iterativen Algorithmen**, den Verfahren der schrittweisen Näherung, spielt die **Abbruchbedingung** (im Newton-Verfahren bspw. die erreichte Genauigkeit) für die Gewährleistung der Termination eine entscheidende Rolle, vgl. Abschnitt 5.1.2.

Nachfolgend wird der Begriff **Iteration** allgemein für eine Wiederholung eines Algorithmusteils -der Iterationsvorschrift- verwendet und ist nicht ausschließlich an die numerische Anwendung zu binden.

Eine erste mögliche Interpretation -Veranschaulichung- der Rekursion wäre, diese als eine Art **Problemreduktion** zu deuten, indem die Lösungsmethode sich selbst zur Grundlage hat. Dabei wird das aktuelle Problem auf ein Problem niedrigeren Grades schrittweise reduziert, bis dieses einmal trivial ist. Ein triviales Problem bedeutet hier, daß ein fest definiertes Element, sozusagen ein Problem mit bekannter Lösung, erreicht wird und damit die Rekursionsstartbedingung erfüllt ist. Die aus dem trivialen Problem über den rekursiven Ablauf gewonnene Lösung dient damit als Startwert für die sich daran anschließende Iteration. Die **L'Hospitalsche Regel** ist hierzu ein Beispiel. Sie besagt, daß

$$\lim_{x \to a} [f(x)/g(x)] = \lim_{x \to a} [f'(x)/g'(x)] \quad \text{mit} \quad g(x) \neq 0 \quad \text{für} \quad x \varepsilon U(a) \backslash \{a\} \tag{3.2}$$

gilt, falls die linke Seite der Gleichung die "unbestimmte" Form [0/0] bzw. [∞/∞] annimmt und die Grenzwertregeln nicht angewendet werden können; $a \varepsilon R$ bzw. $a = \overset{+}{_-} \infty$. Bei dieser Regel ist eine rekursive Definition dahingehend möglich, daß bei der Berechnung der rechten Seite die Regel an sich wieder angewendet wird, falls die genannte Bedingung erneut zutrifft. Die Ableitungen der Funktionen sind meistens einfacher (Problemreduktion). Die rekursive Definition der L'Hospitalschen Regel kann über eine Funktion HOSPITAL[f(x); g(x); a], die als Funktionswert den Grenzwert von [f(x)/g(x)] für x→a hat, erfolgen:

$$\text{HOSPITAL}[\, f(x); g(x); a\,] := \lim_{x \to a} [f(x)/g(x)] = [\lim_{x \to a} f(x)]/[\lim_{x \to a} g(x)],$$

falls beide Grenzwerte und der Bruch existieren

$$\text{HOSPITAL}[\, f(x); g(x); a\,] := \text{HOSPITAL}[\, f'(x); g'(x); a\,],$$

falls der Bruch die Form [∞/∞] oder [0/0] hat.

Ein weiteres Beispiel ist die **Kettenregel** $h'(x) = f'(g(x)) \bullet g'(x)$ für das Differenzieren einer zusammengesetzten Funktion $h(x) = f(g(x))$, weil für $g'(x)$ das Problem der Differentiation in sich wieder anfällt. Präziser formuliert, die Lösungsmethode zur Differentiation einer solchen Funktion $h(x)$ beinhaltet sich selbst als Teil des Verfahrens, nämlich zur Gewinnung von $g'(x)$. Dies führt zu einem rekursiven Ablauf, insbesondere dann, wenn auch $g(x)$ eine zusammengesetzte Funktion ist, vgl. Beispiel 3.2. Für die Produkt- und Quotientenregel gilt entsprechendes.

Wendet man diese Interpretation als Problemreduktion auf die Iteration an, so findet bei dieser explizit keine statt. Gelöst wird direkt (sofort) über eine wiederholte Anwendung derselben (feststehenden) Iterationsvorschrift(en). Dabei dienen die in jedem einzelnen Schritt erzeugten Ausgabedaten als Eingabedaten des nachfolgenden Durchlaufs; der Startwert ist, wie bereits angedeutet, von vornherein bekannt.

Bei einem weiteren Vergleich von Rekursion und Iteration kann der Schluß gezogen werden, daß ein rekursiver Prozeß die Vorstufe für einen späteren iterativen Prozeß darstellt. Es wird dessen kurze und überschaubare Formulierung ermöglicht, falls sich der "rückwärtige" Weg einfacher beschreiben läßt und der Startwert für die Iteration und/oder die Iterationsvorschrift selbst fehlt.

Über den rekursiven Ablauf werden die Eingabedaten und die einzelnen Prozedurschritte in geschachtelten Abläufen generiert bzw. definiert. Mit dem Eintreffen der **Rekursionsstartbedingung** (Terminationsbedingung) erfolgt schließlich der Anstoß des iterativen Prozesses, indem die rekursiven Prozeduraufrufe ein Ende nehmen.

Am Beispiel der Grenzwertberechnung über die L'Hospitalsche Regel soll dies verdeutlicht werden; der gesamte Prozeß ist im Beispiel 3.1 aufgeschlüsselt. Im ersten Schritt wird bei den vorliegenden Funktionen f und g obiger Sachverhalt ($[0/0]$ bzw. $[\infty/\infty]$) festgestellt. Gemäß der Regel wird differenziert und wiederholt versucht, mit den Grenzwertregeln zu rechnen. Liegen erneut dieselben Verhältnisse vor, so probiert man es weiter, solange, bis der Grenzwert nach n Differentiationen berechnet werden kann. Da der IF-Anweisung keine weiteren Instruktionen folgen, besteht der abschließende iterative Prozeß allein daraus, daß der berechnete Grenzwert über die "Rekursionsstufen" durchgereicht wird. Dies erfolgt bis zum Ausgangspunkt des Rechenvorgangs, dann liegt schließlich das gesuchte Endergebnis vor. Beim schriftlichen Rechnen laufen diese Prozesse unbewußt und optimierter ab. Betrachtet man den prozeduralen Ablauf bei der Kettenregel im Beispiel 3.2 näher, so besteht der abschließende Prozeß aus der Berechnung des Produktes $\prod_{i=0}^{3} f_i'(g_i(x))$. Die Terme $f_i'(g_i(x))$ werden dabei schrittweise aus dem Stapelspeicher bezogen.

Auf Prozeduren bezogen, entspricht die gesamte Befehlssequenz, die sich gemäß den rekursiven Aufrufen erst beim Programmablauf "aufbaut", der rekursiv definierten Menge. Daher läßt sich (auch) mittels Rekursion theoretisch eine unendliche Menge an Operationen durch eine endliche Anzahl an Befehlen und ohne Schleifen ausdrücken. Der praktische Nutzen davon ist, daß mittels Rekursion eine flexible Programmstruktur definiert werden kann, die sich erst beim Programmablauf gemäß den Parametern "entfaltet" und sich diesen **dynamisch** anpaßt.

Bevor aber mit der umfassenderen Behandlung rekursiver Prozeduren begonnen wird, soll zunächst etwas über die grundsätzliche Idee der rekursiven Funktion berichtet werden. Die **rekursive Funktion** der Mathematik -genauer der Zahlentheorie- hat ihren Ursprung in der

Schematisierte Abläufe bei der Grenzwertberechnung mit der L'Hospitalschen Regel

Die **rekursive Definition** läßt sich in folgender "rekursiven FUNCTION" symbolisch ausdrücken:

function hospital(f: funktion; g: funktion; gegen: real) : real;
begin;
if (lim(f,gegen) = lim(g,gegen)) and (lim(f,gegen) =# or lim(f,gegen) = 0)
   then hospital := hospital(ableitung(f) , ableitung(g) , gegen)
   else hospital := lim(f,gegen)/lim(g,gegen);
end;

$$\text{Beispiel: } f(x) = 3x^3 \text{ und } g(x) = 2x^3$$

r

e $hospital_0 = \lim_{x \to 0} [3x^3/2x^3] = \text{"0/0"}$

k $\Rightarrow hospital_0 = \lim_{x \to 0} [f'(x)/g'(x)] = \lim_{x \to 0} [9x^2/6x^2]$

u $hospital_1 = \lim_{x \to 0} [9x^2/6x^2] = \text{"0/0"}$

r $\Rightarrow hospital_1 = \lim_{x \to 0} [f''(x)/g''(x)] = \lim_{x \to 0} [18x/12x]$

s $hospital_2 = \lim_{x \to 0} [18x/12x] = \text{"0/0"}$

i $\Rightarrow hospital_2 = \lim_{x \to 0} [f^{(3)}(x)/g^{(3)}(x)] = \lim_{x \to 0} [18/12] = [3/2]$

v

Der Index gibt die Rekursionsstufe an, und in jeder wird eine neue Generation der Funktionsvariablen hospital angelegt.

Der abschließende iterative Prozeß besteht allein aus dem Durchreichen des Grenzwertes bis zum Ausgangspunkt.

Beispiel 3.1

Frage, welche Funktionen überhaupt berechenbar sind (im Sinne einer handschriftlichen Rechnung und ohne die dafür notwendige Zeit zu berücksichtigen). Eine Antwort auf diese Frage gibt die **Theorie der Berechenbarkeit**, in der die rekursiven Funktionen eine **Funktionsklasse** darstellen. Diese Funktionen haben gemeinsam, daß sie **rekursiv definiert** werden (vgl. (3.1)) und sind daher nicht mit den bekannten Rekursionsformeln zu verwechseln. Mit Hilfe dieser Theorie läßt sich zeigen, daß alle wichtigen arithmetischen Operationen (+ ,-,*,/,EXP etc.) über rekursive Funktionen aus Elementarfunktionen mit einer rekursiven Funktion definiert (berechnet) werden können. Das heißt, mit den Elementarfunktionen werden die numerischen Operationen auf Primitive zurückgeführt, so daß für deren Ausführung auf diesem Weg sehr viel Zeit benötigt würde. Zahlentheoretische Funktionen, für die eine solche rekursive Funktion möglich ist (existiert), heißen primitiv-rekursiv und bilden zusammen eine Funktionsklasse. Für eine anschauliche Darstellung dieser Thematik wird auf [12,16,17] verwiesen.

Gleichzeitig wurden Maschinenmodelle entwickelt, um die Berechenbarkeit auf diesem Gebiet zu untersuchen; die Turing-Maschine dürfte das bekannteste Modell sein.

In den folgenden Erläuterungen wird auf diese Theorie ausnahmsweise nicht zurückgegriffen, denn es bedarf vielfacher Überlegungen, um das jeweilige Pendant zu erkennen. Meistens ist der daraus gewonnene praktische Nutzen für eine programmtechnische Umsetzung nicht allzu groß. In wenigen Sätzen soll jedoch eine wesentliche Schlußfolgerung dargestellt werden. Sämtliche Rechenabläufe in einem Computer können auf die genannten rekursiven Funktionen (Elementaroperationen) zurückgeführt werden. Der umgekehrte Prozeß, die "Bearbeitung" dieser rekursiven Funktionen im Computer, ist möglich, weil zudem alle rekursiven Funktionen mit Hilfe von Kellerspeichern (Zwischenspeicher) auf einem Rechner berechnet werden können und müssen. Ohne auf die Eigenschaften der rekursiven Funktionen eingegangen zu sein, kann damit festgestellt werden, daß **rekursive Prozeduren** in entsprechende iterative Prozeduren über diese Kellerspeicher umgewandelt werden können/ müssen. Wichtig ist dabei, **rekursive Definition** und die aus ihnen gewonnenen **Prozeduren** stets getrennt zu betrachten. Es ist immer möglich, für eine rekursive Definition über einen Algorithmus eine iterative Prozedur zu realisieren. Nachfolgend ist der Begriff "rekursive Funktion" nicht an obige Thematik gebunden, sondern steht für eine allgemein rekursiv formulierte Funktion bzw. für eine rekursive Pascal-Function im Sinne einer Prozedur.

Nach obiger Schlußfolgerung muß ein Rechner, um eine rekursiv formulierte Prozedur bearbeiten zu können, diese zunächst in einen iterativen Prozeß einbetten (umwandeln). Die Notwendigkeit dieser vom Rechner vorzunehmenden Umformulierung ist offensichtlich. Ruft eine Prozedur sich selbst wieder auf, so müssen die aktuellen Variableninhalte erhalten bleiben, damit sie nach der Rückkehr wieder unverändert vorliegen. Dies geschieht über eine oder mehrere Tabellen, in die bei jedem rekursiven Aufruf der **Variablenpool** (Gesamtheit der lokalen Prozedurvariablen und Parameter) eingetragen wird; bei der Rückkehr wird der ursprüngliche Inhalt der Variablen dieser Tabelle wieder entnommen und entsprechend fortgefahren. Die Tabelle fungiert dabei als **LIFO** (Keller- oder Stapelspeicher, engl. stack),

---

Rekursionsstufen bei der Kettenregel

$h(x) = [\sin((x^2+1)^3)]^3 = f(g(x)) \ = > \ f(x) = [g(x)]^3 \text{ und } g(x) = \sin((x^2+1)^3)$

$h_0{}'(x) = f_0{}'(g_0(x)) \bullet g_0{}'(x) = 3 \bullet [\sin((x^2+1)^3)]^2 \bullet g_0{}'(x) \ = > \ h_1(x) = g_0(x) = \sin((x^2+1)^3)$

$h_1{}'(x) = f_1{}'(g_1(x)) \bullet g_1{}'(x) = \cos((x^2+1)^3) \bullet g_1{}'(x) \ = > \ h_2(x) = g_1(x) = (x^2+1)^3$

$h_2{}'(x) = f_2{}'(g_2(x)) \bullet g_2{}'(x) = 3(x^2+1)^2 \bullet g_2{}'(x) \ = > \ h_3(x) = g_2(x) = x^2+1$

$h_3{}'(x) = f_3{}'(g_3(x)) \bullet g_3{}'(x) = 2x \bullet g_3{}'(x) \ = > \ h_4(x) = g_3(x) = x$

$h_4{}'(x) = 1 \ = > \ \text{Termination}$

Mit der Termination schließt sich die Berechnung des Produktes $[[[[2x] \bullet 3(x^2+1)^2] \bullet \cos((x^2+1)^3)] \bullet 3\sin((x^2+1)^3)^2]$ an, wobei die einzelnen Faktorengruppen aus dem Zwischenspeicher stammen.

Beispiel 3.2

---

weil der zuletzt eingetragene (last-in) Variablenpool zuerst wieder entnommen wird (first-out). Die zeitlich nacheinander eingetragenen Variablenpools werden auch in diesem Fall **Variablengenerationen** genannt.

Gleichzeitig mit der Sicherstellung der Variablen stellt sich die Bedingung, daß die Prozedur an sich selbst keine Veränderungen vornimmt, z.B. eine Instruktion verändert. Da für einen rekursiven Aufruf die Funktion im Original vorliegen muß, wäre hierzu nach einer Veränderung eine zweite (n-te) Kopie der Prozedur im Speicher notwendig. Um diesem Verlust an Speicherplatz zu entgehen, werden die Programme so konzipiert, daß sie stets ihren ursprünglichen Zustand beibehalten; man bezeichnet einen Maschinencode mit diesen Eigenschaften als **re-entrant**. Diese Form bzw. Programmkonzeption kann allgemein vermeiden helfen, daß mehrfache Kopien ein und desselben Programms sich im Hauptspeicher befinden müssen. Der Ursprung dieser Technik liegt bei der Entwicklung der Multiusersysteme, so daß mehrere Benutzer gemeinsam eine Programmkopie verwenden.

Den Prozeß der Umsetzung übernehmen in den höheren Programmiersprachen die Compiler. Dies geschieht meistens unter Verwendung von Basispointern, die auf den Anfang des Variablenpools zeigen, dem adressierten Speicherabschnitt wird dadurch die **Variablenstruktur aufgeprägt**. In der Prozedur selbst erfolgt die Adressierung ausschließlich über diesen Basispointer; man kann das mit den Pointern der **dynamischen Datenstrukturen** durchaus vergleichen.

Jeder rekursive Prozeduraufruf bewirkt von neuem, daß dem Basispointer die Adresse eines neuen, freien Speicherbereichs zugewiesen wird. Bei einem Rücksprung wird lediglich der Pointer zurückgesetzt und damit der ursprüngliche Zustand wiederhergestellt. Hat sich die Befehlssequenz über die gesamten **rekursiven Prozeduraufrufe** vollständig "entfaltet", bedeutet dies nichts anderes, als daß anschließend der rein iterative Prozedurablauf mit den Werten in der Variablentabelle (sie dienen als Eingabedaten) stattfindet. Dieser Prozeß hängt natürlich von der Anzahl sowie der Reihenfolge der rekursiven Prozeduraufrufe ab. Ein iterativer Teilabschnitt kann durch einen erneuten rekursiven Aufruf unterbrochen werden. Durch die Auflösung der Rekursion mittels der Tabellen findet automatisch eine Überführung des rekursiven in einen iterativen Algorithmus statt.

Mit der endlichen Speicherkapazität eines Computers verbindet sich gleichzeitig eine Beschränkung der möglichen **Rekursionstiefe**. Große Tiefen bewirken außerdem einen erhöhten Speicher- und Rechenzeitbedarf. Letzterer steht vielfach mit den in rekursiven Prozeduren vorgenommenen mehrfachen Berechnungen (vgl. Fibonaccizahlen weiter unten) sowie den Verwaltungsarbeiten im Zusammenhang. Redundante Berechnungen können bei der entsprechenden iterativen Prozedur oft vermieden werden, indem jederzeit auf die gesamte Tabelle (Variablenansammlung) und damit auf die benötigten Zwischenergebnisse zurückgegriffen wird. Die genannten Verwaltungsarbeiten fallen sowohl für die Variablen an, indem ein Kellerspeicher aufgebaut und verwaltet werden muß, als auch für die Sicherstellung von Rücksprungadressen und der wiederholten Initialisierung der Routine(n) etc.

Bei der Formulierung einer Prozedur zu einem rekursiven Algorithmus stellt sich mitunter die Frage, ob die Rekursion in der Prozedur nicht über eine eigene Variablenverwaltung (Tabellen) aufgelöst und eine iterative Prozedur geschrieben werden sollte. Man übernimmt die Variablenzwischenspeicherung mit dem Ziel einer geringeren Redundanz, indem lediglich die sich verändernden Variablen und nicht der gesamte Variablenpool "gerettet" werden. Damit kann beides, Speicherplatz und Rechenzeit, eingespart werden. Ersteres aber nur, wenn auch dynamische Datenstrukturen verwendet werden. Wird mit einem fest dimensionierten Array gearbeitet, so belegt dieses während des gesamten Programmablaufs den Speicherplatz und unterwirft die Rekursionstiefe einer oberen Schranke.

Der mit einer **Auflösung der Rekursion** verbundene Nachteil liegt hauptsächlich im Verlust der einfacheren Formulierung und der damit verbundenen **Übersichtlichkeit** und **Transparenz**. Dies stellt sich insbesondere ein, wenn der Algorithmus zu einem hohen Grad rekursiven Charakter besitzt. Liegt dem Algorithmus eine rekursive Definition zugrunde, so bleibt diese von der Umformulierung unberührt. Beide müssen streng auseinandergehalten werden. Erst mit einer Auflösung, präziser mit der Umformulierung der rekursiven Definition in eine iterative (nicht-rekursive), resultiert direkt ein iterativer Algorithmus, so daß seine Umformulierung bzw. die Zwischenspeicherung entfällt.

Aus diesem Sachverhalt entsteht die Streitfrage, ob die rekursive Prozedur schlechter als die iterative und überhaupt sinnvoll ist. Insgesamt stehen für die programmtechnische Umsetzung einer rekursiven Definition drei Wege offen; auf diese Aufstellung wird noch des öfteren Bezug genommen werden.

(1) Die rekursive Definition wird über den rekursiven Algorithmus direkt in eine rekursive Prozedur bzw. Funktion umgesetzt, sofern dies die Programmiersprache zuläßt.

(2) Man löst die Rekursion in den Prozeduren bzw. schon im Algorithmus dahingehend auf, daß über eigene Tabellen die Variablenverwaltung vollzogen wird.

(3) Man überführt die rekursive Definition in eine iterative und setzt diese über den iterativen Algorithmus in eine "rein" iterative Prozedur um.

Eine Vermutung, daß sich von (1) nach (3) schrittweise ein höherer Grad an Effizienz bzgl. der Rechenzeit einstellt, soll als Diskussionspunkt bis Abschnitt 3.3 offen bleiben. Der gesamte Abschnitt 3.3 ist dieser Frage und allgemein der Umsetzung rekursiver Definitionen/Algorithmen in Prozeduren gewidmet. Im Beispiel 3.3 werden diese drei Wege der Umsetzung an der Fakultätsfunktion (3.1) vorgestellt. Bei deren rekursiver Definition ist die Erstellung der drei Versionen einfach, und die Wahl der effizientesten Form bereitet ebenso keine Schwierigkeiten. Viele rekursive Definitionen und Algorithmen weisen aber mehr Komplexität und einen höheren Grad an Rekursion auf, so daß sich insbesondere die Bestimmung der dritten Form als "echtes" Problem herausstellt, vgl. 3.3.1. Mit der Formulierung "höherer Grad an Rekursivität" wird ausgedrückt, daß der rückläufige Prozeß einfacher zu beschreiben ist und die Umformulierung in eine Iteration sich als schwierig darstellt.

Für die Sequenz der rekursiven Prozeduraufrufe in einem Programm gibt es mehrere Möglichkeiten. Erfolgt der Aufruf von Prozedur A direkt über sich selbst ("ohne Umweg"), bekommt A das Attribut **direkt rekursiv**. Falls die Prozedur A eine Prozedur B aufruft, welche dann A direkt oder indirekt aufruft, ist A eine **indirekt rekursive** Prozedur. Sofern eine Prozedur über beide Formen aufgerufen wird, ist sie indirekt rekursiv. Die indirekte Rekursion kann bei hoher **Modularität** leicht unerkannt bleiben!

Abschließend wird die Mehrdeutigkeit des Begriffes "Rekursionsformel" geklärt. In der Literatur wird allgemein von **Rekursionsformeln** gesprochen, auch wenn deutlich iterative Vorgänge dargestellt werden; der Begriff **Iterationsformel** ist nicht üblich. Nur bei Grenzwertberechnungen -im Sinne der Konvergenz- spricht man dann von einer **Iteration** (Iterationsverfahren) mittels einer **Iterationsvorschrift**, vgl. Abschnitt 5.1.2.
Analog zu den **mehrtermigen Rekursionsformeln** kann eine entsprechende Formulierung in Funktionen einen mehrfachen rekursiven Aufruf hervorrufen; die **Fibonaccizahlen** FIBO(n) hierzu als Beispiel. Ihr rekursives Bildungsgesetz formuliert sich wie folgt ($n \in N$):

$$FIBO(n) := FIBO(n-1) + FIBO(n-2) \qquad\qquad \text{für } n \geq 3 \qquad\qquad (3.3)$$

$$FIBO(n) := 1 \qquad\qquad\qquad\qquad \text{für } n = 1,2.$$

Wird bei solchen mehrtermigen Rekursionsformeln der erste Weg eingeschlagen, so zeigt

Möglichkeiten der programmtechnischen Umsetzung einer
rekursiven Definition am Beispiel der Fakultätsfunktion

FAKULTÄT gemäß Form (1)

```
FUNCTION FAKULTAET(N : INTEGER): INTEGER;
BEGIN
IF N = 0 THEN FAKULTAET := 1
          ELSE FAKULTAET := N * FAKULTAET(N-1)
END;
```


FAKULTÄT gemäß Form (2)

```
FUNCTION FAKULTAET(N : INTEGER): INTEGER;
VAR POINTER, I : INTEGER;
    TABELLE    : ARRAY[0..50] OF INTEGER;
LABEL 10;
BEGIN
POINTER := 0;
10:
IF N = 0 THEN TABELLE[POINTER] := 1
         ELSE BEGIN
              TABELLE[POINTER] := N;
              POINTER := POINTER + 1;
              N := N - 1;
              GOTO  10
              END;
IF POINTER > 0
   THEN FOR I := 1 TO POINTER DO
           TABELLE[I] := TABELLE[I] * TABELLE[I-1];
FAKULTAET := TABELLE[POINTER]
END;
```


FAKULTÄT gemäß Form (3)

```
FUNCTION FAKULTAET(N : INTEGER): INTEGER;
VAR I, ERGEBNIS : INTEGER;
BEGIN
ERGEBNIS := 1;
FOR I := 1 TO N DO
    ERGEBNIS := ERGEBNIS * I;
FAKULTAET := ERGEBNIS
END;
```

Beispiel 3.3

sich bei diesen Funktionen ein enorm hoher Grad an Doppelberechnung auf. Die Anwendung von (3.3) gemäß Form (1) oder (2) ist für eine schnelle Berechnung der Fibonaccizahlen daher als äußerst fragwürdig anzusehen. In [19] ist für die Fibonaccizahlen Form (3) dargestellt, es ist eine (nicht-rekursive) Funktion F(n) mit

$$F(n) = [1/\sqrt{5}] \cdot ([(1+\sqrt{5})/2]^{n+1} - [(1-\sqrt{5})/2]^{n+1}), \tag{3.4}$$

die als Funktionswert FIBO(n) ergibt.

3.2 REKURSION IN PASCAL

Im Gegensatz zu den Sprachen FORTRAN und BASIC, die die Rekursion ausnahmslos verbieten -es muß Form (2) oder (3) gewählt werden-, können in Pascal sowohl die **Datenstrukturen** als auch die **Prozeduren** rekursiv formuliert werden, womit gleichzeitig die bis jetzt genannten Begriffe auch für die Datenstrukturen Gültigkeit bekommen. Diese Möglichkeiten befähigen den Software-Entwickler besonders zur strukturierten Programmierung. Als Beispiel für eine rekursive Datenstruktur kann ein RECORD für die Abspeicherung eines Bruchs genannt werden, bei welchem Nenner und Zähler selbst aus Brüchen bestehen können, wie im Doppelbruch.

```
type    bruch_pointer = ↑bruch;
type    bruch = record
                case zahl_oder_bruch , : boolean of
                true : (nenner : real;   zaehler : real);
                false: (nenner_bruch  : bruch_pointer;
                        zaehler_bruch : bruch_pointer)
                end;
```

Bei diesem RECORD liegt die mögliche Rekursion im Zähler und Nenner, denn beide bestehen entweder aus reellen Zahlen oder aus Brüchen. Die rekursive Definition des Bruchs wird im RECORD durch die Verwendung von Zeigervariablen bereits bei der Programmierung aufgelöst.

In den Pascalprozeduren wird eine Rekursion vom Compiler erkannt, daher gibt es in Pascal auch keine **expliziten** Attribute für Funktionen und Prozeduren, die diese als rekursiv kennzeichnen. Das gilt nicht allgemein, denn in der Programmiersprache PL/I muß einer PROCEDURE explizit das Attribut RECURSIVE zugeordnet werden.

Über die sichere Anwendbarkeit einer rekursiven Prozedur entscheidet die **Terminationsbedingung** wesentlich mit. Für die Gewährleitung der Termination bedarf es bei einigen rekursiven Definitionen bzw. Algorithmen eines mathematischen Beweises oder ähnlicher Überlegungen, vgl. Abschnitt 3.3.4.

Im Gegensatz zu den rekursiven Datenstrukturen, deren Termination aus der endlichen Datenmenge resultiert (Ausnahmefall ist eine geschlossene (zyklische) Liste), muß sich beim Programmablauf mindestens eine Größe so entwickeln, daß sie sich für die Formulierung der **Rekursionsstartbedingung** heranziehen läßt. Sie kann als Parameter oder evtl. auch als globale Variable definiert sein, wobei auf eine mögliche Rechenungenauigkeit zu achten ist, wenn der entsprechende **logische Ausdruck** bzw. der arithmetische Vergleich formuliert wird. Bei der Fakultätsfunktion z.B. läßt sich für die Rekursionsstartbedingung bereits das Argument der Funktion verwenden, das stets um eins vermindert wird. In einem zu berechnenden **arithmetischen Ausdruck**, in dessen rekursiver Definition die beiden Operanden selbst als Ausdrücke definiert sind, wird die Termination durch die endliche Klammerungstiefe (Termgröße) garantiert.

Bei numerischen Verfahren ist diese Garantie wiederum nicht von vornherein gegeben. Hier könnte die Genauigkeit des Ergebnisses herangezogen werden, die sich (hoffentlich) ständig erhöht. Da numerische Verfahren vielfach aber eine gute Wahl des Startwertes voraussetzen, kann im Falle der Divergenz nie oder nur durch Zufall eine Termination eintreten.

Die Existenz einer solchen Größe kann notfalls gewährleistet werden, indem eine Variable die **Rekursionstiefe** kontrolliert und bspw. nach insgesamt 100 rekursiven Aufrufen ein Abbruch erfolgt. Diese Variable wird zu Beginn der Prozedur erhöht und am Ende entsprechend vermindert.

Auch in der **Testphase** einer rekursiven Prozedur, die sich vielfach als recht komplex herausstellt, ist eine solche Variable hilfreich. Die Komplexität richtet sich wesentlich nach der Parameterstruktur und der Sequenz an rekursiven Prozeduraufrufen. Bei der iterativen Version gemäß Form (2) stehen während des gesamten Ablaufs sämtliche Zwischenergebnisse der einzelnen Schritte zur Verfügung (falls diese überhaupt zwischengespeichert werden) und können zu einem ausgewählten Zeitpunkt zwecks Kontrolle ausgegeben werden. Dies trifft auf rekursive Prozeduren nicht zu, weil die Variablen automatisch ohne Möglichkeiten des Eingriffs verwaltet werden und kein Zugriff auf vorangehende Variablengenerationen besteht.

Werden für **Tests** dann gewöhnliche Methoden herangezogen, wozu ein Hauptspeicherauszug (Dump) hier nicht zählt, müssen die wichtigen Daten (zumindest die wichtigsten Parameter) bei jedem neuen Prozeduraufruf ausgegeben werden. Um die ausgedruckten Werte einer bestimmten **Rekursionsstufe** und einem einzelnen Prozeduraufruf zuordnen zu können, muß dies gleichzeitig aus der Ausgabesequenz hervorgehen. Hierzu eignet sich die Ausgabe der oben beschriebenen Variable ebenso.

3.3   REKURSIVE UND ITERATIVE PROZEDUREN IM VERGLEICH

Auf die globalen Überlegungen über die Formulierungsmöglichkeiten eines rekursiven Algorithmus folgt nun direkt der Vergleich an weiteren Beispielen. Das Ziel ist zu verdeutlichen, daß keiner der drei Wege von vornherein als weniger effizient angesehen werden kann. Die Entscheidung kann allein anhand des Algorithmus bzw. der zugrundeliegenden Definition getroffen werden, indem zuvor deren Struktur untersucht wird. Ein weiteres Entscheidungskriterium ist der mit dem Programm verbundene Zweck und die Häufigkeit, in der es

benutzt wird, d.h. ob der allgemein höhere Bedarf an Rechenzeit bei rekursiven Prozeduren in Kauf genommen werden kann oder nicht (Demonstration oder Ablauf unter "Produktionsbedingungen").
Für ein auf Rechenzeit optimiertes Programm ist die unmittelbare Übernahme der rekursiven Definition bzw. des Algorithmus eben selten eine optimale Lösung.

Die Formen der Entwicklung einer entsprechenden Prozedur -vorrangig nur zwei- werden miteinander verglichen bzgl. Mehraufwand, Verlust an Übersichtlichkeit und des Bedarfs an Rechenzeit. Bei dieser Darstellung bleibt die grundsätzliche Effizienz der Lösungsmethode aber unberücksichtigt.

3.3.1 LAPLACE-ENTWICKLUNG DER DETERMINANTE

Die **Determinante** einer n-quadratischen Matrix kann über eine **Laplace-Entwicklung** berechnet werden. Dabei wird die n×n-Matrix in n (n-1)-quadratische Matrizen zerlegt, und deren Determinanten werden bestimmt und anschließend verknüpft. Die (n-1)-quadratischen Matrizen lassen sich wiederum für die Berechnung ihrer Determinante in (n-1) (n-2)-quadratische Matrizen zerlegen usw. (Problemreduktion). Der rekursive Algorithmus wird offensichtlich, wobei als **Rekursionsstartbedingung** gilt, daß die Determinante einer 1×1-Matrix diesem einen Element entspricht. Die **Termination** ist damit garantiert, und es entstehen bei einer n×n-Matrix insgesamt n! **Untermatrizen**, wenn man die Zerlegung bis zur einelementigen Matrix durchführt.

Wird bei einer n×n-Matrix A die i-te Zeile sowie die j-te Spalte weggelassen ("ausgeblendet"), so entsteht eine (n-1)-quadratische Matrix $B_{i,j}$. Die Determinante dieser **Untermatrix** $B_{i,j}$ wird als **Minor** $M_{i,j}$ des Elements $a_{i,j}$ der Matrix A bezeichnet. Der mit $(-1)^{i+j}$ multiplizierte Minor $M_{i,j}$ heißt **Kofaktor** $K_{i,j}$ des Elements $a_{i,j}$. Indizes beginnen dabei mit 1, wobei der erste die Zeile und der zweite die Spalte angibt.
Unter der **Laplace-Entwicklung der Determinante** ist nachfolgendes Vorgehen zu verstehen. Man wählt eine Zeile (Spalte) α der n×n-Matrix A fest aus und summiert alle n Produkte aus Kofaktor $K_{\alpha,i}$ ($K_{i,\alpha}$) und Element $a_{\alpha,i}$ ($a_{i,\alpha}$), welche im Schnittpunkt der Zeile (Spalte) α und der Spalten (Zeilen) i liegen, für sämtliche n Spalten (Zeilen) (i = 1,2,..,n). Man erhält als Ergebnis einen Term für die Determinante der Matrix A, in dem somit nur die Determinanten von (n-1)-quadratischen Matrizen enthalten sind.

$$\text{Det}(A) = a_{\alpha,1} \cdot K_{\alpha,1} + a_{\alpha,2} \cdot K_{\alpha,2} + ... + a_{\alpha,n} \cdot K_{\alpha,n} = \sum_{i=1}^{n} a_{\alpha,i} \cdot K_{\alpha,i} \qquad (3.5)$$

$$\text{Det}(A) = a_{1,\alpha} \cdot K_{1,\alpha} + a_{2,\alpha} \cdot K_{2,\alpha} + ... + a_{n,\alpha} \cdot K_{n,\alpha} = \sum_{i=1}^{n} a_{i,\alpha} \cdot K_{i,\alpha}. \qquad (3.6)$$

Beispiel 3.4 dient der Verdeutlichung, dabei wurde stets die 2-te Zeile der Matrix ausgewählt ($\alpha = 2$).

<u>Laplace-Entwicklung einer 3×3-Matrix</u>

$$
\begin{vmatrix} a_{11} & a_{12} & a_{13} \\ a_{21} & a_{22} & a_{23} \\ a_{31} & a_{32} & a_{33} \end{vmatrix} =
$$

$$
(-1)^{1+1} \star a_{11} \begin{vmatrix} a_{22} & a_{23} \\ a_{32} & a_{33} \end{vmatrix} + (-1)^{1+2} \star a_{12} \begin{vmatrix} a_{21} & a_{23} \\ a_{31} & a_{33} \end{vmatrix} + (-1)^{1+3} \star a_{13} \begin{vmatrix} a_{21} & a_{22} \\ a_{31} & a_{32} \end{vmatrix} ;
$$

$$
\begin{vmatrix} a_{22} & a_{23} \\ a_{32} & a_{33} \end{vmatrix} = (-1)^{1+1} \star a_{22} \, | \, a_{33} \, | + (-1)^{1+2} \star a_{23} \, | \, a_{32} \, | ;
$$

$$
\begin{vmatrix} a_{21} & a_{23} \\ a_{31} & a_{33} \end{vmatrix} = (-1)^{1+1} \star a_{21} \, | \, a_{33} \, | + (-1)^{1+2} \star a_{23} \, | \, a_{31} \, | ;
$$

$$
\begin{vmatrix} a_{21} & a_{22} \\ a_{31} & a_{32} \end{vmatrix} = (-1)^{1+1} \star a_{21} \, | \, a_{32} \, | + (-1)^{1+2} \star a_{22} \, | \, a_{31} \, | ;
$$

Beispiel 3.4

Die Laplace-Entwicklung führt besonders schnell zu einem Ergebnis, wenn die Matrix in eine Form gebracht werden kann, in der viele Elemente der ausgewählten Zeile (Spalte) Null sind ($a_{\alpha,i} = 0$ bzw. $a_{i,\alpha} = 0$) und damit die Berechnung des Minors entfällt (Multiplikation mit Null!). Diese Form kann notfalls über die **elementaren Matrixoperationen** erreicht werden, die die Determinante überhaupt nicht oder lediglich ihr Vorzeichen verändern.

Im Pascalprogramm 3.1 wird über die **rekursive Funktion** DETERMINANTE die Laplace-Entwicklung vorgenommen. In der ersten Doppelschleife des Hauptprogramms werden die $a_{i,j}$ der Matrix eingelesen und gleichzeitig kommentiert ausgedruckt. Mit der Konstanten N wurde die Matrixgröße allgemein gehalten, indem sie den maximalen Index der n×n-Matrix angibt. Zusätzlich enthält das Programm noch die WRITE-Befehle aus der Testphase zur Demonstration (Ausgabe der Teilmatrizen und der Rekursionstiefe etc.), die bei späterer Verwendung entfernt werden sollen und entsprechend gekennzeichnet sind.
Mit dem Aufruf der Funktion DETERMINANTE in der WRITE-Anweisung im Hauptprogramm vollzieht diese eine Laplace-Entwicklung, wobei der erste Parameter die Matrix ist und ihr größter Index im zweiten Parameter angegeben wird; Indizes beginnen auch hier mit 1. Nach der Kontrollausgabe der Matrix wird in DETERMINANTE als erstes auf eine einelementige Matrix hin abgefragt. Bei einer solchen entspricht die Determinante diesem einen Element, so daß diese Abfrage als **Terminations-** bzw. **Rekursionsstartbedingung** fungiert. Anderenfalls werden im Falle $a_{1,j} \neq 0$ die Minoren $M_{1,j}$ für $j = 1,2,...,n$ in einer Schleife berechnet. Dies bewirkt schließlich den rekursiven Aufruf der Funktion

<u>**Laplace-Entwicklung r e k u r s i v**</u>

```
PROGRAM LAPLACE_ENTWICKLUNG__REKURSIV (INPUT,OUTPUT);
/* DETERMINANTEN-BERECHNUNG MITTELS LAPLACE-ENTWICKLUNG */
CONST N = 3; /* DIMENSIONIERUNG DER MATRIX (MAXIMALER INDEX) */
TYPE  MATRIX = ARRAY [1..N,1..N] OF REAL;/* MATRIX-DEFINITION */
VAR   I, J  : INTEGER;/* LAUFVARIABLEN */
      MA    : MATRIX; /* N * N - MATRIX */
      REK_TIEFE : INTEGER;                              /* TEST */
/*- - - - - - - - - - - - - - - - - - - - - - - - - - - - - -*/
    function determinante
        (mat : matrix; /* matrix, deren determinante berechnet wird */
    max_ind : integer)/* max. index der n*n-matrix (beginnt bei 1) */
            : real;/* e r g e b n i s */
        var   ar_ma : matrix;/* arbeitsmatrix */
          ar_deter : real;   /* arbeitsvariable fuer die determinante */
            i, j, k : integer;
        begin
rek_tiefe := rek_tiefe + 1;                              /* test */
writeln; writeln('max_ind,rek_tiefe',max_ind:4,rek_tiefe:5);/* test */
for i := 1 to max_ind do                                 /* test */
    for j := 1 to max_ind do                             /* test */
        writeln('mat(',i:3,',',j:3,')',mat[i,j]:20:4);   /* test */
    ar_deter := 0;/* ergebnis initialisieren */
    if max_ind = 1
        then ar_deter := mat[1,1] /* einelementige matrix */
        else for k := 1 to max_ind do
                if mat[1,k] <> 0
                    then begin
                        if k <> 1
/* linken teil  */          then for i := 1 to (k-1) do
/* kopieren     */                  for j := 2 to max_ind do
                                        ar_ma[j-1,i] := mat[j,i];
                        if k <> max_ind
/* rechten teil */          then for i := (k+1) to max_ind do
/* kopieren     */                  for j := 2 to max_ind do
                                        ar_ma[j-1,i-1] := mat[j,i];
                        if odd(1+k) /* berechnung des kofaktors */
                            then ar_deter := ar_deter - mat[1,k] *
                                    determinante(ar_ma,max_ind-1)
                            else ar_deter := ar_deter + mat[1,k] *
                                    determinante(ar_ma,max_ind-1)
                    end;
    determinante := ar_deter;/* funktionswert = det(mat) */
writeln('funktionswert, max_ind, rek_tiefe: ',      /* test */
      ar_deter:20:4,max_ind:4,rek_tiefe:5);         /* test */
rek_tiefe := rek_tiefe - 1                           /* test */
    end;/* function - end */
/*- - - - - - - - - - - - - - - - - - - - - - - - - - - - - -*/
```

Teil 1 von Programm 3.1

```
BEGIN
FOR I := 1 TO N DO /* ZEILEN - INDEX */
    BEGIN
    FOR J := 1 TO N DO /* SPALTEN - INDEX */
        BEGIN
        READ     (MA[I,J]);/* MATRIX-ELEMENT LESEN UND DRUCKEN */
        WRITELN ('MATRIX(',I:3,',',J:3,'):',MA[I,J]:15:4)
        END;
    READLN; WRITELN
    END;
WRITELN;
WRITELN('DETERMINANTE: ',DETERMINANTE( MA , N ):20:5)
END.
```

Beispiel einer Eingabe

```
4   0   1
0   4   0
1   8   4
```

dazugehörende Ausgabe

```
MATRIX(  1,   1):        4.0000
MATRIX(  1,   2):           0.0
MATRIX(  1,   3):        1.0000
MATRIX(  2,   1):           0.0
MATRIX(  2,   2):        4.0000
MATRIX(  2,   3):           0.0
MATRIX(  3,   1):        1.0000
MATRIX(  3,   2):        8.0000
MATRIX(  3,   3):        4.0000


max_ind,rek_tiefe   3   1
mat(  1,   1)            4.0000
mat(  1,   2)               0.0
mat(  1,   3)            1.0000
mat(  2,   1)               0.0
mat(  2,   2)            4.0000
mat(  2,   3)               0.0
mat(  3,   1)            1.0000
mat(  3,   2)            8.0000
mat(  3,   3)            4.0000
max_ind,rek_tiefe   2   2
mat(  1,   1)            4.0000
mat(  1,   2)               0.0
mat(  2,   1)            8.0000
mat(  2,   2)            4.0000
```

Teil 2 von Programm 3.1

```
max_ind,rek_tiefe   1    3
mat(  1,   1)                    4.0000
funktionswert, max_ind, rek_tiefe:        4.0000   1    3
funktionswert, max_ind, rek_tiefe:       16.0000   2    2
max_ind,rek_tiefe   2    2
mat(  1,   1)                    0.0
mat(  1,   2)                    4.0000
mat(  2,   1)                    1.0000
mat(  2,   2)                    8.0000
max_ind,rek_tiefe   1    3
mat(  1,   1)                    1.0000
funktionswert, max_ind, rek_tiefe:        1.0000   1    3
funktionswert, max_ind, rek_tiefe:       -4.0000   2    2
funktionswert, max_ind, rek_tiefe:       60.0000   3    1
DETERMINANTE:            60.00000
```

Teil 3 (Ende) von Programm 3.1

DETERMINANTE. Für die Entwicklung wurde die erste Zeile fest ausgewählt ($\alpha = 1$), und keine Zeile oder Spalte wird nach den oben erwähnten Kriterien gesondert ausgesucht. Die beiden Abfragen "k < > 1" und "k < > max_ind" vermeiden ein doppeltes Kopieren der ersten oder letzten Spalte, falls diese gerade "ausgeblendet" sind.
Anhand der vollständig mit abgedruckten Ausgabe kann der gesamte Ablauf leicht nachvollzogen werden.

Mit Programm 3.2 wird eine iterative Prozedur gemäß Form (2) vorgestellt, somit wurde in ihr die Rekursion über eigene Tabellen aufgelöst. Zu erwähnen bleibt lediglich, daß die Matrizen nur aus der Tabelle MA heraus angesprochen werden. Würde man eine gesonderte Variable vom Type MATRIX verwenden und diese immer wieder in die Tabelle eintragen bzw. ihren Inhalt aus dieser zurückholen, brächte dies -bedingt durch den notwendigen Transfer- eine erhebliche Verlangsamung des Programms mit sich. Bei den Variablen vom **einfachen Typ** fällt dies nicht so sehr ins Gewicht, sie sind lediglich vier oder acht Bytes lang. Bzgl. der Funktionsparameter ergeben sich im Vergleich zur Funktion DETERMINANTE im Programm 3.2 keine Veränderungen.

Der nächstliegende Vergleich der Programme liegt im Rechenzeitbedarf, in Beispiel 3.5 sind die Laufzeiten der beiden Programme bis zur 10×10-Matrix aufgeführt. Diese Werte zeigen -ausgedrückt im Wert FAKTOR- einerseits das Verhältnis zwischen den beiden Versionen. Andererseits legen sie offen, daß die Laplace-Entwicklung der Determinante für eine effektive Anwendung in einem (schnellen) Computerprogramm keine Grundlage besitzt. Sie benötigt zu viele Operationen, selbst dann, wenn man für Matrizen von niedrigem Rang eine feste Formel verwendet. Ein effizienteres Verfahren zur Berechnung der Determinante

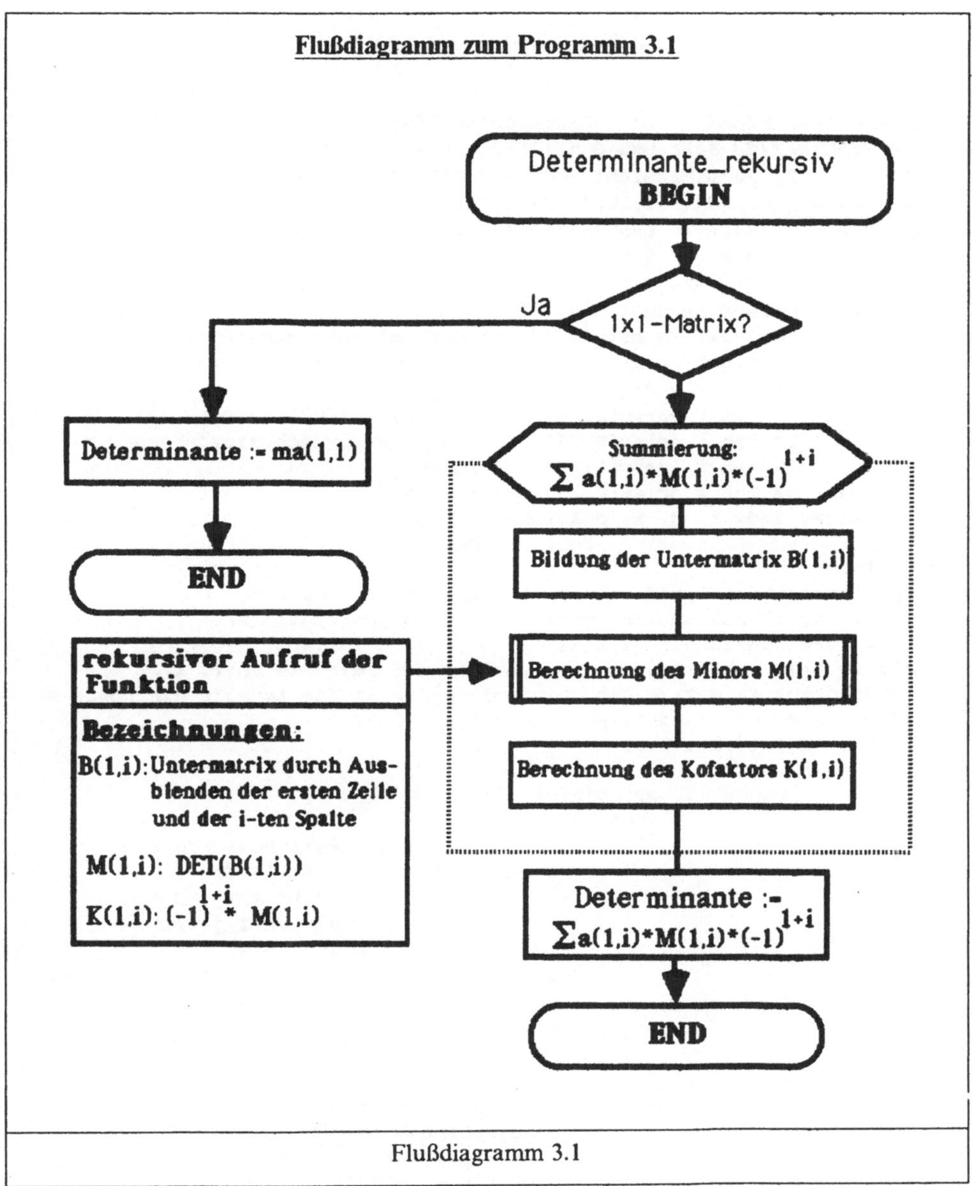

Flußdiagramm 3.1

wird in Abschnitt 4.3.1 mit dem **Gaußschen Algorithmus** vorgestellt.

So kann pauschal die Funktion gemäß Form (1) als besser angesehen werden, weil in deren Struktur der zugrundeliegende mathematische Sachverhalt noch deutlich zu erkennen ist. Im Programm 3.2 ist diese Transparenz scheinbar verlorengegangen. Daher kann die Frage nach der besseren Lösungsmethode nur individuell beantwortet werden, es bleibt eine Entscheidungsfrage.

<u>**Laplace-Entwicklung i t e r a t i v**</u>

```
PROGRAM DETERMINANTE__MIT_AUFGELOESTER_REKURSION (INPUT,OUTPUT);
/* DETERMINANTEN-BERECHNUNG MITTELS LAPLACE-ENTWICKLUNG */
CONST  N = 3; /* DIMENSIONIERUNG DER MATRIX (MAXIMALER INDEX) */
TYPE  MATRIX = ARRAY [1..N,1..N] OF REAL;/* MATRIX-DEFINITION */
VAR  I,J : INTEGER;/* LAUFVARIABLEN */
     MA  : MATRIX; /* N * N - MATRIX */
/*- - - - - - - - - - - - - - - - - - - - - - - - - - - - - - - - - - -*/
  function determinante
     (mat : matrix; /* matrix, deren determinante berechnet wird */
  max_ind : integer)/* max. index (beginnen bei 1) der n*n-matrix */
          : real;/* e r g e b n i s */
     var       ma : array[0..50] of matrix;/* tabellen fuer die   */
           det_tab : array[0..50] of real;  /* zwischenspeicherung */
             k_tab : array[0..50] of integer;
         max_ind_tab : array[0..50] of integer;
         start_ind, i, j, k, pointer : integer;
                        det, z : real;
  begin;
  pointer := 0;/* tabellen-verwaltungs-pointer init. */
  start_ind := max_ind;/* index der untermatrix init. */
  k := 1;/* spalten-index init. */
  det := 0;/* arbeits-variable fuer die determinante init. */
  ma[pointer] := mat;/* die original-matrix in die tabelle eintragen */
  if max_ind = 1 /* einelementige matrix ?? */
     then det := mat[1,1]
     else repeat
             repeat if ma[pointer,1,k] <> 0
                      then begin
                        if k <> 1 /* linken teil kopieren */
                           then for i := 1 to (k-1) do
                                   for j := 2 to max_ind do
                                      ma[pointer+1,j-1,i] :=
                                      ma[pointer,j,i];
                        if k <> max_ind /* rechten teil kopieren */
                           then for i := (k+1) to max_ind do
                                   for j := 2 to max_ind do
                                      ma[pointer+1,j-1,i-1] :=
                                      ma[pointer,j,i];
  /* zwischenspeicherung in der tabelle vornehmen */
                        max_ind_tab[pointer] := max_ind;
                           k_tab[pointer] := k;
                         det_tab[pointer] := det;
                        max_ind := max_ind - 1;
                        pointer := pointer + 1;
                        k := 0;/* k wird noch erhoeht */
                        if max_ind <> 1
                           then det := 0
                        end;/* then begin - end */
                  k := k + 1 /* spalten-index erhoehen */
```

Teil 1 von Programm 3.2

```
                        until  (k > max_ind) or (max_ind = 1);
                        if max_ind < start_ind
                            then repeat if max_ind = 1
                                            then z := ma[pointer,1,1]
                                            else z := det;
                                         pointer := pointer - 1;
                                         det := det_tab[pointer];
                                         k    :=    k_tab[pointer];
                                         if odd(1+k)
                                             then det := det - z * ma[pointer,1,k]
                                             else det := det + z * ma[pointer,1,k];
                                         max_ind := max_ind + 1;
                                         k := k + 1
                                   until  ((max_ind <= start_ind)  and
                                           (        k <= max_ind  ))  or
                                          (max_ind >= start_ind)
                 until      (k > start_ind);
       determinante := det
       end;/* function - end */
/*- - - - - - - - - - - - - - - - - - - - - - - - - - - - - - - - - - - -*/
BEGIN;
FOR I := 1 TO N DO /* ZEILEN - INDEX */
    BEGIN
    FOR J := 1 TO N DO /* SPALTEN - INDEX */
        BEGIN
        READ    (MA[I,J]);/* MATRIX-ELEMENT LESEN UND DRUCKEN */
        WRITELN ('MATRIX(',I:3,',',J:3,'):',MA[I,J]:15:4)
        END;
    READLN; WRITELN
    END;
WRITELN;
WRITELN('DETERMINANTE: ',DETERMINANTE( MA , N ):20:5)
END.
```

Beispiel einer Eingabe

```
   4   1   1
 -21   4   1
   1   8   4
```

---

dazugehörende Ausgabe

```
MATRIX(  1,  1):        4.0000
MATRIX(  1,  2):        1.0000
MATRIX(  1,  3):        1.0000
MATRIX(  2,  1):      -21.0000
MATRIX(  2,  2):        4.0000
MATRIX(  2,  3):        1.0000
MATRIX(  3,  1):        1.0000
MATRIX(  3,  2):        8.0000
```

Teil 2 von Programm 3.2

```
MATRIX(  3,  3):           4.0000

DETERMINANTE:             -55.00000
```

Teil 3 (Ende) von Programm 3.2

Vollzieht man die Laplace-Entwicklung z.B. an einer 4×4-Matrix und notiert dabei alle anfallenden Untermatrizen, so wird auffallen, daß zu einigen die Determinante mehrmals berechnet werden. Um in einer Prozedur dies verhindern zu können, müßte auf Zwischenergebnisse zurückgegriffen oder eine Funktion gemäß Form (3) programmiert werden.

Ergänzend wird ein Verfahren zur Berechnung der **inversen Matrix** A^{-1} über die Kofaktoren vorgestellt. Diese dient bekanntlich auch zur Lösung eines **linearen Gleichungssystems**, bestehend aus n Gleichungen mit jeweils n Unbekannten. Hierzu berechnet man zu jedem Element $a_{i,j}$ der n×n-Matrix A den Kofaktor $K_{i,j}$. Aus diesen wird eine neue n×n-Matrix B gewonnen, indem der Kofaktor $K_{i,j}$ als Element $b_{j,i}$ verwendet wird; damit wird die **Transponierte** der **Kofaktorenmatrix** gebildet (Vertauschung der Indizes). Diese Matrix B heißt **(klassische) Adjunkte** von A und es gilt $A \bullet B = B \bullet A = Det(A) \bullet I$, dabei ist I die **Einheitsmatrix**. Die inverse Matrix A^{-1} ergibt sich dann als $A^{-1} = [1/Det(A)] \bullet B$. Hieraus folgt gleichzeitig, daß ein Gleichungssystem nur dann eine eindeutige Lösung hat, wenn die Determinante ungleich Null ist ($Det(A) \neq 0$). Eine rekursive Prozedur für die Berechnung der Kofaktorenmatrix wäre gleichfalls mit den obigen Argumenten zu rechtfertigen, Programm 3.1/2 müßte hierzu nur in geringem Umfang geändert werden. Gilt nicht der inversen Matrix das Interesse, sondern allein der Lösung des linearen Gleichungssystems, so bietet sich die **Cramersche Regel** an, vgl. [10].
Aber auch für die Berechnung der inversen Matrix gibt es schnellere -numerische- Verfahren, wie z.B. eine Abwandlung des Gaußschen Algorithmus; vgl. [8,20,21].

3.3.2   KLAMMERBESEITIGUNG IN BOOLESCHEN TERMEN

Ein Verfahren zur Beseitigung unnötiger Klammern in Booleschen Termen wurde mit Abschnitt 1.2 vorgestellt, nachdem den einzelnen **Junktoren** Prioritäten zugewiesen worden sind. Wie darin angedeutet, besteht die Möglichkeit, den Algorithmus rekursiv zu formulieren, wobei die **Termination** durch die endliche Größe des Terms garantiert ist; Programm 3.3 stellt eine mögliche Lösung gemäß Form (1) vor.
Programm 3.3 wurde so konzipiert, daß es im Term als Variablen Folgen aus alphanumerischen Zeichen (A bis Z, 0 bis 9), die definierten Junktoren sowie die Klammern ")(" und ")" zuläßt. Leerzeichen (Blanks) dürfen dabei im Text beliebig eingestreut sein. Kommen in

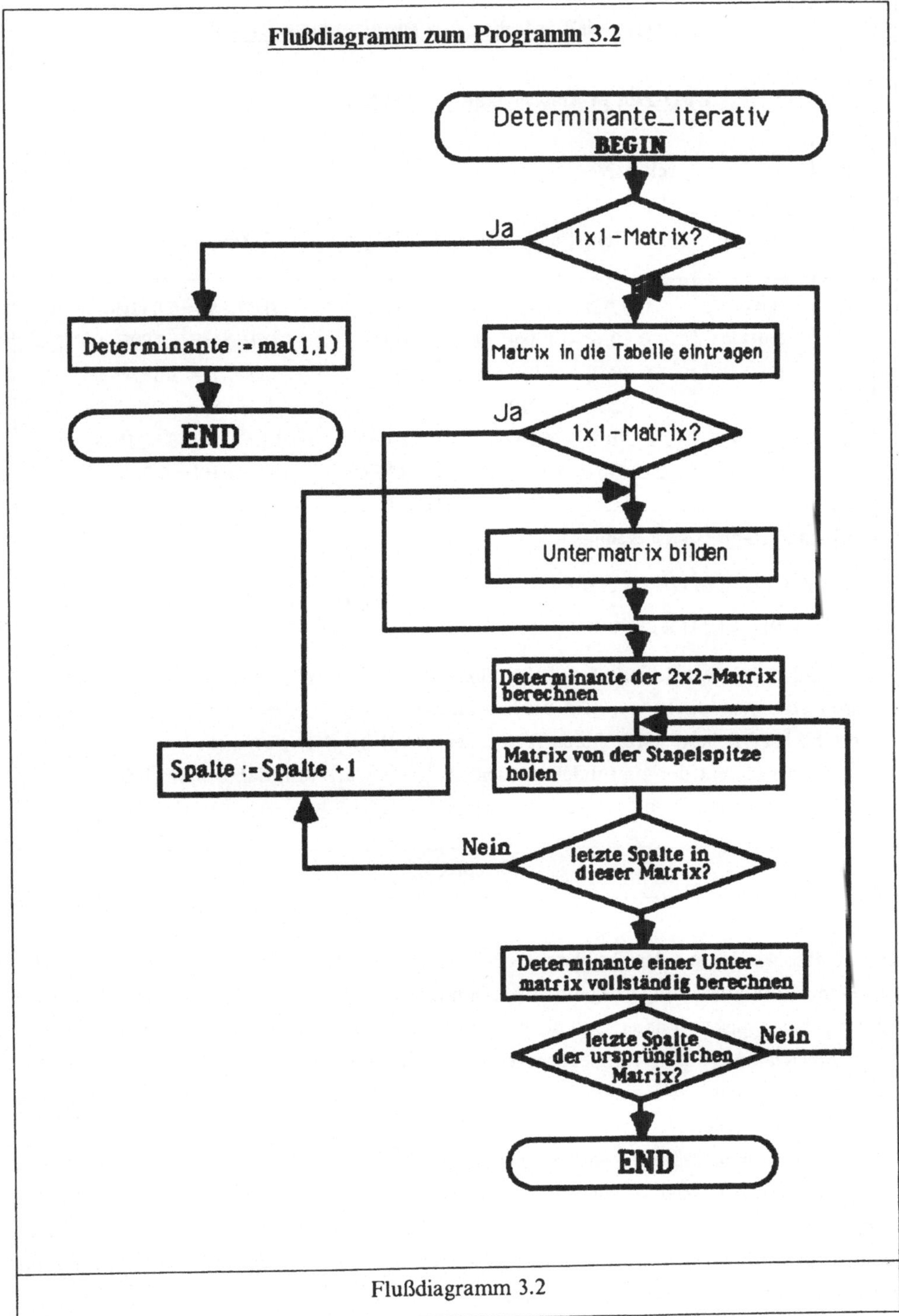

Flußdiagramm 3.2

Laufzeitvergleich zwischen den Programmen 3.1 und 3.2

CPU-Zeit in Abhängigkeit von der Matrixdimension N

N	rekursiv		iterativ	
	Zeit[s]	Zeit[s]/n!	Zeit[s]	Zeit[s]/n!
5	0.07	$0.07/5! = 5.833E\text{-}4$	0.07	$0.07/\ 5! = 5.833E\text{-}4$
6	0.10	$0.10/6! = 1.389E\text{-}4$	0.10	$0.10/\ 6! = 1.389E\text{-}4$
7	0.30	$0.30/7! = 5.952E\text{-}5$	0.27	$0.27/\ 7! = 5.357E\text{-}5$
8	2.02	$2.02/8! = 5.010E\text{-}5$	1.54	$1.54/\ 8! = 3.819E\text{-}5$
9	22.76	$22.76/9! = 6.272E\text{-}5$	13.51	$13.51/\ 9! = 3.723E\text{-}5$
10	222.28	$222.28/10! = 6.125E\text{-}5$	136.60	$136.60/10! = 3.764E\text{-}5$

Die beiden **Regressionsgeraden**:

rekursiv: $CPU\_ZEIT(N) \simeq 5.80E\text{-}5 \bullet N!$

iterativ: $CPU\_ZEIT(N) \simeq 3.77E\text{-}5 \bullet N!$

$$=> \text{FAKTOR} = 5.80/3.77 \simeq 1.54$$

Der Laufzeittest wurde auf einem IBM 3081-Rechner (MVS) vorgenommen, die CPU-Zeiten stammen direkt aus den Joblogs und unterliegen einem kleinen Fehler. Der Wert FAKTOR läßt den höheren Rechenzeitbedarf bei der rekursiven Prozedur erkennen. Kein Element der zugrundeliegenden Matrizen war Null, daher kann bei den obigen Quotienten jeweils n! verwendet werden.

Beispiel 3.5

---

der Eingabe, welche aus der **Textdatei** INPUT stammt, andere Zeichen als die erlaubten vor, wird keine Entklammerung vorgenommen, sondern eine entsprechende Fehlermeldung ausgegeben. Der typische Fehler, daß die Klammerung nicht korrekt ist (Anzahl(Klammer_auf) > Anzahl(Klammer_zu)), wird ebenso erkannt. Andere syntaktische Fehler und logische Fehler innerhalb des Terms werden nicht entdeckt; z.B. führt die nicht korrekte Zeichenfolge "&|" zu keinem Fehler.

Der zu entklammernde Term wird in das Array TERM vom Typ CHAR gelesen, so daß über die direkte Adressierbarkeit jedes einzelnen Zeichens Klammern leicht durch ein Leerzeichen (Blank) ersetzt werden können. Mit den Konstanten N und M kann das Eingabeformat bzgl. Zeilenbreite und -anzahl festgelegt werden. Im Programm beträgt $N = 80$ und $M = 1$, so daß eine Lochkarte eingelesen wird.

Entklammerung Boolescher Terme r e k u r s i v

```
PROGRAM ENTKLAMMERUNG_BOOLESCHER_TERME__REKURSIV (INPUT,OUTPUT);
/* ENTFERNUNG UEBERFLUESSIGER KLAMMERN IN BOOLESCHEN TERMEN */
CONST                        N = 80;/* BREITE DER EINGABEZEILE  */
                             M = 1; /* ANZAHL AN   EINGABEZEILEN */
                    KLAMMER_AUF = '(';
                    KLAMMER_ZU  = ')';
                          BLANK = ' ';
                      JUNKTOREN = ['|','&','¬'];
        ALPHANUMERISCHE_ZEICHEN = ['A'..'Z','0'..'9'];
VAR  P_LINKS, LAENGE, I : INTEGER;
         GUELTIGE_ZEICHEN : SET OF CHAR;
       UNGUELTIG, KLAMMERUNG_FALSCH, TERM_ENDE : BOOLEAN;
                    TERM : ARRAY [1..N*M] OF CHAR;
                    PRIO : ARRAY [CHAR] OF INTEGER;
   FUNCTION NAECHSTES_ZEICHEN (POSITION : INTEGER) : INTEGER;
   BEGIN
   REPEAT    IF POSITION >= LAENGE THEN TERM_ENDE := TRUE
                                   ELSE  POSITION := POSITION + 1
   UNTIL (TERM[POSITION] <> BLANK) OR TERM_ENDE;
   NAECHSTES_ZEICHEN := POSITION
   END;
/* - - - - - - - - - - - - - - - - - - - - - - - - - - - - - - - -*/
   PROCEDURE ENTKLAMMERUNG
       (KLAMMER_LINKS : INTEGER;/* POSITION DER "(" UM DEN TERM     */
         PRIO_O_LINKS : INTEGER;/* PRIORITAET(JUNKTOR) LINKS DER "(" */
   VAR KLAMMER_RECHTS : INTEGER );/* POSITION DER ")" UM DEN TERM    */
   VAR     PRIO_O_MIN, I : INTEGER; JUNKTOR_LINKS : CHAR;
   BEGIN;
   JUNKTOR_LINKS := '('; PRIO_O_MIN := 4;
   I := NAECHSTES_ZEICHEN(KLAMMER_LINKS);
   IF TERM_ENDE
      THEN KLAMMERUNG_FALSCH := TRUE;
   WHILE (TERM[I] <> KLAMMER_ZU) AND (NOT TERM_ENDE) AND
         (NOT KLAMMERUNG_FALSCH) DO
         BEGIN
         IF TERM[I] IN JUNKTOREN
            THEN BEGIN
                 JUNKTOR_LINKS := TERM[I];/* JUNKTOR FUER "(" */
                 IF PRIO[JUNKTOR_LINKS] < PRIO_O_MIN
                    THEN PRIO_O_MIN := PRIO[JUNKTOR_LINKS]
                 END
            ELSE IF TERM[I] = KLAMMER_AUF
                 THEN ENTKLAMMERUNG(I,PRIO[JUNKTOR_LINKS],I);
                      /* REKURSIVER AUFRUF DER PROZEDUR */
         I := NAECHSTES_ZEICHEN(I);
         IF TERM_ENDE
            THEN KLAMMERUNG_FALSCH := TRUE
         END;/* WHILE - END */
   IF NOT KLAMMERUNG_FALSCH
```

Teil 1 von Programm 3.3

```
         THEN BEGIN
             KLAMMER_RECHTS := I;
             REPEAT   I := NAECHSTES_ZEICHEN(I)
             UNTIL    (TERM[I] IN JUNKTOREN) OR
                      (TERM[I] = KLAMMER_ZU) OR (TERM_ENDE);
             IF (PRIO_O_LINKS       <= PRIO_O_MIN) AND
                (PRIO[TERM[I]] <= PRIO_O_MIN)
                THEN BEGIN
                    TERM[KLAMMER_LINKS ] := BLANK;/* KLAMMERN  */
                    TERM[KLAMMER_RECHTS] := BLANK /* ENTFERNEN */
                    END /* THEN BEGIN - END */
             END /* THEN BEGIN - END */
   END;/* PROCEDURE - END */
 /* - - - - - - - - - - - - - - - - - - - - - - - - - - - - - - - -*/
 BEGIN
 KLAMMERUNG_FALSCH := FALSE; UNGUELTIG := FALSE; TERM_ENDE := FALSE;
 PRIO['|'] := 1; PRIO['&'] := 2; PRIO['¬'] := 3; PRIO[' '] := 0;
 PRIO['('] := 0; PRIO[')'] := 0; LAENGE := 0; I:= 1; P_LINKS := 1;
 GUELTIGE_ZEICHEN := ALPHANUMERISCHE_ZEICHEN + JUNKTOREN + [BLANK] +
                     [KLAMMER_AUF] + [KLAMMER_ZU];
 REPEAT    LAENGE := LAENGE + 1;
           READ ( TERM[LAENGE] );
           WRITE( TERM[LAENGE] );
           IF NOT (TERM[LAENGE] IN [GUELTIGE_ZEICHEN])
              THEN UNGUELTIG := TRUE;
           IF EOLN OR (LAENGE MOD N = 0)
              THEN BEGIN;
                   READLN;
                   WRITELN
                   END
 UNTIL     ( EOF OR (LAENGE = N*M) OR UNGUELTIG );
 WRITELN;
 IF UNGUELTIG
    THEN WRITELN('UNGUELTIGES ZEICHEN IN ZEILE ',((LAENGE DIV N)+1):4,
                 ' / SPALTE ',(LAENGE MOD N):4)
    ELSE IF LAENGE > 1
            THEN BEGIN;
                 REPEAT  IF TERM[I] IN JUNKTOREN
                            THEN P_LINKS := PRIO[ TERM[I] ];
                         IF TERM[I] = KLAMMER_AUF
                            THEN ENTKLAMMERUNG(I , P_LINKS , I);
                         I := NAECHSTES_ZEICHEN (I)
                 UNTIL   TERM_ENDE;
                 WRITELN;
                 IF KLAMMERUNG_FALSCH
                    THEN WRITELN('KLAMMERUNG IST FALSCH')
                    ELSE FOR I := 1 TO LAENGE DO
                         IF (I MOD N) = 0
                            THEN WRITELN( TERM[I] )
                            ELSE WRITE  ( TERM[I] )
                 END
 END.
```

Teil 2 von Programm 3.3

Beispiel einer Eingabe

`( (A&B) | (C&( ¬(D | (E&F&G) | ¬H) )) )|(((((H&I)&J)&K)&L)&M)`

---

dazugehörende Ausgabe

`( (A&B) | (C&( ¬(D | (E&F&G) | ¬H) )) )|(((((H&I)&J)&K)&L)&M)`

`A&B | C& ¬(D | E&F&G | ¬H) | H&I &J &K &L &M`

Teil 3 (Ende) von Programm 3.3

Bevor mit Programm 3.4 die iterative Version gemäß Form (3) vorgestellt wird, wird bereits begründet, weshalb dem Algorithmus für das Entklammern nicht sehr viel rekursiver Charakter zugesprochen werden kann. Im Vergleich zur Laplace-Entwicklung findet effektiv keine Problemreduktion statt, weil lediglich eine Entklammerung innerhalb eines anderen Entklammerungsprozesses vorgenommen wird. Dies läßt sich ebensogut **sequentiell** bearbeiten, weil die Reihenfolge keine Auswirkungen auf das Endergebnis hat und die einzelnen Bearbeitungen völlig unabhängig voneinander sind. Bei der sequentiellen Bearbeitung wird außerdem die Zwischenspeicherung der Variablen hinfällig, so daß der einzige Vorteil der rekursiven Prozedur in der nur etwas größeren Übersichtlichkeit liegt. Es ist damit auch nicht notwendig, eine Prozedur gemäß Form (2) vorzustellen.

Programm 3.4 nimmt die Entklammerung mit einer iterativen Prozedur vor und verhält sich genauso wie Programm 3.3. Mit den Konstanten N und M wird ebenfalls das Eingabeformat bestimmt.

Die sehr ähnliche Aufgabenstellung der **Ausdrucksauswertung**, welche z.B. beim Compilerbau anfällt, birgt dagegen einen hohen Grad an Rekursion in sich. Die Berechnung des einen Terms **bedingt** die vorige Auswertung des anderen -inneren- Terms. Dies resultiert aus der Schwierigkeit, die rekursive Definition eines in **algebraischer Logik** formulierten arithmetischen Terms in eine iterative zu überführen, ohne sich auf eine feste Termform festlegen zu müssen. Eine entsprechende Routine zu dessen Auswertung sollte/muß daher stets rekursiv (Form (1) oder (2)) programmiert werden, um auch eine übersichtliche Gestalt zu bewahren. Man kann hieran erkennen, daß trotz ähnlicher Strukturen die Frage über die sinnvolle Anwendung der Rekursion unterschiedlich beantwortet werden kann.
In Termen, die in umgekehrter polnischer Notation formuliert sind, wurde die Rekursion unter Verwendung von zusätzlichen Registern aufgelöst. Der Term wird von links nach rechts sequentiell bearbeitet, und es erscheinen keine Klammern.

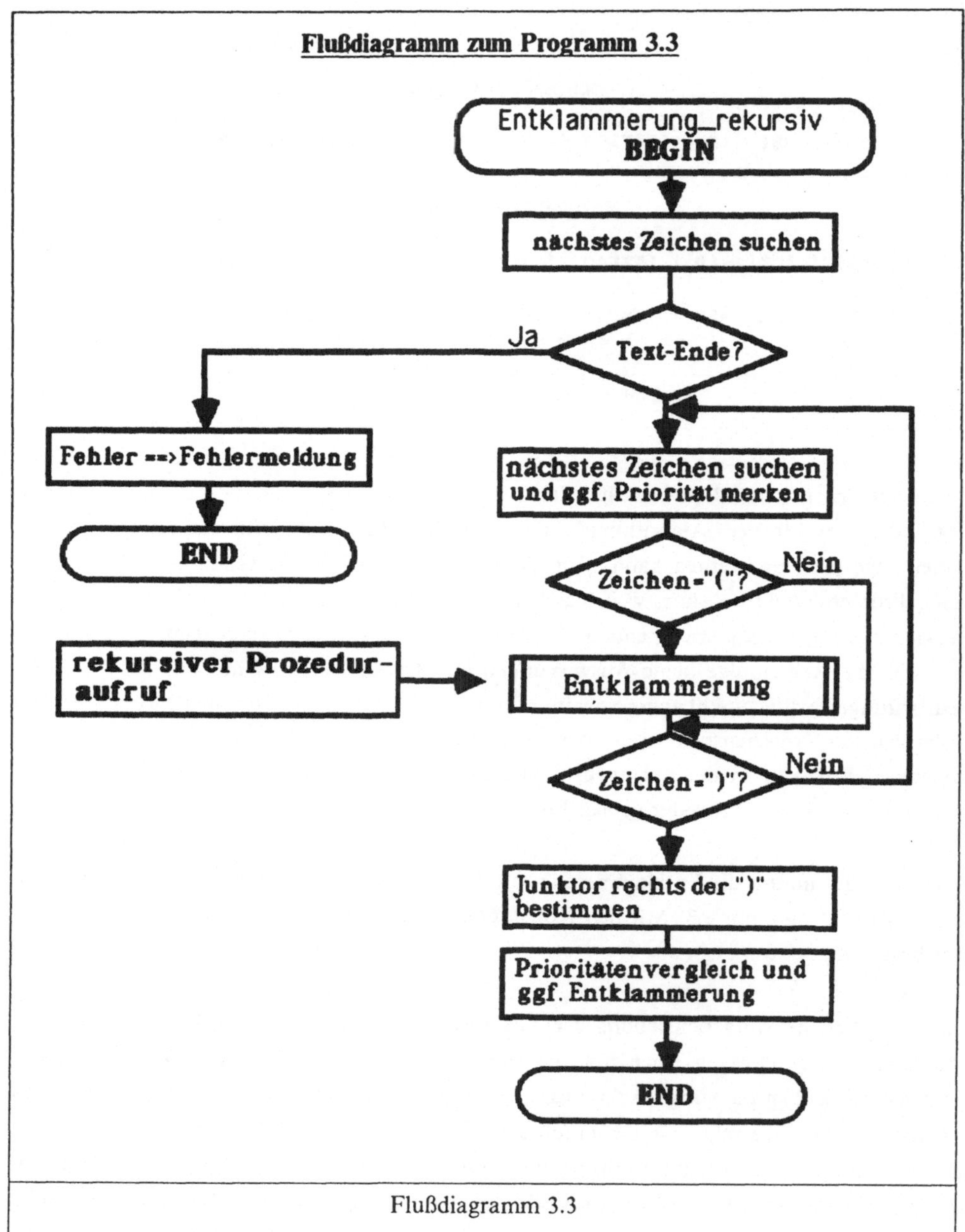

Flußdiagramm 3.3

Entklammerung Boolescher Terme i t e r a t i v

```pascal
PROGRAM ENTKLAMMERUNG_BOOLESCHER_TERME__ITERATIV (INPUT,OUTPUT);
/* ENTFERNUNG UEBERFLUESSIGER KLAMMERN IN BOOLESCHEN TERMEN */
CONST                           N = 80;/* BREITE DER EINGABEZEILE  */
                                M = 1; /* ANZAHL AN  EINGABEZEILEN */
                    KLAMMER_AUF = '(';
                    KLAMMER_ZU  = ')';
                          BLANK = ' ';
                      JUNKTOREN = ['|','&','¬'];
                       KLAMMERN = [KLAMMER_AUF,KLAMMER_ZU];
       ALPHANUMERISCHE_ZEICHEN = ['A'..'Z','0'..'9'];
VAR  PRIO_O_MIN,     JUNKTOR_LINKS,   LAENGE,   I,  J,
     KLAMMER_LINKS, KLAMMER_RECHTS, KLAMMER_NR                : INTEGER;
     UNGUELTIG, KLAMMERUNG_FALSCH, KLAMMER_ENDE, TERM_ENDE : BOOLEAN;
     GUELTIGE_ZEICHEN : SET OF CHAR;
     TERM : ARRAY [1..N*M] OF CHAR;
     PRIO : ARRAY [CHAR] OF INTEGER;
  FUNCTION NAECHSTES_ZEICHEN (POSITION : INTEGER) : INTEGER;
  BEGIN
  TERM_ENDE := FALSE;
  REPEAT  IF POSITION >= LAENGE THEN TERM_ENDE := TRUE
                                ELSE  POSITION := POSITION + 1
  UNTIL   (TERM[POSITION] <> BLANK) OR TERM_ENDE;
  NAECHSTES_ZEICHEN := POSITION
  END;
BEGIN
UNGUELTIG := FALSE; KLAMMERUNG_FALSCH := FALSE; TERM_ENDE := FALSE;
PRIO['|'] := 1; PRIO['&'] := 2; PRIO['¬'] := 3;PRIO['('] := 0;
PRIO[')'] := 0; PRIO[' '] := 0;
I := 1; LAENGE := 0; JUNKTOR_LINKS := 1;
GUELTIGE_ZEICHEN := ALPHANUMERISCHE_ZEICHEN + JUNKTOREN + [BLANK] +
                    KLAMMERN;
REPEAT  LAENGE := LAENGE + 1;/* REPEAT 1 */
        READ ( TERM[LAENGE] );
        WRITE( TERM[LAENGE] );
        IF NOT (TERM[LAENGE] IN GUELTIGE_ZEICHEN)
           THEN UNGUELTIG := TRUE;
        IF EOLN OR (LAENGE MOD N = 0)
           THEN BEGIN;
                READLN;
                WRITELN
                END
UNTIL   (EOF OR (LAENGE = N*M) OR UNGUELTIG);/* UNTIL 1 */
WRITELN;
IF UNGUELTIG
   THEN WRITELN('UNGUELTIGES ZEICHEN IN ZEILE ',((LAENGE DIV N)+1):4,
                ' / SPALTE ',(LAENGE MOD N):4)
   ELSE IF LAENGE > 1
           THEN BEGIN
           REPEAT /* REPEAT 2 */
```

Teil 1 von Programm 3.4

```
                    IF TERM[I] IN JUNKTOREN
                        THEN JUNKTOR_LINKS := I;
                    IF TERM[I] = KLAMMER_AUF
                        THEN BEGIN
                            J := NAECHSTES_ZEICHEN(I);
                            PRIO_O_MIN     := 4; KLAMMER_NR   := 1;
                            KLAMMER_LINKS := I; KLAMMER_ENDE := FALSE;
/* REPEAT 3 */          REPEAT IF (TERM[J] IN JUNKTOREN)             AND
/* O_MIN IN DER  */            (PRIO[ TERM[J] ] < PRIO_O_MIN)  AND
/* KLAMMER SUCHEN */           (KLAMMER_NR = 1)
                               THEN PRIO_O_MIN := PRIO[ TERM[J] ];
/* KLAMMER AUF ?? */       IF TERM[J] = KLAMMER_AUF
/* KLAMMER_NR + 1 */           THEN KLAMMER_NR := KLAMMER_NR + 1;
/* KLAMMER ZU  ?? */       IF TERM[J] = KLAMMER_ZU
/* KLAMMER_NR - 1 */           THEN IF KLAMMER_NR = 1
                                       THEN KLAMMER_ENDE := TRUE
                                       ELSE BEGIN
                                           KLAMMER_NR := KLAMMER_NR - 1;
                                           J := NAECHSTES_ZEICHEN(J)
                                           END
                                   ELSE J := NAECHSTES_ZEICHEN(J)
/* UNTIL 3  */          UNTIL  TERM_ENDE OR KLAMMER_ENDE;
                        IF TERM_ENDE /* TERM-ENDE ==> KLAMMERUNG FALSCH  */
                            THEN KLAMMERUNG_FALSCH := TRUE
                            ELSE BEGIN
                                KLAMMER_RECHTS := J;
/* REPEAT 4 */              REPEAT  J := NAECHSTES_ZEICHEN (J)
                            UNTIL   (TERM_ENDE)             OR
                                    (TERM[J] IN KLAMMERN) OR
/* UNTIL  4 */                      (TERM[J] IN JUNKTOREN);
/* PRIORITAETEN - */        IF (PRIO[TERM[JUNKTOR_LINKS]] <=PRIO_O_MIN)
/* VERGLEICH     */            AND (PRIO[TERM[J]] <= PRIO_O_MIN)
                               THEN BEGIN
/* KLAMMERN ENT- */                TERM[KLAMMER_LINKS ] := BLANK;
/* FERNEN        */                TERM[KLAMMER_RECHTS] := BLANK;
                                   I := JUNKTOR_LINKS - 1
                                   END /* THEN BEGIN - END */
                               ELSE I := KLAMMER_LINKS
                            END /* ELSE BEGIN - END */
                    END;/* THEN BEGIN - END */
            I := NAECHSTES_ZEICHEN(I)
            UNTIL (TERM_ENDE) OR (KLAMMERUNG_FALSCH);/* UNTIL 2 */
        WRITELN;
        IF KLAMMERUNG_FALSCH
            THEN WRITELN('KLAMMERUNG IST FALSCH')
            ELSE FOR I := 1 TO LAENGE DO
                    IF (I MOD N) = 0
                        THEN WRITELN( TERM[I] )
                        ELSE WRITE  ( TERM[I] )
        END /* ELSE BEGIN - END */
END.
```

Teil 2 von Programm 3.4

<table>
<tr><td align="center"><u>Beispiel einer Eingabe</u>

((A&B) | (C&(¬(D | (E&F&G) | ¬H))))|(((((H&I)&J)&K)&L)&M)</td></tr>
<tr><td align="center"><u>dazugehörende Ausgabe</u>

((A&B) | (C&(¬(D | (E&F&G) | ¬H))))|(((((H&I)&J)&K)&L)&M)

A&B | C& ¬(D | E&F&G | ¬H) | H&I &J &K &L &M</td></tr>
<tr><td align="center">Teil 3 (Ende) von Programm 3.4</td></tr>
</table>

Die vorgestellten Programme 3.3 und 3.4 können nach einer Umdefinition der Junktoren auch für arithmetische Terme verwendet werden.

3.3.3   KETTENBRUCH

Der Ausdruck $[a_0,a_1,...,a_n]$ definiert einen $(n+1)$-gliedrigen **Kettenbruch** (die a_i heißen **Teilnenner** und $a_i > 0, a_i \varepsilon R^+$), welcher über die beiden Formeln

(1) $\quad [a_0] = a_0; \quad [a_0,a_1] = a_0 + (1/a_1)$ (3.7)

(2) $\quad [a_0,a_1,...,a_{n+1}] = [a_0,a_1,...,a_n + (1/a_{n+1})]$ (3.8)

definiert ist (für das letzte Element a_n muß $a_n \neq 1$ gelten). Gemäß (2) läßt sich der gesamte Kettenbruch auflösen (umrechnen), indem der $(n+1)$-gliedrige in einen n-gliedrigen Kettenbruch überführt wird usw. Zu bemerken ist, daß man über Kettenbrüche auch gebrochen rationale Polynome darstellen kann; die Teilnenner sind dann Polynome. Dies wird unter anderem bei der Interpolation durch rationale Funktionen angewandt, vgl. [7,8].
Trotzdem finden Kettenbrüche vor allem theoretische Anwendung, so bspw. für den Beweis, daß eine Zahl **irrational** ist. Der Kettenbruch einer solchen Zahl ist dann unendlich, wobei es sich auch um eine Periode in der Teilnennerfolge handeln kann. Ein Beispiel ist die **Eulersche Konstante e**, die sich über den Kettenbruch

$$e = [\overline{2,1,2 \bullet \alpha,1}]_{\alpha=1}^{\infty} \qquad\qquad (3.9)$$

berechnen läßt. Im Programm 3.5 wird dieser Kettenbruch bis $\alpha = 4$ vollständig umgerechnet. Die Rückführung auf einen kürzeren Kettenbruch erfolgt mit der rekursiv programmierten Funktion KETTENBRUCH_REDUKTION, deren zweites Argument die Anzahl an Teilnennern angibt, auf die der Kettenbruch (1. Parameter) reduziert werden soll. Die Variable BIS wurde auf eins gesetzt, damit ein vollständiges Umrechnen stattfindet, zum

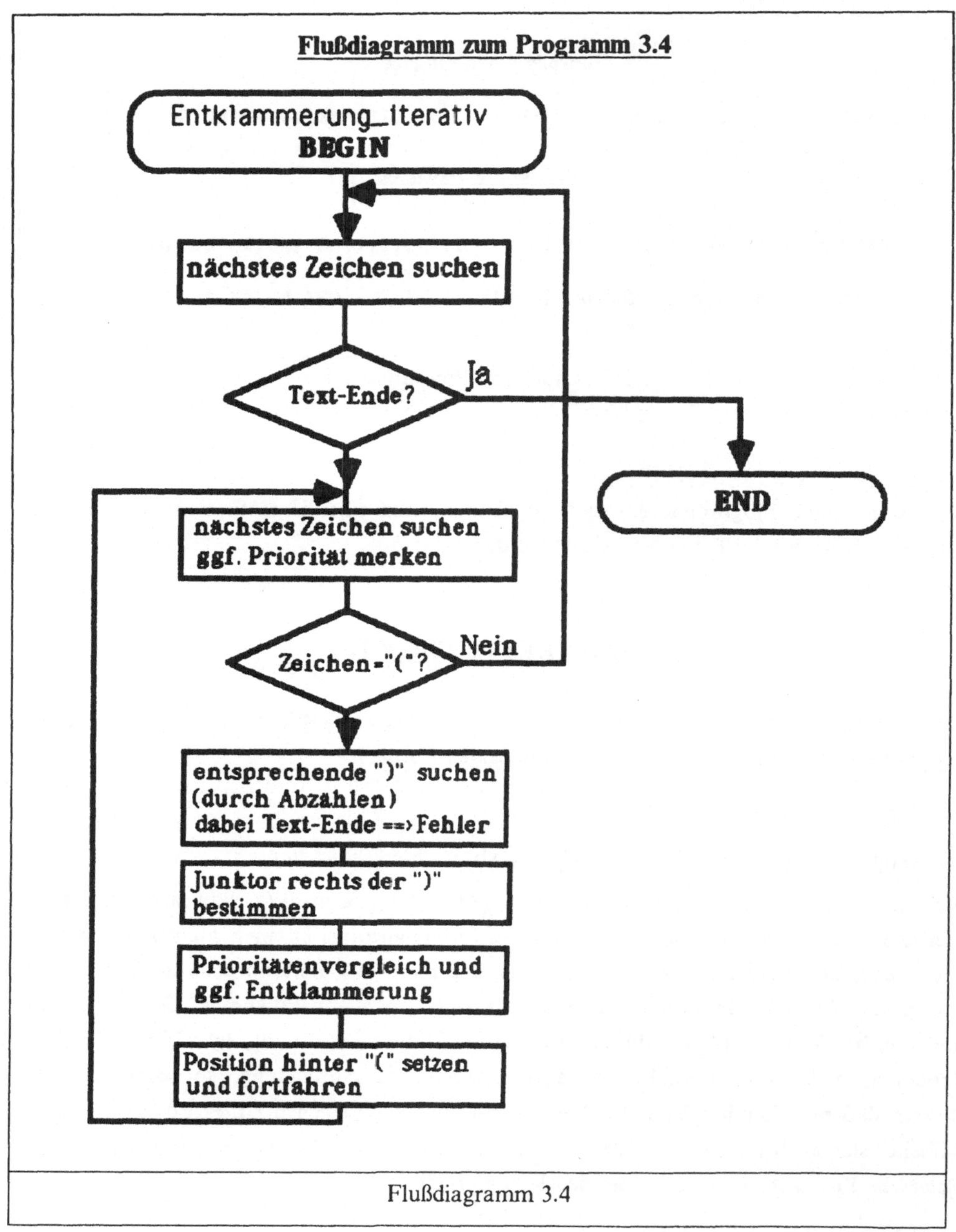

Flußdiagramm 3.4

Kettenbruchreduzierung　r e k u r s i v

```
PROGRAM KETTENBRUCH_REDUKTION__REKURSIV (INPUT,OUTPUT);
CONST    N = 50;/* ANZAHL AN TEILNENNER IM KETTENBRUCH */
      BIS = 1; /* ANZAHL AN TEILNENNERN, DIE UEBRIG BLEIBEN SOLLEN */
TYPE     KETTENBRUCH = RECORD /* AUFBAU DES KETTENBRUCHS */
                       TEILNENNER : ARRAY [1..N] OF REAL;
                       ANZAHL     : INTEGER
                       END;
VAR KETTENBRUCH_EINS : KETTENBRUCH;
                   I : INTEGER;
/* - - - - - - - - - - - - - - - - - - - - - - - - - - - - - - - -*/
   function kettenbruch_reduktion
     (bruch : kettenbruch;/* kettenbruch, der reduziert werden soll */
   position : integer)/* bis auf position wird reduziert */
            : kettenbruch;/* e r g e b n i s */
   begin
   with bruch do
   begin
   if position < anzahl /* position > anzahl an teilnennern ?? */
      then begin
           if (position < anzahl-1)
              then bruch := kettenbruch_reduktion(bruch,position+1);
           teilnenner[position] := teilnenner[position] +
                               (1 / teilnenner[position + 1] );

           anzahl := position
           end /* then begin - end */
   end;/* with begin - end */
   kettenbruch_reduktion := bruch
   end;/* function - end */
/* - - - - - - - - - - - - - - - - - - - - - - - - - - - - - - - -*/
BEGIN;
WITH KETTENBRUCH_EINS DO
    BEGIN
    ANZAHL := 0;
    /* TEILNENNER EINLESEN BIS EOF ODER DIE ZAHL NULL GELESEN WIRD */
    REPEAT  ANZAHL := ANZAHL + 1;/* TEILNENNER EINLESEN */
            READ ( TEILNENNER[ANZAHL] );
            IF (ANZAHL MOD 6)=0
                THEN WRITELN ( TEILNENNER[ANZAHL]:10:2 )
                ELSE WRITE  ( TEILNENNER[ANZAHL]:10:2 )
    UNTIL   (EOF) OR (ANZAHL = N) OR (TEILNENNER[ANZAHL] = 0);
    IF TEILNENNER[ANZAHL] = 0
       THEN ANZAHL := ANZAHL - 1;
    WRITELN;
    WRITELN ('ANZAHL: ',ANZAHL:7);
    KETTENBRUCH_EINS := KETTENBRUCH_REDUKTION(KETTENBRUCH_EINS,BIS);
    WRITELN('ERGEBNIS: ');
    FOR I := 1 TO ANZAHL DO
        WRITELN( TEILNENNER[I]:20:10 );
    WRITELN ( EXP(1):20:10 ) /* ZUM VERGLEICH */
```

Teil 1 von Programm 3.5

```
        END  /* WITH BEGIN - END */
    END.
```

Beispiel einer Eingabe

2 1 2 1 1 4 1 1 6 1 1 8 1 0

dazugehörende Ausgabe

```
        2.00      1.00      2.00      1.00      1.00      4.00
        1.00      1.00      6.00      1.00      1.00      8.00
        1.00      0.0
ANZAHL:         13
ERGEBNIS:
        2.7182818229
        2.7182818285
```

Teil 2 (Ende) von Programm 3.5

Vergleich wird EXP(1) ergänzend ausgegeben. Der Vergleich zeigt die Genauigkeit bis in die siebte Nachkommastelle für $\alpha = 4$.

Die Frage, ob es sinnvoll ist, die Funktion KETTENBRUCH_REDUKTION rekursiv zu formulieren, muß mit Nein beantwortet werden. Auch für die **Kettenbruchreduktion** ist ein rekursiver Algorithmus keine Notwendigkeit, dies zeigt sich aus dem einfachen Rechenschritt auf, der nach (3.8) für dessen Reduktion durchzuführen ist. Die Programmierung einer Schleife, in der der Kettenbruch von hinten an reduziert wird (iterativ), ist zeitsparender und nicht weniger übersichtlich. Auf die Darstellung einer entsprechenden Prozedur wird daher auch verzichtet.

Für die Umrechnung eines Kettenbruchs existiert ein zweites Verfahren, das als Ergebnis einen Bruch zweier rationaler Zahlen liefert:

$$A_w = a_w \bullet A_{w-1} + A_{w-2} \quad \text{mit } A_{-2} = 0 \quad \text{und} \quad A_{-1} = 1 \text{ für } w \geq 0 \qquad (3.10)$$

$$B_w = a_w \bullet B_{w-1} + B_{w-2} \quad \text{mit } B_{-2} = 1 \quad \text{und} \quad B_{-1} = 0 \text{ für } w \geq 0. \qquad (3.11)$$

Über diese **zweitermigen Rekursionsformeln** lassen sich für ein gewähltes w die beiden Zahlen A_w und B_w berechnen. Der Quotient A_w/B_w wird mit **Näherungsbruch w-ter Ordnung** bezeichnet und ist dem (w + 1)-gliedrigen Kettenbruch $[a_0, a_1, ..., a_w]$ gleich. Bei dieser Verfahrensbeschreibung besteht eine große Ähnlichkeit zu den Fibonaccizahlen, bei diesen wurde bereits eine rekursive Funktion begründet abgelehnt; entsprechendes gilt hier.

Will man umgekehrt die reelle Zahl x_0 ($x_0 > 0$) in einen Kettenbruch überführen, so ergibt sich a_0 als die größte in x_0 enthaltene natürliche Zahl, und es gilt $x_0 = a_0 + (1/x_1)$, wenn $a_0 < x_0$ ist. Ansonsten ist $a_0 = x_0$, und der Kettenbruch zur natürlichen Zahl x_0 umfaßt nur einen Teilnenner. Im Falle $a_0 \neq x_0$ gilt $x_1 > 1$ ($0 < |a_0 - x_0| < 1$), und man verfährt mit x_1 entsprechend; dies führt allgemein zu der Rekursionsformel $x_n = a_n + (1/x_{n+1})$. Es handelt sich bei diesen Rechenschritten somit um den Euklidischen Algorithmus.

Zwei Fälle sind nun möglich, entweder die Zahl x_0 ist **rational** oder sie ist **irrational**. Trifft ersteres zu, so ist nach $\alpha + 1$ Schritten x_α eine natürliche Zahl, und es gilt $x_\alpha = a_\alpha$. Anderenfalls nimmt der Prozeß kein Ende, und der Algorithmus könnte endlos fortgesetzt werden. Allgemein gilt nach n Schritten $x_0 = [a_0, a_1, a_2, ..., a_{n-1}, x_n]$, und es liegt ein (n+1)-gliedriger Kettenbruch für x_0 vor.

Abschließend wird ein Verfahren vorgestellt, das der bisherigen Thematik sehr nahe kommt und mit dem jede **abbrechende** oder **periodische Dezimalzahl** als Quotient zweier ganzer Zahlen dargestellt werden kann. Ist Z ($|Z| < 1$) eine solche Zahl mit einer Periode von m Ziffern $Z = 0, \overline{z_1 z_2 z_3 \cdots z_m}$, wobei die z_i die einzelnen Dezimalziffern der Periode verkörpern, so gilt

$$10^m \cdot Z = z_1 z_2 z_3 ... z_m + 0, \overline{z_1 z_2 z_3 \cdots z_m} = z_1 z_2 z_3 ... z_m + Z \tag{3.12}$$

$$=> Z = (z_1 z_2 z_3 ... z_m)/(10^m - 1) = (z_1 z_2 z_3 ... z_m)/999...999 \text{ (m-mal)}. \tag{3.13}$$

Die Zahl $0.\overline{1986}$ entspricht somit dem Bruch 1986/9999. An einem weiteren Beispiel wird der allgemeinere Fall verdeutlicht:

$$47.12\overline{567} = [1/100] \cdot 4712.\overline{567} = [4712/100] + [567/99900] = [4707855/99900].$$

3.3.4 EUKLIDISCHER ALGORITHMUS ZUR BESTIMMUNG DES GGT

Das auf dem **Euklidischen Algorithmus** beruhende Rechenschema für die Bestimmung des größten gemeinsamen **T**eilers der beiden natürlichen Zahlen A und B läßt sich wie folgt darstellen:

$$
\begin{array}{llll}
A = Q_1 \cdot B + \text{Rest}_1 & <=> \text{Rest}_1 = A \bmod B \\
B = Q_2 \cdot \text{Rest}_1 + \text{Rest}_2 & <=> \text{Rest}_2 = B \bmod \text{Rest}_1 \\
\text{Rest}_1 = Q_3 \cdot \text{Rest}_2 + \text{Rest}_3 & <=> \text{Rest}_3 = \text{Rest}_1 \bmod \text{Rest}_2 \\
\text{Rest}_2 = Q_4 \cdot \text{Rest}_3 + \text{Rest}_4 & <=> \text{Rest}_4 = \text{Rest}_2 \bmod \text{Rest}_3 \\
\qquad \cdots & \qquad \cdots \\
\text{Rest}_n = Q_{n+2} \cdot \text{Rest}_{n+1} + \text{Rest}_{n+2} & <=> \text{Rest}_{n+2} = \text{Rest}_{n+1} \bmod \text{Rest}_{n+1}.
\end{array}
$$

Die Rechenschritte werden solange fortgesetzt, bis nach z Schritten $\text{Rest}_z = 0$ gilt. Der größte gemeinsame Teiler ist dem Rest_{z-1} ($\neq 0$) gleich, der im vorangegangenen Schritt

berechnet wurde. Da $Rest_0$ = B gilt, ist im Falle $Rest_1$ = 0, B der ggT. Die Garantie für
die **Termination** erhält man über einen mathematischen Beweis, auf diesen wird hier verzichtet. Es verdeutlicht aber, wie "kompliziert" sich dieser Nachweis gegebenenfalls aufzeigen
kann.

Die Programme 3.6 und 3.7, die im wesentlichen die Funktion ggT zum Inhalt haben,
bestimmen den größten gemeinsamen Teiler der beiden Zahlen 255 und 1989. Der Funktion
GGT_ITERATIV liegt eine entsprechende Umformulierung zugrunde.

Es stellt sich die Frage, ob der Euklidische Algorithmus einen hohen Grad an Rekursion in
sich birgt. Das muß verneint werden, denn die berechneten Größen einer jeden Rekursionsstufe sind von keinem weiteren Interesse. Sie werden nicht weiter verwendet, sondern sind
lediglich die Eingabedaten für den nächsten, sich wiederholenden Rechenschritt (Vergleich
mit einem Iterationsverfahren!). Im iterativen Ablauf, der sich an die Erfüllung der **Rekursionsstartbedingung** anschließt, wird allein der berechnete Wert durchgereicht; der IF-Anweisung folgt unmittelbar "END;". Somit ist dies ein völlig überflüssiger Prozeß, eine iterative Prozedur wird dem Charakter des Euklidischen Algorithmus eher gerecht. Die Überführung der zugrundeliegenden Definition in eine iterative bietet sich an.

Ähnlich verhält es sich auch mit der Fakultät und den Fibonaccizahlen. Ihre Gemeinsamkeit
liegt mitunter darin, daß keine komplexeren Operationen mit den Variablen der einzelnen
Rekursionsstufen oder überhaupt keine (Euklidischer Algorithmus) vollzogen werden. Die
rekursive Definition läßt sich meistens problemlos abändern.

Werden Variablen nach der Rückkehr in die einzelnen Ebenen nicht mehr benötigt, sondern
lediglich durchgereicht, dann erübrigt sich auch ihre Zwischenspeicherung. Es stellt sich bei
der rekursiven Prozedur ein redundanter Mehraufwand heraus, der sich entsprechend auch
im Rechenzeitverbrauch niederschlägt.

Die Laplace-Entwicklung besitzt im Vergleich dazu eine komplexere Struktur, insbesondere
werden die Ergebnisse eines jeden Aufrufs operativ weiterverarbeitet, und die Veränderung
bei den Parametern selbst ist umfangreicher (maximaler Index, die Matrix an sich). Damit
ist der Unterschied zwischen dem **automatisch** geleisteten und dem effektiv notwendigen
Verwaltungsaufwand nicht erheblich größer. Dieser geringe Mehraufwand wiegt die erheblich größere Übersichtlichkeit der rekursiven Prozedur nicht auf. Die Überführung in einen
iterativen Algorithmus gemäß Form (3) bedarf einiger komplexer Strukturen, vgl. Abschnitt
3.3.1.

3.3.5   DYNAMISCH ANGEPASSTE SCHLEIFENSTRUKTUREN

Im Abschnitt 5.2.1 wird das Interpolationspolynom zur Berechnung der Ableitung an einer
vorgegebenen Stelle verwendet. Die Funktionen ABLEITUNG_NEWTON und
ABLEITUNG_LAGRANGE in den Programmen 5.1 und 5.3 übernehmen diese Aufgabe

Euklidischer Algorithmus r e k u r s i v

```
PROGRAM GGT_REKURSIV ( INPUT,OUTPUT );


    function ggt( a : integer ; b : integer ) : integer;
    var rest : integer;
    begin
    a := abs(a); b := abs(b);
    writeln('a , b:',a:10,b:10);/* test */
    rest := a mod b;
    ggt := b;
    if rest <> 0
       then ggt := ggt(b,rest)
    end;



BEGIN;
WRITELN( 'GGT: ',GGT(255,1989):10 )
END.
```

Ausgabe

```
a , b:     255    1989
a , b:    1989     255
a , b:     255     204
a , b:     204      51
GGT:      51
```

Programm 3.6

---

für den jeweiligen Polynomtyp bis maximal sieben Stützstellen. Um sich dieser Einschränkung entziehen zu können, wird die Funktion zum Teil rekursiv programmiert, indem die komplexe, **statische Schleifenstruktur** in eine rekursive Prozedur umgesetzt wird. Dies führt zu den entsprechenden Funktionen in den Programmen 5.2 und 5.4, welche dieser Einschränkung nicht mehr unterliegen.

Diese Algorithmen dienen als Grundlage für die Diskussion eines allgemeineren Falls, in welchem über Rekursion das Programm **flexibler** konzipiert werden kann, vgl. Abschnitt 3.1. In diesen Programmen befinden sich Schleifen, die ineinander verschachtelt und zugleich von irgendwelchen Eingabedaten abhängig sind. Insbesondere bestimmt die Laufvariable der umgebenden Schleife den Start- und Endwert der inneren Schleife. Auch deren gesamte Anzahl ist variabel, so daß die maximale Anzahl nicht von vornherein feststeht. Hierin äußerst sich eine mögliche Einschränkung, und zwar, wenn ein Programm lediglich bis zu einer festen oberen Grenze ausgelegt wird. Über rekursive Prozeduren läßt sich dies vielfach vermeiden, weil sich die Schachtelungstiefe **dynamisch** über die Parameter an die Eingabeda-

Euklidischer Algorithmus i t e r a t i v

```
PROGRAM GGT_ITERATIV (INPUT,OUTPUT);


    function ggt( a : integer ; b : integer ) : integer;
    var rest : integer;
    begin
    a := abs(a); b := abs(b);
    repeat  writeln('a , b:',a:10,b:10);/* test */
            rest := a mod b;
            a := b;
            b := rest
    until   (rest = 0);
    ggt := a
    end;


BEGIN;
WRITELN( 'GGT: ',GGT(255,1989):10 )
END.
```

Ausgabe

```
a , b:     255     1989
a , b:    1989      255
a , b:     255      204
a , b:     204       51
GGT:        51
```

Programm 3.7

ten anpaßt. Ob eine rekursive Formulierung möglich und sinnvoll ist, hängt wesentlich vom Algorithmus, präziser von der Schleifenstruktur ab. Sollte sich aber der Aufbau der ineinander geschachtelten Schleifen nur geringfügig oder überhaupt nicht voneinander unterscheiden, ließe sich eine **Parametrisierung** vornehmen. Die parametrisierten Schleifen bzw. Schleifenelemente bilden die Grundlage für eine rekursive Prozedur.

Eine zweite Möglichkeit, einem Programm analog dazu ein dynamisches Verhalten anzueignen, bestünde mit der Zwischenspeicherung in Tabellen, der Technik zum **Auflösen der Rekursion**. Der mit einer rekursiven Lösung entstehende Mehraufwand steht meistens aber in einem guten Verhältnis zu dem wirklich notwendigen Verwaltungsaufwand. Es wird jeweils nur eine ausgewählte Menge an Instruktionen ausgesondert und in die rekursive Prozedur übernommen.

3.3.6 SPIEGELVERKEHRTE AUSGABE EINER EINGABE

Mit einem rein zu demonstrativen Zwecken dienenden Programm werden die Anwendungsbeispiele von rekursiven Prozeduren abgeschlossen. Die zugrundeliegende Aufgabenstellung besteht darin, einen Text in umgekehrter Reihenfolge auszugeben, wie er eingelesen wurde. Auch dieses Problem läßt sich rekursiv programmieren und in eine sogar sehr kurze rekursive Prozedur umsetzen, indem keine Tabellen und Schleifen zu programmieren sind. Rekursive Strukturen lassen sich scheinbar auch "erzwingen".

```
procedure spiegel_verkehrt;
var zeichen : char;
begin
read(zeichen);
if not eof
   then spiegel_verkehrt;
write(zeichen)
end;
```

Mit der Eingabe (eine Zeile)

PROGRAMMOTHEK

ergibt sich als Ausgabezeile:

KEHTOMMARGORP

4 NUMERISCHE VERFAHREN ZUR LÖSUNG LINEARER GLEICHUNGSSYSTEME

Durch die Entwicklung elektronischer Rechenanlagen mit stets wachsender Kapazität bekam ein Teilgebiet der Mathematik einen besonderen Aufschwung, die **numerische Mathematik**. Eine klassische Anwendung numerischer Verfahren dient zur Lösung algebraischer Gleichungen und Gleichungssysteme. Anhand dieser wird die Numerik (**numer**ische Mathemat**ik**) und die programmtechnische Umsetzung numerischer Algorithmen in entsprechende Prozeduren vorgestellt.

4.1 NUMERISCHE MATHEMATIK

Der Schwerpunkt der **numerischen Mathematik** liegt in der Entwicklung und Bewertung von **Algorithmen** (allgemein Rechenvorschriften), mit denen aus vorgegebenen numerischen **Eingabedaten** (**Input**) (möglichst schnell) gewünschte **Ausgabedaten** (**Output**) gewonnen werden können. Der Input besteht bspw. aus einer ungefähren Näherung der Nullstelle x_0 einer Funktion f, so daß der Algorithmus den **exakten** Wert x für $f(x) = 0$ als Resultat hervorbringt. Dabei liegt gerade im Wort "exakt" das Charakteristikum der **Numerik**. Während die Analysis normalerweise mit Termen für gesuchte Ergebnisse rechnet (z.B. $\sqrt{2}$, Partialbruchzerlegung, Wurzelformel usw.), also mit infinitesimalen Größen -von unendlicher Genauigkeit-, handelt es sich bei den Eingabedaten **numerischer Algorithmen** um (konkrete) Zahlen. Diese Daten sind von einer begrenzten -endlichen- Genauigkeit und werden ausschließlich mit einer solchen verarbeitet.

Damit der Output der Forderung nach "exakten" Ergebnissen gerecht wird, müssen mögliche **Fehlerquellen** lokalisiert und ihre Auswirkungen gemindert werden. Einerseits liegen die Fehlerquellen in den Eingabedaten begründet, weil diese einem -zumeist abschätzbaren- Fehler unterliegen können, z.B. wenn es sich um Meßwerte handelt. Dieser **Eingangsfehler** pflanzt sich bei der weiteren Verarbeitung der Daten fort und erzeugt den sogenannten **eingangsbedingten Fehler** in den Ausgabedaten.
Durch den Algorithmus selbst, durch die Lösungsmethode, werden weitere Fehlerquellen eröffnet, indem dieser vielfach auf der Annahme von **Näherungen** basiert. Darin besteht bereits zu Anfang eine Abweichung von der exakten Lösung. Der hieraus im **Endergebnis** vorliegende **verfahrensbedingte Fehler** läßt sich für den Algorithmus meistens schon auf theoretischem Weg abschätzen und ist damit eine ihn charakterisierende Größe; die **numerische Analysis** dient hierbei als Werkzeug.
Schwieriger gestaltet sich die Abschätzung des **zusätzlichen Fehlers** in den Ausgabedaten. Dieser hängt von den verwendeten Hilfsmitteln bzw. Maschinen ab, mit welchen der Algorithmus realisiert wird; dies müssen nicht unbedingt Computer sein. Bei Datenverarbeitungsanlagen ergeben sich diese Fehler durch zufällige Störungen in der Hardware, im

wesentlichen aber mit der **beschränkten Rechengenauigkeit**, vgl. auch Kapitel 2.

Das Zusammenspiel dieser drei Fehlerquellen erzeugt den endgültigen **Ausgangsfehler**, den Fehler im Ergebnis. Diesen rückwirkend anteilmäßig korrekt aufzuspalten, ist meistens unmöglich. Ansätze der Optimierung (der Fehlerminderung) liegen zum einen natürlich in der Entwicklung effizienter Algorithmen, bieten sich aber besonders bei deren programmtechnischer Umsetzung an. Das Grundkonzept der numerischen Methode steht meistens schon fest, und man muß darauf achten, keine negativ sich auswirkenden Folgen von arithmetischen und logischen Operationen zu programmieren, die z.B. eine vermeidbare **Auslöschung signifikanter Stellen** bewirken.

Vielfach basieren Algorithmen auf einer **Iteration**. Eine Folge von Operationen bzw. ein Algorithmus -realisiert in einer **Iterationsvorschrift**- wird wiederholt ausgeführt. Dabei dient jeweils der Output als Input des nächsten Durchlaufs, so daß sich der Fehler jedes einzelnen Iterationsschrittes fortpflanzt und wächst. Dies kann zu großen Fehler führen, äußerstenfalls zur Divergenz. Ein **iteratives Verfahren** zeichnet sich wesentlich durch seine **Konvergenzgeschwindigkeit** und die an den Startwert gestellten Forderungen aus, aus beidem ergibt sich die Flexibilität des Verfahrens.

Ein allgemeiner Test der Fehleranfälligkeit von Algorithmen läßt sich vornehmen, indem man prüft, wie sich eine (kleine) Veränderung der Eingabedaten auf das Ergebnis auswirkt. Es wird die **Stabilität** des Algorithmus untersucht, und zwar, wie und in welchem Maße sich der Fehler, der an einer Stelle im Algorithmus produziert wurde, mit den nachfolgenden Operationen fortpflanzt. Wird dieser kleiner, so ist dies ein gutes Zeichen, und der Algorithmus kann als **stabil** bezeichnet werden. Anderenfalls vergrößert sich der Fehler, und der Algorithmus ist **numerisch instabil** bzw. **schwach stabil**.

4.2 ALGEBRAISCHE GLEICHUNGEN UND GLEICHUNGSSYSTEME

Bei der Anwendung numerischer Verfahren zur Lösung **algebraischer Gleichungen** muß zwischen den verschiedenen Aufgabenstellungen unterschieden werden, dem Lösen

(1) einer **algebraischen Gleichung**
   (a) mit **einer** Variablen, z.B. $-5 + 4x^3 + x = x^5 + 10$ (″algebraisch in einer Variablen″).
   (b) mit **mehreren** Variablen, z.B. $5x_0^2 + x_1^2 = 9$ (″algebraisch in x_0 und x_1″).
(2) (a) eines **linearen Gleichungssystems**, bestehend aus **linearen** algebraischen Gleichungen gemäß (1b).
   (b) eines **nichtlinearen Gleichungssystems**, bestehend aus **algebraischen** Gleichungen gemäß (1b).

Transzendente Gleichungen werden hier nicht gesondert behandelt, weil sich diese über Polynome auf die geforderte Genauigkeit hin nähern lassen, vgl. auch Abschnitt 5.1.1.

Trotz der geringen formalen Unterschiede zwischen den Aufgabenstellungen werden aber die unterschiedlichsten **numerischen Algorithmen** zur Bestimmung einer Lösung benötigt. Auch bzgl. der Kompromisse, die mit angesetzten Näherungen eingegangen werden müssen, verhält es sich entsprechend.

Fall (1a) läßt sich auf die Aufgabenstellung der **Nullstellenberechnung** von Funktionen **einer** Variablen umformulieren; Verfahren hierzu werden im Abschnitt 5.1.2 vorgestellt. Bereits keinen Ansatz für eine numerische Lösung bietet Fall (1b).

Anders ist dies bei (2); zur Lösung **linearer Gleichungssysteme** sind einige numerische Verfahren entwickelt worden, zwei Prinzipien auf diesem Gebiet werden nachfolgend vorgestellt. Algorithmen für (2a) werden ebenso in Band 1, 3 der Programmothek [20,21] in besonderer Ausführlichkeit behandelt, insbesondere die Behandlung **spezieller Matrizen**, wie Bandmatrizen etc. Neben den numerischen Verfahren bietet gleichzeitig die **Lineare Algebra** Lösungswege an, wie über die **klassische Adjunkte** oder die **Cramersche Regel** etc. Ihre Verwendung in umfangreichen Rechenabläufen -bei großen Matrizen- ist aber bereits im Abschnitt 3.3.1 begründet abgelehnt worden.

Auch bei Gleichungssystemen wirft der nichtlineare Fall Probleme auf. Daß (2a) ein Spezialfall von (2b) ist, bietet für dieses Problem einen Lösungsansatz, indem die nichtlinearen Gleichungen **linearisiert** werden und man mit dieser Näherung weiterarbeitet. Diese Verfahren werden jedoch hier nicht behandelt, und es wird auf Band 1 und 3 der Programmothek und [7,8,10] verwiesen.

4.3   ELIMINATIONS- UND ITERATIONSVERFAHREN

Die Formulierungsmöglichkeiten eines linearen Gleichungssystems, bestehend aus n Gleichungen und n Unbekannten, sind in Tabelle 4.1 aufgeführt. Die Anwendung numerischer Verfahren zur Lösung eines linearen Gleichungssystems ist (nur) im Falle einer $n \times n$-Matrix A sinnvoll. Andernfalls existieren mehrere oder überhaupt keine Lösungen, so daß wieder mit Termen gerechnet werden müßte. Für die Behandlung eines **überbestimmten Gleichungssystems** (mehr Gleichungen als Unbekannte) wird auf [20,21,22] verwiesen.

Zur Gewinnung des Lösungsvektors gibt es zwei Wege des Vorgehens, der eine besteht in der Umformung des Gleichungssystems in eine Form, aus der schließlich die Lösung auf einfache Weise gewonnen werden kann. Diese **direkten Methoden**, zu ihnen gehört das **Gaußsche Eliminationsverfahren**, gehen von keiner Näherung aus. Es resultiert -abgesehen vom eingangsbedingten Fehler- quasi die exakte Lösung, indem "lediglich" der **zusätzliche Fehler** das Ergebnis verfälscht. Diesen zu mindern, erreicht man über besondere Vorkehrungsmaßnahmen, die auf die Besonderheiten der Gleitkommaarithmetik -dem Rechnen mit beschränkter Genauigkeit- eingehen. Der Begriff **Elimination** besagt, daß man Elemente $a_{i,j}$ gezielt "beseitigt", daß sie Null werden und damit das entsprechende x_j -eine Unbekannte- in der i-ten Gleichung nicht mehr erscheint.

Lineare Gleichungssysteme mit n Gleichungen und n Unbekannten

Das aus n Gleichungen mit jeweils n Unbekannten bestehende <u>lineare</u> Gleichungssystem

$$a_{11}x_1 + a_{12}x_2 + a_{13}x_3 + a_{14}x_4 + \ldots + a_{1n}x_n = y_1$$
$$a_{21}x_1 + a_{22}x_2 + a_{23}x_3 + a_{24}x_4 + \ldots + a_{2n}x_n = y_2$$
$$a_{31}x_1 + a_{32}x_2 + a_{33}x_3 + a_{34}x_4 + \ldots + a_{3n}x_n = y_3 ,$$
$$\ldots = \ldots$$
$$a_{n1}x_1 + a_{n2}x_2 + a_{n3}x_3 + a_{n4}x_4 + \ldots + a_{nn}x_n = y_n$$

das äquivalent in Matrixform mit

$$\begin{pmatrix} a_{11} & a_{12} & a_{13} & a_{14} & \ldots & a_{1n} \\ a_{21} & a_{22} & a_{23} & a_{24} & \ldots & a_{2n} \\ a_{31} & a_{32} & a_{33} & a_{34} & \ldots & a_{3n} \\ a_{41} & a_{42} & a_{43} & a_{44} & \ldots & a_{4n} \\ \vdots & \vdots & \vdots & \vdots & \ddots & \vdots \\ a_{n1} & a_{n2} & a_{n3} & a_{n4} & \ldots & a_{nn} \end{pmatrix} \begin{pmatrix} x_1 \\ x_2 \\ x_3 \\ x_4 \\ \vdots \\ x_n \end{pmatrix} = \begin{pmatrix} y_1 \\ y_2 \\ y_3 \\ y_4 \\ \vdots \\ y_n \end{pmatrix} \Leftrightarrow \mathbf{A}\vec{x} = \vec{y}$$

formuliert werden kann, bezieht die beiden Attribute <u>homogen</u> und <u>inhomogen</u> gemäß

$$\vec{y} \begin{cases} = 0 & \text{das Gleichungssystem ist homogen.} \\ \neq 0 & \text{das Gleichungssystem ist inhomogen.} \end{cases}$$

Zwischen der Lösbarkeit des Gleichungssystems (GLS) und der Matrix A besteht der allgemeine Zusammenhang

$$\text{Det}(\mathbf{A}) \begin{cases} = 0 & \text{GLS ist nicht eindeutig lösbar, A ist singulär (regulär).} \\ \neq 0 & \text{GLS hat eine eindeutige Lösung, A ist nicht-singulär (nicht-regulär).} \end{cases}$$

Tabelle 4.1

Neben dem direkten Weg besteht der zweite Ansatz darin, den Lösungsvektor zu **iterieren**, d.h. schrittweise zu nähern. Mit einem Startvektor $\vec{x}_0$ setzt man die **Iteration** auf und wendet die **Iterationsvorschrift** solange an, bis eine gewünschte Genauigkeit erreicht ist. Bedingt durch das Iterationsverfahren hat man hier sowohl mit dem **verfahrensbedingten** als auch dem **zusätzlichen Fehler** zu rechnen. Konvergiert jedoch die Iterationsvorschrift, so stellen sich die Rundungsfehler etc. als bedeutungslos heraus.

Die diversen Fehlerquellen lassen die beiden Verfahren bei denselben Eingabedaten oft recht unterschiedlichen Output erzeugen. Beide benötigen auch eine verschieden große Operationsanzahl.

4.3.1 GAUSSCHER ALGORITHMUS ALS DIREKTE METHODE

Der **Gaußsche Algorithmus** besteht aus zwei Teilalgorithmen, dem Gaußschen Eliminationsverfahren und einem Rechenschema, mit dem die Lösung aus einer Dreiecksmatrix gewonnen werden kann. Das Eliminationsverfahren dient zur Umformung der Matrix dahingehend, daß sie die Gestalt einer **oberen** (O_1) oder **unteren Dreiecksmatrix** (U_2) annimmt, vgl. Tabelle 4.2. Dabei werden lediglich die elementaren Matrixoperationen angewandt, die keinen Einfluß auf die Lösung haben.

Das Eliminationsverfahren besteht aus der wiederholten Anwendung einer Folge von Operationen, deren **Parameter** die Nummer des Durchlaufs, d.h. des **Eliminationsschrittes**, ist. Bei der nachstehenden Beschreibung dieser Operationsfolge (Resultat: $O_1(,U_1)$) für den z-ten Durchlauf wird von einer n×n-Matrix A mit den Elementen $a_{i,j}$ ($1 \leq i,j \leq n$) und dem Konstantenvektor $\vec{y}$, bestehend aus den konstanten Komponenten y_1 bis y_n, ausgegangen. Beides zusammen bildet das gesamte Gleichungssystem $A \bullet \vec{x} = \vec{y}$, bestehend aus n **Unbekannten** x_i und n **Gleichungen** bzw. n Zeilen und n + 1 Spalten, wenn der $\vec{y}$-Vektor als (n + 1)-te Spalte aufgefaßt wird. Die Indizes beginnen mit Eins, wobei der erste die Zeilen- und der zweite die Spaltennummer angibt, vgl. Tabelle 4.1.

(1) Beginnend in der z-ten Zeile der Matrix A sucht man in der Spalte z das **betragsmäßig** größte Element $a_{i,z}$ ($z \leq i \leq n$) heraus und vertauscht die beiden Zeilen i und z des Gleichungssystems (die Matrixzeilen und die Komponenten des Konstantenvektors $\vec{y}$). Mit diesem Schritt wird erreicht, daß die Zeile mit dem zuvor größten Element $a_{i,z}$ nun oben in Zeile z steht und $a_{z,z}$ damit größer als alle darunterliegenden Elemente ist.

(2) Im Falle, daß $a_{z,z}$ (nach der Vertauschung) nicht Null ist, subtrahiert man für i = (z + 1),(z + 2),...,n von der i-ten Zeile (Gleichung) die mit $u_{i,z} = (a_{i,z}/a_{z,z})$ multiplizierte Zeile z, vgl. Tabelle 4.2. Im Falle $a_{z,z} = 0$ bleibt Schritt (2) aus und der z-te Durchlauf ist abgeschlossen, hierauf wird anschließend noch näher eingegangen.

Die aus zwei Schritten bestehende Prozedur wiederholt man für z = 1,2,..,n-1, so daß n-1 Durchläufe (Eliminationsschritte) notwendig sind, und es resultiert die **obere Dreiecksmatrix** (O_1). Im Schritt (2) ist es sinnvoll, die $a_{i,z}$ (z + 1 $\leq$ i $\leq$ n) direkt mit Null zu besetzen, sofern diese "freien" Stellen der Matrix nicht für die Aufbewahrung der $u_{i,z}$, der U_1-Matrix, verwendet werden, vgl. weiter unten. Der berechnete Wert ist aufgrund der Rechenungenauigkeit nicht exakt Null (bspw. 1E-25), und man spart Rechenzeit.

Im zweiten Schritt des Gaußschen Algorithmus werden die n Komponenten x_i des Lösungsvektors über eine **schrittweise Rücksubstitution**

$$x_i = (b_{i,i})^{-1} \bullet (z_i - [\sum_{j = i + 1}^{n} b_{i,j} \bullet x_j]) \quad \text{für} \quad i = (n\text{-}1),(n\text{-}2),...,1 \quad \text{und} \quad x_n = [z_n/b_{n,n}] \qquad (4.1)$$

aus der oberen Dreiecksmatrix $B = O_1$ und dem aus den Umformungen resultierenden Konstantenvektor $\vec{z}$ gewonnen. Liegt dasselbe Gleichungssystem mit verschiedenen $\vec{y}$-Vektoren

Prinzip des Gaußschen Eliminationsverfahrens

Die grundsätzliche Vorgehensweise einer <u>direkten</u> <u>Methode</u> besteht in der <u>Zerlegung</u> <u>der</u> <u>Matrix</u> A in eine der beiden folgenden Formen.

$$
1.)\, A = \begin{pmatrix}
1 & 0 & 0 & 0 & \cdots & 0 \\
u_{21} & 1 & 0 & 0 & \cdots & 0 \\
u_{31} & u_{32} & 1 & 0 & \cdots & 0 \\
u_{41} & u_{42} & u_{43} & 1 & \cdots & 0 \\
\vdots & \vdots & \vdots & \vdots & \ddots & \vdots \\
u_{n1} & u_{n2} & u_{n3} & u_{n4} & \cdots & 1
\end{pmatrix}
\begin{pmatrix}
o_{11} & o_{12} & o_{13} & o_{14} & \cdots & o_{1n} \\
0 & o_{22} & o_{23} & o_{24} & \cdots & o_{2n} \\
0 & 0 & o_{33} & o_{34} & \cdots & o_{3n} \\
0 & 0 & 0 & o_{44} & \cdots & o_{4n} \\
\vdots & \vdots & \vdots & \vdots & \ddots & \vdots \\
0 & 0 & 0 & 0 & \cdots & o_{nn}
\end{pmatrix}
\Leftrightarrow A = U_1 O_1
$$

$$
2.)\, A = \begin{pmatrix}
1 & o_{12} & o_{13} & o_{14} & \cdots & o_{1n} \\
0 & 1 & o_{23} & o_{24} & \cdots & o_{2n} \\
0 & 0 & 1 & o_{34} & \cdots & o_{3n} \\
0 & 0 & 0 & 1 & \cdots & o_{4n} \\
\vdots & \vdots & \vdots & \vdots & \ddots & \vdots \\
0 & 0 & 0 & 0 & \cdots & 1
\end{pmatrix}
\begin{pmatrix}
u_{11} & 0 & 0 & 0 & \cdots & 0 \\
u_{21} & u_{22} & 0 & 0 & \cdots & 0 \\
u_{31} & u_{32} & u_{33} & 0 & \cdots & 0 \\
u_{41} & u_{42} & u_{43} & u_{44} & \cdots & 0 \\
\vdots & \vdots & \vdots & \vdots & \ddots & \vdots \\
u_{n1} & u_{n2} & u_{n3} & u_{n4} & \cdots & u_{nn}
\end{pmatrix}
\Leftrightarrow A = O_2 U_2
$$

Allgemein bezeichnet man eine Matrix wie U_1 oder U_2 als <u>untere Dreiecks−</u> oder <u>Linksmatrix</u> ($u_{ij} = 0$ für $i < j$), wobei U_1 zusätzlich das Attribut <u>normiert</u> erhält ($u_{ii} = 1$), weil die <u>Hauptdiagonale</u> aus Einsen besteht. Entsprechend ist O_1 eine <u>obere</u> <u>Dreiecks−</u> oder <u>Rechtsmatrix</u> ($o_{ij} = 0$ für $i > j$), und O_2 ist zusätzlich normiert. Eine weitere spezielle Matrixform ist die <u>diagonaldominante</u> Matrix, deren Eigenschaft $\sum_{j=1, j \neq i}^{n} a_{ij} \leq a_{i,i}$ für $i = 1, 2, \ldots, n$ ist.

Mit der Zerlegung der Matrix, die sich gleichzeitig auch auf den $\vec{y}$-Vektor auswirkt (vgl. Text), ergibt sich die Lösung mit folgenden drei Schritten. (1) Die Zerlegung der Matrix wird -gemäß 1.- vorgenommen. (2) Die mit der rechten Seite des Gleichungssystems, dem $\vec{y}$-Vektor, stattgefundenen Umformungen, aus denen der Vektor $\vec{z}$ resultiert, werden entweder gleichzeitig mit denen der Matrix oder über $U_1 \vec{z} = -\vec{y}$ nachträglich vorgenommen. Da U_1 eine untere Dreiecksmatrix ist, führt die Berechnung des Vektors $\vec{z}$ im letzten der beiden Fälle zu einer schrittweisen Vorwärtssubstitution. (3) Mit O_1 und $\vec{z}$ und der Beziehung $O_1 \vec{x} = -\vec{z}$ kann über eine schrittweise Rücksubstitution die Lösung des Gleichungssystems gewonnen werden.

Da bei direkten Methoden Zeilen vertauscht werden können, wird die Permutationsmatrix P definiert. Eine n-quadratische Matrix ist Permutationsmatrix, wenn diese in jeder Spalte und in jeder Zeile <u>genau</u> ein Element mit der 1 und alle anderen mit 0 besetzt hat. Offensichtlich ist die <u>Einheitsmatrix</u> I eine Permutationsmatrix. Von dieser ausgehend ($P_0 = I$), wird mit jeder weiteren Vertauschung die neue, aktuelle Permutationsmatrix P_{i+1} aus P_i gewonnen, indem in P_i dieselben Zeilen- und Spaltenvertauschungen vorgenommen werden. Somit können dieselben Vertauschungen nachträglich mit einer Matrix A oder einem Vektor $\vec{a}$ vorgenommen werden, indem $P_i A$ bzw. $P_i \vec{a}$ berechnet wird.

Werden in den Eliminationsschritten Zeilenvertauschungen vorgenommen, so gilt $PA = U_1 O_1$. Vollzieht man die Umformung der rechten Seite gleichzeitg mit der der Matrix, so hat dies auf die Berechnung der Lösungskomponenten keine Auswirkung. Speichert man jedoch die Matrix U_1 für eine spätere Verrechnung, so muß in Schritt (2) die Gleichung $U_1 \vec{z} = -P\vec{y}$ zugrundeliegen. Schritt (3) bleibt davon unberührt.

Tabelle 4.2

zur Berechnung vor, dann vollzieht man die Elimination entsprechend, nur, daß die Operationen zugleich auf die y_i aller $\vec{y}$-Vektoren ausgeführt werden. Dies spart Rechenzeit und ist im Programm 4.1 mitberücksichtigt worden. Die Konstanten N und M geben daher die Anzahl an Gleichungen sowie die Anzahl der gleichzeitig zu verrechnenden Vektorkonstanten an.

Da der vorstehend beschriebene Gaußsche Algorithmus die in Tabelle 4.2 aufgeführte $U_1 O_1$-Zerlegung vornimmt, besteht im Aufbewahren der U_1-Matrix sowie der **Permutationsmatrix** P die zweite Vorgehensweise. Zu jeder Vektorkonstanten $\vec{y}$ wird gemäß $U_1 \vec{z} = -P\vec{y}$ über eine Vorwärtssubstitution ein $\vec{z}$ ermittelt, d.h. es werden die Eliminationsschritte "nachvollzogen". Diese $\vec{z}$-Vektoren dienen als Grundlage für die Berechnung des Lösungsvektors $\vec{x}$ gemäß $O_1 \vec{x} = -\vec{z}$. Für die Zwischenspeicherung der Permutationsmatrix reicht ein eindimensionales Array INDEX aus, so daß INDEX[I] die Nummer der im i-ten Eliminationsschritt nach oben gebrachten Zeile angibt. Diesen Weg heißt es dann einzuschlagen, falls die gesamten $\vec{y}$-Vektoren zu keinem gemeinsamen Zeitpunkt vorliegen.

Um die **untere Dreiecksmatrix** U_2 aus der Elimination zu gewinnen, muß die obige Prozedur lediglich "invertiert" werden, worauf hier nicht näher eingegangen wird.

Schritt (1) obiger Prozedur dient der Verminderung des **zusätzlichen Fehlers**, weil für die Elemente $a_{i,j}$ keine Vorgaben bestehen sollen. Diese Auswahl eines bestimmten Elements einer Matrix heißt **Pivotwahl**, wobei man unter der **Pivotstrategie** das **Auswahlkriterium** versteht. Wird lediglich in einer Spalte (Zeile) nach dem größten Element gesucht und die beiden Zeilen (Spalten) vertauscht, handelt es sich um eine **partielle Pivotwahl**. Diese und die **Spaltenmaximumstrategie** liegen damit der oben beschriebenen Prozedur zugrunde. Bei der **vollständigen Pivotwahl** wird für die Auswahl des Elements $a_{z,z}$ das betragsgrößte $a_{i,j}$ in der Restmatrix ($i \geq z$ und $j \geq z$) gesucht und entsprechend die **Pivotzeile** z mit der Zeile i **und** die **Pivotspalte** z mit der Spalte j vertauscht. Das in beiden Arten jeweils ausgewählte Element $a_{z,z}$ heißt **Pivotelement** oder nur kurz **Pivot** und der gesamte Prozeß, bestehend aus Wahl und Vertauschung, nennt man **Pivotisierung**.

Mittels einer Pivotisierung kann ein großer Faktor verhindert werden, mit dem die Zeile vor der Addition multipliziert wird; es wird $|u_{i,z}| \leq 1$ garantiert. Der Grund hierfür liegt in den Eigenschaften der Multiplikation, bei ihr gehen leicht sichere Stellen bzw. Ziffern verloren. Steht dagegen von vornherein fest, daß die Matrix **diagonaldominant** ist, kann auf die Pivotwahl -auf Schritt (1)- verzichtet werden. Die Diagonaldominanz geht mit den Operationen im Schritt (2) nicht verloren, sondern pflanzt sich entsprechend in der Matrix fort.

Die eindeutige Lösbarkeit eines **gestaffelten Gleichungssystems** (= > Dreiecksmatrix) kann schnell anhand der **Diagonalelemente** $a_{i,i}$ überprüft werden. Da $\text{Det}(A) \neq 0$ gelten muß, darf keines der Elemente $a_{i,i} = 0$ ($1 \leq i \leq n$) sein, dies kann bereits in Schritt (2) festgestellt werden. Es hängt von den weiteren Berechnungen ab, ob der gesamte Prozeß dann abgebrochen werden soll. Im Programm 4.1 erfolgt ein Abbruch, und das Resultat der Funktion GAUSS_ELIMINATION ist gleich der bis zu diesem Punkt umgeformten Matrix. Für die

Gaußscher Algorithmus

```
PROGRAM GAUSSSCHER_ALGORITHMUS (EINGABE,AUSGABE);
/* GAUSSSCHER ALGORITHMUS ZUR LOESUNG EINES GLEICHUNGSSYSTEMS */
/* (1) GAUSSSCHES ELIMINATIONSVERFAHREN                        */
/* (2) BESTIMMUNG DER LOESUNG AUS EINER OBEREN DREIECKSMATRIX */
CONST N = 3;/* N = ANZAHL AN GLEICHUNGEN */
      M = 2;/* M = ANZAHL AN KONSTANTEN  */
TYPE          GLEICHUNG = RECORD
/* MATRIXELEMENTE   */      KOEFF : ARRAY[1..N] OF REAL;
/* VEKTORKONSTANTEN */      KONST : ARRAY[1..M] OF REAL
                            END;
     GLEICHUNGS_SYSTEM = ARRAY[1..N] OF GLEICHUNG;
                VEKTOR = ARRAY[1..N] OF REAL;
           EINGABE_FILE = TEXT;
           AUSGABE_FILE = TEXT;
VAR     GL_SYSTEM : GLEICHUNGS_SYSTEM;/* GLEICHUNGSSYSTEM */
          LOESUNG : VEKTOR;           /* LOESUNGSVEKTOR    */
         SINGULAER : BOOLEAN;         /* LOESBAR/NICHT LOESBAR      */
       DETER, KOND : REAL;            /* DETERMINANTE UND KONDITION */
               I : INTEGER;           /* LAUFVARIABLE       */
          EINGABE : EINGABE_FILE;     /* EINGABE-FILE FUER DIE DATEN */
          AUSGABE : AUSGABE_FILE;     /* AUSGABE-FILE FUER DAS ERG.  */
/*- - - - - - - - - - - - - - - - - - - - - - - - - - - - - - - - - -*/
FUNCTION GAUSS_ELIMINATION
          (GL_SYS : GLEICHUNGS_SYSTEM;/* GLEICHUNGSSYSTEM              */
     VAR SINGULAER : BOOLEAN;/* FALSE ==> NICHT-SINGULAER (LOESBAR)   */
VAR DETERMINANTE : REAL;     /* DETERMINANTE DER MATRIX               */
   VAR KONDITION : REAL;     /* HADAMARDSCHE KONDITIONSZAHL DER MATRIX */
       ANZ_GLEICH : INTEGER;/* ANZAHL AN GLEICHUNGEN IN GL_SYS        */
        ANZ_KONST : INTEGER)/* ANZAHL AN VEKTORKONSTANTEN IN GL_SYS   */
                  : GLEICHUNGS_SYSTEM;/* E R G E B N I S */
VAR  SCHRITT, MAX_GL, I, J, VERTAUSCHUNGEN : INTEGER;
     FAKTOR, ZW  : REAL;        /* ARBEITS-VARIABLEN */
     ZW_SPEICHER : GLEICHUNG;/* ZWISCHENSPEICHER FUER EINE ZEILE */
BEGIN;
SINGULAER := FALSE; VERTAUSCHUNGEN := 0; SCHRITT := 1;
DETERMINANTE := 1;  KONDITION := 1;
FOR I := 1 TO ANZ_GLEICH DO /* 1. TEIL DER HADAMARDSCHEN KONDITIONS- */
    BEGIN;                   /*      ZAHL BERECHNEN                    */
    ZW := 0;
    FOR J := 1 TO ANZ_GLEICH DO
        ZW := ZW + GL_SYS[I].KOEFF[J] * GL_SYS[I].KOEFF[J];
    KONDITION := KONDITION * SQRT(ZW)
    END;
WHILE (NOT SINGULAER) AND (SCHRITT <= ANZ_GLEICH) DO
    BEGIN;
    MAX_GL := SCHRITT;/* PARTIELLE PIVOTWAHL */
    FOR I := SCHRITT+1 TO ANZ_GLEICH DO
        IF ABS( GL_SYS[I].KOEFF[SCHRITT]      ) >
           ABS( GL_SYS[MAX_GL].KOEFF[SCHRITT] )
```

Teil 1 von Programm 4.1

```
                    THEN MAX_GL := I;
          IF MAX_GL <> SCHRITT
             THEN BEGIN;/* ZEILEN VERTAUSCHEN */
                    ZW_SPEICHER      := GL_SYS[SCHRITT];
                    GL_SYS[SCHRITT] := GL_SYS[MAX_GL];
                    GL_SYS[MAX_GL]  := ZW_SPEICHER;
                    VERTAUSCHUNGEN  := VERTAUSCHUNGEN + 1
                    END;
          IF GL_SYS[SCHRITT].KOEFF[SCHRITT] <> 0
             THEN FOR I := SCHRITT+1 TO ANZ_GLEICH DO
                       IF GL_SYS[I].KOEFF[SCHRITT] <> 0
                          THEN BEGIN;
                                FAKTOR :=    GL_SYS[I].KOEFF[SCHRITT] /
                                             GL_SYS[SCHRITT].KOEFF[SCHRITT];
                                GL_SYS[I].KOEFF[SCHRITT] := 0;
                                FOR J := SCHRITT+1 TO ANZ_GLEICH DO
                                    GL_SYS[I].KOEFF[J] := GL_SYS[I].KOEFF[J]-
                                    FAKTOR * GL_SYS[SCHRITT].KOEFF[J];
                                FOR J := 1 TO ANZ_KONST DO
                                    GL_SYS[I].KONST[J] := GL_SYS[I].KONST[J]-
                                    FAKTOR * GL_SYS[SCHRITT].KONST[J]
                                END /* THEN BEGIN - END */
                          ELSE
             ELSE SINGULAER := TRUE;/* DIAGONALELEMENT = 0 ==> SINGULAER */
          SCHRITT := SCHRITT + 1 /* ELIMINATIONS-PARAMETER/SCHRITT + 1 */
          END;/* WHILE DO BEGIN - END */
GAUSS_ELIMINATION := GL_SYS;/* ENDERGEBNIS UEBERTRAGEN */
IF NOT SINGULAER
   THEN FOR I := 1 TO ANZ_GLEICH DO
            DETERMINANTE := DETERMINANTE * GL_SYS[I].KOEFF[I]
   ELSE DETERMINANTE := 0;/* SINGULAER ==> DET(A) = 0 */
IF ODD(VERTAUSCHUNGEN) /* VERTAUSCHUNGEN BERUECKSICHTIGEN */
   THEN DETERMINANTE := -DETERMINANTE;
IF NOT SINGULAER /* HADAMARDSCHE KONDITION VOLLSTAENDIG BERECHNEN */
   THEN KONDITION := ABS(DETERMINANTE) / KONDITION
   ELSE KONDITION := 0
END;/* FUNCTION - END */
/*- - - - - - - - - - - - - - - - - - - - - - - - - - - - - - - - - - - -*/
FUNCTION OBERE_DREIECKSMATRIX_LOESUNG
  ( GL_SYS : GLEICHUNGS_SYSTEM;/* MIT OBERER DREIECKSMATRIX */
 KONST_NUM : INTEGER;/* NR. DER VEKTORKONSTANTEN IN GL_SYS */
ANZ_GLEICH : INTEGER)/* ANZAHL AN GLEICHUNGEN IN GL_SYS    */
           : VEKTOR; /* E R G E B N I S */
VAR  I, J    : INTEGER;
     LOESUNG : VEKTOR;
BEGIN;
FOR I := ANZ_GLEICH DOWNTO 1 DO
    BEGIN;
    LOESUNG[I] := GL_SYS[I].KONST[KONST_NUM];
    FOR J := I+1 TO ANZ_GLEICH DO
        LOESUNG[I] := LOESUNG[I] - GL_SYS[I].KOEFF[J]*LOESUNG[J];
    LOESUNG[I] := LOESUNG[I] / GL_SYS[I].KOEFF[I]
```

Teil 2 von Programm 4.1

```
        END;/* FOR BEGIN - END */
OBERE_DREIECKSMATRIX_LOESUNG := LOESUNG
END;/* FUNCTION - END */
/*- - - - - - - - - - - - - - - - - - - - - - - - - - -*/
FUNCTION GLEICHUNGEN_EINLESEN
/* IN JEDER TEXTZEILE DER EINGABE BEFINDEN SICH DIE N ELEMENTE DER */
/* MATRIX UND DIE M ELEMENTE DER M KONSTANTENVEKTOREN            */
(VAR EINGABE : EINGABE_FILE;/* EINGABE-FILE FUER DIE DATEN */
   ANZ_GLEICH : INTEGER;/* ANZAHL AN GLEICHUNGEN          */
   ANZ_KONST : INTEGER)/* ANZAHL AN VEKTORKONSTANTEN      */
              : GLEICHUNGS_SYSTEM;/* E R G E B N I S */
VAR  I, J  : INTEGER;
     GL_SYS : GLEICHUNGS_SYSTEM;
BEGIN;
RESET (EINGABE);
FOR I := 1 TO ANZ_GLEICH DO /* KOEFFIZIENTEN, KONSTANTEN EINLESEN */
    BEGIN;
    FOR J := 1 TO ANZ_GLEICH DO
        READ ( EINGABE , GL_SYS[I].KOEFF[J] );
    FOR J := 1 TO ANZ_KONST DO
        READ ( EINGABE, GL_SYS[I].KONST[J] );
    READLN(EINGABE)
    END;/* FOR BEGIN - END */
GLEICHUNGEN_EINLESEN := GL_SYS
END;/* FUNCTION - END */
/*- - - - - - - - - - - - - - - - - - - - - - - - - - -*/
PROCEDURE GLEICHUNGEN_DRUCKEN
(VAR AUSGABE : AUSGABE_FILE;/* AUSGABE-FILE FUER DIE DATEN */
   ANZ_GLEICH : INTEGER;/* ANZAHL AN GLEICHUNGEN          */
   ANZ_KONST : INTEGER;/* ANZAHL AN VEKTORKONSTANTEN      */
       GL_SYS : GLEICHUNGS_SYSTEM);/* GLEICHUNGSSYSTEM      */
VAR I, J : INTEGER;
BEGIN;
FOR I:= 1 TO ANZ_GLEICH DO /* DREIECKSMATRIX AUSGEBEN */
    BEGIN;
    FOR J := 1 TO ANZ_GLEICH DO
        WRITE ( AUSGABE, GL_SYS[I].KOEFF[J]:10:4 );
    FOR J := 1 TO ANZ_KONST DO
        WRITE ( AUSGABE, GL_SYS[I].KONST[J]:10:4 );
    WRITELN(AUSGABE)
    END
END;
/*- - - - - - - - - - - - - - - - - - - - - - - - - - -*/
BEGIN;/* PROGRAM - BEGIN */
REWRITE(AUSGABE);/* FILE FUER DIE AUSGABE OEFFNEN */
GL_SYSTEM := GLEICHUNGEN_EINLESEN( EINGABE , N , M );
WRITELN(AUSGABE, ' EINGELESENE GLEICHUNGSSYTEME :');
GLEICHUNGEN_DRUCKEN (AUSGABE,N,M,GL_SYSTEM);
GL_SYSTEM := GAUSS_ELIMINATION(GL_SYSTEM,SINGULAER,DETER,KOND,N,M);
WRITELN(AUSGABE, ' DETERMINANTE: ',DETER:20:10);
WRITELN(AUSGABE, ' HADAMARDSCHE KONDITIONSZAHL: ',KOND:20:10);
WRITELN(AUSGABE, ' UNTERE DREIECKSMATRIX DURCH ELIMINATION :');
```

Teil 3 von Programm 4.1

```
GLEICHUNGEN_DRUCKEN (AUSGABE,N,M,GL_SYSTEM);
IF NOT SINGULAER /* LOESBAR ==> LOESUNG BERECHNEN UND AUSDRUCKEN */
    THEN BEGIN;
         LOESUNG := OBERE_DREIECKSMATRIX_LOESUNG( GL_SYSTEM , 1 , N );
         WRITELN(AUSGABE, ' KOMPONENTEN DES LOESUNGSVEKTORS: ');
         FOR I := 1 TO N DO
              WRITELN(AUSGABE,'  X(',I:3,') = ',LOESUNG[I]:15:10 )
         END
    ELSE WRITELN(AUSGABE,
                  ' GLEICHUNGSSYSTEM BESITZT KEINE EINDEUTIGE LOESUNG ')
END.
```

Beispiel einer Eingabe

```
45   3   3   6   1
 8  19   3   4   2
 0  -2 -15   6   3
```

dazugehörende Ausgabe

```
EINGELESENE GLEICHUNGSSYTEME :
   45.0000    3.0000    3.0000    6.0000    1.0000
    8.0000   19.0000    3.0000    4.0000    2.0000
    0.0      -2.0000  -15.0000    6.0000    3.0000
DETERMINANTE:     -12243.0000000000
HADAMARDSCHE KONDITIONSZAHL:        0.8591936532
UNTERE DREIECKSMATRIX DURCH ELIMINATION :
   45.0000    3.0000    3.0000    6.0000    1.0000
    0.0      18.4667    2.4667    2.9333    1.8222
    0.0       0.0     -14.7329    6.3177    3.1974
KOMPONENTEN DES LOESUNGSVEKTORS:
  X(  1) =    0.1475128645
  X(  2) =    0.2161234991
  X(  3) =   -0.4288164666
```

Teil 4 (Ende) von Programm 4.1

Determinante der Matrix A, nachdem diese in eine obere Dreiecksmatrix B überführt wurde, gilt

$$\text{Det}(A) = \text{Det}(B) \bullet (-1)^{v+w} = [\sum_{i=1}^{n} b_{i,i}] \bullet (-1)^{v+w}. \tag{4.2}$$

Bei partieller Pivotwahl ist v die Anzahl an vorgenommenen Zeilenvertauschungen und w = 0. Wendet man eine vollständige Pivotisierung an, so gibt w zusätzlich die vorgenommenen Spaltenvertauschungen an.

Ein Vergleich mit der Laplace-Entwicklung aus Abschnitt 3.3.1 zeigt, daß der Gaußsche Algorithmus auch zur Berechnung der Determinanten ein effizientes Werkzeug darstellt.

Sieht man von der Berechnung der Konditionszahl im Programm 4.1 ab, so werden für eine

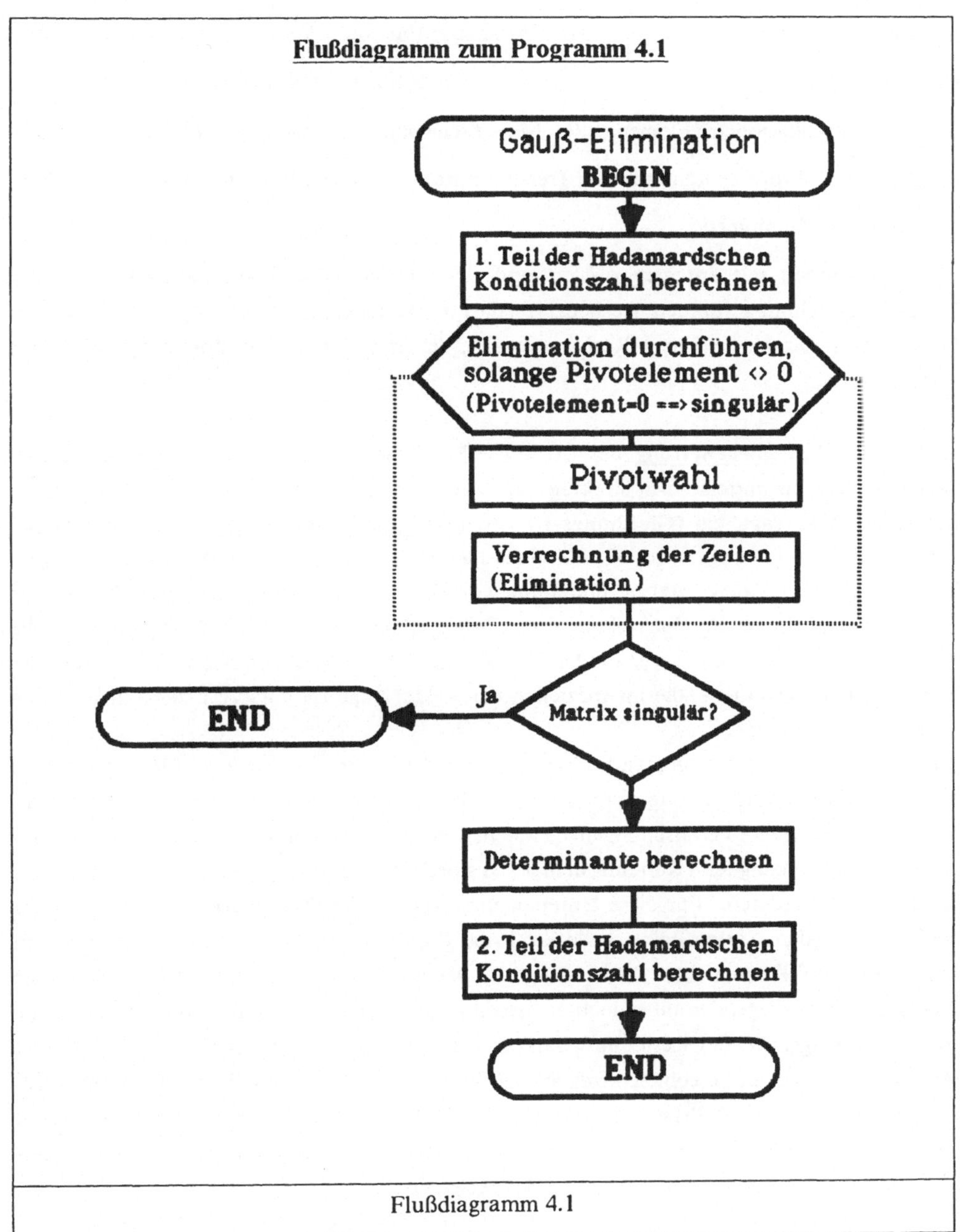

Flußdiagramm 4.1

$n \times n$-Matrix maximal $\alpha = [\sum\limits_{i=1}^{n-1} (n-i)]$ Vergleiche für die Pivotwahl und α Divisionen (Berechnung der $u_{i,z}$) sowie $\beta = [\sum\limits_{i=1}^{n-1} (n-i)^2]$ Subtraktionen (Subtraktion der Matrixzeilen) und β Multiplikationen (Elemente der Matrixzeile mit $f_{i,z}$ multiplizieren) von Realzahlen durchgeführt. Pro Konstantenvektor (rechte Seite) werden α Multiplikationen und α Subtraktionen vorgenommen.

Die Operationen mit Integervariablen und der Verwaltungsaufwand können bei dieser Überschlagsrechnung für den Rechenzeitbedarf vernachlässigt werden, vgl. Abschnitt 2.3. Dies führt insgesamt zu einem Rechenaufwand, der ungefähr mit der **dritten Potenz** von n wächst.

Speziell für die **Gütebewertung** des Lösungsvektors, der zu einem vorgegebenen linearen Gleichungssystem mittels einer **direkten Methode** berechnet wurde, existiert der Begriff der **Kondition**. Man sagt, ein (Gleichungs-) System ist **schlecht konditioniert**, wenn der numerisch berechnete Lösungsvektor $\vec{x}_n$ bei einer kleinen Veränderung der Matrixelemente großen Schwankungen ausgesetzt ist und somit von der exakten Lösung erheblich abweicht; $\vec{r}$ mit $\vec{r} = \vec{y} - A\vec{x}_n$ heißt **Residuenvektor** oder **Defektvektor**. Unter dem **Residuum** wird die Norm des Residuenvektors verstanden (in Zeichen: $\|\vec{r}\|$) -die detaillierte Definition der Norm folgt weiter unten-, die im speziellen der Vektorlänge $|\vec{r}|$ entsprechen kann und eine reelle Größe darstellt.

Mit der Konditionsbewertung wird untersucht, ob kleine Veränderungen an (den Elementen) der Matrix große Veränderungen am Lösungsvektor bewirken und mißt damit die **Stabilität**. Solche Änderungen (Verfälschungen) entstehen in der Realität durch das Rechnen mit beschränkter Genauigkeit (Rundungsfehler, Auslöschung signifikanter Stellen) oder mit verfälschten Eingabedaten. Für diese Untersuchung werden **Konditionsmaße** definiert, die jeder $(n \times n$-)Matrix (dem System) eine reelle Zahl -die **Konditionszahl**- zuordnen, welche zu deren Anfälligkeit auf Rechenfehler Auskunft gibt. Anhand der Konditionszahl kann über die Qualität einer vorliegenden oder noch zu berechnenden Lösung befunden werden, indem sie über die Aussagekraft des Residuums hinaus Auskunft gibt. Wenn der Residuenvektor mit derselben Genauigkeit berechnet wird, mit der auch die direkte Methode gearbeitet hat, treten mit der gleichen Stellenanzahl die Rundungsfehler auf und werden führende Stellen gelöscht. Daher kann der Defektvektor, sofern er nicht mit höherer (doppelter) Genauigkeit berechnet wird, nur einen sehr unsicheren Hinweis auf Fehler geben.

Die Relationen $<$ und $>$ sind allgemein bei Vektoren nicht definiert, so daß eine Genauigkeitsabfrage im Sinne einer Abweichung (z.B. $\vec{r} < \vec{\varepsilon}$) bei Vektoren nicht möglich ist. Aus diesem Grund muß auf solche charakterisierende reelle Größen, wie die Konditionszahl und die Norm, zurückgegriffen werden. Um bei Matrizen über ähnliche Möglichkeiten verfügen zu können, wurden für diese entsprechende Größenmaße definiert.

Wie man sieht, bleibt der Konstantenvektor bei der Konditionsuntersuchung unberücksichtigt.

Das **Skalarprodukt** der Linearen Algebra ist eine Funktion, die als Argumente zwei Vektoren $\vec{a}$ und $\vec{b}$ und als Funktionswert eine reelle Zahl hat sowie einem hier nicht aufgeführten Axiomensystem genügt, vgl. [10]. Im euklidischen Vektorraum z.B. ermöglicht uns das Skalarprodukt, einem Vektor $\vec{x}$ eine Länge $|\vec{x}|$ zuzuschreiben -ausgedrückt in einer reellen Zahl-, indem die Quadratwurzel aus dem Skalarprodukt $\vec{x} \bullet \vec{x}^T$ berechnet wird, wobei $\vec{x}$ ein Zeilenvektor ist: $|\vec{x}| = \sqrt{\vec{x} \bullet \vec{x}^T}$. Um sowohl bei Vektoren als auch bei Matrizen über ein Größenmaß zu verfügen, findet eine Verallgemeinerung statt, dies führt zur **Vektor-** und **Matrixnorm**.

Eine Funktion $\|\vec{x}\|_\alpha$ mit einem Vektor $\vec{x}$ als Argument und einer reellen Zahl als Funktionswert ist eine **Vektornorm**, wenn sie den Forderungen (1) bis (3) gerecht wird.

(1) $\|\vec{x}\|_\alpha \geq 0$ für $\vec{x} \varepsilon R^n$ und $\|\vec{x}\|_\alpha = 0$ $<=>$ $\vec{x} = \vec{0}$ (positiv definit)   (4.3)

(2) $\|a \bullet \vec{x}\|_\alpha = |a| \bullet \|\vec{x}\|_\alpha$ mit $a \varepsilon R$ und $\vec{x} \varepsilon R^n$ (Linearität)   (4.4)

(3) $\|\vec{x} + \vec{y}\|_\alpha \leq [\|\vec{x}\|_\alpha + \|\vec{y}\|_\alpha]$ mit $\vec{x}, \vec{y} \varepsilon R^n$ (Dreiecksungleichung)   (4.5)

Man erkennt, daß sich diese Forderungen an die Definition des Skalarprodukts eng anlehnen. Neben dem Begriff **Norm** finden auch die weniger präzisen Begriffe **Länge** und **Betrag** in der Literatur Verwendung. Eine sinnvolle Normdefinition, aus der die **euklidische Vektornorm/länge** als Spezialfall hervorgeht (m= 2), ist

$$\|\vec{x}\|_m = [|x_1|^m + |x_2|^m + |x_3|^m + ... + |x_n|^m]^{(1/m)} \quad \text{mit} \quad 1 \leq m < \infty. \tag{4.6}$$

Viel Anwendung findet die **Maximumnorm** für Vektoren, der in (4.6) m= ∞ zugrundeliegt, und es gilt $\|\vec{x}\|_\infty = \max\{i = 1,2,..,n; |x_i|\}$. Analog zu den Vektoren und obigen Bedingungen definiert man die **Matrixnorm** $\|A\|_\alpha$, wobei als vierte Forderung für zwei beliebige Matrizen A und B

$$[\|A\| \bullet \|B\|] \leq \|A \bullet B\| \text{ mit } A, B \varepsilon R^{n \times n} \tag{4.7}$$

zutreffen muß. Da man die Spalten und Zeilen einer Matrix getrennt und gemeinsam betrachten kann, ergeben sich zwei **Maximumnormen der Matrix A** und zwar

$$\|A\|_Z = \max\{i = 1,2,..,n; \sum_{j=1}^{n} |a_{i,j}|\} \text{ die } \textbf{Zeilensummennorm} \text{ und} \tag{4.8}$$

$$\|A\|_S = \max\{j = 1,2,..,n; \sum_{i=1}^{n} |a_{i,j}|\} \text{ die } \textbf{Spaltensummennorm}. \tag{4.9}$$

Eine weitere Matrixnorm ist

$$\|A\|_E = \sqrt{\sum_{i=1}^{n} \sum_{j=1}^{n} [a_{i,j}]^2} \text{ die euklidische Norm.} \tag{4.10}$$

Für das "gemischte" Rechnen mit Vektor- und Matrixnorm zur Fehlerabschätzung müssen die beiden Normen **kompatibel** zueinander sein. Dieses Attribut besagt, daß

$$\|A\vec{x}\| \leq \|A\| \bullet \|\vec{x}\| \tag{4.11}$$

für beliebige $\vec{x} \varepsilon R^n$ und $A \varepsilon^{n \times n}$ gilt. Kompatible Normen sind $\|A\|_Z$ und $\|\vec{x}\|_\infty$, $\|A\|_S$ und $\|\vec{x}\|_1$ sowie $\|A\|_E$ und $\|\vec{x}\|_2$, vgl. [8,22,23]. Unabhängig von der Norm, indem diese lediglich als Größenmaß zugrundeliegt, wird ein Konditionsmaß k definiert, das jeder Matrix A die **Konditionszahl** k(A) zuweist.

Eine Abschätzung des **relativen Fehlers** für den berechneten Lösungsvektor $\vec{x}_n$ des Gleichungssystems $A\vec{x} = \vec{y}$ unter Verwendung zweier kompatibler Normen α und β ergibt

$$[\|\vec{x}-\vec{x}_n\|_\beta / \|\vec{x}\|_\beta] \leq \|A\|_\alpha \cdot \|A^{-1}\|_\alpha \cdot [\|\vec{r}\|_\beta / \|\vec{y}\|_\beta] \ , \tag{4.12}$$

wobei $\vec{r}$ der Residuenvektor ist. Man definiert die Konditionszahl mit

$$k(A) = \|A\|_\alpha \cdot \|A^{-1}\|_\alpha \quad (=> k(A) \geq 1), \tag{4.13}$$

so daß ein System gerade dann **schlecht konditioniert** ist, wenn $k(A) >> 1$ (sehr viel größer als 1) ist. Ist das System schlecht konditioniert, so ist nach (4.12) auch ein kleines Residuum für den Fehler ohne Bedeutung.

Selbstverständlich ist A in (4.13) die unveränderte Matrix, wie sie ursprünglich im Gleichungssytem vorliegt. Die Schwierigkeit in der Berechnung dieses Konditionsmaßes liegt hauptsächlich in der Notwendigkeit, die inverse Matrix A^{-1} zur Verfügung zu stellen; diese fällt leider nicht als Nebenprodukt aus bereits notwendigen Rechenschritten ab.

Ein anderes -leider schwächeres- Konditionsmaß kommt ohne die inverse Matrix aus. Es ist das **Hadamardsche Konditionsmaß** k_h mit

$$k_h(A) = [\|Det(A)\|] / [\prod_{i=1}^{n} \sqrt{[\sum_{j=1}^{n} [a_{i,j}{}^2]]} \ ]. \tag{4.14}$$

Ein **schlecht konditioniertes System** liegt bei $k_h(A) << 1$ vor. Gemäß [7] ist das System bei $0.1 \leq k_h(A)$ gut und bei $k_h(A) < 0.01$ schlecht konditioniert. Der Vorteil dieses Konditionsmaßes ist, daß es gleichzeitig mit den Eliminationsschritten des Gaußschen Algorithmus berechnet werden kann, vgl. Programm 4.1.

4.3.2 ITERATIONSVERFAHREN IN GESAMTSCHRITTEN

Beim **Jacobi-Verfahren** -dem Iterationsverfahren in Gesamtschritten- wird von einem Startvektor $\vec{x}(0)$ als erste Näherung ausgegangen. Die **Iterationsvorschrift** für den α-ten Iterationsschritt zur Näherung des Lösungsvektors $\vec{x}(\alpha)$ bzw. dessen Komponenten $x_i(\alpha)$ kann man über das Auflösen der i-ten Gleichungen nach x_i herleiten ($1 \leq i \leq n$):

$$x_i(\alpha+1) = [a_{i,i}]^{-1} \cdot [y_i - \sum_{j=1, j \neq i}^{n} [a_{i,j} \cdot x_j(\alpha)]] \quad \text{mit} \quad a_{i,i} \neq 0 \quad \text{und} \quad \alpha \geq 0. \tag{4.15}$$

Die Garantie einer Konvergenz ist beim Zutreffen eines der drei nachstehend aufgeführten **hinreichenden Kriterien** gegeben und kann im voraus überprüft werden. Hinreichend sind diese deshalb, weil eine Konvergenz auch möglich ist, wenn von diesen Kriterien kein einziges erfüllt wird.

Zeilensummenkriterium: $[\sum_{j=1, j \neq i}^{n} [|a_{i,j}| / |a_{i,i}|]] < 1$ für $i = 1,2,...,n$ $\tag{4.16}$

Spaltensummenkriterium: $[\sum_{i=1, i \neq j}^{n} [|a_{i,j}| / |a_{i,i}|]] < 1$ für $j = 1,2,...,n$ $\tag{4.17}$

Quadratsummenkriterium: $\sqrt{[\sum_{i=1}^{n}\ \sum_{j=1,j\neq i}^{n}[(a_{i,j}/a_{i,i})^2]]} < 1$ $\hspace{2cm}$ (4.18)

Trifft eine Bedingung zu (mit ihnen wird im wesentlichen eine **diagonaldominante** Matrix gefordert), ist die Konvergenz obiger Iteration gegen den Lösungsvektor gewährleistet, wobei sich mit jedem Kriterium auch eine unterschiedlich scharfe Möglichkeit der Fehlerabschätzung ergibt, vgl. [22,20,10]. Verfügt man über keinen besseren Startwert, so setzt man in (4.15) $\vec{x}(0) = \vec{0}$.

Für die programmtechnische Umsetzung muß die Bedingung in (4.15) beachtet werden, daß die Diagonalelemente ungleich Null sein müssen. Dies kann bei **nicht-singulären** Matrizen über gezielte **Permutationen** (Umformungen) der Matrix **immer** erreicht werden.

Die Funktion KRITERIEN_TEST im Programm 4.2 überprüft sämtliche Bedingungen für die Matrix des übergebenen Gleichungssystems. Die Flaggen in der entsprechenden Variablen vom Typ TEST_FLAGGEN können anschließend überprüft werden.

Die erste Schleife in der Funktion ITERATION_IN_GESAMTSCHRITTEN bereitet die übergebene Matrix dahingehend um, daß die notwendigen Divisionen auf ein Minimum reduziert werden.

Bei der Formulierung der **Terminationsbedingung** bieten sich drei Varianten an. Entweder man iteriert, bis das Residuum eine vorgegebene Schranke erreicht hat, oder bis jede einzelne bzw. die speziell ausgewählten Komponenten der $\vec{x}(\alpha)$ von festgelegter Genauigkeit sind. Die dritte Variante besteht in einer festgelegten Anzahl an Schritten, nach der die Iteration abgebrochen wird. Diese Beschränkung bietet sich auch bei den anderen beiden Varianten an, weil das Jacobi-Verfahren nur eine geringe Konvergenzgeschwindigkeit aufweist.

Es wird auch darauf hingewiesen, daß bei **iterativen Verfahren** die Begriffe Kondition und Konditionszahl keine Grundlage der Anwendung finden, weil von einer Näherung ausgegangen wird. Rechenungenauigkeiten im Rahmen der Rundungsfehler etc. verlieren ihre dominante Bedeutung als Fehlerquellen.

Auch für das Jacobi-Verfahren gemäß Programm 4.2 wird die Anzahl an notwendigen Gleitkommaoperationen bei einer $n\times n$-Matrix angegeben. Für die zu Beginn vorgenommene Veränderung der $n\times n$-Matrix werden $n^2 + n$ Divisionen benötigt, und in jedem Iterationsschritt gemäß (4.15) werden weitere $n(n-1)$ Additionen, n Subtraktionen und $n(n-1)$ Multiplikationen durchgeführt. Je nach Art der Terminationsbedingung kommen entweder n Subtraktionen und n Vergleiche oder überhaupt keine -die dritte Variante- pro Iterationsschritt hinzu. Dies führt z.B. bei einer 10×10-Matrix und 5 Iterationsschritten zu insgesamt 550 Punkt- und 600 Strichoperationen mit Realzahlen, ohne den Kriterientest miteinzubeziehen.

Iteration in Gesamtschritten

```pascal
PROGRAM JACOBI_VERFAHREN (EINGABE,AUSGABE);
/* ITERATION DES LOESUNGSVEKTORS, WOBEI NACH ??? ITERATIONS- */
/* SCHRITTEN ABGEBROCHEN WIRD.                               */
CONST N = 3;/* N = ANZAHL AN GLEICHUNGEN */
      M = 2;/* M = ANZAHL AN KONSTANTEN  */
TYPE          GLEICHUNG = RECORD
                              KOEFF : ARRAY[1..N] OF REAL;
                              KONST : ARRAY[1..M] OF REAL
                              END;
           TEST_FLAGGEN = RECORD
                              ZEILEN_KRITERIUM   : BOOLEAN;
                              SPALTEN_KRITERIUM  : BOOLEAN;
                              QUADRAT_KRITERIUM  : BOOLEAN;
                              DIAGONAL_ELEMENTE  : BOOLEAN
                              END;
            EINGABE_FILE = TEXT;
            AUSGABE_FILE = TEXT;
        GLEICHUNGS_SYSTEM = ARRAY[1..N] OF GLEICHUNG;
                   VEKTOR = ARRAY[1..N] OF REAL;
VAR    GL_SYSTEM : GLEICHUNGS_SYSTEM;
       LOESUNG   : VEKTOR;
       I         : INTEGER;
       FLAGGEN   : TEST_FLAGGEN;/* FUER DIE KRITERIEN-UEBERPRUEFUNG */
       EINGABE   : EINGABE_FILE;/* EINGABE-FILE FUER DIE DATEN      */
       AUSGABE   : AUSGABE_FILE;/* AUSGABE-FILE FUER DAS ERGEBNIS   */
/*- - - - - - - - - - - - - - - - - - - - - - - - - - - - - - - - - -*/
FUNCTION ITERATION_IN_GESAMTSCHRITTEN
(VAR GL_SYS : GLEICHUNGS_SYSTEM;/* GLEICHUNGSSYSTEM              */
 ANZ_GLEICH : INTEGER;/* ANZAHL AN GLEICHUNGEN IN GL_SYS       */
   KONST_NR : INTEGER)/* NR. DER VEKTORKONSTANTEN IN GL_SYS */
           : VEKTOR;/* E R G E B N I S */
CONST  MAX_ITERATIONSSCHRITTE = 10;/* SCHRANKE FUER SCHRITTANZAHL */
       GENAUIGKEIT = 0.0001;          /* GENAUIGKEITSSCHRANKE      */
VAR    I, J, K   : INTEGER;
       NENNER    : REAL;
       XX, LOESUNG : VEKTOR;
       FERTIG    : BOOLEAN;
BEGIN;
FOR I := 1 TO ANZ_GLEICH DO
    BEGIN;
    LOESUNG[I] := 0;
    NENNER := GL_SYS[I].KOEFF[I];
    FOR J := 1 TO ANZ_GLEICH DO
        GL_SYS[I].KOEFF[J] := GL_SYS[I].KOEFF[J] / NENNER;
    GL_SYS[I].KOEFF[I] := 0;
    GL_SYS[I].KONST[KONST_NR] := GL_SYS[I].KONST[KONST_NR] / NENNER
    END;
K := 0;
```

Teil 1 von Programm 4.2

```
REPEAT  FOR I := 1 TO ANZ_GLEICH DO
            BEGIN
            XX[I] := 0;
            FOR J := 1 TO ANZ_GLEICH DO
                IF I <> J
                    THEN XX[I] := XX[I]-LOESUNG[J]*GL_SYS[I].KOEFF[J]
                    ELSE XX[I] := XX[I]+GL_SYS[I].KONST[KONST_NR]
            END;
        FERTIG := TRUE;
        FOR I := 1 TO ANZ_GLEICH DO /* GENAUIGKEIT UEBERPRUEFEN */
            IF ABS( XX[I] - LOESUNG[I] ) > GENAUIGKEIT
                THEN FERTIG := FALSE;
        LOESUNG := XX;
        K := K + 1
UNTIL   FERTIG OR (K > MAX_ITERATIONSSCHRITTE);
ITERATION_IN_GESAMTSCHRITTEN := LOESUNG
END;
/*- - - - - - - - - - - - - - - - - - - - - - - - - - - - - - - - - -*/
FUNCTION KRITERIEN_TEST
          (VAR GL_SYS : GLEICHUNGS_SYSTEM;/* GLEICHUNGSSYSTEM */
           ANZ_GLEICH : INTEGER)/* ANZAHL AN GLEICHUNGEN IN GL_SYS */
                      : TEST_FLAGGEN;/* E R G E B N I S */
VAR I, J : INTEGER;
    ZEILEN_SUMME, SPALTEN_SUMME, QUADRAT_SUMME, ZWISCHEN_SUMME: REAL;
    FLAGGEN : TEST_FLAGGEN;
BEGIN;
WITH FLAGGEN DO
    BEGIN;
    DIAGONAL_ELEMENTE   := TRUE;
    SPALTEN_KRITERIUM   := TRUE;
    ZEILEN_KRITERIUM    := TRUE;
    QUADRAT_KRITERIUM   := TRUE
    END;
QUADRAT_SUMME := 0;
FOR I := 1 TO ANZ_GLEICH DO
    BEGIN;
    ZEILEN_SUMME := 0; SPALTEN_SUMME := 0; ZWISCHEN_SUMME := 0;
    FOR J := 1 TO I-1 DO
        BEGIN;
        ZEILEN_SUMME    := ZEILEN_SUMME    + ABS(GL_SYS[I].KOEFF[J]);
        SPALTEN_SUMME   := SPALTEN_SUMME   + ABS(GL_SYS[J].KOEFF[I]);
        ZWISCHEN_SUMME  := ZWISCHEN_SUMME  + GL_SYS[I].KOEFF[J]
                                           * GL_SYS[I].KOEFF[J]
        END;
    FOR J := I+1 TO ANZ_GLEICH DO
        BEGIN;
        ZEILEN_SUMME    := ZEILEN_SUMME    + ABS(GL_SYS[I].KOEFF[J]);
        SPALTEN_SUMME   := SPALTEN_SUMME   + ABS(GL_SYS[J].KOEFF[I]);
        ZWISCHEN_SUMME  := ZWISCHEN_SUMME  + GL_SYS[I].KOEFF[J]
                                           * GL_SYS[I].KOEFF[J]
        END;
```

Teil 2 von Programm 4.2

```
        ZEILEN_SUMME     := ZEILEN_SUMME     / ABS(GL_SYS[I].KOEFF[I]);
        SPALTEN_SUMME  := SPALTEN_SUMME  / ABS(GL_SYS[I].KOEFF[I]);
        ZWISCHEN_SUMME := ZWISCHEN_SUMME / (GL_SYS[I].KOEFF[I] *
                                            GL_SYS[I].KOEFF[I]);
        QUADRAT_SUMME := QUADRAT_SUMME + ZWISCHEN_SUMME;
        WITH FLAGGEN DO
            BEGIN;
            IF GL_SYS[I].KOEFF[I] = 0
                THEN DIAGONAL_ELEMENTE := FALSE;
            IF SPALTEN_SUMME >= 1
                THEN SPALTEN_KRITERIUM := FALSE;
            IF ZEILEN_SUMME  >= 1
                THEN ZEILEN_KRITERIUM  := FALSE;
            IF QUADRAT_SUMME >= 1
                THEN QUADRAT_KRITERIUM := FALSE
            END
        END;
KRITERIEN_TEST := FLAGGEN
END;/* FUNCTION - END */
/*- - - - - - - - - - - - - - - - - - - - - - - - - - - - - - - - - - -*/
FUNCTION GLEICHUNGEN_EINLESEN
/* IN JEDER TEXTZEILE DER EINGABE BEFINDEN SICH DIE N ELEMENTE DER */
/* MATRIX UND DIE M ELEMENTE DER M KONSTANTENVEKTOREN             */
(VAR EINGABE : EINGABE_FILE;/* EINGABE-FILE FUER DIE DATEN */
   ANZ_GLEICH : INTEGER;/* ANZAHL AN GLEICHUNGEN            */
   ANZ_KONST : INTEGER)/* ANZAHL AN VEKTORKONSTANTEN      */
              : GLEICHUNGS_SYSTEM;/* E R G E B N I S */
VAR  I, J   : INTEGER;
     GL_SYS : GLEICHUNGS_SYSTEM;
BEGIN;
RESET (EINGABE);
FOR I := 1 TO ANZ_GLEICH DO /* KOEFFIZIENTEN, KONSTANTEN EINLESEN */
    BEGIN;
    FOR J := 1 TO ANZ_GLEICH DO
        READ ( EINGABE , GL_SYS[I].KOEFF[J] );
    FOR J := 1 TO ANZ_KONST DO
        READ ( EINGABE, GL_SYS[I].KONST[J] );
    READLN(EINGABE)
    END;/* FOR BEGIN - END */
GLEICHUNGEN_EINLESEN := GL_SYS
END;/* FUNCTION - END */
/*- - - - - - - - - - - - - - - - - - - - - - - - - - - - - - - -*/
PROCEDURE GLEICHUNGEN_DRUCKEN
(VAR AUSGABE : AUSGABE_FILE;/* AUSGABE-FILE FUER DIE DATEN */
   ANZ_GLEICH : INTEGER;/* ANZAHL AN GLEICHUNGEN         */
   ANZ_KONST : INTEGER;/* ANZAHL AN VEKTORKONSTANTEN    */
      GL_SYS : GLEICHUNGS_SYSTEM);/* GLEICHUNGSSYSTEM      */
VAR I, J : INTEGER;
BEGIN;
FOR I:= 1 TO ANZ_GLEICH DO /* DREIECKSMATRIX AUSGEBEN */
    BEGIN;
```

Teil 3 von Programm 4.2

```
      FOR J := 1 TO ANZ_GLEICH DO
          WRITE ( AUSGABE, GL_SYS[I].KOEFF[J]:10:4 );
      FOR J := 1 TO ANZ_KONST DO
          WRITE ( AUSGABE, GL_SYS[I].KONST[J]:10:4 );
      WRITELN(AUSGABE)
      END
END;
/*- - - - - - - - - - - - - - - - - - - - - - - - - - - - - - -*/
BEGIN;
REWRITE(AUSGABE);/* FILE FUER DIE AUSGABE OEFFNEN */
GL_SYSTEM := GLEICHUNGEN_EINLESEN( EINGABE , N , M );
GLEICHUNGEN_DRUCKEN (AUSGABE,N,M,GL_SYSTEM);
FLAGGEN := KRITERIEN_TEST(GL_SYSTEM, N);
WITH FLAGGEN DO
    BEGIN;
    WRITELN(AUSGABE, 'DIAGONALELEMENTE <> 0: ',DIAGONAL_ELEMENTE);
    WRITELN(AUSGABE, 'ZEILENSUMMEN-KRITERIUM: ',ZEILEN_KRITERIUM);
    WRITELN(AUSGABE, 'SPALTENSUMMEN-KRITERIUM: ',SPALTEN_KRITERIUM);
    WRITELN(AUSGABE, 'QUADRATSUMMEN-KRITERIUM: ',QUADRAT_KRITERIUM)
    END;
WITH FLAGGEN DO
    IF DIAGONAL_ELEMENTE AND
        (SPALTEN_KRITERIUM OR ZEILEN_KRITERIUM OR QUADRAT_KRITERIUM)
        THEN BEGIN;
            LOESUNG := ITERATION_IN_GESAMTSCHRITTEN(GL_SYSTEM,N,1);
            WRITELN(AUSGABE,'KOMPONENTEN DES LOESUNGSVEKTORS: ');
            FOR I := 1 TO N DO
            WRITELN(AUSGABE,'  X(',I:3,') = ',LOESUNG[I]:15:10 )
            END
        ELSE WRITELN(AUSGABE,'KEIN KONVERGENZKRITERIUM IST ERFUELLT')
END.
```

<u>Beispiel einer Eingabe</u>

```
45 3 3 6 1
8 19 3 4 2
0 -2 -15 6 3
```

<u>dazugehörende Ausgabe</u>

```
    45.0000     3.0000     3.0000     6.0000     1.0000
     8.0000    19.0000     3.0000     4.0000     2.0000
     0.0     -2.0000    -15.0000     6.0000     3.0000
DIAGONALELEMENTE <> 0:          TRUE
ZEILENSUMMEN-KRITERIUM:         TRUE
SPALTENSUMMEN-KRITERIUM:        TRUE
QUADRATSUMMEN-KRITERIUM:        TRUE
KOMPONENTEN DES LOESUNGSVEKTORS:
```

Teil 4 von Programm 4.2

```
    X(  1) =      0.1475115625
    X(  2) =      0.2161444115
    X(  3) =     -0.4288285626
```

Teil 5 (Ende) von Programm 4.2

4.3.3 ITERATIONSVERFAHREN UND DIREKTE VERFAHREN IM VERGLEICH

Aus den Beschreibungen beider Verfahren wurde bereits deutlich, wie sehr sie sich unterscheiden. Grundsätzlich kann gesagt werden, daß der **Gaußsche Algorithmus** mit partieller Pivotwahl ein effizientes und ausbaufähiges Verfahren (Berechnung der Determinante etc.) ist. Des weiteren stellt dieser nicht so "harte" Bedingungen an das Gleichungssystem wie das Jacobi-Verfahren.

Wann empfiehlt es sich aber, ein iteratives Verfahren anzuwenden? Die Notwendigkeit, die Qualität der Rechnung mit einer **Konditionsuntersuchung** nachträglich zu bewerten, zeigt auf, wo die Schwachpunkte direkter Methoden zu finden sind. Gerade bei (großen) schlecht konditionierten Systemen resultiert, bedingt durch die beschränkte Rechengenauigkeit, lediglich ein ungenauer -zumeist inakzeptabler- Lösungsvektor. Ein iteratives Verfahren reagiert, wenn es konvergiert, nicht derart sensibel, praktisch überhaupt nicht auf Rechenungenauigkeiten, weil es von vornherein auf Näherungen beruht. Der in einem Iterationsschritt produzierte zusätzliche Fehler verbessert oder verschlechtert geringfügig die Näherung, man erinnere sich dabei an den willkürlich gewählten Startvektor. Die wesentliche Einschränkung des Jacobi-Verfahrens besteht in den Kriterien, so daß es auf spezielle Matrizen beschränkt bleibt. ·

Mit den Werten in (2.6) wird ein detaillierter Vergleich der beiden Verfahren anhand der Programme 4.1 und 4.2 vorgenommen. Gemäß diesen Verhältnissen ergibt sich mit einer Umrechnung aller Operationen auf eine Addition die Anzahl an Additionen ANZ($+$) für

(1)   den Gaußschen Algorithmus bei einem $\vec{y}$ als $ANZ_G(+) = [n^3 + 3.5n^2 - 4.5n]$,

(2)   das Jacobi-Verfahren als $ANZ_J(+) = [3 \bullet z \bullet n^2 + 6n^2 + 6n]$,

wobei z die Anzahl an Iterationsschritten und n die Matrixgröße angeben. Das Jacobi-Verfahren benötigt mit z Iterationen mehr Gleitkommaoperationen, wenn $z > [n^3 - 2.5n^2 - 3.5n]/[3n^2]$ ist. Diese Schwelle ist schnell überschritten, wobei in dieser Rechnung die Kriterienüberprüfung ausgeschlossen wurde.

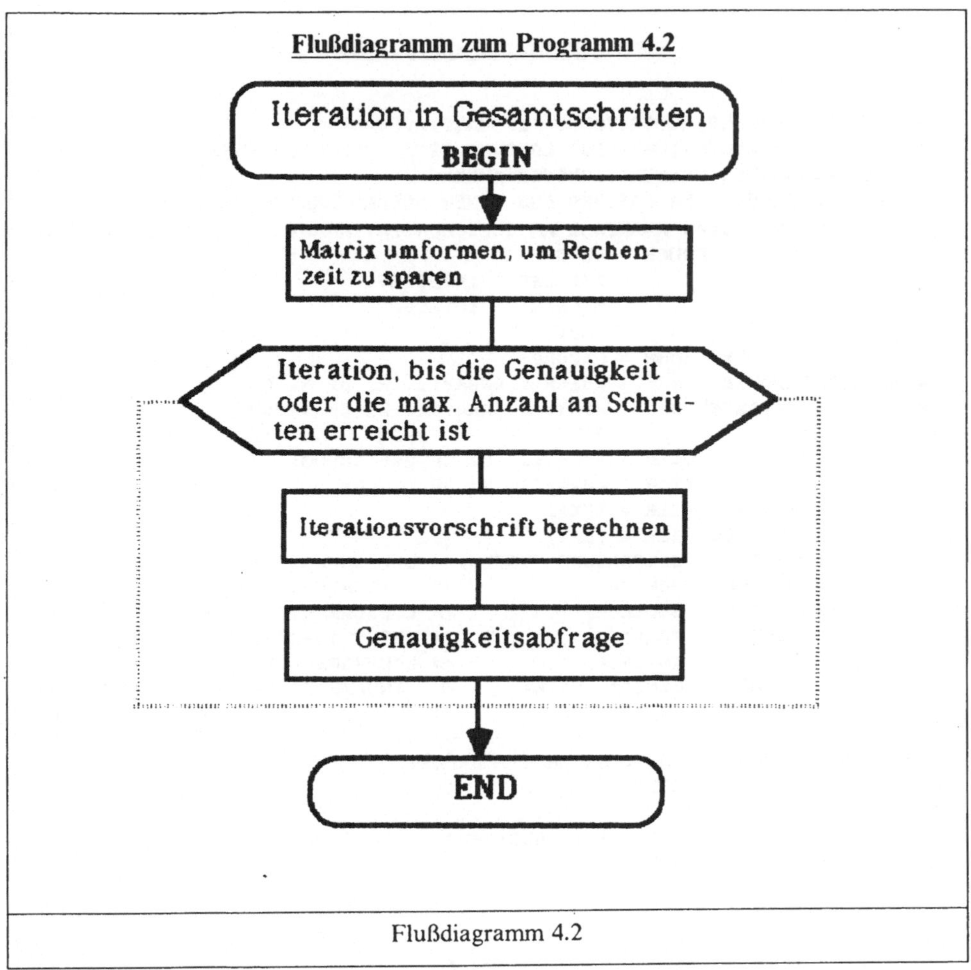

Flußdiagramm 4.2

4.3.4 KEINE RECHENFEHLER MITTELS BRUCHRECHNUNG

Will man den **zusätzlichen** **Fehler** im Gaußschen Algorithmus vollständig unterbinden, dann führt ein Weg zur **Bruchrechnung**. Man arbeitet nicht mit Zahlen, sondern mit Brüchen, so daß sich auch eine Pivotisierung erübrigt, indem eine Multiplikation immer genau ist. Lediglich irrationale Zahlen müssen mit einem Bruch genähert werden. Ein Verfahren zur Umwandlung einer gebrochen rationalen Zahl in einen Bruch ist im Abschnitt 3.3.3 vorgestellt worden.

Zur Realisation einer entsprechenden Prozedur müssen für die vier Grundrechenarten ent-

Gaußscher Algorithmus mit Bruchrechnung

```pascal
PROGRAM GAUSSSCHER_ALGORITHMUS (EINGABE,AUSGABE);
/* GAUSSSCHER ALGORITHMUS ZUR LOESUNG EINES GLEICHUNGSSYSTEMS */
/* (1) GAUSSSCHES ELIMINATIONSVERFAHREN                       */
/* (2) BESTIMMUNG DER LOESUNG AUS EINER OBEREN DREIECKSMATRIX */
CONST N = 2;M = 1;/* N=ANZAHL AN GLEICHUNGEN; M=ANZAHL AN KONSTANTEN */
TYPE              BRUCH = RECORD
                            ZAEHLER : INTEGER;
                            NENNER  : INTEGER
                            END;
            GLEICHUNG = RECORD
/* MATRIXELEMENTE    */     KOEFF : ARRAY[1..N] OF BRUCH;
/* VEKTORKONSTANTEN */      KONST : ARRAY[1..M] OF BRUCH
                            END;
      GLEICHUNGS_SYSTEM = ARRAY[1..N] OF GLEICHUNG;
               VEKTOR = ARRAY[1..N] OF BRUCH;
          EINGABE_FILE = TEXT;
          AUSGABE_FILE = TEXT;
VAR     GL_SYSTEM : GLEICHUNGS_SYSTEM;/* GLEICHUNGSSYSTEM */
          LOESUNG : VEKTOR;             /* LOESUNGSVEKTOR    */
        SINGULAER : BOOLEAN;            /* LOESBAR/NICHT LOESBAR    */
            DETER : REAL;               /* DETERMINANTE      */
                I : INTEGER;            /* LAUFVARIABLE      */
          EINGABE : EINGABE_FILE;       /* EINGABE-FILE FUER DIE DATEN */
          AUSGABE : AUSGABE_FILE;       /* AUSGABE-FILE FUER DAS ERG.  */
/*- - - - - - - - - - - - - - - - - - - - - - - - - - - - - - - -*/
FUNCTION KUERZEN(BRUCH1 : BRUCH ) : BRUCH;
VAR A, B, REST : INTEGER;
BEGIN
A := ABS(BRUCH1.ZAEHLER); B := ABS(BRUCH1.NENNER);
REPEAT  REST := A MOD B;
        A := B;
        B := REST
UNTIL   (REST = 0);
KUERZEN.ZAEHLER := BRUCH1.ZAEHLER DIV A;
KUERZEN.NENNER  := BRUCH1.NENNER  DIV A
END;
/*- - - - - - - - - - - - - - - - - - - - - - - - - - - - - - - -*/
FUNCTION BR_ADD  (SUMMAND1 : BRUCH; SUMMAND2 : BRUCH) : BRUCH;
VAR A, B, REST : INTEGER;
     AR_BRUCH : BRUCH;
BEGIN;
A := ABS(SUMMAND1.NENNER); B := ABS(SUMMAND2.NENNER);
REPEAT  REST := A MOD B;
        A := B;
        B := REST
UNTIL   (REST = 0);
AR_BRUCH.NENNER  := (SUMMAND1.NENNER * SUMMAND2.NENNER) DIV A;
AR_BRUCH.ZAEHLER := SUMMAND1.ZAEHLER * (SUMMAND2.NENNER DIV A) +
                    SUMMAND2.ZAEHLER * (SUMMAND1.NENNER DIV A);
BR_ADD := KUERZEN(AR_BRUCH)
```

Teil 1 von Programm 4.3

```
END;
/*- - - - - - - - - - - - - - - - - - - - - - - - - - - - - - - - -*/
FUNCTION BR_SUB  (MINUEND : BRUCH; SUBTRAHEND : BRUCH) : BRUCH;
VAR A, B, REST : INTEGER;
      AR_BRUCH : BRUCH;
BEGIN;
A := ABS(MINUEND.NENNER); B := ABS(SUBTRAHEND.NENNER);
REPEAT  REST := A MOD B;
        A := B;
        B := REST
UNTIL   (REST = 0);
AR_BRUCH.NENNER  := (MINUEND.NENNER    * SUBTRAHEND.NENNER) DIV A;
AR_BRUCH.ZAEHLER := MINUEND.ZAEHLER    * (SUBTRAHEND.NENNER DIV A) -
                   SUBTRAHEND.ZAEHLER * (MINUEND.NENNER    DIV A);
BR_SUB := KUERZEN(AR_BRUCH)
END;
/*- - - - - - - - - - - - - - - - - - - - - - - - - - - - - - - - -*/
FUNCTION BR_MULT (FAKTOR1 : BRUCH; FAKTOR2 : BRUCH) : BRUCH;
VAR   AR_BRUCH : BRUCH;
BEGIN;
AR_BRUCH.NENNER  := FAKTOR1.NENNER  * FAKTOR2.NENNER;
AR_BRUCH.ZAEHLER := FAKTOR1.ZAEHLER * FAKTOR2.ZAEHLER;
BR_MULT := KUERZEN(AR_BRUCH)
END;
/*- - - - - - - - - - - - - - - - - - - - - - - - - - - - - - - - -*/
FUNCTION BR_DIV  (DIVIDENT : BRUCH; DIVISOR : BRUCH) : BRUCH;
VAR   AR_BRUCH : BRUCH;
BEGIN;
AR_BRUCH.NENNER  := DIVIDENT.NENNER  * DIVISOR.ZAEHLER;
AR_BRUCH.ZAEHLER := DIVIDENT.ZAEHLER * DIVISOR.NENNER;
BR_DIV := KUERZEN(AR_BRUCH)
END;
/*- - - - - - - - - - - - - - - - - - - - - - - - - - - - - - - - -*/
FUNCTION GAUSS_ELIMINATION
        (GL_SYS : GLEICHUNGS_SYSTEM;/* GLEICHUNGSSYSTEM            */
    VAR SINGULAER : BOOLEAN;/* FALSE ==> NICHT-SINGULAER (LOESBAR) */
VAR DETERMINANTE : REAL;    /* DETERMINANTE DER MATRIX            */
      ANZ_GLEICH : INTEGER;/* ANZAHL AN GLEICHUNGEN IN GL_SYS     */
       ANZ_KONST : INTEGER)/* ANZAHL AN VEKTORKONSTANTEN IN GL_SYS  */
                 : GLEICHUNGS_SYSTEM;/* E R G E B N I S */
VAR  SCHRITT, I, J : INTEGER;
     FAKTOR        : BRUCH;       /* ARBEITSVARIABLEN */
BEGIN;
SINGULAER := FALSE; SCHRITT := 1; DETERMINANTE := 1;
WHILE (NOT SINGULAER) AND (SCHRITT <= ANZ_GLEICH) DO
      BEGIN;
      IF GL_SYS[SCHRITT].KOEFF[SCHRITT].ZAEHLER <> 0
         THEN FOR I := SCHRITT+1 TO ANZ_GLEICH DO
                 IF GL_SYS[I].KOEFF[SCHRITT].ZAEHLER <> 0
                    THEN BEGIN;
                         FAKTOR := BR_DIV( GL_SYS[I].KOEFF[SCHRITT],
                                    GL_SYS[SCHRITT].KOEFF[SCHRITT]);
```

Teil 2 von Programm 4.3

```
                              GL_SYS[I].KOEFF[SCHRITT].ZAEHLER := 0;
                              FOR J := SCHRITT+1 TO ANZ_GLEICH DO
                                  GL_SYS[I].KOEFF[J] :=
                                  BR_SUB (GL_SYS[I].KOEFF[J], BR_MULT
                                  (FAKTOR, GL_SYS[SCHRITT].KOEFF[J]));
                              FOR J := 1 TO ANZ_KONST DO
                                  GL_SYS[I].KONST[J] :=
                                  BR_SUB (GL_SYS[I].KONST[J], BR_MULT
                                  (FAKTOR, GL_SYS[SCHRITT].KONST[J]))
                              END /* THEN BEGIN - END */
                  ELSE
                    ELSE SINGULAER := TRUE;/* DIAGONALELEMENT = 0 ==> SINGULAER */
              SCHRITT := SCHRITT + 1 /* ELIMINATIONS-PARAMETER/SCHRITT + 1 */
          END;/* WHILE DO BEGIN - END */
GAUSS_ELIMINATION := GL_SYS;/* ENDERGEBNIS UEBERTRAGEN */
IF NOT SINGULAER
   THEN FOR I := 1 TO ANZ_GLEICH DO
            DETERMINANTE := DETERMINANTE *
            GL_SYS[I].KOEFF[I].ZAEHLER / GL_SYS[I].KOEFF[I].NENNER
   ELSE DETERMINANTE := 0 /* SINGULAER ==> DET(A) = 0 */
END;/* FUNCTION - END */
/*- - - - - - - - - - - - - - - - - - - - - - - - - - - - - - - - - - -*/
FUNCTION OBERE_DREIECKSMATRIX_LOESUNG
  ( GL_SYS : GLEICHUNGS_SYSTEM;/* MIT OBERER DREIECKSMATRIX */
 KONST_NUM : INTEGER;/* NR. DER VEKTORKONSTANTEN IN GL_SYS  */
ANZ_GLEICH : INTEGER)/* ANZAHL AN GLEICHUNGEN IN GL_SYS     */
           : VEKTOR; /* E R G E B N I S */
VAR  I, J    : INTEGER;
     LOESUNG : VEKTOR;
BEGIN;
FOR I := ANZ_GLEICH DOWNTO 1 DO
    BEGIN;
    LOESUNG[I] := GL_SYS[I].KONST[KONST_NUM];
    FOR J := I+1 TO ANZ_GLEICH DO
    LOESUNG[I] := BR_SUB (LOESUNG[I],
                  BR_MULT(GL_SYS[I].KOEFF[J],LOESUNG[J]) );
    LOESUNG[I] := BR_DIV (LOESUNG[I],GL_SYS[I].KOEFF[I])
    END;/* FOR BEGIN - END */
OBERE_DREIECKSMATRIX_LOESUNG := LOESUNG
END;/* FUNCTION - END */
/*- - - - - - - - - - - - - - - - - - - - - - - - - - - - - - - - - - -*/
FUNCTION GLEICHUNGEN_EINLESEN
(VAR EINGABE : EINGABE_FILE;/* EINGABE-FILE FUER DIE DATEN */
  ANZ_GLEICH : INTEGER;/* ANZAHL AN GLEICHUNGEN          */
  ANZ_KONST  : INTEGER)/* ANZAHL AN VEKTORKONSTANTEN     */
             : GLEICHUNGS_SYSTEM;/* E R G E B N I S */
VAR  I, J   : INTEGER;
     GL_SYS : GLEICHUNGS_SYSTEM;
BEGIN;
RESET (EINGABE);
FOR I := 1 TO ANZ_GLEICH DO /* KOEFFIZIENTEN, KONSTANTEN EINLESEN */
    BEGIN;                  /* UND AUSDRUCKEN */
```

Teil 3 von Programm 4.3

```
        FOR J := 1 TO ANZ_GLEICH DO
            BEGIN;
            READ ( EINGABE , GL_SYS[I].KOEFF[J].ZAEHLER );
            READ ( EINGABE , GL_SYS[I].KOEFF[J].NENNER )
            END;
        FOR J := 1 TO ANZ_KONST DO
            BEGIN;
            READ ( EINGABE, GL_SYS[I].KONST[J].ZAEHLER );
            READ ( EINGABE, GL_SYS[I].KONST[J].NENNER )
            END;
        READLN(EINGABE)
        END;/* FOR BEGIN - END */
    GLEICHUNGEN_EINLESEN := GL_SYS
    END;/* FUNCTION - END */
    /*- - - - - - - - - - - - - - - - - - - - - - - - - - - - - - - -*/
    PROCEDURE GLEICHUNGEN_DRUCKEN
    (VAR AUSGABE : AUSGABE_FILE;/* AUSGABE-FILE FUER DIE DATEN */
       ANZ_GLEICH : INTEGER;/* ANZAHL AN GLEICHUNGEN          */
       ANZ_KONST : INTEGER;/* ANZAHL AN VEKTORKONSTANTEN       */
          GL_SYS : GLEICHUNGS_SYSTEM);/* GLEICHUNGSSYSTEM     */
    VAR I, J : INTEGER;
    BEGIN;
    FOR I := 1 TO ANZ_GLEICH DO /* DREIECKSMATRIX AUSGEBEN */
        BEGIN;
        FOR J := 1 TO ANZ_GLEICH DO
            BEGIN;
            WRITE( AUSGABE, GL_SYS[I].KOEFF[J].ZAEHLER:8,':');
            WRITE( AUSGABE, GL_SYS[I].KOEFF[J].NENNER:8 );
            WRITE( AUSGABE, ' / ' )
            END;
        WRITE(AUSGABE, '/////' );
        FOR J := 1 TO ANZ_KONST DO
            BEGIN;
            WRITE( AUSGABE, GL_SYS[I].KONST[J].ZAEHLER:8,':');
            WRITE( AUSGABE, GL_SYS[I].KONST[J].NENNER:8 );
            WRITE( AUSGABE, ' /' )
            END;
        WRITELN(AUSGABE)
        END
    END;
    /*- - - - - - - - - - - - - - - - - - - - - - - - - - - - - - - -*/
    BEGIN;/* PROGRAM - BEGIN */
    REWRITE(AUSGABE);/* FILE FUER DIE AUSGABE OEFFNEN */
    GL_SYSTEM := GLEICHUNGEN_EINLESEN( EINGABE , N , M );
    WRITELN(AUSGABE, ' EINGELESENE GLEICHUNGSSYTEME :');
    GLEICHUNGEN_DRUCKEN (AUSGABE,N,M,GL_SYSTEM);
    GL_SYSTEM := GAUSS_ELIMINATION(GL_SYSTEM,SINGULAER,DETER,N,M);
    WRITELN(AUSGABE, ' DETERMINANTE: ',DETER:20:10);
    WRITELN(AUSGABE, ' UNTERE DREIECKSMATRIX DURCH ELIMINATION :');
    GLEICHUNGEN_DRUCKEN (AUSGABE,N,M,GL_SYSTEM);
    IF NOT SINGULAER /* LOESBAR ==> LOESUNG BERECHNEN UND AUSDRUCKEN */
        THEN BEGIN;
```

Teil 4 von Programm 4.3

```
        LOESUNG := OBERE_DREIECKSMATRIX_LOESUNG( GL_SYSTEM , 1 , N );
        WRITELN(AUSGABE, ' KOMPONENTEN DES LOESUNGSVEKTORS: ');
        FOR I := 1 TO N DO
            BEGIN;
            LOESUNG[I] := KUERZEN(LOESUNG[I]);
            WRITELN(AUSGABE, ' X(',I:3,')=',LOESUNG[I].ZAEHLER:12,
                    LOESUNG[I].NENNER:12)
            END
        END
    ELSE WRITELN(AUSGABE,
                ' GLEICHUNGSSYSTEM BESITZT KEINE EINDEUTIGE LOESUNG ')
END.
```

Beispiel einer Eingabe

```
1 4     -4 1     27 1
4 3     22 1      1 1
```

dazugehörende Ausgabe

```
EINGELESENE GLEICHUNGSSYTEME :
        1:        4 /       -4:      1 / ////     27:      1 /
        4:        3 /       22:      1 / ////      1:      1 /
DETERMINANTE:          10.8333333333
UNTERE DREIECKSMATRIX DURCH ELIMINATION :
        1:        4 /       -4:      1 / ////     27:      1 /
        0:        3 /      130:      3 / ////   -143:      1 /
KOMPONENTEN DES LOESUNGSVEKTORS:
X(   1)=          276            5
X(   2)=          -33           10
```

Teil 5 (Ende) von Programm 4.3

sprechende Funktionen entwickelt werden, deren Parameter Brüche sind. Mit Rücksichtnahme auf das schmale Zahlenintervall sollten diese nach jeder Operation gekürzt werden, hierzu benutzt man die ggT-Funktion aus Abschnitt 3.3.4. Des weiteren muß die Zahl Null sinnvoll definiert werden; es bietet sich an, den Zähler gleich Null und den Nenner unbedingt ungleich Null zu setzen. Als Variablentyp für die beiden Bestandteile Zähler und Nenner empfiehlt sich Integer, weil bei diesem keine Rechenfehler auftreten und ebenso die MOD-Funktion definiert ist. Für die Bestimmung des **Hauptnenners** benötigt man das kleinste gemeinsame Vielfache, kurz kgV, das über den Zusammenhang

$$ggT(a,b) \cdot kgV(a,b) = a \cdot b \quad < = > \quad kgV(a,b) = [a \cdot b]/ggT(a,b) \qquad (4.19)$$

aus dem ggT gewonnen wird, womit zugleich die grundliegende Vorgehensweise beschrieben wäre.

Ein Argument gegen die Bruchrechnung findet sich recht schnell, es ist das schmale Zahlenintervall der Integerzahlen ($|x| \leq$ MAXINT). Soll ein Element bspw. 3.14E-20 betragen, so ist dies mit einem Bruch bei dieser Einschränkung nicht unbedingt möglich, die betragskleinste Zahl ist mit [1/MAXINT] vorgegeben; dies entspricht bei einer Wortlänge von vier Bytes der Zahl 4.657E-10. Diese Genauigkeit hat aber allein theoretischen Charakter, weil, wie im Abschnitt 1.5 ausführlich beschrieben, das Intervall der Integerzahlen auch in den Zwischenergebnissen eines arithmetischen Ausdrucks nicht überschritten werden darf.

Programm 4.3 wurde analog zu Programm 4.1 entwickelt und arbeitet mit Brüchen. Die Eingabe der Daten unterscheidet sich dahingehend von der im Programm 4.1, daß in einem Datensatz -einer Eingabezeile-, der aus der Textdatei EINGABE eingelesen wird, ein Matrixelement aus zwei aufeinanderfolgenden ganzen Zahlen (Zähler, Nenner) besteht. Zähler und Nenner eines Elements sind damit nicht auf zwei Zeilen verteilt.

Man erkennt gerade an dieser Problemstellung, worin die Vorteile einer typenorientierten Programmiersprache, wie Pascal, liegen; die Programmstrukturen und damit die Transparenz haben unter dem Übergang von reellen Zahlen zu Brüchen nicht gelitten.

Eine Anwendung der Bruchrechnung im Jacobi-Verfahren ergibt sich durch dessen iterativen Charakter als nicht zweckmäßig -sinnvoll-.

5 NUMERISCHE DIFFERENTIATION UND INTEGRATION

Für die numerische Differentiation und Integration stehen vielfach Unterprogramme aus Standard-Softwarepaketen (z.B. IMSL) in FORTRAN zur Verfügung. Um auch in anderen Programmiersprachen und insbesondere in Pascal auf entsprechende Module zurückgreifen zu können, werden hier einige effiziente Verfahren vor- und auch in einer anschließenden Diskussion gegenübergestellt. Eine einleitende Hinführung zur Problematik und zu den Eigenschaften der numerischen Verfahren fand bereits in Kapitel 4 statt.

5.1 WIE KÖNNEN FUNKTIONEN VORLIEGEN?

Zu verarbeitende Funktionen einer Variablen liegen -grob eingeteilt- in folgenden Formen vor:

(1) Die Funktion ist über eine **Funktionswertetabelle** definiert, in welcher zu $n+1$ x-Werten x_i ($0 \leq i \leq n$) die dazugehörenden Funktionswerte $f(x_i) = y_i$ verzeichnet sind.

(2) Bei der Funktion handelt es sich um ein **ganz rationales Polynom** P_n (genau) **n-ten Grades**. Die $n+1$ Koeffizienten a_i ($0 \leq i \leq n$) definieren dieses eindeutig:

$$P_n(x) = a_n x^n + a_{n-1} x^{n-1} + a_{n-2} x^{n-2} + \dots + a_2 x^2 + a_1 x^1 + a_0; \quad a_n \neq 0. \qquad (5.1)$$

(3) Die Funktion $F(x) = P_n(x)/Q_m(x)$ ($n,m \varepsilon N_0$) ist **gebrochen rational** und besteht somit aus den beiden Polynomen P_n und Q_n; die Werte n und m geben **Zähler**- und **Nennergrad** an. Handelt es sich bei $F(x)$ um eine **unecht** gebrochen rationale Funktion ($n > m$), so läßt sich $F(x)$ über eine **Polynomdivision** in die Form $Z_{(n-m)}(x) + R(x)$ überführen, in welcher das Polynom $Z_{(n-m)}(x)$ ganz rational vom Grad (n-m) und $R(x)$ **echt** gebrochen rational ist. In manchen Fällen stellt sich $R(x) = 0$ heraus, damit liegt wieder Form (2) vor.

(4) Die Funktion ist "komplizierter" formuliert; sie enthält bspw. transzendente Funktionen (SIN, EXP usw.) oder ist ein Integral.

Mit diesen verschiedenen Formen verbinden sich auch unterschiedliche Vorgehensweisen bei der Programmkonzeption. Ein Programm, welches (1) und (2) zu verarbeiten hat, kann dahingehend parametrisiert werden, daß es für verschiedene Funktionen keiner weiteren Änderung mehr bedarf. Das entsprechende **Modul** kann als übersetztes Programm -im Maschinencode- in einer **Bibliothek** stehen, und beim Aufruf werden die Daten (Wertepaare und/oder die Koeffizienten) über einen File übergeben. Dies funktioniert bei (3) und (4) nicht mehr so einfach, weil für jede neue Funktion das Programm nach entsprechender Veränderung erneut übersetzt werden muß. Will man (4) allgemein verfassen, müßte sogar über eine Ausdrucksauswertungsroutine die eingegebene Funktion untersucht und berechnet werden. Ein enorm hoher Aufwand, der meistens in keiner Relation zum Nutzen steht.

5.1.1 INTERPOLATION

Für die folgenden Aufgabenstellungen liegt die allgemeinste Form (1) zugrunde. Dies ist leicht begründet; zum einen können sämtliche Formen über die Erstellung einer **Wertetabelle** in diese überführt werden. Ein wesentlicher Gesichtspunkt ist dabei immer der resultierende Fehler, der beim Formwechsel ein gewisses Maß nicht überschreiten sollte. Zum anderen liegen bei vielen Anwendungen nur **diskrete Funktionswerte** vor, wenn diese z.B. aus physikalischen Messungen resultieren.

Damit auch Funktionswerte berechnet werden können, die nicht in der Funktionswertetabelle verzeichnet sind, muß schließlich doch wieder eine Funktion gefunden werden, die leichter zu handhaben ist. Diese sollte einfach zu berechnen sein und die zugrundeliegende Funktion gut annähern (**approximieren**). Hierzu eignen sich **ganz rationale** Polynome (vgl. (2)), sogenannte **Interpolationspolynome**. Diese sind wegen ihrer ganzzahligen Potenzen leicht zu berechnen (Horner-Schema), das Differenzieren und Integrieren ist elementar, und das Nullstellenproblem läßt sich hieraus auch leichter lösen. Ein weiterer Vorteil liegt in den vielen äquivalenten Darstellungsformen eines Polynoms, die in den unterschiedlichen Anwendungen gebraucht werden; die möglichen Formwechsel lassen sich meistens schematisieren.

Bei der Entwicklung dieses Polynoms dienen die x_i der Wertetabelle als **Stützstellen** und die Funktionswerte $f(x_i) = y_i$ als **Stützwerte**. Entsprechend heißen die beiden als Paar zusammengefaßt **Stützpunkt**. Das Interpolationspolynom $I_n(x)$ muß mit den $n+1$ Stützpunkten die zugrundeliegende Funktion so gut approximieren, daß zumindest $I_n(x_i) = f(x_i)$ gilt und der Graph der Funktion möglichst **glatt** ist. Weiterhin sollte ein Funktionswert für einen x-Wert, welcher nicht mit einer der Stützstellen übereinstimmt, gut approximiert werden. Wird eine Funktion nur über eine Wertetabelle beschrieben, so könnten die Funktionswerte zwischen den Stützstellen theoretisch beliebige Werte annehmen. Von der **Glätte** hängt damit wesentlich die Güte der Approximation ab, weil dann mit größerer Wahrscheinlichkeit der Verlauf der ursprünglichen Funktion nachgebildet wird.
Liegt ein solcher **Neuwert** außerhalb des **kleinsten Intervalls**, in welchem die Stützstellen liegen, handelt es sich um eine **Extrapolation** (extra lat. außerhalb; polio lat. glätten); anderenfalls ist es eine **Interpolation** (inter lat. innerhalb).

Im Vergleich zu den aus statistischen Anwendungen (Ausgleichsrechnung) bekannten **Ausgleichsfunktionen**, die sich dem Zahlenmaterial "lediglich" zu einem festgelegten Maß nähern (vgl. Abschnitt 6.2 und Beispiel 2.1), sind Interpolationspolynome genauer. Während bei ersteren der Fehler im gesamten Intervall ein festgesetztes Maß nicht überschreitet, verschwindet dieser bei letzteren an den Stützstellen ganz. Aus diesem Grund verbinden sich mit diesen auch unterschiedliche Anwendungsgebiete. Eine **Regressionsgerade** dient bspw. zum Ausgleich **zufälliger Fehler** in den Daten. Man nennt diese Funktionen auch **empirische Formeln**, ein Thema, dem sich Band 4 der Programmothek widmet.

In einigen Anwendungen bietet sich eine solche **lineare Approximation** auch für eine **schnelle** Berechnung von Funktionswerten an. Die Gerade durch zwei benachbarte Stützpunkte liegt dann als **Näherungsfunktion** zugrunde, vgl. Abschnitt 2.3 und 5.3.2. Selbstverständlich kann die Näherungsfunktion auch aus jeweils zwei, drei oder noch mehr Punkten aufgebaut werden.

Gleichzeitig können für eine gute Interpolation neben $I_n(x_i) = f(x_i)$ weitere Bedingungen an das Polynom gestellt werden (falls bekannt), um das Funktionsbild zwischen den Stützstellen gezielt zu bestimmen. Bei den **Hermiteschen Interpolationspolynomen** fließen auch die Werte der ersten m Ableitungen in deren Bildungsgesetz ein ($I_n^{(\alpha)}(x_i) = f^{(\alpha)}(x_i)$) für $0 \le \alpha \le m$.

Wie kann die Berechnung des Interpolationspolynoms effektiv vorgenommen werden? Umfaßt eine Wertetafel $n+1$ (**paarweise verschiedene**) Stützpunkte $(x_i; y_i)$, dann läßt sich über diese genau ein Polynom $I_n(x)$ mit maximalem Grad n und den Koeffizienten a_i eindeutig bestimmen, für welches $I_n(x_i) = f(x_i)$ gilt:

$$a_0 + a_1 x_0 + a_2 x_0^2 + a_3 x_0^3 + \ldots + a_n x_0^n = y_0 = f(x_0)$$
$$a_0 + a_1 x_1 + a_2 x_1^2 + a_3 x_1^3 + \ldots + a_n x_1^n = y_1 = f(x_1)$$
$$a_0 + a_1 x_2 + a_2 x_2^2 + a_3 x_2^3 + \ldots + a_n x_2^n = y_2 = f(x_2)$$
$$\text{---------}$$
$$a_0 + a_1 x_n + a_2 x_n^2 + a_3 x_n^3 + \ldots + a_n x_n^n = y_n = f(x_n).$$

(5.2)

Dieses lineare Gleichungssystem ist eindeutig lösbar, und die $n+1$ Koeffizienten ließen sich damit bestimmen. Aus (5.2) resultiert zugleich, daß der Grad des Polynoms kleiner als n sein kann und nicht exakt n betragen muß; man spricht dann von einem **Polynom mit genauem Grad n**.

Das direkte Lösen des Gleichungssystems ist aber ein weniger effizientes Verfahren, weil die Matrix vielfach schlecht konditioniert ist und mit großem n ein erheblicher Rechenaufwand notwendig sein kann. Zwei geeignete Darstellungsformen und Verfahren zur Gewinnung des Interpolationspolynoms sind nach **Newton** und **Lagrange** benannt; diese umgehen die explizite Berechnung der Koeffizienten. Bei deren Vorstellung wird von $n+1$ paarweise verschiedenen Stützpunkten $(x_i; y_i)$ $(0 \le i \le n)$ ausgegangen, diese müssen **nicht** geordnet sein.

(1)   **Newtonsche Interpolationsformel**: $\quad I_n(x) = \sum_{i=0}^{n} [m_i \bullet N_i(x)],$ (5.3)
    wobei für N_i und m_i

$$N_0(x) = 1; \quad N_i(x) = (x\text{-}x_0) \bullet (x\text{-}x_1) \bullet (x\text{-}x_2) \bullet \ldots \bullet (x\text{-}x_{i-1}) = \prod_{z=0}^{i-1} (x\text{-}x_z) \qquad (5.4)$$

$$m_i = s_{i,0} \text{ mit } s_{i,j} = (s_{i-1,j+1} - s_{i-1,j})/(x_{j+i} - x_j) \quad \text{und} \quad s_{0,i} = y_i; \ i,j \ge 0 \qquad (5.5)$$

gilt. Die Gewinnung der m_i bzw. der $s_{i,j}$ läßt sich übersichtlich mit dem **Differenzen-** und **Steigungsschema** darstellen, ein Beispiel für $n=4$ ist in Beispiel 5.1 aufgeführt. Drückt man $d_{i,j} = [d_{i-1,j+1} - d_{i-1,j}]$ im Differenzenschema über einen **Differenzoperator**

Differenzenschema am Beispiel von 5 Stützstellen

i	$d_{0,i}$	$d_{1,i}$	$d_{2,i}$	$d_{3,i}$	$d_{4,i}$
0	y_0	y_1-y_0	$d_{1,1}-d_{1,0}$	$d_{2,1}-d_{2,0}$	$d_{3,1}-d_{3,0}$
1	y_1	y_2-y_1	$d_{1,2}-d_{1,1}$	$d_{2,2}-d_{2,1}$	
2	y_2	y_3-y_2	$d_{1,3}-d_{1,2}$		
3	y_3	y_4-y_3			
4	y_4				

Steigungsschema am Beispiel von 5 Stützstellen

i	s_{0i}	s_{1i}	s_{2i}	s_{3i}	$s_{4,i}$
0	y_0	$(y_1-y_0)/(x_1-x_0)$	$(s_{1,1}-s_{1,0})/(x_2-x_0)$	$(s_{2,1}-s_{2,0})/(x_3-x_0)$	$(s_{3,1}-s_{3,0})/(x_4-x_0)$
1	y_1	$(y_2-y_1)/(x_2-x_1)$	$(s_{1,2}-s_{1,1})/(x_3-x_1)$	$(s_{2,2}-s_{2,1})/(x_4-x_1)$	
2	y_2	$(y_3-y_2)/(x_3-x_2)$	$(s_{1,3}-s_{1,2})/(x_4-x_2)$		
3	y_3	$(y_4-y_3)/(x_4-x_3)$			
4	y_4				

Beispiel 5.1

(Vorwärtsdifferenz) aus, so gilt $\Delta^{(i)}y_j = d_{i,j}$. Bei gleichzeitiger Division der $d_{i,j}$ durch $(x_{j+i}-x_j)$ gewinnt man das Steigungsschema der $s_{i,j}$; man nennt sie von daher auch **dividierte Differenzen**.

Handelt es sich bei den x_i um **äquidistante Stützstellen** vom Abstand h ($x_t = x_0 + t \bullet h$ $<=> h = (x_t-x_0)/t$), kann $I_n(x)$ gemäß

$$I_n(x) = d_{0,0} + [(1! \bullet h^1)^{-1} \bullet d_{1,0} \bullet (x-x_0)] +$$
$$[(2! \bullet h^2)^{-1} \bullet d_{2,0} \bullet (x-x_0)(x-x_1)] + \ldots +$$
$$[(n! \bullet h^n)^{-1} \bullet d_{n,0} \bullet (x-x_0)(x-x_1)(x-x_2)\ldots(x-x_{n-1})] \text{ bzw.} \tag{5.6}$$

$$I_n(x_0+t \bullet h) = d_{0,0} + \binom{t}{1} \bullet d_{1,0} + \binom{t}{2} \bullet d_{2,0} + \binom{t}{3} \bullet d_{3,0} + \ldots + \binom{t}{n} \bullet d_{n,0} \tag{5.7}$$

vereinfacht werden. Dieses recht unterschiedlich formulierbare Polynom $I_n(x)$ wird der gestellten Forderung $I_n(x_i) = f(x_i) = y_i$ gerecht.

Aus Beispiel 5.2 wird nochmals deutlich, daß I_n nicht exakt, sondern höchstens vom

Grad n ist. Ist für n+1 Stützpunkte kein Polynom vom genauen Grad n erforderlich, so äußert sich dies im Differenzenschema durch eine Spalte aus gleichen Zahlen; trotz der vier Stützstellen resultiert im Beispiel 5.2 die Geradengleichung $y = 2x+1$.

Ein Polynom P_n der Form

$$P_n(x) = a_0 + a_1 \cdot (x-x_0) + a_2 \cdot (x-x_0) \cdot (x-x_1) + \ldots + a_n \cdot (x-x_0) \cdot \ldots \cdot (x-x_{n-1}) \qquad (5.8)$$

resultiert aus einem **gestaffelten Polynomsystem**, welches analog zu einem Gleichungssystem in Staffelform mit n+1 Polynomen α_i

$$\alpha_0 = 1; \ \alpha_1 = (x-x_0); \ \alpha_i = (x-x_0) \cdot (x-x_1) \cdot \ldots \cdot (x-x_{i-1}) = \prod_{j=0}^{i-1} (x-x_j) \text{ bzw. rekursiv durch} \qquad (5.9)$$

$$\alpha_{i+1}(x) = \alpha_i(x) \cdot (x-x_i) \quad \text{mit} \quad i>0, \ \alpha_0 = 1 \qquad (5.10)$$

definiert wird; dabei muß $x_i \neq x_j$ mit $i \neq j$ gelten (paarweise verschieden). Für ein solches Polynom $P_n(x) = a_0 + a_1 \cdot \alpha_1 + a_2 \cdot \alpha_2 + \ldots + a_n \cdot \alpha_n$ bietet das **Horner-Schema** über die Rekursionsformel

$$b_n = a_n; \ b_{n-i} = (z-x_{n-i}) \cdot b_{n-i+1} + a_{n-i} \quad (i=1,2,\ldots,n) \qquad (5.11)$$

den Ansatzpunkt für eine einfache Berechnung von $P_n(z)$, es gilt $P_n(z) = b_0$.

Mit $x_i = 0$ $(0 \leq i \leq n-1)$ folgt aus (5.11) das Rechenschema für die übliche **algebraische Polynomform** $(\sum_{i=0}^{n} a_i x^i)$. Bei dieser kann das Horner-Schema auch zur Berechnung der Ableitungen verwendet werden, das **vollständige Horner-Schema** ist in Tabelle 5.1 dargestellt.

Bei gestaffelter Polynomform läßt sich das Horner-Schema nicht in der einfachen Weise für das Ableiten heranziehen. Im Abschnitt 5.2.1 werden die Ableitungen der Interpolationspolynome näher betrachtet und eine universelle Funktion vorgestellt, die eine einfache Berechnung von $P_n(x)$ und $P_n^{(i)}(x)$ $(1 \leq i \leq n)$ ermöglicht.

(2) **Lagrangesche Interpolationsformel**: $\displaystyle I_n(x) = \sum_{i=0}^{n} [y_i \cdot L_i(x)]$ mit $\qquad (5.12)$

$$L_i(x) = [(x-x_0) \cdot \ldots \cdot (x-x_{i-1}) \cdot (x-x_{i+1}) \cdot \ldots \cdot (x-x_n)] / \qquad (5.13)$$

$$[(x_i-x_0) \cdot \ldots \cdot (x_i-x_{i-1}) \cdot (x_i-x_{i+1}) \cdot \ldots \cdot (x_i-x_n)] \ <\ =\ >$$

$$L_i(x) = [\prod_{j=0, j \neq i}^{n} [(x-x_j)/(x_i-x_j)]] \cdot \qquad (5.14)$$

Die **Lagrange-Polynome** $L_i(x)$ sind vom Grad n, und es gilt $L_i(x_i) = 1$ und $L_i(x_j) = 0$ für $i \neq j$. Obige Formel wird bei äquidistanten Stützstellen vom Abstand h zusätzlich vereinfacht, d.h. bei $x_t = x_0 + t \cdot h$ gilt

$$I_n(t) = [\prod_{i=0}^{n} (t-i)] \cdot [\sum_{i=0}^{n} [((-1)^{(n-i)} \cdot y_i)/(i! \cdot (n-i)! \cdot (t-i))]]; \qquad (5.15)$$

Beispiel 5.3 dient der Verdeutlichung. Ein Programm zur effizienten Berechnung von $L_i(x)$ und damit von (5.12) wird im Abschnitt 5.2.1 vorgestellt.

Aufgrund der Eindeutigkeit des Polynoms führen Verfahren (1) und (2) natürlich auf äqui-

---

Vollständiges Horner-Schema für Polynome der Form

$$P_n(x) = \sum_{i=0}^{n} a_i x^i$$

a_n	a_{n-1}	a_{n-2}	a_{n-3}	a_{n-4}	a_{n-5}	...	a_1	a_0
$+\,0$	$z \bullet b_n$	$z \bullet b_{n-1}$	$z \bullet b_{n-2}$	$z \bullet b_{n-3}$	$z \bullet b_{n-4}$	...	$z \bullet b_2$	$z \bullet b_1$
------	------	------	------	------	------	------	------	------
$=\,b_n$	b_{n-1}	b_{n-2}	b_{n-3}	b_{n-4}	...	b_2	b_1	$P_n(z) = b_0$
$+\,0$	$z \bullet c_n$	$z \bullet c_{n-1}$	$z \bullet c_{n-2}$	$z \bullet c_{n-3}$	$z \bullet c_{n-4}$	...	$z \bullet c_2$	
------	------	------	------	------	------	------	------	
$=\,c_n$	c_{n-1}	c_{n-2}	c_{n-3}	c_{n-4}	...	c_2	$P_n'(z) = c_1$	
$+\,0$	$z \bullet d_n$	$z \bullet d_{n-1}$	$z \bullet d_{n-2}$	$z \bullet d_{n-3}$	...	$z \bullet d_3$		
------	------	------	------	------	------	------		
$=\,d_n$	d_{n-1}	d_{n-2}	d_{n-3}	...	d_3	$(2!)^{-1} \bullet P_n''(z) = d_2$		
$+\,0$	$z \bullet e_n$	$z \bullet e_{n-1}$	$z \bullet e_{n-2}$	...	$z \bullet e_4$			
------	------	------	------	------	------			
$=\,e_n$	e_{n-1}	e_{n-2}	e_{n-3}	...	$(3!)^{-1} \bullet P_n^{(3)}(z) = e_3$			
------	------	------	------	------	------			
$=\,...$	...	...	...	...				
$=\,...$	...	...	...					

$$= (n!)^{-1} \bullet P_n^{(n)}(z) = a_n$$

Tabelle 5.1

valente Terme, die sich lediglich in ihrer Gestalt unterscheiden. Auch müssen zur Entwicklung der beiden Interpolationspolynome die Stützstellen nicht der Größe nach geordnet sein, sondern können einer zufälligen Reihenfolge unterliegen. Über ihre Vor- und Nachteile geben die Tabellen 5.2 und 5.3 weitere Auskünfte.

Von der Polynomform unabhängig, gibt die Differenz zwischen wahrem Funktionswert $f(x)$ und $I_n(x)$ den **Interpolationsfehler** an. Dieser läßt sich allgemein mit $R(x) = f(x) - I_n(x)$ ausdrücken, und $R(x)$ heißt auch **Restglied** oder Fehler der Interpolation. An den Stützstellen gilt $R(x_i) = 0$, und für andere x-Werte beträgt

$$R(x) = f^{(n+1)}(\xi) \bullet [(n+1)!]^{-1} \bullet (x-x_0) \bullet (x-x_1) \bullet ... \bullet (x-x_n), \qquad (5.16)$$

wobei ξ eine Zahl im kleinsten Intervall der Stützstellen ist und von x selbst abhängt. Das macht ihre Bestimmung vielfach unmöglich, so daß ξ und $R(x)$ größtenteils nur abgeschätzt werden können. Da die $(n+1)$-te Ableitung der Funktion in (5.16) einfließt, muß diese auch

---

Entwicklung des Newtonschen Interpolationspolynoms

(1) Funktion: $y(x) = 2x + 1$ **(2) Funktion:** $y(x) = \sin(x \cdot \pi/2)$

i:	0	1	2	3
y_i:	-1	3	5	7
x_i:	-1	1	2	3

i:	0	1	2	3
y_i:	-1	1	0	-1
x_i:	-1	1	2	3

x_i	y_i	$s_{1,0}$	$s_{2,0}$	$s_{3,0}$
-1	-1	2	0	0
1	3	2	0	--
2	5	2	--	--
3	7	--	--	--

x_i	y_i	$s_{1,0}$	$s_{2,0}$	$s_{3,0}$
-1	-1	1	-2/3	1/6
1	1	-1	0	--
2	0	-1	--	--
3	-1	--	--	--

(1) $\quad I_n(x) = a_0 + a_1(x-x_0) + \ldots = s_{0,0} + s_{1,0}(x-x_0) + s_{2,0}(x-x_0)(x-x_1) + \ldots =$

$\quad\quad -1 + 2(x+1) = 2x + 1$

(2) $\quad I_n(x) = -1 + (x+1) - 2/3(x+1)(x-1) + 1/6(x+1)(x-1)(x-2) = 1/6x^3 - x^2 + 5/6x + 1$

Beispiel 5.2

---

im kleinsten Intervall der Stützstellen existieren, des weiteren muß natürlich f(x) für die Fehlerabschätzung bekannt sein.

Aus der Betrachtung des Restgliedes im gesamten Intervall läßt sich zeigen, daß R(x) im Innern des Intervalls eher klein bleibt und zum Rande hin der Fehler stark anwächst. Graphik 5.1 demonstriert dies anhand der in den Beispielen 5.1 und 5.2 behandelten Funktion f(x) = sin(x•π/2). Man beachte auch den Genauigkeitsverlust durch die Stützpunktlücke bei x = 0. Der Fehler und damit die Abweichung von f(x) ist im Intervall [-1;1] wesentlich größer als in [1;3]. Besonders die Berechnung der Ableitung in der Umgebung einer "Schwachstelle" ist mit einem relativ hohen Fehler verbunden.

Empfehlenswert ist daher, das "wichtige" Intervall, in welchem die meisten Funktionswerte interpoliert werden und die höchste Genauigkeit gefordert ist, in die Mitte zu legen und dort auch die meisten Stützstellen zu verwenden. Die Bezeichnung Interpolationspolynom deutet darauf hin, daß diese Polynome eher zur Interpolation als zur Extrapolation geeignet sind.

Entwicklung der Lagrangeschen Interpolationsformel

Die Funktionen und Wertetabellen entsprechen denen im Beispiel 5.2.

(1) $L_0(x) = [(x-1)(x-2)(x-3)]/[(-1-1)(-1-2)(-1-3)] = (x_3-6x_2+11x-6)/(-24)$

$L_1(x) = [(x+1)(x-2)(x-3)]/[(1+1)(1-2)(1-3)] = (x_3-4x_2+x+6)/4$

$L_2(x) = [(x+1)(x-1)(x-3)]/[(2+1)(2-1)(2-3)] = (x_3-3x_2-x+3)/(-3)$

$L_3(x) = [(x+1)(x-1)(x-2)]/[(3+1)(3-1)(3-2)] = (x_3-2x_2-x+2)/8$

$=> I_n(x) = -L_0+3L_1+5L_2+7L_3 = 2x+1$

(2) $=> I_n(x) = -L_0+L_1+0 \cdot L_2-L_3 = 1/6x^3-x^2+5/6x+1$

Beispiel 5.3

Auf die Thematik der Extrapolation wird im Abschnitt 5.2.2 eingegangen.

Der Vollständigkeit wegen wird noch auf andere Möglichkeiten der Approximation von Funktionen hingewiesen, insbesondere auf die **Spline-Interpolation**. Hierzu werden über eine Untermenge an Stützstellen Polynome entwickelt, sogenannte **Polynomsplines**, deren Polynomgrad üblicherweise zwischen drei und fünf liegt. Diese Polynome müssen zusätzlichen Anforderungen genügen (Verhalten im Randbereich) und werden später "zusammengesetzt", um die gesamte Funktion möglichst glatt -noch besser- zu approximieren. Für deren Behandlung wird auf Band 4 der Programmothek verwiesen.

Bei einer sehr umfangreichen Wertetabelle ist es ebenfalls sinnvoll, eine Unterteilung vorzunehmen, indem für die Approximation das dem Abschnitt zugehörige Polynom herangezogen wird. Polynome von höherem Grad (Grad$\geq$7) sind teilweise sehr "wellig", so daß die Glätteeigenschaften der ursprünglichen Funktion leicht verloren gehen können. Aber auch die Dichte der Stützstellen sollte nicht allzu groß sein (|Differenzen| < Rechengenauigkeit), der Genauigkeitszuwachs findet relativ schnell sein Optimum, von diesem Punkt an wächst allein noch der Rechenaufwand und der -fehler.

5.1.2 NULLSTELLENBERECHNUNG (NICHTLINEARE GLEICHUNGEN)

Im Abschnitt 4.2 wurden die verschiedenen Typen von Gleichungen und die zentrale Rolle des **Nullstellenproblems** verdeutlicht. In diesem Abschnitt werden einige Verfahren zur Bestimmung der Nullstellen einer Funktion vorgestellt, die sich in ihren Bedingungen als

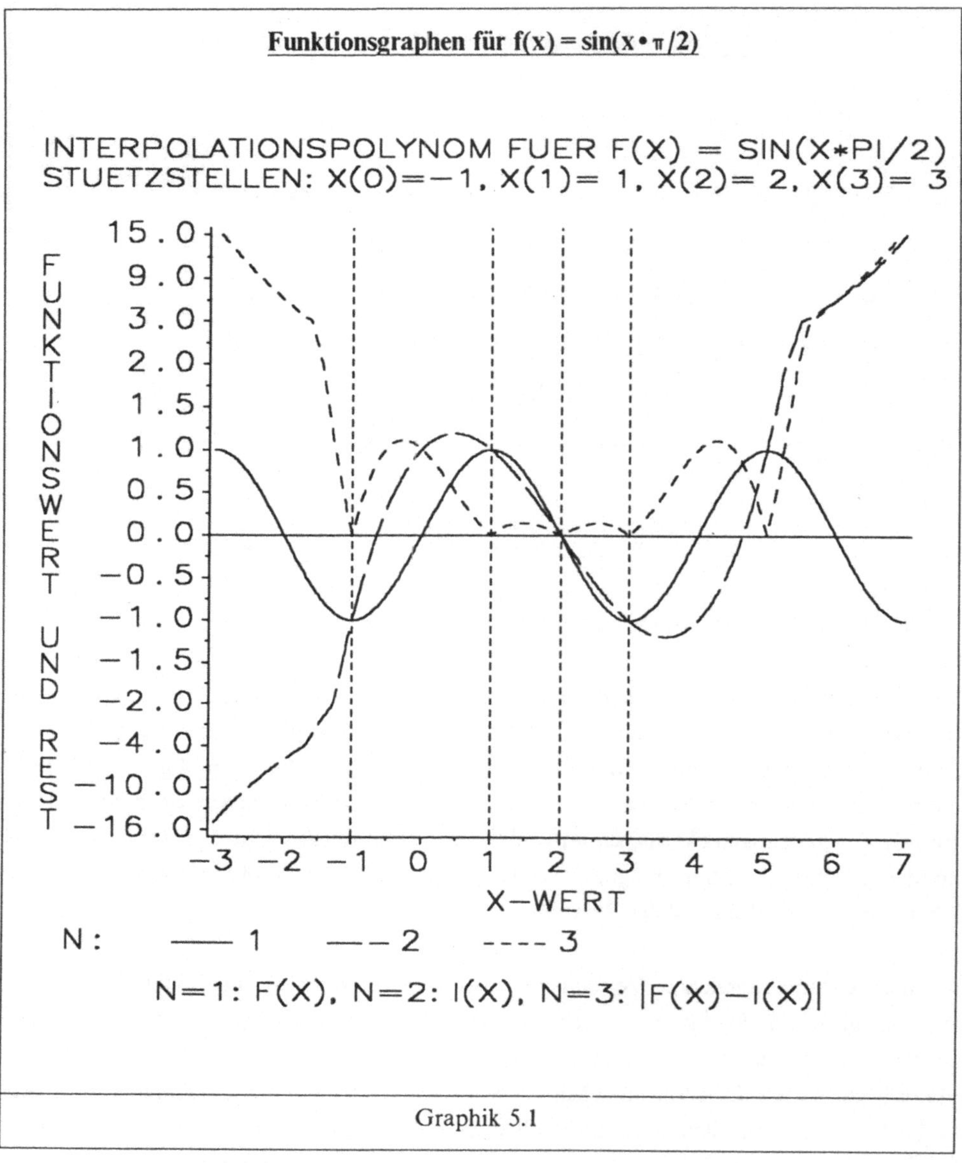

Graphik 5.1

auch in der **Konvergenzgeschwindigkeit** unterscheiden.

Eines der bekanntesten Verfahren für die Bestimmung der Nullstellen einer Funktion f(x) ist das nach **Newton** benannte. Dieses **Iterationsverfahren** basiert auf der **linearen Approximation** der zugrundeliegenden Funktion f in einer Umgebung um x_0 über die Tangente $T_0(x) = f'(x_0) \cdot x + [f(x_0)-f'(x_0) \cdot x_0]$ im Punkt $(x_0; f(x_0))$. Nimmt man dieses x_0 als Startwert für die **Iteration**, so ergibt sich x_1, die nächste (bessere) Näherung für die Nullstelle, als

<u>Vor- und Nachteile der Newtonschen Interpolationsformel</u>

Vorteile	Nachteile
evtl. kleine Fehler in den Stütz-werten können im Differenzen-schema nachträglich korrigiert werden; der Grad des benötigten Polynoms geht direkt aus dem Differenzen-schema hervor; wird ein weiterer Stützpunkt hin-zugefügt, führt dies lediglich zu einem weiteren Term; entsprechend fällt bei der Weg-nahme eines Stützpunktes (vom Ende) nur ein Term weg (der letzte);	für Wertetabellen mit denselben x_i muß ein eigenes Interpola-tionspolynom berechnet werden; es dürfen keine Vertauschungen in der Wertetabelle nachträglich vorgenommen werden;

Tabelle 5.2

Schnitt zwischen Tangente und der x-Achse $(T_0(x_1) = 0)$. Dies läßt sich beliebig fortsetzen, die allgemeine **Iterationsvorschrift** für das Newton-Verfahren lautet daher

$$x_{n+1} = x_n - f(x_n) / f'(x_n). \tag{5.17}$$

Das Prinzip des Newton-Verfahrens ist in der Graphik 5.2 dargestellt.

Eine **hinreichende Bedingung** für die Funktion f, welche auf dem Intervall $I = [a,b]$ definiert ist (I ist nicht mit dem maximalen Definitionsbereich zu verwechseln), damit ein aus I gewählter Startwert x_0 **immer** zu einem Ergebnis führt, lautet wie folgt:

(1) $f(a) \cdot f(b) < 0$ (und **einfache** Nullstelle)
(2) f ist zweimal stetig differenzierbar, und es gilt $f'(x) \neq 0$ sowie entweder $f''(x) \geq 0$ oder $f''(x) \leq 0$ für $x \in I$
(3) $|f(a)/f'(a)| < [b-a]$ und $|f(b)/f'(b)| < [b-a]$.

Ein weiterer Satz garantiert die Konvergenz von (5.17) mit einem aus dem Intervall I gewählten Startwert x_0, wenn sich $|f''(x)|$ für $x \in I$ mit M nach oben abschätzen läßt $(M = \max \{x \in I; |f''(x)|\})$ und $2 \cdot M \cdot [f(x_0)/f'(x_0)] \leq |f'(x_0)|$ ist.

<table>
<tr><td colspan="2" align="center">Vor- und Nachteile der Lagrangeschen Interpolationsformel</td></tr>
<tr><td align="center">Vorteile</td><td align="center">Nachteile</td></tr>
<tr><td>

Man benötigt keine Tabelle für die Differenzen; diese müssen auch nicht berechnet werden; hat man mehrere Wertetabellen mit denselben x_i, aber unterschiedlichen y_i, ändern sich die $L_i(x)$ nicht.

Insbesondere können die $L_i(x)$ für bestimmte x-Werte zuvor berechnet und tabellarisch festgehalten werden.

</td><td>

Werden weitere Stützstellen hinzugefügt, so müssen die $L_i(x)$ ebenso neu berechnet werden; es müssen mehr Multiplikationen durchgeführt werden als bei der Newtonschen Interpolationspolynom.

Der Rechenaufwand paßt sich nicht dem effektiv notwendigen Polynomgrad an und hängt nur von der Stützstellenanzahl ab.

</td></tr>
<tr><td colspan="2" align="center">Tabelle 5.3</td></tr>
</table>

Die **Konvergenzgeschwindigkeit** des Newton-Verfahrens bei obigen Gegebenheiten ergibt sich aus der quadratischen **Konvergenzordnung**, d.h. daß sich der Fehler von x_n zu x_{n+1} ungefähr quadriert (Verdeutlichung bei Fehler < 1).

Damit m-fache Nullstellen mit derselben Konvergenzordnung berechnet werden können, ist die Iterationsvorschrift

$$x_{n+1} = x_n - m \cdot f(x_n) / f'(x_n). \tag{5.18}$$

anzuwenden, wobei m bekannt sein muß. Ist die Vielfachheit der Nullstelle nicht von vornherein bekannt, hilft die sogenannte **Newton-Raphson-Methode**, die aus den beiden Iterationsformeln

$$x_{n+1} = x_n - m(x_n) \cdot [f(x_n) / f'(x_n)] \quad \text{und} \tag{5.19}$$

$$m(x_n) = 1/[1 - [f(x_n) \cdot f''(x_n)]/[f'(x_n)]^2] \tag{5.20}$$

besteht. Liegt der Startwert nahe genug an der Nullstelle, so konvergieren die x_i gegen diese und die $m(x_i)$ gegen die Häufigkeit der Nullstelle, beides mit einer quadratischen Konvergenzordnung.

Allgemein ist es aber recht schwierig und zeitaufwendig, die existierenden **hinreichenden Kriterien** auf eine beliebig vorgegebene Funktion anzuwenden. Die aufgeführten Sätze haben bei der praktischen Anwendung daher einen "geringeren" Stellenwert. Pauschal kann gesagt

Newton-, Sekanten- und Intervallhalbierungsverfahren
Newton-Verfahren
Y
f(x)
Tangente zu f(x_0)
Tangente zu f(x_1)
Tangente zu f(x_2)
Nullstelle
10 9 8 7 6 5 4 3 2 1
11 13 15
x_2 x_1 x_0
X
Sekantenverfahren
Y
(1)
f(x)
Nullstelle
(3)
(2)
9 8 7 6 5 4 3 2 1
11 13
x_1 x_2 x_3 x_0
X
Regula falsi
Y
f(x)
Nullstelle
9 8 7 6 5 4 3 2 1
x_1 x_2 x_3 x_0
X
Intervallhalbierungsverfahren
(1) : 1. Intervall   (E): verwendet man dieses
(2) : 2. Intervall   Startintervall, so tritt
....   ein Fehler auf
Y
(E)
(3) (3)
(2) (2)
(1)   (1)   (E) f(x)
Nullstelle
9 8 7 6 5 4 2 1
1   15
M_2 M_1
X

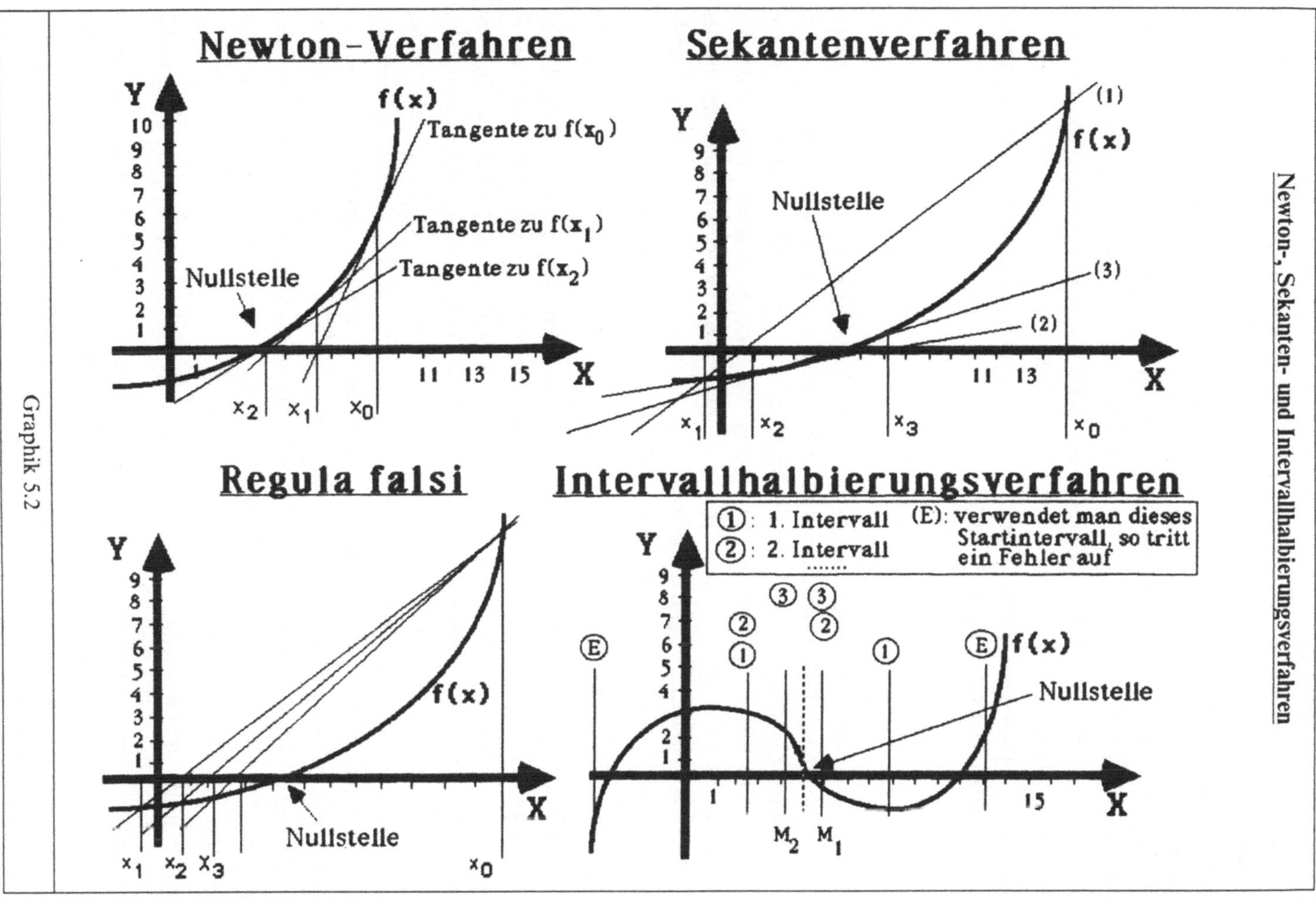

Graphik 5.2

werden, daß die Konvergenz für einen Startwert x_0 um so sicherer ist, je näher dieser bereits bei der exakten Nullstelle liegt. Nach jedem Iterationsschritt überprüft man, ob die Genauigkeit ein festgelegtes Maß erreicht hat, indem die Differenz $|x_{i+1}-x_i|$ mit der selbst festgelegten Schranke verglichen wird. Wird dies nach einem vorgegebenen **Limit** an Iterationsschritten nicht erreicht, so muß von der Divergenz ausgegangen werden.

Bestehen jedoch von vornherein keine Zweifel an der Konvergenz, dann empfiehlt es sich hier, bis zur Grenze der Rechengenauigkeit zu iterieren. Hierzu überprüft man die Monotonie der x_i, bis diese durch Rundungsfehler etc. gestört wird; genauere Ergebnisse können nicht erzielt werden, vgl. dazu Abschnitt 5.2.2 und 5.3.2.

Dies ist ein allgemeiner Hinweis zu Iterationen, der so auch bei den anschließend vorgestellten Verfahren seine Gültigkeit nicht verliert.

Eine Abwandlung des Newton-Verfahrens ist das **Sekantenverfahren**, dessen verbesserte Variante die **Regula falsi** ist. Bei ihnen wird als lineare Näherungsfunktion die Sekante durch zwei Punkte x_0 und x_1 auf dem Funktionsgraph gewählt. Das heißt die Ableitung, welche im Newton-Verfahren zugrundeliegt, wird über die Sekante genähert. Dies bietet sich besonders bei komplizierten Ableitungen an und/oder, wenn bei deren Näherung aus den Funktionswerten auch mit großen Fehlern zu rechnen wäre. Analog zum Newton-Verfahren wird über den Schnitt von Sekante und x-Achse in jeder Iteration gemäß

$$x_{n+1} = x_n - [(x_n - x_{n-1}) / (f(x_n) - f(x_{n-1}))] \bullet f(x_n) \qquad (5.21)$$

ein neues x_{n+1} ermittelt, wobei sich jeweils nur ein Wert verändert (vgl. Graphik 5.2). Zum Start sind zwei Punkte x_0 und x_1 auszuwählen, einer von beiden wird unverändert in den nächsten Iterationsschritt einbezogen. Der Nenner darf in (5.21) nicht Null ergeben; dies ist zugleich aber ein **Abbruchkriterium** wie auch die Differenz $|x_{n+1}-x_n|$ (Genauigkeit). Die beiden Startwerte x_0 und x_1 wählt man möglichst nahe an der **einfachen** Nullstelle liegend. Gilt für diese $f(x_0) \bullet f(x_1) < 0$ und weiter $f'(x) \neq 0$ für $x \varepsilon [x_0;x_1]$, so ist die Konvergenz garantiert (Ausnahme vgl. weiter unten). Anderenfalls müssen die beiden Werte x_0 und x_1 nahe genug bei der Nullstelle z liegen und $f'(z) \neq 0$ sowie f' und f'' stetig sein. Im Falle $f(x_0) \bullet f(x_1) < 0$ sind gleichzeitig mehrfache Nullstellen mit gerader Anzahl ausgeschlossen, für diese wird die modifizierte Version verwendet. Hierzu ersetzt man in (5.21) $f(x)$ durch $h(x)$ mit

$$h(x) = f(x)^2 / [f(x+f(x)) - f(x)]. \qquad (5.22)$$

Die **Regula falsi** unterscheidet sich dahingehend von der Sekantenmethode, daß nicht einfach der letzte Punkt $(x_{n-1};f(x_{n-1}))$ in (5.21) für die Sekante herangezogen wird, sondern aus den letzten x_i $(i < n)$ ein x_j $(j \leq i)$ ermittelt wird, so daß beide Funktionswerte unterschiedliche Vorzeichen haben.

Das einfachere **Intervallhalbierungsverfahren** (**Bisektionsverfahren**) beruht auf der schrittweisen Halbierung der Intervallänge, in welchem sich eine Lösung der Gleichung $f(x) = 0$ befindet. Ausgehend von einem Startintervall $I_0 = [l_0; r_0]$, für das $f(l_0) \cdot f(r_0) < 0$ gilt, wird in jeder weiteren Iteration mit der **Intervallmitte** $m_{n+1} = [(l_n + r_n)/2[$ ein neues Intervall mit der Eigenschaft $f(l_{n+1}) \cdot f(m_{n+1}) < 0$ und $l_{n+1} = l_n$ bzw. $f(m_{n+1}) \cdot f(r_{n+1}) < 0$ und $r_{n+1} = r_n$ gebildet. Der linke oder rechte Intervallrand wird hiermit durch die Intervallmitte ersetzt und damit die Intervallänge halbiert.

Ein Abbruch der Iteration kann erfolgen, wenn entweder eine geforderte Genauigkeit erreicht $|r_n - l_n| < \varepsilon$ oder die Nullstelle gefunden wurde ($f(l_n) \cdot f(r_n) = 0$). Im ersten Fall ist die Intervallmitte m_{n+1} als Ergebnis zu wählen.

Bei diesem Verfahren bietet sich jedoch das oben erwähnte Monotoniekriterium an, wobei auf die berechneten Mittelwerte hingewiesen werden muß. Liegen zwei Zahlen a und b so nahe beieinander, daß die Differenz $|a-b|$ die Genauigkeit der Arithmetik überschreitet, so ergibt sich als Ergebnis des Terms $[a+b]/2$ eine der beiden Zahlen. Da sich von diesem Punkt an die Werte nicht mehr ändern, muß die Gleichheit mit in den arithmetischen Vergleich eingeschlossen werden.

Indem der Vorzeichenwechsel der Funktion immer in das Verfahren einfließt, versagt es bei mehrfachen Nullstellen, falls deren Vielfachheit gerade ist. Die beiden Startwerte müssen nahe an der Nullstelle liegen, insbesondere, um den Fall zu verhindern, daß nach einigen Iterationsschritten kein Intervall $[l_n, r_n]$ gefunden werden kann, für welches $f(l_n) \cdot f(r_n) < 0$ gilt, siehe Graphik 5.2.

Die geringe **Konvergenzgeschwindigkeit** des Intervallhalbierungsverfahrens resultiert daraus, daß pro Iterationsschritt eine Dualstelle an Genauigkeit gewonnen wird; mit (2.3) sind für eine Dezimalstelle ca. 3.32 Schritte durchzuführen.

Aufgrund der unterschiedlichen Eigenschaften der Verfahren ist es zweckmäßig, die Nullstellenberechnung in **zwei Phasen** aufzuschlüsseln. Mit einem langsamen aber sicheren Verfahren wird die Nullstelle geortet und mit einem schnellen Verfahren dann exakt berechnet.

Liegt eine Funktion in Form einer Wertetabelle vor, ist die Frage zu stellen, wie sich dies auf die Bestimmung der **nichtenthaltenen** Nullstellen auswirkt, weil (meist) auch der Funktionsverlauf zwischen den Stützpunkten unbekannt ist. Neben der Anwendung eines der vorgestellten Verfahren auf das entsprechende Interpolationspolynom bzw. die jeweilige Näherungsfunktion bietet sich auch eine Abwandlung des Sekantenverfahrens an. Die Erstellung des Polynoms wird hinfällig, indem die **geordnete** Tabelle ($x_0 < x_1 < ... < x_n$) nach Paaren ($y_i; y_{i+1}$) mit $y_i \cdot y_{i+1} < 0$ durchsucht wird. Beim Auffinden eines solchen Paares wird als Nullstelle x_0 die der Sekante gewählt, es gilt

$$x_0 = x_i - y_i \cdot [(x_{i+1} - x_i) / (y_{i+1} - y_i)]. \tag{5.23}$$

Nullstellen von geradzahliger Vielfachheit bleiben dabei unentdeckt, grundsätzlich stellt dieses Verfahren nur eine sehr grobe Näherung dar.

5.2 DIFFERENTIATION

Mit dem __Differenzenquotienten__ $\alpha(x) = [f(x)-f(x_0)]/[x-x_0]$ einer stetigen Funktion f in x_0 ($x_0 = $ konst.) gelangt man über den Grenzwert $\lim\limits_{x \to x_0} \alpha(x)$ zum __Differentialquotienten__ der Funktion f in x_0.

Geometrisch interpretiert, verkörpert der Differenzenquotient die __Steigung der Sekante__ durch die beiden Punkte $(x_0;f(x_0))$ und $(x;f(x))$. Wandert letzterer auf dem Funktionsgraphen immer näher an $(x_0;f(x_0))$ heran, wird die Sekante zur __Tangente__, deren Steigung dann auch __Ableitung__ an der Stelle x_0 genannt wird. Mit dem Grenzwert wird der Abstand zwischen den beiden Punkten __infinitesimal__ klein ("engste Umgebung um x_0"). Damit hängt die Genauigkeit der __numerischen Differentiation__ über Interpolationspolynome an der Stelle x_0 auch wesentlich von der Anzahl und Verteilung der Stützstellen um x_0 ab, vgl. Graphik 5.1. Von dem direkten Weg, $f'(x_0)$ nämlich mit einem sehr klein gewählten h über den Differenzenquotienten zu berechnen, wird abgeraten, weil dieses Vorhaben an der Auslöschung signifikanter Stellen scheitern wird.

Man spricht allgemein von der __aufrauhenden Wirkung__ der Differentiation im Vergleich zur Integration, weil $f'(x_0)$ bei "unglatten" Näherungsfunktionen schnell großen Verfälschungen ausgesetzt ist; die Glätte kann durch zusätzliche, nahe um x_0 liegende Stützpunkte weiter verbessert werden.

Aus dem Vergleich der beiden (ersten) __Mittelwertsätze__ von Integral- und Differentialrechnung wird dies zusätzlich deutlich. Während für das Integral eine feste obere und untere Schranke angegeben werden kann, wird für die Ableitung "lediglich" die Annahme eines einzigen Wertes im Intervall zweier Stützpunkte garantiert.

5.2.1 DIFFERENTIATION ÜBER INTERPOLATIONSPOLYNOME

Im Abschnitt 5.1.1 wurde die Approximation von Funktionen über Interpolationspolynome vorgestellt. Es liegt daher sehr nahe, die Ableitung an einer Stelle im kleinsten Intervall der Stützstellen ebenfalls über diese zu beziehen; dies soll sich nicht nur auf die erste Ableitung beschränken. Nachfolgend wird ein Rechenschema für die __Ableitungen des Newtonschen Interpolationspolynoms__ aufgeführt; das Restglied erhält man ebenfalls über die Differentiation der in Abschnitt 5.1.1 aufgeführten Formel (5.16).

Die allgemeine Form des Newtonschen Interpolationspolynoms $I_n(x)$ ist (5.8). Wendet man die __Produktregel__ auf $\alpha_{i+1}(x)$ gemäß (5.10) an, folgt für $\alpha_{i+1}'(x)$ die Rekursionsformel

$$\alpha_{i+1}'(x) = \alpha_i'(x) \bullet (x-x_i) + \alpha_i(x). \tag{5.24}$$

Dieses Vorgehen läßt sich entsprechend für höhere Ableitungen wiederholen, das Resultat ist das Rechenschema

$$I_n^{(z)}(x) = z! \bullet [[\sum_{i=z+1}^{n} a_i \bullet [\sum_{i=1}^{s_i} M_{j,i-z}]] + a_z] \quad \text{mit} \quad s_i = \binom{i}{z} = [i!]/[z!(i-z)!] \tag{5.25}$$

für die z-te Ableitung ($0 \leq z \leq n$) von $I_n(x)$. Dabei ist $M_{j,i-z}$ jeweils das Produkt aus (i-z) Linearfaktoren $(x-x_{\alpha\_k})$

$$M_{j,i-z} = (x-x_{\alpha\_1}) \cdot (x-x_{\alpha\_2}) \cdot (x-x_{\alpha\_3}) \cdot \ldots \cdot (x-x_{\alpha\_(i-z-1)}) \cdot (x-x_{\alpha\_(i-z)}),$$

bei welchen $0 \leq \alpha\_1 < \alpha\_2 < \alpha\_3 < \ldots < \alpha\_(i-z-1) < \alpha\_(i-z) < i$ gilt;

zudem ist $M_{m,i-z} \neq M_{n,i-z}$ mit $n \neq m$. Die Generierung der Indizes ist damit ein Problem der Kombinatorik.

Das Beispiel 5.4 wird dieses Schema und besonders die Gestalt der $M_{j,i-z}$ für $n = 4$ demonstrieren. Als weiteres wird die Schwäche dieser Methode bei den letzten Ableitungen deutlich, die vierte Ableitung ist konstant. Graphik 5.3 zeigt diese Diskrepanzen zwischen $f^{(i)}(x)$ und $I_n^{(i)}(x)$ anhand der Funktion $f(x) = \sin(x \cdot \pi/2)$; diese können nur über weitere Stützpunkte vermieden werden.

Die Berechnung der z-ten Ableitung ($0 \leq z \leq n$) des Newtonschen Interpolationspolynoms $I_n(x)$ ($n \leq 6$) kann mit der im Programm 5.1 enthaltenen Funktion ABLEITUNG_NEWTON vorgenommen werden. Dieser werden die a_i und die x_i in zwei Array-Parametern A und X übergeben. Weitere Parameter sind MAX_IND, der maximale Index in A (= Stützstellenanzahl), sowie ABL_NR, die Nummer der Ableitung; Indizes beginnen mit Null. Der Funktionswert an der Stelle X_WERT wird berechnet, wenn für ABL_NR Null angegeben wird, so daß sich diese Funktion für sämtliche Berechnungen verwenden läßt. Der maximale Grad des Polynoms ist 6, womit gleichzeitig die Anzahl an Stützstellen in dieser Funktion auf 7 begrenzt ist. Sollen Polynome höheren Grades verarbeitet werden, muß die Funktion lediglich an der kommentierten Stelle erweitert werden, wobei die Warnung vor allzu hohem Polynomgrad nochmals ausgesprochen wird.
Optimiert ist diese Funktion darin, daß das Produkt eines Terms mit einem der Linearfaktoren nur einmal berechnet wird.

Bei genauer Betrachtung des Rechenschemas bzw. der Schleifenstruktur wird der Ansatz für einen rekursiven Algorithmus erkennbar, indem die Schleifen parametrisiert werden können. Die Funktion ABLEITUNG_NEWTON im Programm 5.2 wird diesem gerecht, die rekursive Prozedur AUS_MULT berechnet die Produkte der $M_{j,i-z}$ und addiert diese direkt zur globalen Variablen ERGEBNIS. Der Vorteil der "rekursiven" Funktion liegt in der Flexibilität bzgl. der Stützstellenanzahl, diese kann quasi **beliebig** sein. Beide Versionen der Funktion ABLEITUNG_NEWTON haben dieselbe Parameterstruktur, so daß sie direkt gegeneinander vertauscht werden können. Eine Abschätzung des Rechenaufwands für Programms 5.1 ergibt, daß zur Berechnung der z-ten Ableitung des Newtonschen Interpolationspolynoms mit $n+1$ Stützstellen (max_ind = $n+1$)

(a) $[\sum_{i=z+2}^{n+1} \binom{i}{z}] + 2(n-z+2)$ Multiplikationen,

(b) keine Divisionen,

<u>Ableitungen des Newtonschen Interpolationspolynoms</u>

$$I_4(x) = \quad a_0 +$$
$$[a_1 \bullet (x{-}x_0)] +$$
$$[a_2 \bullet (x{-}x_0) \bullet (x{-}x_1)] +$$
$$[a_3 \bullet (x{-}x_0) \bullet (x{-}x_1) \bullet (x{-}x_2)] +$$
$$[a_4 \bullet (x{-}x_0) \bullet (x{-}x_1) \bullet (x{-}x_2) \bullet (x{-}x_3)]$$

$$I'_4(x) = \quad a_1 +$$
$$a_2 \bullet [(x{-}x_0) + (x{-}x_1)] +$$
$$a_3 \bullet [(x{-}x_0) \bullet (x{-}x_1) + (x{-}x_0) \bullet (x{-}x_2) + (x{-}x_1) \bullet (x{-}x_2)] +$$
$$a_4 \bullet [(x{-}x_0) \bullet (x{-}x_1) \bullet (x{-}x_2) + (x{-}x_0) \bullet (x{-}x_1) \bullet (x{-}x_3) +$$
$$(x{-}x_0) \bullet (x{-}x_2) \bullet (x{-}x_3) + (x{-}x_1) \bullet (x{-}x_2) \bullet (x{-}x_3)]$$

$$I''_4(x) = \quad 2 \bullet a_2 +$$
$$2 \bullet a_3 \bullet [(x{-}x_0) + (x{-}x_1) + (x{-}x_2)] +$$
$$2 \bullet a_4 \bullet [(x{-}x_0) \bullet (x{-}x_1) + (x{-}x_0) \bullet (x{-}x_2) + (x{-}x_0) \bullet (x{-}x_3) +$$
$$(x{-}x_1) \bullet (x{-}x_2) + (x{-}x_1) \bullet (x{-}x_3) + (x{-}x_2) \bullet (x{-}x_3)]$$

$$I^{(3)}_4(x) = \quad 6 \bullet a_3 +$$
$$6 \bullet a_4 \bullet [(x{-}x_0) + (x{-}x_1) + (x{-}x_2) + (x{-}x_3)]$$

$$I^{(4)}_4(x) = \quad 24 \bullet a_4$$

Beispiel 5.4

(c) $\left[\sum\limits_{i=z+1}^{n+1} [\binom{i}{z}{-}1] \right] + (n{-}z{+}2)$ Additionen und

(d) $n + 2$ Subtraktionen

im Gleitkommaformat durchgeführt werden.

Das entsprechende Schema für die <u>Lagrangesche Interpolationsformel</u> läßt sich einfach aus dem bisher Gesagten herleiten. Die $L_i(x)$ bei $n + 1$ Stützstellen haben die Form

$$L_i(x) = [(x{-}x_0) \bullet (x{-}x_1) \bullet \dots \bullet (x{-}x_{i-1}) \bullet (x{-}x_{i+1}) \bullet \dots \bullet (x{-}x_n)]/c, \quad c = \text{konst.} \tag{5.26}$$

Läßt man die Indizes und die Division durch c außer Betracht, dann ist $L_i(x)$ ein Produkt aus n Linearfaktoren, und $L_i(x)'$ kann mit $\alpha_n(x)'$ in der Formel (5.24) verglichen werden. Daher besitzt die Funktion ABLEITUNG_LAGRANGE im Programm 5.3 praktisch dieselbe Struktur und berechnet $L_i(x)$ ($0 \le i \le n \le 6$) und $L_i^{(z)}(x)$ ($0 \le z \le n$) für maximal $n = 7$ Stützstellen ($0 \le \text{max\_ind} \le 6$). Beim Parameter t handelt es sich um den Index t in der Formel $L_t(x)$, dieser gibt das auszublendende x_t an. Auch hier bietet sich die teilweise rekursive Lösung an, die von der Stützstellenbeschränkung befreit. Die Funktionen ABLEITUNG_LAGRANGE in den Programmen 5.3 und 5.4 besitzen ebenfalls dieselbe

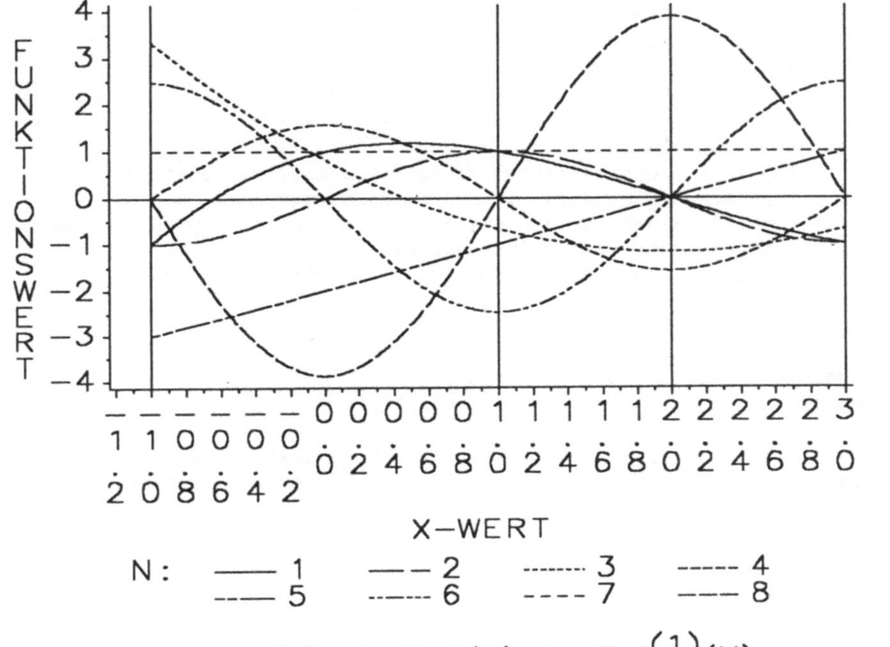

Graphik 5.3

Parameterstruktur. Für die Berechnung des $L_i(x)$ bei einer Wertetabelle mit $n+1$ Stützstellen (max_ind = n) sind von Programm 5.3 insgesamt $n + \sum_{i=2}^{n} \binom{z+i}{i}$ Multiplikationen, eine Division, $\binom{n}{z}$ Additionen sowie $2n$ Subtraktionen mit Gleitkommavariablen vorzunehmen. Eine allgemeine Diskussion der iterativen und rekursiven Lösungen ist im Abschnitt 3.3.5 abgehandelt.

Vollständige Berechnung des Newtonschen Interpolationspolynoms
-statische Schleifenstruktur-

```
PROGRAM NEWTON_INTERPOLATIONSPOLYNOM__ABLEITEN (INPUT,OUTPUT);
/* DIE FUNKTION ABLEITUNG_NEWTON, WIE HIER ABGEDRUCKT, KANN FUER   */
/* POLYNOME AUS MAXIMAL 7 GLIEDERN "A(I)*(X-X(0))*...*(X-X(I-1))"  */
/* VERWENDET WERDEN. WERDEN POLYNOME HOEHEREN GRADS BEARBEITET,     */
/* MUSS DIE FUNKTION ENTSPRECHEND ERWEITERT WERDEN.                */
TYPE    TUPEL = ARRAY[0..6] OF REAL;
VAR     A, X  : TUPEL;
            I  : INTEGER;
/*- - - - - - - - - - - - - - - - - - - - - - - - - - - - - - - -*/
function ableitung_newton
      (a : tupel;/* die dividierten differenzen a(0) bis a(max_ind) */
       x : tupel;/* die stuetzstellen x(0) bis x(max_ind)           */
   x_wert : real; /* x-wert an dem die ableitung berechnet wird      */
   abl_nr : integer;/* nr. der ableitung; abl_nr=0 ==> i(x)         */
  max_ind : integer)/* maximaler index in a (=stuetzstellenanzahl)  */
          : real;/* e r g e b n i s */
var index01, index02, index03, index04, index05, index06,
    i, j, k, l, m, o, fakultaet : integer;
    ergebnis                     : real;
    ab, zw                       : tupel;
begin
index01 := abl_nr + 1; index02 := abl_nr + 2; index03 := abl_nr + 3;
index04 := abl_nr + 4; index05 := abl_nr + 5; index06 := abl_nr + 6;
ergebnis := 0;
for i := 0 to max_ind do
    begin;
    ab[i] := 0;
    x[i]  := x_wert - x[i]
    end;
if abl_nr < max_ind then
   for i := 0 to abl_nr do
   begin
   zw[index01] := x[i];
   if index01 < max_ind then
      for j := i+1 to index01 do
      begin
      zw[index02] := zw[index01] * x[j];
      if index02 < max_ind then
         for k := j+1 to index02 do
         begin
         zw[index03] := zw[index02] * x[k];
         if index03 < max_ind then
            for l := k+1 to index03 do
            begin
            zw[index04] := zw[index03] * x[l];
            if index04 < max_ind then
               for m := l+1 to index04 do
               begin
```

Teil 1 von Programm 5.1

```
                     zw[index05] := zw[index04] * x[m];
                     if index05 < max_ind then
                         for o := m+1 to index05 do
                         begin
                         zw[index06] := zw[index05] * x[o];
                         /* eine evtl. erweiterung ist hier einzufuegen */
                         ab[index06] := ab[index06] + zw[index06]
                         end;
                     ab[index05] := ab[index05] + zw[index05]
                         end;
                 ab[index04] := ab[index04] + zw[index04]
                     end;
             ab[index03] := ab[index03] + zw[index03]
                 end;
         ab[index02] := ab[index02] + zw[index02]
             end;
     ab[index01] := ab[index01] + zw[index01]
         end;
ab[abl_nr] := 1;
fakultaet := 1;
for i := 1 to abl_nr do
    fakultaet := fakultaet * i;
for i := abl_nr to max_ind do
    ergebnis := ergebnis + fakultaet * a[i] * ab[i];
ableitung_newton := ergebnis
end;/* function - end */
/*- - - - - - - - - - - - - - - - - - - - - - - - - - - - - - - - - - - - - -*/
BEGIN;
A[0] := 1; A[1] :=0.5; A[2] :=-1.5; A[3] :=-1/3; A[4] :=-1/4;
X[0] :=-1; X[1] :=3;   X[2] :=4;     X[3] :=2;
  FOR I := 0 TO 5 DO
      WRITELN( ABLEITUNG_NEWTON( A , X , -7 , I ,4 ):30:20 )
END.
```

Ausgabe

```
    -1356.99999999999998401278
      641.83333333333330017467
     -224.49999999999998845368
       51.99999999999999955591
       -6.00000000000000000000
                           0.0
```

Teil 2 (Ende) von Programm 5.1

Vollständige Berechnung des Newtonschen Interpolationspolynoms
-dynamische Schleifenstruktur-

```
PROGRAM NEWTONSCHES_INTERPOLATIONSPOLYNOM__ABLEITEN (INPUT,OUTPUT);
/* DIE FUNKTION ABLEITUNG_NEWTON, WIE HIER ABGEDRUCKT, UNTERLIEGT  */
/* KEINER EINSCHRAENKUNG BZGL. DER POLYNOMGROESSE.                 */
TYPE    TUPEL = ARRAY[0..6] OF REAL;
VAR     A, X  : TUPEL;
            I  : INTEGER;
/*- - - - - - - - - - - - - - - - - - - - - - - - - - - - - - - -*/
function ableitung_newton
      (a : tupel;/* die dividierten differenzen a(0) bis a(max_ind) */
       x : tupel;/* die stuetzstellen x(0) bis x(max_ind)          */
  x_wert : real; /* x-wert an dem die ableitung berechnet wird      */
  abl_nr : integer;/* nr. der ableitung; abl_nr=0 ==> i(x)          */
 max_ind : integer)/* maximaler index in a (=stuetzstellenanzahl)   */
         : real;/* e r g e b n i s */
var fakultaet, j : integer;
    ergebnis      : real;
    procedure aus_mult(start: integer; wert: real; index : integer);
    var i : integer; zww : real;
    begin
    if index <= max_ind
        then begin
             for i := start to (index-1) do
                 begin
                 zww := wert * x[i];
                 ergebnis := ergebnis + zww * a[index] * fakultaet;
                 aus_mult(i+1,zww,index+1)
                 end
             end
    end;/* procedure - end */
begin
fakultaet := 1;
for j := 1 to abl_nr do
    fakultaet := fakultaet * j;
for j := 0 to max_ind do
    x[j] := x_wert - x[j];
ergebnis := 0;
   if abl_nr <= max_ind
      then begin;
           aus_mult(0,1,abl_nr+1);
           ergebnis := ergebnis + a[abl_nr] * fakultaet
           end;
ableitung_newton := ergebnis
end;/* function - end */
/*- - - - - - - - - - - - - - - - - - - - - - - - - - - - - - - -*/
BEGIN;
A[0] := 1; A[1] :=0.5; A[2] :=-1.5; A[3] :=-1/3; A[4] :=-1/4;
X[0] :=-1; X[1] :=3;   X[2] :=4;    X[3] :=2;
```

Teil 1 von Programm 5.2

```
FOR I := 0 TO 5 DO
     WRITELN( ABLEITUNG_NEWTON( A , X , -7 , I ,4 ):30:20 )
END.
```

Ausgabe

```
-1356.99999999999998401278
  641.83333333333330017467
 -224.49999999999998845368
   51.99999999999999955591
   -6.00000000000000000000
                       0.0
```

Teil 2 (Ende) von Programm 5.2

5.2.2 DIFFERENTIATION MIT DEM ROMBERG-VERFAHREN

Der Ursprung des Romberg-Verfahrens findet sich in der **Richardson-Extrapolation**, deren Anwendungsgebiet die Berechnung von Funktionswerten f(h) für $h \to 0$ ist, f(0) ist gesucht. Dieses Problem wird allgemein (auch) mit **Extrapolation** bezeichnet. Für viele Funktionen f, für die man f(0) nicht direkt berechnen kann (z.B. Division durch Null), existieren Näherungen $\alpha(h)$ für f(0), deren Fehler jeweils mittels einer Potenzreihe von h angegeben werden kann. Dies führt zur Berechnung von f(0) über $\alpha(h)$, indem sich h immer mehr der Null nähert (Grenzwert). Über die Funktionswerte $\alpha(h_i)$ mehrerer hintereinanderfolgender Iterationsschritte $(0 < h_0, h_1, ..., h_n)$ wird das entsprechende Interpolationspolynom $I_n(h)$ entwickelt und der Funktionswert f(0) über $I_n(0)$ approximiert. Da $h_i > 0$ gilt und die Stelle $x = 0$ außerhalb des kleinsten Intervalls der Stützstellen liegt, handelt es sich -korrekt nach Definition- um eine Extrapolation (vgl. Abschnitt 5.1.1). Jedoch wird dieser Begriff oft ausschließlich an diese Anwendung gebunden, obgleich es nur ein spezielles Anwendungsbeispiel ist.

Diese Näherung $\alpha(h)$ für f(0) hat allgemein die Gestalt

$$\alpha(h) = f(0) + \sum_{i=1}^{\infty} a_i \cdot h^{z_i} \ , \tag{5.27}$$

wobei die z_i einem bestimmten Bildungsgesetz entspringen (die a_i (ϵR) sind von geringem Interesse). Kennt man ein solches $\alpha(h)$, so gilt des weiteren die Formel

$$f(0) \approx f_{i+1}(h) = f_i(h) + [f_i(h) - f_i(q \cdot h)]/[q^{z_i}-1] \quad \text{mit} \quad f_1(h) = f(h) \quad \text{und} \quad i \geq 0. \tag{5.28}$$

Vollständige Berechnung des Lagrange-Polynoms
-statische Schleifenstruktur-

```
PROGRAM LAGRANGE_INTERPOLATIONSPOLYNOM__ABLEITEN (INPUT,OUTPUT);
/* DIE FUNKTION ABLEITUNG_LAGRANGE, WIE HIER ABGEDRUCKT, KANN FUER */
/* POLYNOME AUS INSGESAMT 7 STUETZPUNKTEN VERWENDET WERDEN.        */
TYPE    TUPEL = ARRAY[0..6] OF REAL;
VAR     Y, X : TUPEL;
        J, I : INTEGER;
    ERGEBNIS : REAL;
/*- - - - - - - - - - - - - - - - - - - - - - - - - - - - - - - -*/
function ableitung_lagrange
      (x : tupel;/* stuetzstellen x(0) bis x(max_ind)           */
 x_wert : real; /* x-wert an dem die ableitung berechnet wird   */
 abl_nr : integer;/* nr. der ableitung; abl_nr=0 ==> i(x)       */
max_ind : integer;/* maximaler index in x; anzahl -1            */
      t : integer)/* x(t) wird ausgeblendet                     */
        : real;/* e r g e b n i s */
var index01, index02, index03, index04, index05, index06,
    i, j, k, l, m, o, fakultaet : integer;
    nenner, y                   : real;
    zw                          : tupel;/* zwischenspeicher */
begin
fakultaet := 1;  y := x[t]; nenner := 1;
for i := 1 to abl_nr do
    fakultaet := fakultaet * i;
index01 := abl_nr + 1; index02 := abl_nr + 2; index03 := abl_nr + 3;
index04 := abl_nr + 4; index05 := abl_nr + 5; index06 := abl_nr + 6;
if (t < max_ind)
   then for i := t to max_ind-1 do
            x[i] := x[i+1];
for i := 0 to max_ind-1 do
    begin;
    nenner := nenner * (y - x[i]);
    x[i] := x_wert-x[i]
    end;
y := 0;
if abl_nr < max_ind then
   for i := 0 to abl_nr do
   begin;
   zw[0] := x[i];
   if index01 < max_ind
      then for j := i+1 to index01 do
            begin;
            zw[1] := zw[0] * x[j];
            if index02 < max_ind
               then for k := j+1 to index02 do
                     begin;
                     zw[2] := zw[1] * x[k];
                     if index03 < max_ind
                        then for l := k+1 to index03 do
```

Teil 1 von Programm 5.3

```
                              begin;
                              zw[3] := zw[2] * x[l];
                              if index04 < max_ind
                                  then for m := l+1 to index04 do
                                          begin;
                                          zw[4] := zw[3] * x[m];
                                          if index05 < max_ind
                                              then for o := m+1 to index05 do
                                                      begin;
                                                      zw[5] := zw[4] * x[o];
                                                      if index06 < max_ind
                    /* eine evtl. erweiterung ist hier einzufuegen */
                                                          then writeln('error')
                                                          else y := y + zw[5]
                                                      end
                                              else y := y + zw[4]
                                          end
                                  else y := y + zw[3]
                              end
                      else y := y + zw[2]
                  end
              else y := y + zw[1]
          end
      else y := y + zw[0]
  end
                      else if abl_nr = max_ind
                          then y := 1;
ableitung_lagrange := (y * fakultaet) / nenner
end;/* function - end */
/*- - - - - - - - - - - - - - - - - - - - - - - - - - - - - - - -*/
BEGIN;
X[0] :=-1; X[1] := 3; X[2] := 4; X[3] := 2; X[4] := 1;
Y[0] := 1; Y[1] := 3; Y[2] :=-4; Y[3] := 5; Y[4] := 7;
FOR I := 0 TO 5 DO
    BEGIN;
    ERGEBNIS := 0;
    FOR J := 0 TO 4 DO
        ERGEBNIS := ERGEBNIS + Y[J] * ABLEITUNG_LAGRANGE(X,-7,I,4,J);
    WRITELN(ERGEBNIS:30:20 )
    END
END.
```

<u>Ausgabe</u>

```
   -1356.9999999999998401278
     641.83333333333347781035
    -224.49999999999992184029
      51.99999999999999511501
      -5.99999999999999977795
                          0.0
```

Teil 2 (Ende) von Programm 5.3

Vollständige Berechnung des Lagrange-Polynoms
-dynamische Schleifenstruktur-

```
PROGRAM LAGRANGE_INTERPOLATIONSPOLYNOM__ABLEITEN (INPUT,OUTPUT);
/* DIE FUNKTION ABLEITUNG_LAGRANGE, WIE HIER ABGEDRUCKT, UNTERLIEGT  */
/* KEINER EINSCHRAENKUNG BZGL. DER POLYNOMGROESSE.                    */
TYPE   TUPEL = ARRAY[0..6] OF REAL;
VAR      Y, X : TUPEL;
         I, J : INTEGER;
     ERGEBNIS : REAL;
/*- - - - - - - - - - - - - - - - - - - - - - - - - - - - - - - - -*/
function ableitung_lagrange
     (x : tupel;/* stuetzstellen x(0) bis x(max_ind)                 */
  x_wert : real; /* x-wert an dem die ableitung berechnet wird       */
  abl_nr : integer;/* nr. der ableitung; abl_nr=0 ==> i(x)           */
 max_ind : integer;/* maximaler index in x; anzahl -1                */
       t : integer)/* x(t) wird ausgeblendet                        */
         : real;/* e r g e b n i s */
var fakultaet, j            : integer;
    nenner, zaehler, y      : real;
    procedure aus_mult(start:integer; tiefe: integer; wert: real);
    var i : integer;
    begin
    if tiefe+abl_nr < max_ind
       then for i := start to start+abl_nr do
                 aus_mult(i+1, tiefe+1, wert*x[i] )
       else for i:= start to (max_ind-1) do
                 zaehler := zaehler + wert * x[i] * fakultaet
    end;/* function - end */
begin
fakultaet := 1;
for j := 1 to abl_nr do
    fakultaet := fakultaet * j;
zaehler := 0; nenner := 1; y := x[t];
if (t < max_ind)
   then for j := t to max_ind-1 do
            x[j] := x[j+1];
for j := 0 to max_ind-1 do
    begin;
    nenner := nenner * (y - x[j]);
    x[j] := x_wert-x[j]
    end;
if abl_nr < max_ind
   then aus_mult(0,1,1)
   else if abl_nr = max_ind
           then zaehler := fakultaet;
ableitung_lagrange := zaehler / nenner
end;/* function - end */
/*- - - - - - - - - - - - - - - - - - - - - - - - - - - - - - - - -*/
BEGIN;
X[0] :=-1; X[1] := 3; X[2] := 4; X[3] := 2; X[4] := 1;
```

Teil 1 von Programm 5.4

```
Y[0] := 1; Y[1] := 3; Y[2] :=-4; Y[3] := 5; Y[4] := 7;
FOR I := 0 TO 5 DO
    BEGIN;
    ERGEBNIS := 0;
    FOR J := 0 TO 4 DO
        ERGEBNIS := ERGEBNIS + Y[J] * ABLEITUNG_LAGRANGE(X,-7,I,4,J);
    WRITELN(ERGEBNIS:30:20 )
    END
END.
```

Ausgabe

```
    -1356.9999999999998401278
      641.8333333333347781035
     -224.4999999999992184029
       51.9999999999999511501
       -5.9999999999999977795
                          0.0
```

Teil 2 (Ende) von Programm 5.4

Nur wenn Form (5.27) zutrifft, kann für jeden Nachfolger $f_{i+1}(h)$ nach einer Verrechnung gemäß (5.28) garantiert werden, daß dessen "Form" erhalten bleibt. Dies ist die Bedingung für die Gültigkeit der Rekursionsformel (5.28).

Für den **zentralen Differentialquotienten** -er entspricht $\alpha(h)$ für $f'(x_0)$- läßt sich eine Darstellung gemäß (5.27) herleiten:

$$[f(x_0+h) - f(x_0-h)]/[2 \cdot h] = f'(x_0) + a_1 \cdot h^2 + a_2 \cdot h^4 + a_3 \cdot h^6 + \dots + a_n \cdot h^{2n} + \dots \quad (5.29)$$

Dieser Fall führt zum **Romberg-Verfahren**, ihm liegen gemäß (5.29) die Werte $q=2$ und $z_i = 2 \cdot i$ zugrunde, und es ergibt sich mit $h_i = h/2^i <=> h_{i+1} = h_i/2$ (Intervallhalbierung) der i-te **zentrale Differentialquotient** als

$$\alpha_{i,0} = [f(x_0+h_i) - f(x_0-h_i)]/[2 \cdot h_i] \quad (i \geq 0). \tag{5.30}$$

Mit diesen $\alpha_{i,0}$ läßt sich über (5.28) die Rekursionsformel

$$\alpha_{i,j} = \alpha_{i,j-1} + [\alpha_{i,j-1} - \alpha_{i-1,j-1}]/[4^j - 1] \quad \text{mit} \quad j = 1,2,\dots,i \tag{5.31}$$

zur Berechnung der Folgeglieder $\alpha_{i,j}$ -im i-ten Schritt- herleiten. Die Berechnung der $\alpha_{i,0}$ und der resultierenden $\alpha_{i,j}$ führt man solange durch, bis die Differenz $|\alpha_{i,j} - \alpha_{i,j-1}|$ eine vorgegebene Schranke unterschreitet, dann kann als $f'(x)$ $\alpha_{i,j}$ oder $\alpha_{i,j-1}$ genommen werden. Es läßt sich aber nicht nur eine festgelegte Genauigkeitsschranke für die **Termination** auswerten.

Differentiation mit dem Romberg-Verfahren

```
PROGRAM ROMBERG_VERFAHREN__ZUM_DIFFERENZIEREN (INPUT,OUTPUT);
/* DIE FUNKTION ROMBERG_DIFFERENTIATION BERECHNET DIE ERSTE ABLEI-  */
/* TUNG DER FUNKTION "FU" AN DER STELLE X_WERT.                      */
/* ALS ABBRUCHKRITERIUM DIENT DIE MONOTONIE DER NAEHERUNGSWERTE.     */
   FUNCTION FUNKTION(X : REAL):REAL;
   BEGIN;
   FUNKTION :=  (EXP(X)-EXP(-X)) / 2 /* F'(X)=0.5*(EXP(X)+EXP(-X))  */
   END;
/*- - - - - - - - - - - - - - - - - - - - - - - - - - - - - - - - -*/
   FUNCTION ROMBERG_DIFFERENTIATION
   (FUNCTION FU(X:REAL) : REAL;/* ABZULEITENDE FUNKTION       */
                X_WERT : REAL)/* F'(X_WERT) WIRD BERECHNET */
                       : REAL;/* E R G E B N I S             */
   CONST     ERG =  2;/* DER (I-ERG)-TE WERT IST DAS ERGEBNIS, SO-  */
                     /* FERN UEBER DIE MONOTONIE ABGEBROCHEN WIRD   */
             MAX = 20;/* MAXIMALE ANZAHL AN SCHRITTEN               */
         TEST_AB =  2;/* AB DEM TEST_AB-TEN SCHRITT WIRD DIE MONO-  */
                     /* TONIE UEBERPRUEFT                           */
    START_BREITE =0.5;/* LEGT DIE START-BREITE FEST                 */
   VAR   WERTE                    : ARRAY [0..ERG,0..MAX] OF REAL;
         BREITE, VIERTEL          : REAL;
         I, J, K_0, K_1           : INTEGER;
         FERTIG, BEWERTET, MONOTON : BOOLEAN;
   BEGIN;
   I := 0; BREITE := START_BREITE ; FERTIG := FALSE; BEWERTET := FALSE;
   WERTE[0,0] := (FU(X_WERT+BREITE)-FU(X_WERT-BREITE))/(2*BREITE);
   REPEAT K_1 := I MOD (ERG+1);/* INDEX VOM (N-1)-TEN SCHRITT */
          I   := I + 1;        /* INDEX ERHOEHEN              */
          K_0 := I MOD (ERG+1);/* INDEX VOM      N-TEN SCHRITT */
          BREITE := BREITE / 2;/* INTERVALLBREITE HALBIEREN */
          WERTE[K_0,0] := (FU(X_WERT+BREITE)-FU(X_WERT-BREITE)) /
                          (2*BREITE);
          VIERTEL := 4;
          FOR J := 1 TO I DO
             BEGIN
             WERTE[K_0,J] := [ (WERTE[K_0,J-1]-WERTE[K_1,J-1]) /
                             (VIERTEL-1) ] + WERTE[K_0,J-1];
             VIERTEL := VIERTEL * 4
             END;
          IF BEWERTET
             THEN IF (WERTE[K_0,K_0] < WERTE[K_1,K_1]) <> MONOTON
                     THEN BEGIN
                          FERTIG := TRUE;
                          I := I - ERG /* (I-ERG)-TEN WERT NEHMEN */
                          END
                     ELSE
             ELSE IF (I > TEST_AB)
                     THEN BEGIN
```

Teil 1 von Programm 5.5

```
                        MONOTON   := WERTE[K_0,K_0] <= WERTE[K_1,K_1];
                        BEWERTET := TRUE
                        END
    UNTIL  FERTIG OR (I = MAX);
    ROMBERG_DIFFERENTIATION := WERTE(.I MOD (ERG+1),I.)
    END;/* FUNCTION - END */
/*- - - - - - - - - - - - - - - - - - - - - - - - - - - - -*/
BEGIN
WRITELN( ROMBERG_DIFFERENTIATION( FUNKTION, 3.5) :30:20 )
END.
```

<u>Ausgabe</u>

16.57282547752232160220

Teil 2 (Ende) von Programm 5.5

Bei der Umsetzung in eine entsprechende Prozedur ist es nämlich effizienter, die Monotonie in den $\alpha_{i,i}$ für die Formulierung des **Abbruchkriteriums** heranzuziehen, weil weniger Vergleiche notwendig sind. Ist die Monotonie aufgrund der Rechenungenauigkeit nicht mehr gewährleistet, wird das Verfahren abgebrochen. Ein verwertbares Ergebnis liegt in den letzten $\alpha_{k,k}$ mit [j-3]≤k≤j, wenn im j-ten Schritt der Monotoniewechsel zum Abbruch führt. Die Funktion ROMBERG_DIFFERENTIATION im Programm 5.5 berücksichtigt diese Vorschläge und differenziert die im Parameter FU übergebene Funktion, welche somit im Programm definiert sein muß, über das Romberg-Verfahren. Dabei wird die Monotonie ab dem TEST_AB-ten Schritt ermittelt und überprüft. Mit der Variablen WERTE wird eine **zyklische** **Liste** für die $\alpha_{i,j}$ aufgebaut, um nicht allzu viel Speicherplatz ungenutzt zu belegen. Im Falle des Monotoniewechsels wird $\alpha_{j-2,j-2}$ als Ergebnis genommen; dies wird mit der Konstanten ERG festgelegt, so daß die Liste -das Array- entsprechend dimensioniert wird.
Damit diese oder jede selbst geschriebene Funktion für das Romberg-Verfahren nicht die Eigenschaften einer zufallsbedingten Endlosschleife annimmt, limitiert man im voraus die Schrittanzahl. Bis zum n-ten Schritt sind nämlich $\alpha = 0.5 \bullet (n+1)(n+2)$ Additionen, $\alpha + (n+1)$ Subtraktionen, α Multiplikationen, $\alpha + n$ Divisionen sowie (n-3) Vergleiche mit Gleitkommaoperanden durchzuführen, ohne den Aufwand für die 2n-malige Berechnung der Funktion FU miteinzubeziehen. Im Programm 5.5 wird die maximale Schrittanzahl mit der Konstanten MAX festgelegt.

Eine ebenso sensible Größe ist der Anfangswert h_0 in (5.30); dieser entscheidet über die Anzahl an Iterationsschritten. Vor einem allzu kleinen Startwert wird aber gewarnt, weil sich die $\alpha_{i,j}$ in den ersten Schritten erst einpendeln, vgl. TEST_AB in Programm 5.5. Die Ergebnisse einer Untersuchung verschiedener Startwerte können der Graphik 5.4 abgelesen

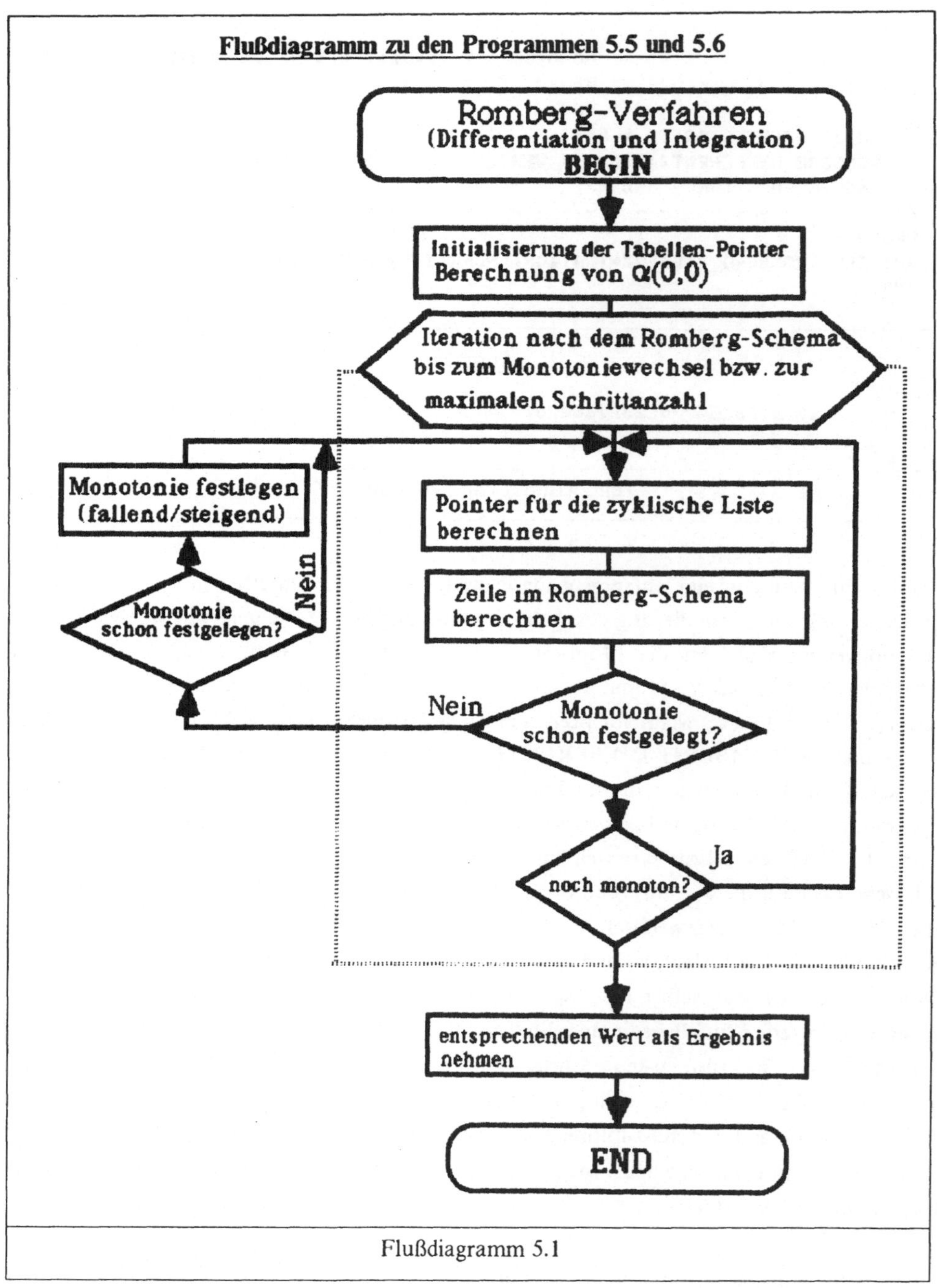

Flußdiagramm 5.1

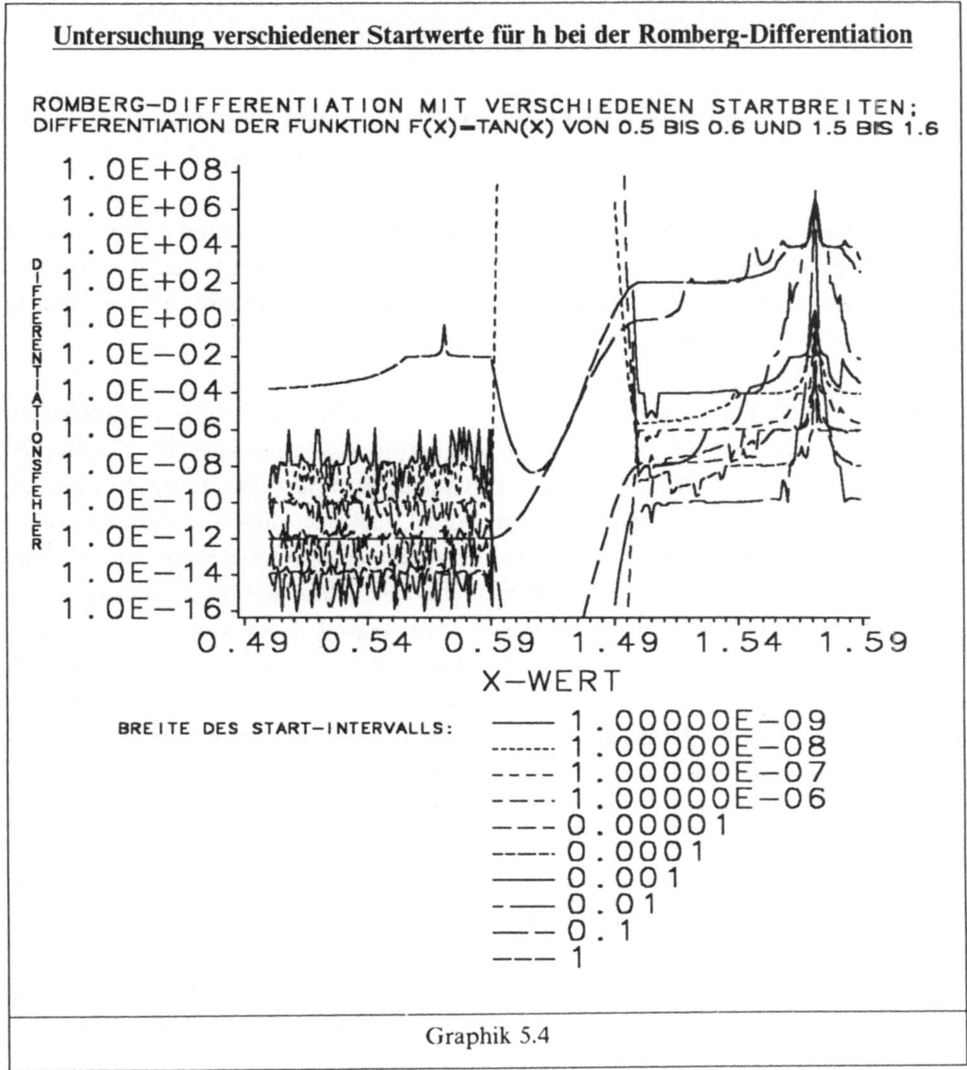

Graphik 5.4

werden. Es zeigt, daß die Genauigkeit wesentlich vom Startwert h_0 abhängt und für diesen auch nicht konstant ist. Das Beispiel $f(x) = \tan(x)$ deutet des weiteren an, welche Schwierigkeiten allgemein bei der Funktionsuntersuchung bzw. -berechnung aufkommen können; dies betrifft **Pol-** und **Unstetigkeitsstellen** wie in diesem konkreten Fall bei $x = \pi/2$. Das Romberg-Verfahren bringt diesbezüglich keine zusätzlichen Probleme mit sich.

Obwohl (5.31) eine Rekursionsformel ist, wäre ein rekursiver Algorithmus nicht besonders effektiv. Die in jeder Rekursionsstufe berechneten $\alpha_{i,j}$ werden nicht weiter benötigt, und der Zugriff auf zurückliegende Elemente $a_{i,i}$ ergäbe sich als sehr umständlich.

5.2.3 VERFAHREN ZUR NUMERISCHEN DIFFERENTIATION IM VERGLEICH

In den beiden vorangegangenen Abschnitten wurde die numerische Differentiation über Interpolationspolynome und das Romberg-Verfahren vorgestellt. Beide Methoden unterscheiden sich bzgl. ihrer Anwendungsgebiete erheblich.

Interpolationspolynome liegen vor, wenn die zugrundeliegende Funktion zu komplex ist und/oder lediglich Stützpunkte bekannt sind. Das Romberg-Verfahren besitzt in diesen Fällen keine Grundlage zur Anwendung; für dieses müssen die Funktionswerte zumindest in einer Umgebung um x_0 **quasi-stetig** berechenbar sein.

So bleibt letztendlich ein interessanter Diskussionspunkt offen, ob nämlich mit Interpolationspolynomen, die in einer Umgebung um x_0 entwickelt werden, dieselbe Genauigkeit erzielt werden kann wie mit dem Romberg-Verfahren. Man nutzt die stetige Berechenbarkeit zwar nicht aus, doch wäre ein weiterer Vorteil, daß auch höhere Ableitungen ohne erheblichen Mehraufwand bestimmbar wären. Der Genauigkeitsverlust hängt von der Wahl der Stützstellen ab und steht mit dem Interpolationsfehler in engem Zusammenhang.

Wählt man daher die Stützstellen zu nahe beieinander liegend, so kann dies wiederum allzu kleine Differenzen mit sich bringen: eine übertriebene Häufung ist nicht notwendig. Graphik 5.5, in ihr wird die Funktion $f(x) = \sin(x) \bullet \exp(2 \bullet x)$ behandelt, bestätigt, daß mit zunehmender Stützstellenanzahl die Genauigkeit insgesamt und in dem jeweiligen kleinsten Intervall der Stützstellen stetig besser wird. Die Graphen belegen, daß zumindest die Ergebnisse für die erste Ableitung, gewonnen aus den Interpolationspolynomen, mit denen des Romberg-Verfahrens konkurrieren können. Das Romberg-Verfahren hat (nur) den Vorteil, daß mit ihm an sämtlichen Stellen akzeptable Ergebnisse erzielt werden. Die Interpolationspolynome müssen für die einzelnen Bereiche stets neu berechnet werden.

Entscheidet man sich für Interpolationspolynome, dann muß überlegt zwischen den beiden möglichen Typen ausgewählt werden; dies hängt von der jeweiligen Anwendung ab. Die **Newtonsche Interpolationsformel** ist geeignet, wenn die zugrundeliegende Wertetabelle sich nicht (oft) ändert und über diese viele Werte berechnet werden. Unterliegt die Tabelle einer häufigen Änderung, muß für jede einzeln das Steigungsschema gesondert berechnet werden. Dies erübrigt sich bei der **Lagrangeschen Interpolationsformel**, und man kann Rechenzeit sparen.

5.3 INTEGRATION

Eine übliche Assoziation des Integrals ist die mit dem **geometrischen Flächeninhalt**, und sie bildet einen guten Ausgangspunkt für dessen Verdeutlichung. Unterteilt man das Intervall [a;b], auf welchem die Funktion f stetig definiert ist, in n beliebig breite Teilintervalle

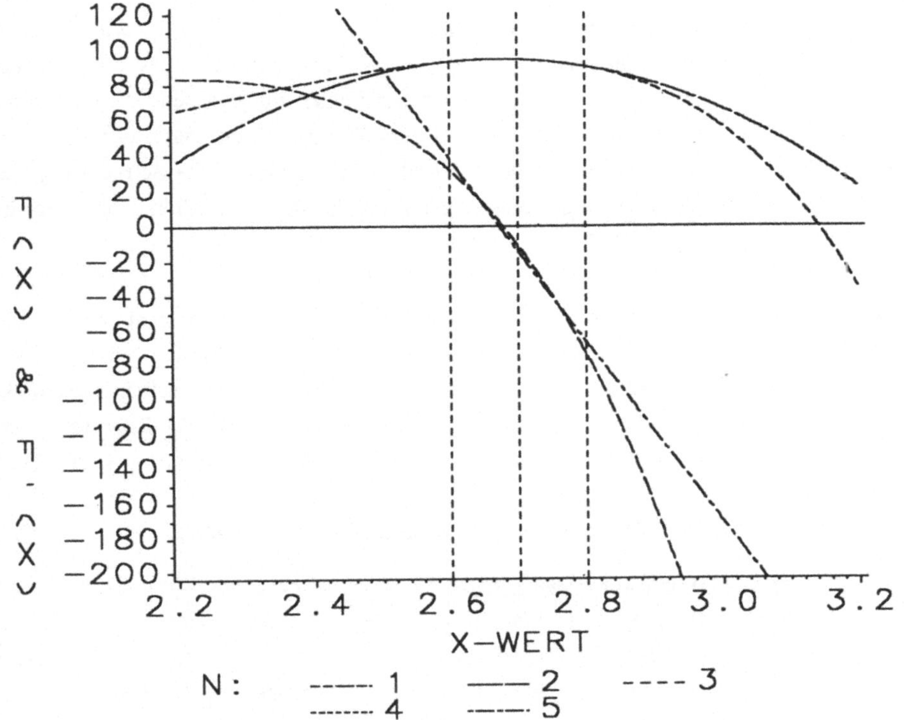

Graphik 5.5

$I_i = [x_i; x_{i+1}]$ $(0 \leq i \leq n-1)$, so ergibt sich die **Zwischensumme** Z_n als

$$Z_n = \sum_{i=0}^{n-1} [(x_{i+1} - x_i) \cdot f(\xi_i)] \tag{5.32}$$

mit $\xi_i \varepsilon I_i$ (die Zahl ξ_i kann beliebig aus diesem Intervall gewählt werden). Das **Riemann-sche Integral** $I = \int_a^b f(x)dx$ resultiert aus dem Grenzwert $\lim_{n \to \infty} Z_n$, wenn $\lim_{n \to \infty} (x_{i+1} - x_i) = 0$ gilt; I heißt **bestimmtes Integral.**

Unter dem **unbestimmten Integral** versteht man die Menge aller **Stammfunktionen** F(x) der Funktion f(x); F(x) hat die Eigenschaft, daß $\int_a^b f(x)dx = F(b) - F(a)$ gilt. Die Stammfunktionen zu f unterscheiden sich lediglich in einem konstanten Glied, da $F'(x) = f(x)$.

Geometrisch interpretiert, wird die Summe der Flächeninhalte aus den n (unterschiedlichen) Rechtecken berechnet, deren beide Kantenlängen jeweils $[x_{i+1}-x_i]$ und $f(\xi_i)$ betragen. Die einzelnen "Flächeninhalte" können unterschiedliche Vorzeichen besitzen, diese ergeben sich aus dem Produkt der beiden Größen. Wird die Wahl des ξ_i derart eingeschränkt, daß $f(\xi_i)$ entweder der **größte** oder der **kleinste** Funktionswert im Intervall I_i ist, spricht man bei (5.32) von der **Ober- oder Untersumme.** Über diese beiden kann das bestimmte Integral nach oben und unten abgeschätzt werden, wobei der Fehler mit wachsendem n schrumpft. Dies führt schließlich zu **infinitesimal** kleinen Intervallängen (Grenzwert), der Fehler verschwindet, und es resultiert das bestimmte Integral. Diese geometrische Betrachtung bietet einen guten Ausgangspunkt für die Herleitung entsprechender Algorithmen bzw. Formeln zur **numerischen Integration.**

Bedingt durch die beschränkte Rechengenauigkeit, wird in Computern nicht mit infinitesimalen Größen gearbeitet. Die Intervallunterteilung muß in Algorithmen lediglich soweit betrieben werden, bis die zusätzliche -theoretische- Genauigkeit in der Rechenungenauigkeit untergeht. Wie bereits im Abschnitt 5.2 angedeutet, ist die **numerische Integration** nicht derart empfindlich, trotzdem ist eine überlegte Wahl der Näherungsfunktion in den Teilintervallen sehr wichtig.

Ein allgemeiner Ansatzpunkt liegt in den **Quadraturformeln** $\sum_{i=0}^{n} \alpha_i \bullet f(x_i)$ (5.33)

mit den **Quadraturpunkten** x_i und **-koeffizienten** α_i. Eine naheliegende Methode zur Berechnung des **bestimmten Integrals** liegt daher in der Integration des Interpolationspolynoms, dies führt zu **interpolatorischen Quadraturformeln.** Im Gegensatz zur Interpolation müssen zur interpolatorischen Quadratur **geordnete** Wertetabellen vorliegen ($x_0 < x_1 < x_2 < ... < x_n$). Speziell für die **Fehlerbetrachtung** der numerischen Integration wurde der Begriff **Genauigkeitsgrad** definiert. Besitzt eine Quadraturformel den Genauigkeitsgrad m, so werden Polynome bis zum maximalen Grad m **exakt** (Fehler = 0) integriert, indem die Quadraturpunkte und/oder -koeffizienten diesem angepaßt werden. Erst bei Polynomen höheren Grades ($> m$) stellt sich ein Fehler ein, weil der Genauigkeitsgrad überschritten wird und eine weitere Anpassung der Quadraturformel nicht mehr möglich ist.

Wird zu einer Wertetabelle mit $n+1$ Stützstellen das Interpolationspolynom entwickelt und über dieses integriert, so besitzt diese interpolatorische Quadraturformel den Genauigkeitsgrad n. Das besagt aber lediglich, daß dieses Interpolationspolynom (von genauem Grad n) exakt integriert wird, nicht unbedingt die zugrundeliegende -interpolierte- Funktion. Der **Interpolationsfehler** bestimmt damit auch den **Integrationsfehler,** so daß dieser über die Integration der Formel (5.16) erhalten oder abgeschätzt werden kann.

Das zumeist abwechselnd positive und negative Vorzeichen des Interpolationsfehlers bewirkt oft den teilweisen Ausgleich des Integrationsfehlers. Dies ist ein Grund für die **geringere Fehleranfälligkeit** der numerischen Integration, vgl. auch Diskussion von Tabelle 6.1.

Der theoretische Zuwachs an Genauigkeit -steigende Fehlerordnung- durch weitere Stütz-

punkte bzw. einen höheren Polynomgrad findet auch hier durch die beschränkte Rechengenauigkeit seine Grenze. Ein Verfahren besteht in der Unterteilung des gesamten Integra-
tionsintervalls, so daß stets über eine **Untermenge an Punkten** integriert wird, indem für
sämtliche Teilmengen die Quadraturformeln entwickelt und anschließend summiert werden.

Um mit einer Quadraturformel den Genauigkeitsgrad n erreichen zu können, gibt es prinzi-
piell mehrere Möglichkeiten, die $n+1$ Quadraturpunkte und $n+1$ -koeffizienten nach entsprechenden **Optimierungskriterien** auszuwählen.

(1) Die **Quadraturpunkte** stehen **fest** und die -koeffizienten werden gemäß diesen optimal
     ausgewählt. Das bietet sich bei einer vorliegenden Wertetabelle an und führt z.B. zu
     den **Newton-Cotes-Quadraturformeln.**

(2) Die **Quadraturkoeffizienten** stehen **fest,** sie sind bspw. alle gleich und die -punkte müs-
     sen optimal ausgewählt werden. Dies bedingt, daß die Funktionswerte an diesen Stellen
     nachträglich berechnet werden können; es resultieren die sogenannten **n-Punkt-Quadra-**
     turformeln mit gleichen Koeffizienten.

(3) **Beide**, die Quadraturpunkte und die -koeffizienten, werden optimal ausgewählt. Der
     erzielbare Genauigkeitsgrad beträgt im Vergleich zu (1) und (2) dann $2n+1$. Dies führt
     schließlich zu den **Gaußschen Quadraturformeln** mit maximalem Genauigkeitsgrad.

Mit diesen unterschiedlichen Verfahren sind feste Voraussetzungen verbunden, diese bestimmen die möglichen Anwendungsgebiete. Z.B. ist die praktische Anwendung der Gaußschen
Quadratur an die **quasi-stetige** Berechnung der zu integrierenden Funktion gebunden.

Zu den Quadraturkoeffizienten α_i im Fall (1) führt die Integration der Lagrangeschen Interpolationsformel (5.12)

$$f(x) \approx \sum_{i=0}^{n} f(x_i) \bullet L_i(x) \quad => \quad \int_a^b f(x)dx \approx \sum_{i=0}^{n} [[\int_a^b L_i(x)dx] \bullet f(x_i)] \tag{5.34}$$

oder die **Methode der unbestimmten Koeffizienten.** Aus diesen beiden ergibt sich das **eindeu-**
tig lösbare Gleichungssystem

$$
\begin{aligned}
\alpha_0 + \alpha_1 + \alpha_2 + \alpha_3 + \ldots + \alpha_n &= [b\text{-}a] \\
\alpha_0 \bullet x_0 + \alpha_1 \bullet x_1 + \alpha_2 \bullet x_2 + \alpha_3 \bullet x_3 + \ldots + \alpha_n \bullet x_n &= [1/2] \bullet [b^2\text{-}a^2] \\
\alpha_0 \bullet x_0^2 + \alpha_1 \bullet x_1^2 + \alpha_2 \bullet x_2^2 + \alpha_3 \bullet x_3^2 + \ldots + \alpha_n \bullet x_n^2 &= [1/3] \bullet [b^3\text{-}a^3] \\
\text{-----------} & \\
\alpha_0 \bullet x_0^n + \alpha_1 \bullet x_1^n + \alpha_2 \bullet x_2^n + \alpha_3 \bullet x_3^n + \ldots + \alpha_n \bullet x_n^n &= [1/(n+1)] \bullet [b^{n+1}\text{-}a^{n-1}]
\end{aligned}
\tag{5.35}
$$

zur Bestimmung der α_i in (5.33). Eine Vereinfachung kann erzielt werden, indem äquidistante Stützstellen mit Abstand h verwendet werden sowie eine Verschiebung (Transformation) der unteren Integrationsgrenze zum Ursprung $(x=0)$ vorgenommen wird, denn es gilt

$$\int_a^b f(x)dx = \int_0^{n\bullet h} f(x+a)dx \quad \text{mit} \quad b=a+n\bullet h. \tag{5.36}$$

Es ist dann möglich, die α_i tabellarisch festzuhalten und Formeln zu entwickeln, die allein von h und der Anzahl an Stützpunkten abhängen.

Bei den **abgeschlossenen Newton-Cotes-Quadraturformeln** wird dies angewandt, indem zu einer geordneten Wertetabelle $(x_i < x_j$ mit $i < j)$, bestehend aus $n+1$ **äquidistanten** Stützstellen $(x_i = x_0 + i\bullet h)$ vom Abstand h, die Quadraturkoeffizienten α_i bestimmt werden. Des weiteren müssen die Integrationsgrenzen a und b mit den Intervallrändern des kleinsten Intervalls der $n+1$ Stützpunkte identisch sein $(a=x_0, b=x_n)$, daher das Attribut **abgeschlossen.** Umfaßt eine Tabelle bspw. zwei Stützstellen $(n=1)$, so führt (5.35) mit vorangegangener Verschiebung der Integrationsgrenzen $(x_0=0, x_1=1\bullet h)$ zu $\alpha_0 = h/2$ und $\alpha_1 = h/2$, und es gilt

$$\int_a^b f(x)dx = \int_0^h f(x_0+x)dx \approx [h/2]\bullet[f(x_0)+f(x_1)]. \tag{5.37}$$

Geometrisch interpretiert, wird die Funktion $f(x)$ mit der Geraden durch die Punkte $(x_0;f(x_0))$ und $(x_1;f(x_1))$ **linear** genähert.

Analog zu $n=1$ (zwei Stützstellen) lassen sich für andere, größere n entsprechende Formeln herleiten, jedoch sollte die Entwicklung der **Newton-Cotes-Quadraturformeln** mit $n=7$ (acht Stützstellen) enden. Wichtig ist, die Formel bei der Umsetzung in einen entsprechenden Algorithmus soweit wie möglich von **Mehrfachberechnungen** zu befreien.

Zur Verarbeitung von mehr als zwei Stützstellen kann aber auch (5.37) verwendet werden. Man bildet aus den $n+1$ Stützstellen x_0 bis x_n n Teilintervalle $I_i = [x_i;x_{i+1}]$ und summiert die zu jedem I_i entwickelte Quadraturformel (5.37) auf. Somit werden die einzelnen Integrale

$$\int_{x_i}^{x_{i+1}} f(x)dx = \int_0^h f(x+x_i)dx \approx [h/2]\bullet[f(x_i)+f(x_{i+1})] \quad \text{für} \quad i=0,1,...,n\text{-}1 \tag{5.38}$$

zusammengefaßt, und es ergibt sich die bekannte **Sehnentrapezformel**

$$\int_a^b f(x)dx \approx I(h) = h\bullet[0.5\bullet f(x_0)+f(x_1)+f(x_2)+f(x_3)+...+f(x_{n-1})+0.5\bullet f(x_n)]. \tag{5.39}$$

Dies zeigt, daß eine sinnvolle Anwendung der Newton-Cotesschen Formeln nicht nur auf Fall (1) beschränkt bleibt, sich nämlich auch bei einer stetigen Berechenbarkeit der zugrundeliegenden Funktion anbietet. Man unterteilt hierzu das Integrationsintervall [a;b] in $z\bullet n$ gleichgroße Teilintervalle und wendet z-mal die Newton-Cotessche Quadraturformel für $n+1$ Stützstellen an; der Abstand der Stützstellen beträgt dann $h=[b\text{-}a]/[z\bullet n]$. Eine weitere Optimierung für $n=1$ ergibt sich mit dem **Romberg-Verfahren** im Abschnitt 5.3.2.

Eine Untersuchung der Newton-Cotesschen Quadraturformeln für zwei bis acht Stützstellen findet sich in der Graphik 5.6; zwei Erkenntnisse können aus dieser unmittelbar gewonnen werden. Zum einen fällt die paarweise Gruppierung der sieben Graphen auf [(3/4),(5/6),(7/8)], was aufzeigt, daß in einem solchen Paar beide Quadraturformeln trotz unterschiedlicher Stützstellenanzahl dieselbe Genauigkeit besitzen. Es ist daher effektiver, die Formel mit weniger Stützstellen anzuwenden, um den Rechenaufwand zu verringern. Dieser Sachverhalt läßt sich ebenso formal-mathematisch herleiten, die beiden **summierten Quadraturformeln** besitzen demzufolge dieselbe **globale Fehlerordnung.**

Als weiteres fällt am Verlauf der Graphen auf, daß diese von einem bestimmten Punkt an nicht weiter monoton ansteigen. Die Rechengenauigkeit legt diesen Punkt fest, indem sie den theoretischen Genauigkeitsanstieg wieder zunichte macht. Wäre die Berechnung mit höherer Genauigkeit vollzogen worden, läge der Punkt des Umbruchs weiter rechts. Seine Lage hängt somit auch vom Rechner bzw. der Qualität und Auslegung der Arithmetikeinheit ab. Hierin liegt auch eine Stärke des **Romberg-Verfahrens,** indem sich dieses schrittweise an den Punkt maximaler Genauigkeit hinarbeitet; eine Art dynamisches Verhalten.

5.3.1 GAUSSSCHE QUADRATUR

Die **Gaußschen Integrationsformeln** bilden eine eigene Gruppe von Quadraturformeln; bei diesen werden sowohl die Quadraturpunkte als auch die -koeffizienten dem **Optimierungskriterium** entsprechend bestimmt. Ihre Beschaffenheit führt bei $n+1$ (geordneten) Punkten zu dem maximalen Genauigkeitsgrad $(2n+1)$, und folgender Zusammenhang dient zur Bestimmung der α_i und x_i:

$$\int_a^b f(x) \bullet w(x)dx = \sum_{i=0}^{n} \alpha_i \bullet f(x_i) + R_{n+1}(x) \quad \text{mit} \tag{5.40}$$

$$R_{n+1}(x) = [f^{(2n+2)}(\xi)/(2n+2)!] \bullet \int_a^b [(x-x_0) \bullet (x-x_1) \bullet .. \bullet (x-x_n)]^2 \bullet w(x)dx \tag{5.41}$$

und $a \le x_0$, $b \ge x_n$, wobei die Funktion $w(x)$ eine **Gewichtungsfunktion** darstellt. Die Bedingung, daß $f(x)$, im Falle eines Polynoms, bis zum Grad $(2n+1)$ exakt integriert wird, führt zu der Forderung, daß $R_{n+1}(x)=0$ gilt. Erfüllt wird dies, wenn für die x_i die Nullstellen der bzgl. $w(x)$ **orthogonalen Polynome** gewählt werden.

Ein **orthogonales Polynomsystem** besteht aus den Polynomen $P_n(x)$, die sich aus einem festgelegten Bildungsgesetz ergeben, indem ihr Aufbau von einem Parameter n abhängt. Die für verschiedene n definierten Polynome $P_i(x)$ und $P_j(x)$ $(i \ne j)$ sind **orthogonal** zueinander, es gilt

$$\int_a^b P_i(x) \bullet P_j(x)dx = 0 \quad \text{für} \quad i \ne j. \tag{5.42}$$

Man spricht von einem **Orthonormalsystem,** wenn des weiteren

$$\int_a^b [P_i(x)]^2 dx = 1 \quad \text{zutrifft.} \tag{5.43}$$

Newton-Cotessche Quadraturformeln

$$\int_0^{10} \sin(x) \cdot \exp(2 \cdot x)\,dx \;=\; F(10)-F(0) \approx -24158382.755 \quad \text{mit}$$

$$F(x) = [1/5] \cdot \exp(2 \cdot x) \cdot [2 \cdot \sin(x)-\cos(x)]$$

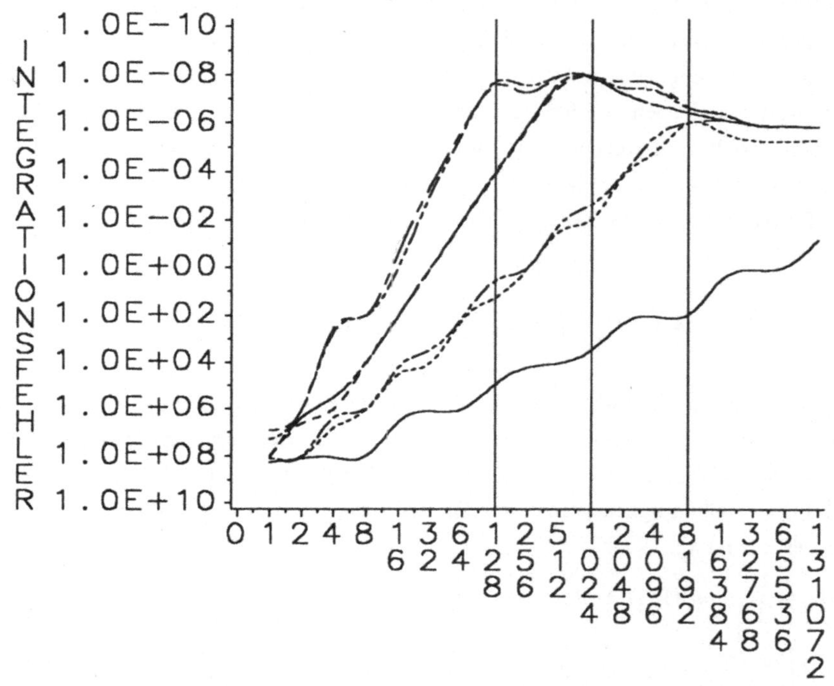

Graphik 5.6

Beide Forderungen hängen mit der Definition des Skalarprodukts in der Linearen Algebra eng zusammen. Analog zu (5.42) ergibt die Forderung, daß die gesuchten Polynome P_n zur Gewichtungsfunktion w(x) orthogonal sind, die Bedingung

$$\int_a^b P_i(x) \bullet P_j(x) \bullet w(x)dx = 0. \tag{5.44}$$

Verwendet man nun in einer Quadraturformel $n+1$ Stützstellen, so entsprechen die x_i in (5.40) den Nullstellen desjenigen Polynoms $P_i(x)$, das vom (exakten) Grad $n+1$ ist. Für die Quadraturkoeffizienten α_i gilt

$$\alpha_i = \int_a^b L_i(x) \bullet w(x)dx \quad \text{bzw.} \quad \alpha_i = \int_a^b [L_i(x)]^2 \bullet w(x)dx. \tag{5.45}$$

Da keine weiteren Umformungen notwendig sind, liegt die Wahl $w(x)=1$ für die Anwendung nahe. Die zu $w(x)=1$ orthogonalen Polynome sind die **Legendre-Polynome**, die aus ihrer **rekursiven Definition**

$$P_n(x) = x \bullet [(2n-1)/n] \bullet P_{n-1} - [(n-1)/n] \bullet P_{n-2}(x) \quad \text{mit} \quad P_0(x)=1 \quad \text{und} \quad P_1(x)=x \tag{5.46}$$

gewonnen werden ($n > 1; n \varepsilon N$). Die Polynome $P_i(x)$ haben den Grad i und genügen (nur) für $a=-1$ und $b=1$ obiger Forderung (5.42), so daß sie ein **orthogonales Polynomsystem** bilden. Anstatt (5.45) sollte für die schnelle Bestimmung der α_i eher das Gleichungssystem (5.35) herangezogen werden, die α_i sind **immer** positiv (Plausibilitätskontrolle). Eine Umgehung der Einschränkung $a=-1$, $b=1$ bietet die **Transformation**

$$\int_{-1}^1 f(x)dx = h^{-1} \bullet \int_{-h}^h f(x/h)dx = \int_{-h}^h g(x)dx \quad \text{mit} \quad g(x) = [1/h] \bullet f(x/h). \tag{5.47}$$

Im Fall von drei Stützstellen sind die Nullstellen des Polynoms $P_3(x) = 5/2 \bullet x^3 - 3/2 \bullet x$ folgende: $x_0 = -\sqrt{3/5}$, $x_1 = 0$, $x_2 = \sqrt{3/5} = -x_0$.

Mit diesen drei x_i und $a=-1$, $b=1$ erhält man über das Gleichungssystem (5.35) die Quadraturkoeffizienten $\alpha_0 = 5/9$, $\alpha_1 = 8/9$ und $\alpha_2 = 5/9$, und es resultiert die **Gauß-Legendre-Quadraturformel** **für** **drei Stützstellen**

$$\int_{-1}^1 f(x)dx \approx [1/9] \bullet [5 \bullet f(-\sqrt{3/5}) + 8 \bullet f(0) + 5 \bullet f(\sqrt{3/5})]. \tag{5.48}$$

Wendet man obige Transformation bei der Entwicklung an, führt dies zu der etwas allgemeineren Formel

$$\int_{-h}^h f(x)dx \approx [h/9] \bullet [5 \bullet f(h \bullet -\sqrt{3/5}) + 8 \bullet f(0) + 5 \bullet f(h \bullet \sqrt{3/5})]. \tag{5.49}$$

Analog zu den **Newton-Cotesschen Quadraturformeln** können **Summenformeln** entwickelt werden, die lediglich von h und der Anzahl an Teilintervallen abhängen, indem das Integrationsintervall $[\alpha;\beta]$ in z Teilintervalle I_i der Breite 2h mit $h=[\beta-\alpha]/[2 \bullet z]$ zerlegt wird, womit der Symmetrie innerhalb der x_i Rechnung getragen wird. Erfolgt die Integration jeweils über das Intervall $I_i = [\alpha + 2 \bullet i \bullet h; \alpha + 2 \bullet (i+1) \bullet h]$ ($i=0,1,...,n-1$) und z.B. über drei Stützstellen, so wird für jedes I_i die Quadraturformel gemäß (5.49) entwickelt. Dazu wird die Funktion für jedes dieser Intervalle so verschoben, daß $\alpha + (2i+1) \bullet h$ zum Nullpunkt wird und die Integrationsgrenzen um den Nullpunkt symmetrisch angeordnet sind. Die Summierung der z Teilintegrale (5.49) führt zur Summenformel

$$\int_a^b f(x)dx \approx [h/9]\cdot\sum_{i=0}^{n-1} [5\cdot f(a+h\cdot[(2\cdot i+1)-\sqrt{3/5}\,]) + 8\cdot f(a+h\cdot(2\cdot i+1)) +$$
$$5\cdot f(a+h\cdot[(2\cdot i+1)+\sqrt{3/5}\,])]. \tag{5.50}$$

Dieses Verfahren läßt sich entsprechend für jede Stützstellenanzahl anwenden, für zwei Stützstellen ergibt sich die Summenformel

$$\int_a^b f(x)dx \approx h\cdot\sum_{i=0}^{n-1} [f(a+h\cdot[(2\cdot i+1)-\sqrt{1/3}\,]) + f(a+h\cdot[(2\cdot i+1)+\sqrt{1/3}\,])]. \tag{5.51}$$

Da es äußerst unwahrscheinlich ist, daß die Stützpunkte einer vorliegenden Wertetabelle dieser Formel gerecht werden, verlangen die Gaußschen Quadraturformeln praktisch eine **quasi-stetige** Berechnung der Funktion.

In der Graphik 5.7 werden diese **Summenformeln**, basierend auf zwei und drei Stützstellen, bzgl. ihres Fehlers miteinander verglichen. Neben der mit wachsender Anzahl an Teilintervallen stetig steigenden Genauigkeit fällt auf, daß die Graphen exakt denselben Verlauf aufweisen wie zwei der Newton-Cotes Formeln in der Graphik 5.6. Ein Vergleich zeigt, daß die **summierte Gaußsche Quadraturformel**, basierend auf zwei- (drei) Stützstellen, dieselbe Genauigkeit besitzt wie die Newton-Cotessche Formel für drei (fünf) Stützstellen. Dies läßt sich ebenso formal-mathematisch herleiten und führt zu dem Ergebnis, daß beide jeweils dieselbe **globale Fehlerordnung** besitzen.

Der Vorteil, der sich in den Gaußschen Quadraturformeln birgt, ist die geringere Anzahl an Operationen, die für eine bestimmte Genauigkeit notwendig sind.

5.3.2 INTEGRATION MIT DEM ROMBERG-VERFAHREN

Wird das **Integrationsintervall** zwischen den Integrationsgrenzen a und b in n (gleichgroße) Teilintervalle $[x_i;x_{i+1}]$ ($0\leq i\leq n-1$) der Breite h zerlegt und die Funktion in diesen über die Gerade durch $f(x_i)$ und $f(x_{i+1})$ jeweils (linear) approximiert, führt dies zur **Sehnentrapezformel** (5.39).

Der sich mit der Sehnentrapezformel einstellende Fehler hängt von h und der Rechengenauigkeit ab. Je kleiner h ist, desto genauer wird die Approximation; dies führt zum Grenzwert $h\rightarrow 0$. $h=0$ ist nicht möglich, man erinnere sich hierzu an die Differentiation mit dem Romberg-Verfahren.

Bei der Integration wird das Integral über (5.39) genähert, und dem Grenzwert $h\rightarrow 0$ gilt das Interesse; dies führt schließlich zur Richardson-Extrapolation und zum Romberg-Verfahren. Die Erlaubnis hierzu gibt uns die **Euler-MacLaurinsche Summationsformel**, indem sie für I(h) die Entwicklung

$$I(h)=\int_a^b f(x)dx + a_1\cdot h^2 + a_2\cdot h^4 + a_3\cdot h^6 + a_4\cdot h^8 + ... + a_n\cdot h^{2n} + ... \tag{5.52}$$

garantiert, womit die Bedingung für (5.28) erfüllt ist; vgl. Abschnitt 5.2.2. Dem **Romberg-Verfahren** liegen gemäß (5.52) auch zur Integration die Werte $q=2$ und $z_i=2\cdot i$ für das

Gaußsche Quadraturformeln

$\int_{0}^{10} \sin(x) \cdot \exp(2 \cdot x)\,dx = F(10)-F(0) \approx -24158382.755$ mit
$F(x) = [1/5] \cdot \exp(2 \cdot x) \cdot [2 \cdot \sin(x)-\cos(x)]$

GAUSSSCHE QUADRATURFORMEL FUER ZWEI UND DREI STUETZSTELLEN
INTEGRATION DER FUNKTION SIN(X)*EXP(2*X) VON 0 BIS 10

INTEGRATIONSFEHLER
1.0E-10
1.0E-08
1.0E-06
1.0E-04
1.0E-02
1.0E+00
1.0E+02
1.0E+04
1.0E+06
1.0E+08
1.0E+10

ANZAHL DER GESAMTEN UNTERTEILUNGEN
N: ——— 2   - - - 3
N: ANZAHL AN STUETZSTELLEN IN DER QUADRATURFORMEL

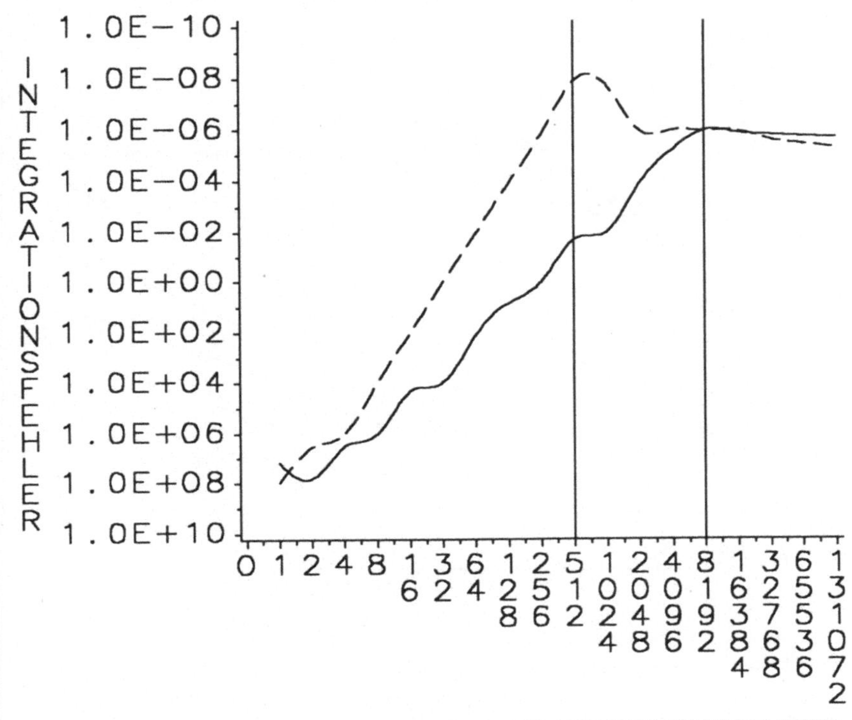

Graphik 5.7

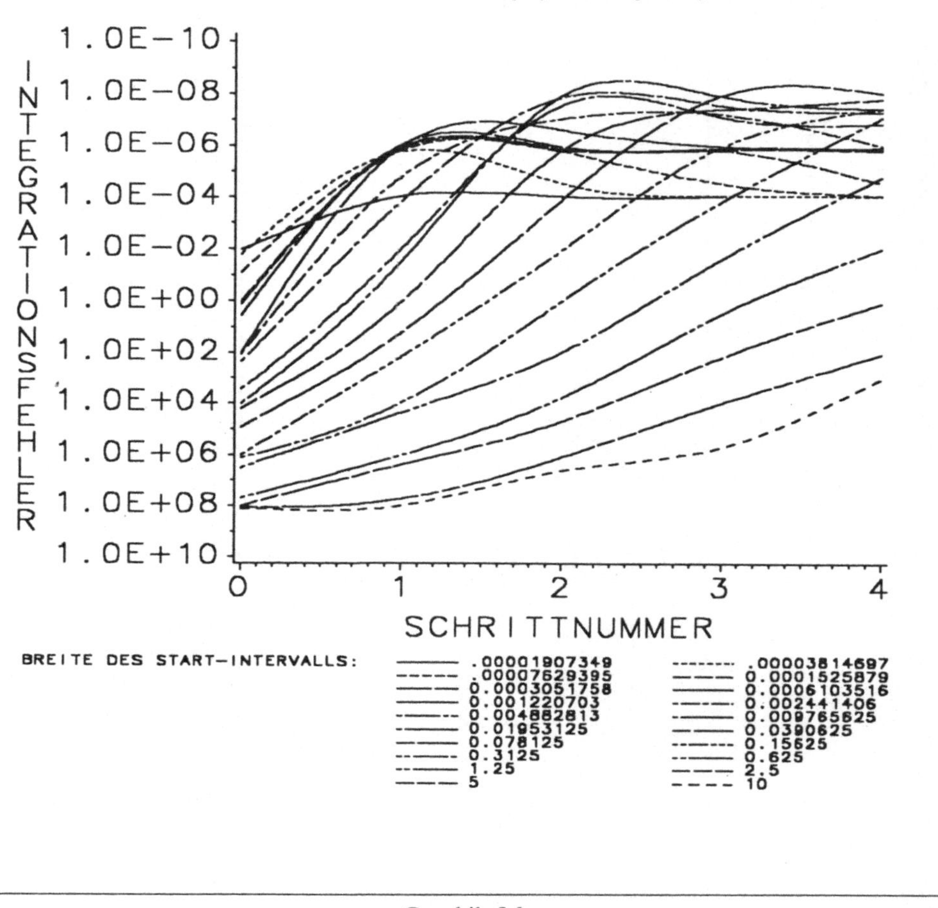

Graphik 5.8

Integration mit dem Romberg-Verfahren

```
PROGRAM ROMBERG_VERFAHREN__ZUM_INTEGRIEREN (INPUT,OUTPUT);
/* DIE FUNKTION ROMBERG_INTEGRATION BERECHNET DAS BESTIMMTE INTEGRAL */
/* DER FUNKTION "FU" IM INTERVALL VON "VON" BIS "BIS".               */
/* ALS ABBRUCHKRITERIUM DIENT DIE MONOTONIE DER NAEHERUNGSWERTE.     */
   FUNCTION FUNKTION(X : REAL):REAL;
   BEGIN;
   FUNKTION := SIN(X)*SIN(X) /* STAMMFUNKTION = 0.5*X-0.25*SIN(2X) */
   END;
/*- - - - - - - - - - - - - - - - - - - - - - - - - - - - - - -*/
   FUNCTION ROMBERG_INTEGRATION
   (FUNCTION FU(X:REAL) : REAL;/* ZU INTEGRIERENDE FUNKTION        */
                   VON : REAL;/* LINKER   INTEGRATIONSINTERVALLRAND */
                   BIS : REAL)/* RECHTER INTEGRATIONSINTERVALLRAND */
                       : REAL;/* E R G E B N I S */
   CONST     ERG =  2;/* DER (I-ERG)-TE WERT IST DAS ERGEBNIS, SO- */
                      /* FERN UEBER DIE MONOTONIE ABGEBROCHEN WIRD */
             MAX = 10;/* MAXIMALE ANZAHL AN SCHRITTEN              */
         TEST_AB =  2;/* AB DEM TEST_AB-TEN SCHRITT WIRD DIE MONO- */
                      /* TONIE UEBERPRUEFT                         */
    START_BREITE =0.1;/* LEGT DIE START-BREITE FEST                */
   VAR  WERTE                  : ARRAY [0..ERG,0..MAX] OF REAL;
        ZW, INT_BREITE         : REAL;
        FERTIG, BEWERTET, MONOTON, VERTAUSCHT: BOOLEAN;
        I, J, INT_ANZ, K_0, K_1, VIERTEL : INTEGER;
   BEGIN;
   IF VON > BIS
      THEN BEGIN;/* INTEGRATIONSGRENZEN VERTAUSCHEN */
           ZW  := VON; VON := BIS; BIS := ZW;
           VERTAUSCHT := TRUE /* => ERGEBNIS MIT (-1) MULTIPLIZIEREN */
           END
      ELSE VERTAUSCHT := FALSE;
   I := 0; FERTIG := FALSE; BEWERTET := FALSE; ZW := 0;
   INT_ANZ      := TRUNC( (BIS-VON) / START_BREITE ) + 1;
   INT_BREITE := (BIS-VON) / INT_ANZ;
   FOR J := 1 TO (INT_ANZ-1) DO
       ZW := ZW + FU(VON + J * INT_BREITE);
   WERTE[0,0] := INT_BREITE * 0.5 * ( FU(VON) + FU(BIS) + 2 * ZW );
   REPEAT K_1 := I MOD (ERG+1);/* INDEX VOM (N-1)-TEN SCHRITT */
          I   := I + 1;          /* INDEX ERHOEHEN              */
          K_0 := I MOD (ERG+1);/* INDEX VOM     N-TEN SCHRITT */
          INT_BREITE := INT_BREITE / 2;/* INTERVALLBREITE HALBIEREN */
          ZW := 0;
          FOR J := 0 TO (INT_ANZ-1) DO
              ZW := ZW + FU( (VON + (2*J+1) * INT_BREITE) );
          WERTE[K_0,0] := 0.5 * WERTE[K_1,0] + INT_BREITE * ZW;
          INT_ANZ := 2 * INT_ANZ;
          VIERTEL := 4;
          FOR J := 1 TO I DO
              BEGIN
```

Teil 1 von Programm 5.6

```
                      WERTE[K_0,J] := ( (WERTE[K_0,J-1]-WERTE[K_1,J-1]) /
                                        (VIERTEL-1) ) + WERTE[K_0,J-1];
                      VIERTEL := VIERTEL * 4
                      END;
                  IF BEWERTET
                      THEN IF (WERTE[K_0,K_0] < WERTE[K_1,K_1]) <> MONOTON
                                   THEN BEGIN
                                        FERTIG := TRUE;
                                        I := I - ERG /* (I-ERG)-TEN WERT NEHMEN */
                                        END
                                   ELSE
                      ELSE IF (I > TEST_AB)
                                   THEN BEGIN
                                        MONOTON  := WERTE[K_0,K_0] <= WERTE[K_1,K_1];
                                        BEWERTET := TRUE
                                        END
          UNTIL  FERTIG OR (I = MAX);
          IF VERTAUSCHT
              THEN ROMBERG_INTEGRATION := -WERTE[I MOD (ERG+1),I]
              ELSE ROMBERG_INTEGRATION :=  WERTE[I MOD (ERG+1),I]
          END;/* FUNCTION - END */
/*- - - - - - - - - - - - - - - - - - - - - - - - - - - - - - -*/
BEGIN
WRITELN( ROMBERG_INTEGRATION( FUNKTION, 0, 2) :30:20 )
END.
```

<u>Ausgabe</u>

1.18920062382230629083

Teil 2 (Ende) von Programm 5.6

Rechenschema zugrunde. Entsprechend wird auch die Intervallbreite h_i in jedem Schritt
halbiert ($h_{i+1} = h_i/2$) und damit die Intervallanzahl $z_{i+1} = 2 \cdot z_i \,<\,=\,> \, z_i = [b\text{-}a]/[h_i]$ ($i \geq 0$)
verdoppelt. Das Analogon zu (5.30) ist

$$\alpha_{i,0} = h_i \cdot [0.5 \cdot f(a) + [\sum_{m=1}^{z_i} f(a+m \cdot h_i)] + 0.5 \cdot f(b)], \tag{5.53}$$

die Sehnentrapezformel bei z_i Intervallunterteilungen ($=> z_i + 1$ Intervalle) und der Intervallbreite h_i. Da in (5.53) beim Schritt von i nach $i+1$ etwa die Hälfte der Funktionswerte
erneut zur Berechnung anfallen, ist diese Formel nicht optimal und bietet sich nur für $i = 0$
an. Für $i > 0$ empfiehlt es sich, die Rekursionsformel

$$\alpha_{i,0} = 0.5 \cdot \alpha_{i-1,0} + h_i \cdot [\sum_{m=0}^{z_{(i-1)}-1} f(a+[2 \cdot m + 1] \cdot h_i)] \quad \text{für} \quad i > 0 \tag{5.54}$$

anzuwenden, die die zuvor berechneten Werte mitverwertet. Anschließend an die Berech-
nung der $\alpha_{i,0}$ werden die $\alpha_{i,j}$ gemäß der Rekursionsformel (5.31) berechnet; sie konvergieren
monoton gegen $\int_a^b f(x)dx$.

Damit kann auch hier die Monotonie als Abbruchkriterium dienen, indem jeweils geprüft wird, ob die Grenze der Rechengenauigkeit erreicht ist und die Werte anfangen, sich zu verfälschen. Zur Minderung des Rechenaufwands reicht die Überprüfung der $\alpha_{i,i}$ aus.

Unbedingt notwendig ist die Limitierung der Schrittanzahl, weil dem Romberg-Verfahren nur eine **lineare Konvergenzordnung** zugrundeliegt. Mehr noch als die in jedem zusätzlichen Schritt gemäß (5.31) zu berechnenden Terme trägt zu dem hohen Rechenzeitbedarf bei, daß in jedem Schritt z_{i-1}-mal die Funktion FU berechnet werden muß, vgl. (5.54).

Die Funktion ROMBERG_INTEGRATION im Programm 5.6 integriert die als Parameter angegebene Funktion über die Grenzen VON und BIS mit einer maximalen Schrittanzahl von MAX. Mit der Konstanten START_BREITE wird h_0 festgelegt, wonach sich die Anzahl an Intervallunterteilungen richtet. Ist (b-a) < START_BREITE, so ist in (5.53) $z_0 = 0$ und $h_0 = (b-a)$. Ein Vergleich mit Programm 5.5 zeigt die große Ähnlichkeit zur Differentiation mit dem Romberg-Verfahren. Auch in der Funktion ROMBERG_INTEGRATION wird die Monotonie der $\alpha_{i,i}$ überwacht und als Ergebnis $\alpha_{i-2,i-2}$ gewählt, dies wird mit der Konstanten ERG festgelegt.

Graphik 5.8 zeigt auf, wie abhängig die Genauigkeit vom Startwert h_0 ist.

5.3.3 VERFAHREN ZUR NUMERISCHEN INTEGRATION IM VERGLEICH

Ein Vergleich verschiedener Typen von **Quadraturformeln** muß streng unter zwei Aspekten durchgeführt werden. Einerseits sind es die möglichen Anwendungsgebiete, und andererseits ist es die Güte der Ergebnisse in Verbindung mit dem dazu notwendigen Rechenaufwand. Liegt der **Integrand** in einer **geordneten Wertetabelle** vor, können empfohlene Lösungsmethoden der Tabelle 5.3 entnommen werden.

Kann die zu integrierende Funktion **quasi-stetig** berechnet werden, sind sämtliche Verfahren anwendbar. Das Kriterium bei der Auswahl liegt vor allem in der benötigten Genauigkeit und dem damit verbundenen Preis, dem Rechenzeitbedarf. Fällt man die Entscheidung nur nach diesem Kriterium, so können die **Gaußschen Quadraturformeln** ein sehr gutes "Preis-Leistungsverhältnis" aufweisen.

Besonders exakte Ergebnisse bietet das **Romberg-Verfahren**, indem es die Integration bis zur Grenze der Rechengenauigkeit vornimmt und sich damit an die Funktion und an die Arithmetik anpaßt.

Auch an den Integranden kann eine solche Anpassung stattfinden, hierzu wird das Integrationsintervall unterteilt. In jedem dieser Teilintervalle wird bis zu einer vorgegebenen Genauigkeit integriert, indem stetig die Anzahl an Stützpunkten erhöht wird. Abschließend wird durch eine Summierung das Gesamtintegral berechnet, dieses besitzt dann eine definierte Genauigkeit; man bezeichnet diese Vorgehensweise **adaptive** -sich anpassende- **Quadratur**.

<u>Anwendungsgebiete der verschiedenen Algorithmen zur numerischen Integration</u>

(A): äquidistante Stützstellen (B): keine äquidistanten Stützstellen
(C): Anzahl an Stützstellen ≤ 7 (D): Anzahl an Stützstellen > 7
(E): Integrationsgrenzen fallen auf zwei Stützstellen
(F): Integrationsgrenzen fallen nicht mit Stützstellen zusammen

(A)&(C)&(E)	Newton-Cotessche Quadraturformel für die entsprechende Anzahl an Stützstellen verwenden.
(A)&(C)&(F)	In diesem Fall kann man gemäß (B)&(C)&(F) vorgehen.
(A)&(D)&(E)	Summierte Newton-Cotessche Quadraturformel (bspw. Sehnentrapezformel) verwenden, womit im Prinzip eine Gruppierung stattfindet und über die Teilintervalle integriert wird. Analog dazu können Quadraturformeln von höherem Genauigkeitsgrad zugrundeliegen.
(A)&(D)&(F)	Mit den nächstliegenden Stützstellen wird die Integration gemäß (A)&(D)&(E) vorgenommen. Die beiden Integrale von den Integrationsgrenzen bis zu den äußeren Stützstellen können mit Verfahren (A)&(C)&(F) berechnet werden. Hierzu verwendet man Stützpunkte in den Randbereichen und berechnet über das entsprechende Interpolationspolynom die beiden Restintegrale.
(B)&(C)&(E/F)	Mit dem Gleichungssystem (5.35) können die Quadraturkoeffizienten der entsprechenden Quadraturformel berechnet werden.
(B)&(D)&(E) (B)&(D)&(F)	Man unterteilt die Stützstellen in Gruppen ($n \leq 7$) und geht mit diesen gemäß (B)&(C)&(E/F) vor.

Tabelle 5.4

6 ZUFALLSZAHLEN UND STATISTIK

Zufallszahlen werden für Simulationen, numerische Verfahren (z.B. Monte-Carlo-Methode), Programmtests, Spiele, Algorithmen mit internen Zufallsentscheidungen (ausgleichende Verteilung auf mehrere Methoden) benötigt, um nur einige Anwendungen zu nennen. Daher werden sie neben der Statistik in einem gesonderten Abschnitt besprochen.

6.1 DIE BEGRIFFSWELT DER ZUFÄLLE

Bevor Zufallszahlen erzeugt und getestet werden, muß zunächst Klarheit in die Begriffswelt auf diesem Gebiet gebracht werden.

In der Mathematik und damit in der Theorie der jeweiligen Anwendung spricht man von **Zufallszahlen**, worunter Zahlen mit bestimmten Eigenschaften zu verstehen sind. Diese Zahlen dürfen keinem Bildungsgesetz, sondern müssen einer bestimmten Verteilung entsprechend einem definierten Intervall entstammen und voneinander unabhängig sein. Es handelt sich bei diesen um **unabhängige Zufallsereignisse** gemäß der Definition in der Wahrscheinlichkeitsrechnung. Die Verteilung hängt von der jeweiligen Anwendung ab. Die Gleichverteilung nimmt dabei eine zentrale Funktion ein, da aus ihr leicht andere Verteilungen mittels Transformationen erzeugt werden können. Zufallszahlen, die gleichverteilt sind, werden als **Standardzufallszahlen** bezeichnet, ihrer Erzeugung wird auch das Hauptinteresse gelten.

Eine in der Theorie leicht zu handhabende zufällige Größe stellt sich erst bei der Umsetzung der Theorie in ein Computerprogramm als problematisch dar. Da im Rechner -als **endliche Maschine** betrachtet- alles einem festen Bildungsgesetz folgt (er arbeitet **deterministisch**), stellt sich die Frage, wie dann auf Zufallszahlen zurückgegriffen werden kann.

Es mußten daher Algorithmen bzw. Funktionen gefunden werden, die als Funktionswerte Zahlen erzeugen, die den oben genannten Forderungen zu einem hohen Grad gerecht werden. Solche Zahlen, die mit einem Algorithmus bzw. einer Funktion erzeugt werden, heißen **Pseudozufallszahlen**. Verändert die Herkunft der Zufallszahlen nichts an dem jeweiligen Sachverhalt, ist es allgemein üblich, auf beide Präfixe "Pseudo" und "Standard" zu verzichten.

Je besser sich die Methode aufzeigt, um so eher nähern sich die Eigenschaften der Pseudozufallszahlen denen der (theoretischen) Zufallszahlen. Ein Algorithmus oder eine Maschine, die solche Zahlen generiert, bezeichnet man als **Pseudo-** bzw. kurz als **Zufallszahlengenerator**. Erzeugt dieser gleichverteilte Zufallszahlen, so handelt es sich um einen **Standardzufallszahlengenerator**.

6.1.1 ZUFALLSZAHLEN IN PASCAL UND GÜTETESTS

Der Pascalstandard sieht keine Unterstützung zur Erzeugung von Zufallszahlen vor, so daß lediglich in Dialekten mit einem erweiterten Sprachumfang auf eine entsprechende Funktion zurückgegriffen werden kann. Im Funktionsumfang des IBM-PASCAL\VS Compilers ist z.B. die Funktion namens RANDOM enthalten, welche gleichverteilte Zufallszahlen im rechtsseitig halboffenen Intervall [0;1[erzeugt.

Bei sämtlichen Zufallszahlengeneratoren stellt sich natürlich die Frage, ob diese überhaupt bzw. zu welchem Grad sie den Forderungen gemäß Abschnitt 6.1 gerecht werden. Um dies beantworten zu können, muß die Gleichverteilung (bzw. die gewünschte Verteilung) mittels Tests überprüft werden. Dazu werden sowohl **statistische** als auch **theoretische Tests** angesetzt, letztere sind natürlich direkt an den verwendeten Algorithmus gebunden. Zwei statistische Tests werden hier vorgestellt.

(1) $\underline{x^2\text{-Test}}$: Ganz allgemein kann mit dem x^2-Test überprüft werden, inwiefern eine Stichprobe vom Umfang n einer theoretischen Verteilung gerecht wird, die hier der Gleichverteilung -auch **Rechteckverteilung** genannt- entspricht.

Hierzu werden die k gewichteten Differenzen

$$y_i = (b_i\text{-}t_i)^2/t_i \quad (1 \le i \le k) \tag{6.1}$$

zwischen der **beobachteten** b_i und **theoretischen** Häufigkeit t_i für alle k Merkmalsklassen summiert. Die errechnete Summe ist dann ein Maß für das Zutreffen der theoretischen Verteilung. Im Falle der Überprüfung von **gleichverteilten Zufallszahlen** ist die folgende Formulierung anwendbar.

Man unterteilt das kleinste Intervall I, in dem mögliche Zufallszahlen u_i liegen, in f (f> > 1) gleich große Teilintervalle I_i ($1 \le i \le f$). Die theoretischen Häufigkeiten t_i in (6.1) betragen dann alle n/f, wenn die Folge aus n Zahlen besteht. Für die richtige Anwendung des x^2-Tests ist Bedingung, daß $t_i \ge 5$ und $n \ge 50$ sein müssen, was notfalls durch strafferе Gruppierung der Daten erreicht würde. Jedoch sollte n immer sehr groß gewählt werden, um ein objektives Bild zu erhalten.

Nachdem schließlich die Anzahl b_i an Zahlen, die in das Intervall I_i fallen, für alle i ($1 \le i \le f$) bestimmt wurden, liegen die für den Test notwendigen Größen vor:

$$H = Y^2 = \sum_{i=1}^{f} [(b_i\text{-}t_i)^2/t_i]. \tag{6.2}$$

Anschließend muß das Maß H dafür, inwieweit die Verteilung zutrifft, richtig interpretiert werden. Hierfür bedient man sich der in Statistikbüchern (z.B. [4,5]) enthaltenen Tabelle "Quantile der x^2-Verteilung", die die kritischen Werte $x^2_{\alpha,\beta}$ für H in Abhängigkeit vom **Freiheitsgrad** α und **Signifikanzniveau** β (**Irrtumswahrscheinlichkeit**) enthält. Sollte der berechnete Wert H größer sein als der entsprechende Tabellenwert $x^2_{\alpha,\beta}$, wird die theoretische Verteilung mit dem gewählten Signifikanzniveau abgelehnt. Die

$$\chi^2\text{-Test}$$

```
PROGRAM CHI_QUADRAT_TEST (INPUT,OUTPUT);
/* PROGRAMM ZUM TESTEN EINES ZUFALLSZAHLENGENERATORS MIT DEM */
/* CHI-QUADRAT-TEST                                           */
CONST       ANZAHL = 10000000;/* ANZAHL AN ZUFALLSZAHLEN   */
                 F = 100;     /* ANZAHL AN TEILINTERVALLEN */
            THEORIE = ANZAHL/F;/* THEORETISCHE HAEUFIGKEIT  */
VAR          I, J : INTEGER; /* LAUFVARIABLEN   */
             A, B : REAL;     /* ARBEITSVARIABLEN */
      HAEUFIGKEIT : ARRAY (.0..F.) OF INTEGER;
BEGIN
A := RANDOM(31415);/* RANDOM(S): S <> 0  ==> INITIALISIERUNG      */
                /*              S = 0  ==> NAECHSTE ZUFALLSZAHL */
FOR I := 0 TO F DO /* ARRAY INITIALISIEREN */
    HAEUFIGKEIT(.I.) := 0;
FOR I := 1 TO ANZAHL DO /* HAEUFIGKEITEN ERMITTELN */
    BEGIN
    J := TRUNC(RANDOM(0) * F);
    HAEUFIGKEIT(.J.) := HAEUFIGKEIT(.J.) + 1
    END;
A := 0;
FOR I := 0 TO F-1 DO /* CHI-QUADRAT BERECHNEN */
    BEGIN
    A := HAEUFIGKEIT(.I.) - THEORIE;
    B := B + (A * A / THEORIE)
    END;
WRITELN('CHI-QUADRAT BEI ',(F-1):8,' FREIHEITSGRADEN: ',B:20:5)
END.
```

Ausgabe

```
CHI-QUADRAT BEI       99 FREIHEITSGRADEN :      14090.12612
```

Programm 6.1

Anzahl an Freiheitsgraden beträgt hier (f-1) und nicht f, weil bspw. in der Gleichung $R = u_0 + u_1 + \ldots + u_n$ jeweils ein u_j in der Form $u_j = R - u_0 - \ldots - u_{j-1} - u_{j+1} \cdots - u_n$ ausgedrückt werden könnte.

Gilt z.B. $f = 20$, so kann im Falle $H > 30.14$ die Gleichverteilung mit einem Signifikanzniveau von 95% abgelehnt werden, und die Zufallszahlen halten den gestellten Forderungen nicht stand ($\chi^2_{19,0.95} = 30.14$). Programm 6.1 dient als Beispiel für die Programmierung des χ^2-Tests auf Gleichverteilung von Zufallszahlen. Es wird dabei auf die schon erwähnte Funktion RANDOM zurückgegriffen, die nicht dem Pascalstandard entspricht und Zahlen im Intervall [0;1[generiert. Programm 6.1 läßt sich entsprechend für jeden selbst entwickelten Zufallszahlengenerator verwenden. Die Diskussion

---

Kolmogorow-Smirnow-Test

```
PROGRAM KOLMOGOROW_SMIRNOW_TEST (INPUT,OUTPUT);
/* PROGRAMM ZUM TESTEN EINES ZUFALLSZAHLENGENERATORS MIT DEM */
/* KOLMOGOROW-SMIRNOW-ANPASSUNGSTEST                         */
CONST          ANZAHL = 1000;    /* ANZAHL AN ZUFALLSZAHLEN   */
                    F = 10;      /* ANZAHL AN TEILINTERVALLEN */
               FAKTOR = 1/F;     /* Y = FAKTOR * X */
VAR             I, J : INTEGER; A, E0, E1, E2 : REAL;
            VERTEILUNG : ARRAY [0..F] OF INTEGER;
BEGIN
A := RANDOM(31415);/* RANDOM(S): S <> 0  ==> INITIALISIERUNG      */
                /*            S =  0  ==> NAECHSTE ZUFALLSZAHL */
FOR I := 0 TO F DO
    VERTEILUNG[I] := 0;/* ARRAY INITIALISIEREN */
FOR I := 1 TO ANZAHL DO
    BEGIN           /* HAEUFIGKEIT ERMITTELN */
    J := TRUNC(RANDOM(0) * F);
    VERTEILUNG[J] := VERTEILUNG[J] + 1
    END;
FOR I := 0 TO F-1 DO /* VERTEILUNG BERECHNEN */
    VERTEILUNG[I+1] := VERTEILUNG[I+1] + VERTEILUNG[I];
A := 0;
FOR I := 1 TO F DO
    BEGIN
    E0 := FAKTOR * I;/* THEORETISCHER WERT */
    E1 := ABS( (VERTEILUNG[I-1]/ANZAHL) - E0 );
    E2 := ABS( (VERTEILUNG[I]  /ANZAHL) - E0 );
    IF E1 > A        /* MAXIMALE DIFFERENZ ERMITTELN */
       THEN A := E1;
    IF E2 > A
       THEN A := E2
    END;
WRITELN('MAXIMALE DIFFERENZ BEI',F:8,' INTERVALLEN: ',A:15:5)
END.
```

Ausgabe

```
MAXIMALE DIFFERENZ BEI        10 INTERVALLEN:        0.10900
```

Programm 6.2

verschiedener Testläufe findet in Abschnitt 6.1.2 statt, gleichzeitig mit Tests der später eigenständig erzeugten Zufallszahlen.

(2) **Kolmogorow-Smirnow-Anpassungstest**: Dies ist ein weiterer Test für das Prüfen einer angenommenen theoretischen Verteilung. Hierzu wird die **empirische Verteilungsfunktion** $V_n(x)$ so definiert, daß sie die beobachtete -empirische- relative Häufigkeit der Stichprobenelemente aus einer Stichprobe des Umfangs n angibt, welche nicht größer

als eine festgelegte Schranke x sind:

$$V_n(x) = (\text{Anzahl der Stichenprobenelemente} \leq x) / n. \tag{6.3}$$

Analog dazu wird eine **theoretische Verteilungsfunktion** $T_n(x)$ angenommen, deren Zutreffen zu überprüfen ist. Auch in diesem Verfahren wird die Differenz $V_n(x)\text{-}T_n(x)$ zwischen den beiden als Maß gewertet, indem der Betrag D der maximalen Differenz aller n Differenzen herausgesucht wird:

$$D = \max |[V_n(x)\text{-}T_n(x)]|. \tag{6.4}$$

Dieser Wert D wird schließlich mit Hilfe der Tabelle "Quantile der Prüfgröße des Kolmogorow-Smirnow-Anpassungstests" zur Überprüfung herangezogen, auch diese Tabelle ist in der Statistikliteratur zu finden.

Analog zum x^2-Test kann die theoretische Verteilung auf dem gewählten Signifikanzniveau α abgelehnt werden, wenn D größer als der kritische Wert $d_{n,\alpha}$ gemäß der Tabelle ist. Bei dessen Wahl muß beachtet werden, daß die Anzahl an Stichproben n und nicht n-1 beträgt. Erwähnt werden muß auch, daß die empirische Verteilungsfunktion meistens eine unstetige Funktion ist und deshalb bei der Betragsdifferenz in (6.4) **links-** und **rechtsseitiger Grenzwert** berechnet werden muß. Es gilt dann, die jeweils (betrags)größte Differenz für die Ermittlung von D heranzuziehen.

Angewandt auf die Zufallszahlen, muß die **empirische** Verteilungsfunktion durch eine Intervalleinteilung ermittelt werden. V_n ist eine Treppenfunktion und damit an den Intervallrändern unstetig. Bei Standardzufallszahlen entspricht die **theoretische** Verteilungsfunktion im Intervall [0;1[der Ursprungsgeraden y = x.
Programm 6.2 ist ein Beispiel für die programmtechnische Umsetzung, auch hier dient die RANDOM-Funktion als Testobjekt. Wie bereits angedeutet, findet eine Diskussion verschiedener Durchläufe im Abschnitt 6.1.2 statt.

Soll ein verfügbarer Zufallszahlengenerator ausgiebig geprüft werden, ist zu empfehlen, verschiedene Tests zu verwenden. Es empfiehlt sich, diese immer nur auf Teile ($n \approx 10^5$) der gesamten Folge anzusetzen, ansonsten können "Schwächen" in der allzu großen Anzahl leicht untergehen. Zur Vollständigkeit wird noch der **Spektraltest** genannt, der als der beste und schärfste Test bekannt ist. Seine Beschreibung würde jedoch zu umfangreich sein; es wird auf [1] verwiesen.

6.1.2 PROGRAMMIERUNG VON ZUFALLSZAHLENGENERATOREN

Für die am Anfang von Kapitel 6 genannten Aufgaben werden heute Computer verwendet; daher muß es für ihn die Möglichkeit geben, auf Zufallszahlen einer bestimmten Verteilung zugreifen zu können. Diese sind üblicherweise auf dem rechts halboffenen Intervall [0;1[

gleichverteilt. Eine **Transformation** in das gewünschte Arbeitsintervall kann anschließend vorgenommen werden, worauf am Ende dieses Abschnitts eingegangen wird.

Genau betrachtet, handelt es sich bei vorgegebener Rechengenauigkeit und Stellenanzahl bei den Zufallszahlen um **diskrete Zufallsgrößen**, die aus Zahlen u_i ($0 \leq u_i < 1$) mit einer festen Anzahl α an Stellen hinter dem Komma bestehen. Jede Stelle für sich wird dann von einer **Zufallsziffer** besetzt. Deshalb muß auch der rechte Intervallrand offen sein, ansonsten wäre die Wahrscheinlichkeit, α Nullen als Nachkommastellen zu haben, doppelt so groß (0.000... und 1.000...).

Bevor auf ihre Erzeugung eingegangen wird, werden die Forderungen an die Zufallszahlen u_i bzw. an die dann vorliegende Stichprobe $U = \{u_0, u_1, ..., u_n\}$ nochmals präzisiert.

(1) Es muß eine **gleichmäßige Verteilung** der u_i über das Intervall [min(U);max(U)] bzw. [0;1[vorliegen.

(2) Die Zahlenfolge muß **unabhängige Zufallsereignisse** darstellen und somit u_i von jedem u_j ($j < i$) unabhängig sein.

Wird versucht, diesen Forderungen **vollständig** gerecht zu werden, muß man bald feststellen, daß dies mit keiner mathematischen Methode (mit einer Funktion) allein möglich ist, ohne externe "zufällige" Größen (Uhrzeit, Datum, radioaktive Zerfallsraten etc.) heranzuziehen. Dieses Vorhaben scheitert teilweise schon beim Versuch der Formulierung. Ferner darf in der vorliegenden Zahlenfolge nach Punkt (2) keine Funktionsstruktur ($u_i = f(u_j)$) erkennbar sein, um auch Perioden auszuschließen.

Algorithmen mußten daher gefunden werden, die Zahlenfolgen ausgeben, welche zu einem hohen Grad den obigen Forderungen gerecht werden und dabei noch sehr schnell sind. Dies erscheint auf den ersten Blick einfach zu sein, weil lediglich "viele verschiedene Zahlen" gleichzeitig operativ miteinander verarbeitet werden müssen. Jedoch fallen viele solcher "zufälligen" Verfahren mit "mangelhaft" durch die Tests. Zwei bewährte Algorithmen werden hier vorgestellt.

(1) **Lineare Kongruenzfolgen:** $u_{n+1} = (a \cdot u_n + b) \bmod c;\ n \geq 0;\ 0 \leq a,b,u_0 < c$ (6.5)
Durch die Rekursionsformel wird direkt Punkt (2) verletzt, weil die Einzelereignisse (die Zahlen) durch das festgelegte Bildungsgesetz (die Funktion) erzeugt werden. Ob Bedingung (1) erfüllt wird, läßt sich auf den ersten Blick nicht beurteilen, weil die generierte Zahlenfolge von den vier Parametern a, b, c und u_0 (a, b, c, u_0 ε N_0) abhängt. Daher sollte dies mit den im Abschnitt 6.1.1 vorgestellten Tests überprüft werden.

Durch die funktionale Darstellung ($u_{n+1} = f(u_n)$) wird ein Schwachpunkt sofort deutlich, nämlich die **Periodizität**, die dann auftritt, wenn einmal ein u_i mit einem u_j übereinstimmt. Somit liegt die Hauptaufgabe -unter der Vorgabe, daß mit der oben angegebenen Rekursionsformel sinnvolle Zufallszahlen generiert werden können- in der gezielten Wahl der Parameter. Das Ziel ist es, möglichst lange **Aperiodizitätsintervalle** zu erhalten (maximale Länge ist c) und zudem die u_i Punkt (1) gerecht werden. Es handelt sich teilweise also um ein empirisches Ermitteln der vier Zahlen, dabei hat u_0 eine Sonderstellung.

Die Zahlen, die durch die obige Rekursionsformel erzeugt werden, liegen alle im Intervall [0;m-1] und werden mittels einer Division durch c in das Intervall [0;1[transformiert. Die programmäßige Verwendung der modifizierten Formel $u_{n+1} = (\text{trunc}(a \cdot c \cdot u_n + b) \bmod c)/c$ **könnte** insoweit nicht sinnvoll sein, weil u_i eine Variable vom Typ Real ist und durch die Rechenungenauigkeit eine eventuelle Periodizität schwerer zu erkennen wäre (vgl. Programm 6.3).

Die folgenden Hinweise zur Wahl der vier Parameter in Gleichung (6.5), bei denen die Periodenlänge dann den maximalen Betrag c annimmt, stammen aus Überlegungen und Tests. Auf diese wird jedoch nicht näher eingegangen, es werden nur wesentliche Ergebnisse genannt; vgl. [1].

Wird a in der Form $a = 2^k + 1$ ausgedrückt und gilt $c = 2^t$, so sollte k derart gewählt werden, daß $k = \text{trunc}(t/4)$ gilt. Mit c, dem Modul, wird das Spektrum der Zahlen bestimmt. Je kleiner c gewählt wird, desto schmaler wird auch das Spektrum der Zahlen; dies wird leicht am Beispiel $c = 2$ oder $c = 3$ ersichtlich. Mit großem c verbindet sich kein erhöhter Bedarf an Rechenzeit, weil die Maschinenoperationen für die Wortdivision ganzzahlig erfolgen und ein Teil derer Ergebnisse der Divisionsrest ist. Daher gilt es, c ($c = 2^t$) so groß wie möglich zu wählen, wobei garantiert sein muß, daß der Term ($a \cdot u_i + b$) nie größer als MAXINT werden kann, d.h. das Intervall (1.1) verläßt. Wird t bei $c = 2^t$ entsprechend gewählt, empfiehlt sich $b = 1$ zu setzen. Hält man sich an diese Regeln, ergeben sich die **maximale Periodenlänge** c und zugleich gut verteilte Zufallszahlen.

Schätzt man u_i bei $c = 2^t$ mit 2^t-1 nach oben ab und setzt $a = 2^{t/4} + 1$, so muß

$$[2^{t/4} + 1] \cdot [2^t \text{-}1] + 1 \quad \leq \quad 2^{n-1}\text{-}1 = \text{MAXINT} \tag{6.6}$$

sein, wenn n die Wortlänge ist (vgl. (1.2)). Das Produkt einer a-stelligen und einer b-stelligen ganzen Zahl umfaßt unabhägig vom Zahlensystem maximal (a + b) Stellen. In obigem Term werden eine [(t/4) + 1]-stellige und eine t-stellige Zahl multipliziert, dies ergibt maximal (5/4·t + 1) Stellen. Werden eine a-stellige und b-stellige Zahl addiert ($a \geq b$), so umfaßt das Ergebnis maximal a + 1 Stellen. Aus diesem Grund kann die Addition der Eins zu einer $\alpha = [5/4 \cdot t + 2]$-stelligen Zahl führen. Somit muß $\alpha \leq (n\text{-}1)$ gelten, d.h.

$$t \leq (4/5) \cdot (n\text{-}3) \tag{6.7}$$

sein. Diese Abschätzung geht von den "schlimmsten" Vorgaben aus, so daß obige Bedingung (6.6) evtl. auch mit t + 1 erfüllt sein kann; dies probiert man einfach aus.

In den IBM/370-Rechnern beträgt die Wortlänge vier Bytes ($=32$ Bits), so daß der Pascal-Compiler für Variablen des Typs Integer vier Bytes ($=32$ Bits) verwendet. Gemäß (6.7) gilt $t\le(4/5)(32-3)=23.2$, so daß $t=23$ nahe liegt, jedoch ist die Bedingung (6.6) auch für $t=24$ erfüllt.

Bei der Wahl von u_0, dem **Startwert**, muß beachtet werden, daß der Zufallszahlengenerator dieselbe Zahlenfolge noch einmal generiert, falls er mit demselben Startwert bzw. einem Element der Zahlenfolge erneut aufgesetzt wird. Das kann bei Programmtests und besonders bei Simulationen von Interesse sein. Ist dies unerwünscht, kann man hierfür auf jede sich ändernde Größe im Rechner (z.B. Uhrzeit, Datum etc.) zurückgreifen oder eine Starteingabe programmieren.
Vielfach ist die Länge des Aperiodizitätsintervalls kleiner als die Anzahl an benötigten Zahlen, und bei erneuter Verwendung der gleichen Zahlenfolge würden brauchbare Ergebnisse unmöglich. In diesem Fall kann der Generator entweder mit neuem a, b, c aufgesetzt werden, oder es muß auf einen anderen Generator übergewechselt werden; siehe weiter unten.

Das folgende Beispiel verdeutlicht die Bestimmung von a, b und c für die Erzeugung von Zufallszahlen mittels Kongruenzfolgen, wobei das bereits besprochene Zahlenformat der IBM/370-Rechner vorliegt:

$$t=24 \rightarrow c=2^{24}=16777216 \rightarrow k=\text{trunc}(24/4)=6 \rightarrow a=2^6+1=65 \text{ und } b=1.$$

Als Orientierungshilfe für die programmtechnische Umsetzung dieser Methode dient Programm 6.3, wobei die ersten Zeilen der Ausgabe ebenfalls angegeben sind. Der Funktion ZUFALLSZAHL wird als Argument ein Steuerparameter übergeben; ist dieser Null, wird die nächste Zufallszahl übergeben. Andernfalls dient die übergebene Zahl zur Initialisierung (als u_0).

(2) **Verallgemeinerter Fibonaccigenerator**: $u_n = (u_{n-24} + u_{n-55})\bmod a;\quad n \ge 55$ $\qquad$ (6.8)
Auch die zweite Methode basiert auf einer rekursiven Definition, wobei allerdings nicht nur ein u_0 als Startwert, sondern eine ganze Initialreihe von 55 Zufallszahlen u_0 bis u_{54} vorliegen muß. Die beiden Zahlen 24 und 55 wurden aufgrund theoretischer Überlegungen als fast optimal befunden, weil bei diesen die maximale Periode sogar länger als bei Methode (1) ist und sich zusätzlich die Verteilung als zufriedenstellend aufzeigt. Bei den echten Fibonaccizahlen (vgl. Abschnitt 3.1) ist zwar die Periode auch recht groß, jedoch die Verteilung unbefriedigend. Wie bei Methode (1) wird auch hier der Modul sehr hoch gesetzt, um ein weites Spektrum an Zahlen zu bekommen, $a=2^{n-2}$ (n = Wortlänge). Zudem ist Bedingung, daß a gerade ist; dies ist bei obiger Form zweifelsfrei erfüllt. Bei der Wahl der ersten 55 Elemente muß lediglich darauf geachtet werden, daß das gesamte Zahlenspektrum [0;a-1] sowie gerade und ungerade Zahlen Verwendung finden. Die erzeugten Zufallszahlen u_n müssen auch hier mittels einer Divi-

Lineare Kongruenzfolge

```
PROGRAM LINEARE_KONGRUENZFOLGE (INPUT,OUTPUT);
/* ERZEUGUNG VON ZUFALLSZAHLEN MIT EINER LINEAREN KONGRUENZFOLGE */
VAR    ZUFALL : INTEGER ;/* ZWISCHENSPEICHER */
       ANFANG : INTEGER ;/* STARTWERT        */


    function zufallszahl(const init : integer): real;
    /*  funktion: u(n+1) = (a * u(n) + b)  mod  c  */
    const  a = 65; b = 1; c = 16777216;
    begin
    if init = 0
       then begin
            zufall := ( a * zufall + b ) mod c;
            zufallszahl := zufall / c
            end
       else begin
            zufall := init mod c;
            zufallszahl := zufall
            end
    end;



BEGIN
ANFANG := TRUNC(ZUFALLSZAHL(3141));      /* INITIALISIERUNG          */
REPEAT    WRITELN(ZUFALLSZAHL(0):20:15) /* ZUFALLSZAHLEN DRUCKEN    */
UNTIL     (ZUFALL = ANFANG)             /* PERIODE GESCHLOSSEN ?? */
END.
```

Ausgabe

```
0.774328581057489
0.888386957347393
0.601917498745024
    ...
```

Programm 6.3

sion durch a in das Intervall [0;1[transformiert werden.

Programm 6.4 ist ein Vorschlag für die Umsetzung in ein Pascalprogramm. In diesem wird eine **zyklische** **Liste** aufgebaut, um nicht alle Zufallszahlen in einem "riesigen" Array aufbewahren zu müssen. Die Funktion ZUFALLSZAHL im Programm 6.4 hat dieselbe Parameterstruktur wie die im Programm 6.3, lediglich werden zur Initialisierung vom File ZAHLEN die ersten 55 Zufallszahlen eingelesen.

Wie man sieht, wird die eingesparte Multiplikation in (6.8) durch den höheren Verwaltungsaufwand nivelliert. Wichtig ist ebenso, darauf hinzuweisen, daß von den arithmetischen Termen keine Gefahr der falschen Berechnung ausgeht, weil die Summe aus u_{24} und u_{54} stets kleiner als MAXINT ist, es gilt $(2^{n-2}-1)+(2^{n-2}-1)=2^{n-1}-2<\text{MAXINT}$. Ein Überlauf ist somit nicht möglich, wenn obiger Hinweis ($u_i<a$) bei der Wahl der Initialwerte berücksichtigt wird.

(3) Verwendung einer **Zufallszahlentabelle**, wie man sie auch in manchen Formelsammlungen findet. Auch auf einem Rechner kann eine solche Tabelle Anwendung finden, wobei diese aus einer Datei mit einer großen Anzahl von Standardzufallszahlen besteht.

Es hat sich herausgestellt, daß durch die Zusammenschaltung zweier Zufallszahlengeneratoren die Periode länger und die Verteilung gleichmäßiger werden kann. Hierfür gibt es aber keine allgemeine Garantie! Eine solche Zusammenschaltung könnte bspw. so aussehen, daß nach jeweils α vom Generator 1 erzeugten Zahlen mit den dabei letzten Werten zu Generator 2 übergewechselt wird, der wiederum nach β generierten Zahlen auf Generator 1 zurückwechselt usw. Dieser Prozeß wiederholt sich bis zum definierten Endkriterium.
Im übrigen ist es immer sinnvoll, Tests wie die aus dem vorangehenden Abschnitt auf entwickelte Zufallszahlengeneratoren anzusetzen.

Tabelle 6.1 enthält die Ergebnisse der bereits angekündigten Untersuchung der Zufallszahlengeneratoren (1) und (2) sowie der Funktion RANDOM des IBM-PASCAL\ VS-Compilers. Die Funktionsverläufe bei 1000 Teilintervallen können den Graphiken 6.1 und 6.2 entnommen werden.
Das schlechtere Abschneiden der RANDOM-Funktion kann im wesentlichen aus den Ergebnissen des x^2-Tests geschlossen werden, wobei jedoch die Ergebnisse der beiden Testverfahren bei der RANDOM-Funktion etwas recht Unterschiedliches aussagen. Dieser Unterschied läßt sich so interpretieren, daß die Abweichungen von der Gleichverteilung betragsmäßig recht groß sind, dabei haben die Schwankungen aber ein abwechselndes Vorzeichen. Die betragsmäßig hohen Abweichungen bewirken dann bei der Summierung im x^2-Test eine große Summe. Im Kolmogorow-Smirnow-Test gehen diese unter, weil sie sich gegenseitig aufheben, und die Verteilung unterliegt nie allzu hohen Abweichungen; man erkennt hieran die Eigenschaften des Integrals.
Die Verfahren (1) und (2) halten sich bzgl. ihrer Testergebnisse die Waage. Auffällig ist auch die Linearität in den Zahlen des Kolmogorow-Smirnow-Tests; dies ist der Beweis für die Zufälligkeit der ersten Nachkommastellen in der Zufallszahl. Wäre z.B. nur die erste Stelle nach dem Komma zufällig und der Rest konstant, gäbe es erheblich höhere Abweichungen in der Verteilung. Bei der RANDOM-Funktion läßt sich daher vermuten, daß der Zufall lediglich in den ersten zwei bis drei Ziffern liegt, weil der Übergang von 1000 zu 10000 keine weitere Reduzierung auf 1/10 bewirkt. Die erheblichen Abweichungen sind auch aus den Diagrammen ersichtlich.

Verallgemeinerter Fibonaccigenerator

```
PROGRAM FIBONACCIGENERATOR (INPUT,OUTPUT,ZAHLEN);
/* ERZEUGUNG VON ZUFALLSZAHLEN MIT DEM FIBONACCIGENERATOR */
VAR   ANFANG  : INTEGER;/* STARTWERT                   */
      ZAEHLER : INTEGER;/* INDEX - ZWISCHENSPEICHER */
      TABELLE : ARRAY [0..54] OF INTEGER;


    function zufallszahl(const init : integer): real;
    /* funktion: u(n)=(u(n-24)+u(n-55)) mod a       */
    const     a = 1073741824;
    var    i, j : integer;
        zahlen : text;/* eingabe-file fuer die initialisierung */
    begin
    if init <> 0
        then begin /* initialisierung */
             reset(zahlen);
             for i := 0 to 54 do
                 read(zahlen,tabelle[i]);
             zaehler := 0;
             tabelle[0] := (tabelle[0] + tabelle[31]) mod a;
             zufallszahl := tabelle[0]
             end
        else begin
             zaehler := (zaehler+1)  mod 55;/* fuer "u(n-55)" */
             j := (zaehler+31) mod 55;/* fuer "u(n-24)" */
             tabelle[zaehler] := (tabelle[j] + tabelle[zaehler]) mod a;
             zufallszahl := tabelle[zaehler] / a
             end
    end;


BEGIN
ANFANG := TRUNC(ZUFALLSZAHL(1));/* INITIALISIERUNG */
REPEAT WRITELN( ZUFALLSZAHL(0):20:15 ) /* ZUFALLSZAHLEN DRUCKEN */
UNTIL  (TABELLE[ZAEHLER] = ANFANG) /* PERIODE GESCHLOSSEN ?? */
END.
```

Beispiel einer Ausgabe (Eingabe: siehe Text)

```
0.099018109031022
0.773336066864431
0.760352627374232
0.085488933138549
        ...
```

Programm 6.4

Untersuchung der Zufallszahlengeneratoren anhand 10.000.000 erzeugter Zufallszahlen

Testmethode	(1)	(2)	(3)	(4)	(5)
x^2	10	0.2871	7.119426	1875.1885	21.67
x^2	100	34.69426	127.90062	14090.126	134.65
x^2	1000	410.4874	1042.6392	123286.6	1105.9
x^2	10000	4038.89	10043.206	1161127.5	10330.9
Kolm.-Smir.	10	0.1	0.1	0.1029746	0.489
Kolm.-Smir.	100	0.01	0.0101416	0.013225	0.163
Kolm.-Smir.	1000	0.00102	0.003305	0.004343	0.0515
Kolm.-Smir.	10000	0.000125	0.0003305	0.0034496	0.0163

(1): Anzahl an Teilintervallen

(2): Lineare Kongruenzfolge $U_{n+1} = (65 \cdot U_n + 1) \bmod 16777216$

(3): Allgemeine Fibonaccifolge $U_n = (U_{n-24} + U_{n-54}) \bmod 1073741824$

(4): RANDOM-Funktion des IBM-PASCAL\VS-Compilers

(5): Tabellenwert für die jeweilige Anzahl an Freiheitsgraden bzw.
     an Elementen (Signifikanzniveau = 0.99)

Tabelle 6.1

Nicht aber bei sämtlichen Anwendungen werden gleichverteilte Zufallszahlen benötigt, so daß auch Zufallszahlengeneratoren mit einer anderen Verteilung vorhanden sein müssen. Hierzu verwendet man die gleichverteilten Zufallszahlen und transformiert diese wunschgemäß. Der allgemeine Ansatz für diese **Transformation** liegt darin, über die Umkehrfunktion $T(x)$ der Verteilungsfunktion $f(x)$ an entsprechend verteilte Zufallszahlen zu gelangen. Dazu wird für x in $T(x)$ eine gleichverteilte Zufallszahl verwendet. Dieses Verfahren ist leider nicht immer befriedigend, oder die Bestimmung der Umkehrfunktion ist nicht möglich, so daß zu einigen Verteilungen auch andere Transformationswege angegeben werden. Nachfolgend wird unter u bzw. u_1, u_2 usw. jeweils eine auf [0;1[gleichverteilte Zufallszahl und unter n bzw. n_1, n_2 usw. eine "neue", der geforderten Verteilung entsprechende Zufallszahl verstanden. Hierbei werden n_1, n_2, usw. wie auch u_1, u_2, usw. hintereinander erzeugt.

(A-1) **Gleich- bzw. Rechteckverteilung** auf einem Intervall [a;b[: $n = (b-a) \cdot u + a$. Es muß hier nochmals auf den rechten offenen Intervallrand hingewiesen werden. Der Term in

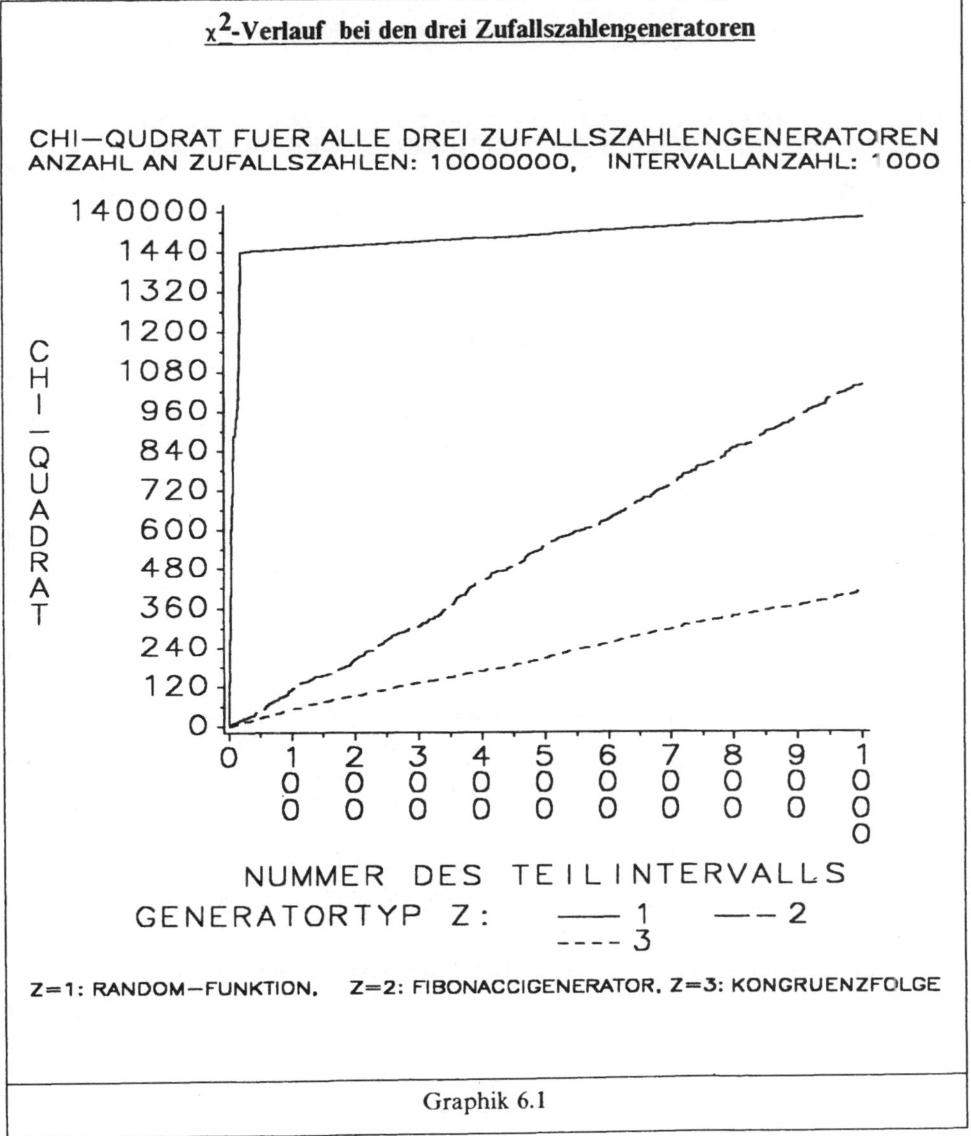

Graphik 6.1

Pascal   für   die   Simulation   eines   echtes   Würfels   muß   daher "AUGENZAHL:=TRUNC(U*6)+1" lauten.

(A-2) **Boolesche Verteilung** mit Parameter p ($0 \leq p \leq 1$): Mit der Abfrage $u < p$ erhält man mit der Wahrscheinlichkeit p den Wert "wahr" und mit (1-p) den Wert "falsch".

(A-3) **Trapezverteilung**: $n = u_1 \cdot a_1 + u_2 \cdot a_2 + b$. Hierbei definieren a_1, a_2 und b ($0 < a_1 \leq a_2$) die Trapezform der Dichtefunktion; das Trapez beginnt auf der linken Seite bei b.

(A-4) **Dreiecksverteilung** (spezielle Trapezverteilung): $n = u_1 \cdot a + u_2 \cdot a + b$.

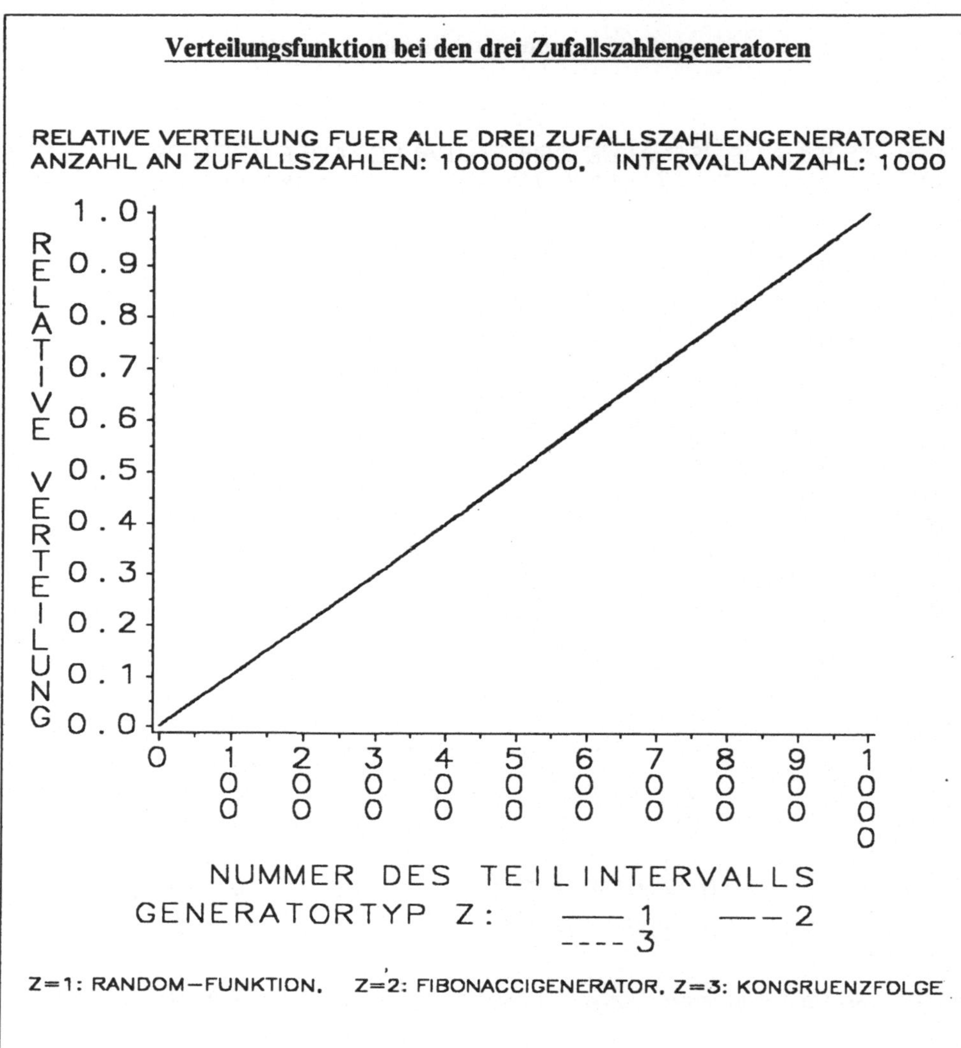

Graphik 6.2

(A-5) __(0,1)-Normalverteilung__: Das berechnete $T_i = (2 \cdot u_1 - 1)^2 + (2 \cdot u_2 - 1)^2$ sowie u_1 und u_2 setzt man dann in die beiden Terme

$$n_1 = (2 \cdot u_1 - 1) \cdot \sqrt{[-2 \cdot \ln(T_i)/T_i]} \quad \text{und} \quad n_2 = (2 \cdot u_2 - 1) \cdot \sqrt{[-2 \cdot \ln(T_i)/T_i]}$$

für n_1 und n_2 ein, wenn für zwei aufeinanderfolgende (gleichverteilte) Zufallszahlen $T_i < 1$ gilt. Die beiden Zahlen n_1 und n_2 stellen zwei (0,1)-normalverteilte Zufallszahlen dar. Man kann sie somit hintereinander verwenden.

(A-6) $\underline{(a,b^2)}$__-Normalverteilung__: Die Transformation entspricht der in (A-5), wobei lediglich noch durch $n = a + b \cdot n_1$ bzw. $n = a + b \cdot n_2$ die erzeugten Zahlen zu (a, b^2)-normalverteilten Zufallszahlen weitertransformiert werden.

(A-7) **Exponentialverteilung** mit Parameter a: $n = (-1/a) \cdot \ln(u)$.

(A-8) **Gammaverteilung** mit den Parametern a und b: $n = (-1/a) \cdot \ln(\prod_{i=1}^{b} u_i)$.

(A-9) **Poissonverteilung** mit dem Parameter a: Hierzu bildet man das Produkt von k aufeinander folgenden Zufallszahlen $(u_1 \cdot u_2 \cdot \ldots \cdot u_k)$, bis dieses kleiner als e^{-a} wird; n beträgt dann k-1.

Oft werden auch **n-dimensionale Zufallsvariablen**, sogenannte **Zufallsvektoren**, mit einer bestimmten Verteilung benötigt. Sie werden ebenfalls durch gezielte Transformationen und Kombinationen erzeugt. Analog zur eindimensionalen Zufallsvariablen wird auch bei n-dimensionalen Zufallsvariablen ein bestimmter **Verteilungsraum** definiert. Im Falle $n = 1$ ist dies ein einziges Intervall, im anderen Fall $(n \geq 2)$ wird der Teilraum durch n Intervalle I_i definiert, aus dem die Teilkomponenten x_i des Zufallsvektors $\vec{x} = (x_1, \ldots, x_n)$ stammen. Gemäß diesen Bezeichnungen werden nachstehend zu einigen Verteilungen Lösungswege zur Erzeugung entsprechender Zufallsvektoren aus den gleichverteilten Zufallszahlen u_1, u_2 usw. vorgestellt.

(B-1) **gleichverteilte Zufallsvektoren**: Sollen diese aus dem n-dimensionalen Raum stammen, werden hierzu n einzelne Zufallszahlen u_1 bis u_n benötigt. Das jeweils erzeugte u_j muß vor seiner Verwendung als j-te Komponente des n-Tupels in das zu dieser Komponente gehörende Intervall I_j mittels (A-1) transformiert werden. Der entstandene Vektor $\vec{x} = (x_1, \ldots, x_n)^T$ ist dann in dem durch die n Intervalle definierten n-dimensionalen Teilraum gleichverteilt.

(B-2) **Gleichverteilung auf der Kreisscheibe mit Radius r**: Gilt für die beiden Werte x_1 mit $x_1 = (2 \cdot u_1 - 1)$ und x_2 mit $x_2 = (2 \cdot u_2 - 1)$, die aus den zwei hintereinander erzeugten Zufallszahlen u_1 und u_2 berechnet werden, $x_1^2 + x_2^2 \leq r^2$, so ist der Vektor $\vec{y} = (x_1, x_2)$ auf einer Kreisscheibe mit dem Radius r gleichverteilt.

(B-3) **Gleichverteilung auf der Kugel mit Radius r**: Man geht hier nicht ganz analog zu (B-2) vor, sondern erzeugt solange vier auf dem Intervall $[-1; 1]$ gleichverteilte Zufallszahlen $[u_1, \ldots, u_4]$ (siehe A-1), bis für diese $T = u_1^2 + u_2^2 + u_3^2 + u_4^2 \leq 1$ gilt. Aus diesen vier Zahlen ergeben sich die drei Komponenten x_1, x_2 und x_3 des Vektors $\vec{x}$ als

$$x_1 = 2[u_1 \cdot u_3 + u_2 \cdot u_4]/T, \quad x_2 = 2[-u_1 \cdot u_2 + u_3 \cdot u_4]/T, \quad x_3 = [u_1^2 + u_4^2 - u_2^2 - u_3^2]/T. \tag{6.9}$$

Der so konstruierte Vektor $\vec{x} = (x_1, x_2, x_3)$ ist auf der Oberfläche der Einheitskugel gleichmäßig verteilt. Wird $\vec{x}$ mit dem Skalar r multipliziert, so handelt es sich um eine Kugel mit dem Radius r.

6.2 EFFEKTIVE BERECHNUNG WICHTIGER STATISTISCHER GRÖSSEN

Bei statistischen Analysen mit Hilfe von Computern handelt es sich vielfach um Stichproben von großem Umfang. Dabei muß mit effizienten Methoden gearbeitet werden, um verträgliche Laufzeiten und genaue Ergebnisse zu gewährleisten. Es wird nachfolgend auf die Berechnung einiger wichtiger Standardgrößen der Statistik eingegangen. Die vorgestellten Methoden sollen bewirken, daß sich die Datenmenge nicht im Hauptspeicher befindet, nur einmal eingelesen werden muß und die entstehenden Zahlen nicht zu groß werden.

In den Darstellungen stehen die Zahlen x_1, x_2, ..., x_n für die Merkmalswerte der Stichprobe X mit Umfang n und damit für die einzelnen Zahlenwerte.

(1) **arithmetisches Mittel**: Um "riesige" Zahlen und damit schlechte Ergebnisse zu verhindern, ist es empfehlenswert, die Berechnung zu unterteilen. Es wird nach jeweils z Zahlen der Mittelwert $M_{i,z}$ berechnet, dabei ist i der Index für die einzelnen Mittelwerte und z die Anzahl der in $M_{i,z}$ jeweils verarbeiteten Zahlen. Somit müssen für die gesamte Stichprobe maximal trunc(n/z)+1 Mittelwerte ($M_{1,z}$; $M_{2,z}$; ...) berechnet werden. Um diese nicht in einem Array zwischenspeichern zu müssen, heißt es, sie in einer Zwischenrechnung zu verknüpfen, wofür man die Rekursionsformel

$$M_{n+1,z} = n \cdot (n+1)^{-1} \cdot M_{n,z} + (z \cdot (n+1))^{-1} \cdot \sum_{i=1}^{z} x_{n \cdot z+i} \quad \text{mit } n \geq 0 \text{ und } M_{0,z} = 0 \quad (6.10)$$

verwenden kann. Da in einem allgemein verfaßten Programm nicht davon ausgegangen werden kann, daß z mod n = 0 und z≥n gilt (der Endindex der Summe ist festgelegt, und man kann für nicht existierende x_i nicht Null einsetzen!), wird für die Berechnung des letzten bzw. des einzigen Mittelwertes aus w Werten die Formel

$$M_{n+1,w} = (n \cdot z) \cdot (n \cdot z + w)^{-1} \cdot M_{n,z} + (n \cdot z + w)^{-1} \cdot \sum_{i=1}^{w} x_{n \cdot z+i}$$

mit $n \geq 0$ und $M_{0,z} = 0$ $\qquad\qquad\qquad\qquad\qquad\qquad\qquad\qquad$ (6.11)

angewandt. Im Fall w = z geht Gleichung (6.11) nach (6.10) über.

Die Wahl der Intervallgröße z muß dem verwendeten Zahlenformat sowie evtl. den zu untersuchenden Daten gerecht werden. Je kleiner z, desto kleiner bleiben auch die entstehenden Größen. Dies ist bei den Variablen vom Typ Integer wichtig: diese können nur ein schmaleres Zahlenspektrum aufnehmen, die Arithmetik ist jedoch wesentlich schneller.

(2) **geometrisches Mittel**: Berechnet man dieses gemäß Formel, indem die n Zahlen in einer Schleife miteinander multipliziert werden, so können sich besonders schnell Schwierigkeiten mit der Zahlengröße aufzeigen. Würde andererseits die Rekursionsformel

$$G_{n+1} = G_n^{n/(n+1)} \cdot x_{n+1}^{1/(n+1)} \quad \text{mit } n \geq 0 \text{ und } G_0 = 1 \qquad\qquad (6.12)$$

Verwendung finden, so erhöht sich die Rechenzeit durch die Berechnung der n-ten Wurzel um ein Wesentliches. Daher muß auch hier ein Kompromiß gefunden werden, indem jeweils nach z Werten eine Zwischenrechnung vollzogen wird. Eine geeignete

Formulierung für das geometrische Mittel $G_{n+1,z}$ berechnet im $(n+1)$-ten Schritten aus z Zahlen ist

$$G_{n+1,z} = G_{n,z}^{\,n/(n+1)} \bullet \left(\prod_{i=1}^{z} x_{n \bullet z+i}\right)^{1/((n+1)\bullet z)} \quad \text{mit } n \geq 0 \text{ und } G_{0,z} = 1. \tag{6.13}$$

Im Falle z mod n $\neq$ 0 (am Ende) bzw. n$\leq$z (am Anfang) wird die Formel

$$G_{n+1,w} = G_{n,z}^{\,(n \bullet z)/(n \bullet z+w)} \bullet \left(\prod_{i=1}^{w} x_{n \bullet z+i}\right)^{1/(n \bullet z+w)} \tag{6.14}$$

mit n$\geq$0 und $G_{0,z} = 1$ verwendet.

(3) **empirische Kovarianz**: Gemäß Definition wird diese mit der Formel

$$[1/(n-1)] \bullet \sum_{i=1}^{n} [(x_i - M_x) \bullet (y_i - M_y)] \quad < \ = \ > \tag{6.15}$$

$$[1/(n-1)] \bullet \left[\sum_{i=1}^{n} x_i \bullet y_i\right] - [1/(n(n-1))] \bullet \left[\sum_{i=1}^{n} x_i\right] \bullet \left[\sum_{i=1}^{n} y_i\right] \tag{6.16}$$

berechnet, wobei M_x und M_y die jeweiligen Mittelwerte vertreten. Es gibt somit zwei Möglichkeiten, die Kovarianz zu berechnen. Einmal mit zwei Durchläufen gemäß (6.15), dabei dient einer der Ermittlung der beiden Mittelwerte und der andere der Differenzberechnung. Bei Verwendung der Gleichung (6.16) wird nur ein Durchlauf benötigt, in welchem die Summen der $x_i y_i$, x_i sowie der y_i berechnet werden; am Ende dieses Durchlaufs werden die Summen entsprechend verrechnet. Der Nachteil, der sich bei der zweiten Methode aufzeigt, besteht darin, daß mit großen Zahlen und evtl. hoher Rechenungenauigkeit gerechnet werden muß.

Leider läßt sich für die Berechnung der Kovarianz keine "einfache" Rekursionsformel herleiten, mit der sie etappenweise ermittelt werden kann. Dies liegt an dem sich gleichzeitig ändernden Mittelwert. Die Äquivalenz der beiden Gleichungen (6.15) und (6.16) ist im übrigen auch für die Berechnung der nachfolgenden Größen von Bedeutung.

(4) **Varianz**: Setzt man in Gleichung (6.15) bzw. (6.16) $y_i = x_i$ und $M_x = M_y$, erhält man die Formel für die Varianz der x_i. Auch hier heißt es wieder, sich zwischen den beiden Möglichkeiten zu entscheiden; vgl. (3).

(5) **Standardabweichung**: Sie entspricht der Quadratwurzel aus der Varianz, es wird gemäß (4) vorgegangen.

(6) **empirischer Regressionskoeffizient a**: Mit diesem und dem Schwerpunkt $S = (M_x ; M_y)$, gebildet aus den Mittelwerten der x_i und y_i, läßt sich die **Regressionsgerade** $Y(r) = S + r \bullet A$ konstruieren. Der Wert A für eine Stichprobe, bestehend aus einzelnen Paaren $(x_i ; y_i)$, ergibt sich aus

$$A = \left[n \bullet \left[\sum_{i=1}^{n} x_i \bullet y_i\right] - \left[\sum_{i=1}^{n} x_i\right] \bullet \left[\sum_{i=1}^{n} y_i\right]\right] / \left[\left[n \bullet \sum_{i=1}^{n} x_i\right] - \left[\sum_{i=1}^{n} x_i\right]^2\right]. \tag{6.17}$$

Die Steigung A setzt sich ersichtlicherweise aus der **empirischen Kovarianz** K(X,Y) als Zähler und der Varianz von X ($X = \{x_1,...,x_n\}$) als Nenner zusammen. Somit kann für die effektive Berechnung auf (3) und (4) verwiesen werden.

Um die gesteckten Ziele mit den eigenen Programmen erreichen zu können, müssen viele Einzelfaktoren berücksichtigt werden, wie die sinnvolle Struktur der Daten, die richtige Dateiart, die geforderte Rechengenauigkeit, die möglichen Zahlenintervalle usf. In einer Art Checkliste werden hier als Nachtrag zu Kapitel 2 einige wichtige Punkte genannt, die auch bei der Programmierung von Statistikroutinen Beachtung finden sollten.

(a) Zahlenwerte sind in kleinere Intervalle zurückzusetzen.

(b) Große Faktoren meiden, weil bei der Multiplikation leicht sichere Stellen verloren gehen.

(c) Nicht mit "überzogener" Rechengenauigkeit operieren.

(d) Eine Datenreduktion durch Gruppierung vornehmen.

(e) Doppelberechnung bei der Programmierung der arithmetischen Operationen vermeiden (z.B. auch bei Indizes).

(f) Wenn möglich, die Variablen vom Typ Integer verwenden, um Rechenzeit zu sparen.

(g) Mit Termen, die transzendente Funktionen enthalten, stets sparsam umgehen.

(h) Einen effizienten Dateiaufbau wählen (kompakt).

(i) Mehrfaches Durchlesen der Daten verhindern, was vielfach leider im Widerspruch zu anderen Forderungen steht.

7 CODIERUNGSTHEORIE UND KRYPTOGRAPHIE

Im alltäglichen Wortgebrauch wird fälschlicherweise mit dem Begriff Codierung noch ausschließlich die Verschlüsselung von Daten im Sinne der Geheimhaltung und des Datenschutzes assoziiert. Dieses Kapitel wird beide Anwendungen vorstellen, die Verschlüsselung von Daten zwecks Geheimhaltung, die **Kryptographie**, sowie deren Codierung zwecks Erkennung und Korrektur von Fehlern bei der Daten(fern)übertragung und Datenhaltung, die **Codierungstheorie**.

7.1 CODIERUNGSTHEORIE DER KRYPTOGRAPHIE GEGENÜBERGESTELLT

Die **Codierungstheorie** ist wesentlich auf zwei Gebieten tätig, der Quellen- und der Kanalcodierung. Bei der **Quellencodierung** wird nach einer möglichst effizienten Darstellung der Nachricht, die aus der Nachrichtenquelle stammt, gesucht, und man beschäftigt sich mit der Entwicklung von **Quellencodes**. Quellencodes besitzen die Eigenschaft, den Zeitverlust bei der Übertragung zu mindern, indem jeglicher überflüssige (redundante) Teil entzogen wird. Relativ oft vorkommende Wörter erhalten z.B. eine kürzere Darstellung; dies stellt man auch unter den Überbegriff der **Datenkompression**.

Die Übertragung der aus der Quellencodierung resultierenden Nachricht im nichttechnischen Sinne gehört zur **Kanalcodierung**; genauer, die Codierung von Daten zum Zweck ihrer **sicheren** Übertragung.

Es wird das **Übertragungssystem** betrachtet, das aus der **Nachrichtenquelle** und dem **Codierer** auf der Senderseite sowie auf der Empfängerseite aus dem **Decodierer** und der **Nachrichtensenke** besteht. Beide Seiten sind durch einen **Übertragungs-** bzw. **Nachrichtenkanal** verbunden; dieser wird dann als **Duplex-Kanal** bezeichnet, wenn in ihm im Gegensatz zum **Simplex-Kanal** in beide Richtungen Daten übertragen werden können. Die Codiereinrichtung übernimmt die Umsetzung der Nachricht in die binäre Form (Quellencodierung), sowie deren Codierung für die sichere Übertragung (Kanalcodierung), ferner die Erzeugung der für den Übertragungskanal notwendigen elektrischen Signale, die **Modulation**. Für die Decodiereinrichtung gilt Entsprechendes in umgekehrter Richtung mit dem Zusatz der Fehlererkennung/-korrektur. In einer Magnetbandstation umfaßt der Codierer die für den Schreibprozeß notwendige Elektronik sowie den Schreibkopf, und das Magnetband bildet den Übertragungskanal.

Im theoretischen Modell wird mit einem **statistischen Übertragungskanal** gearbeitet; das besagt, daß die Daten mit definierbaren Wahrscheinlichkeiten gestört (verändert) werden. Im Fall der **binären Codes** handelt es sich um den **symmetrischen** (**statistischen**) **Binärkanal**, wie er in der Graphik 7.1 dargestellt ist.

Übertragungsfehler entstehen in der Praxis z.B. durch induktive Einflüsse und allgemein

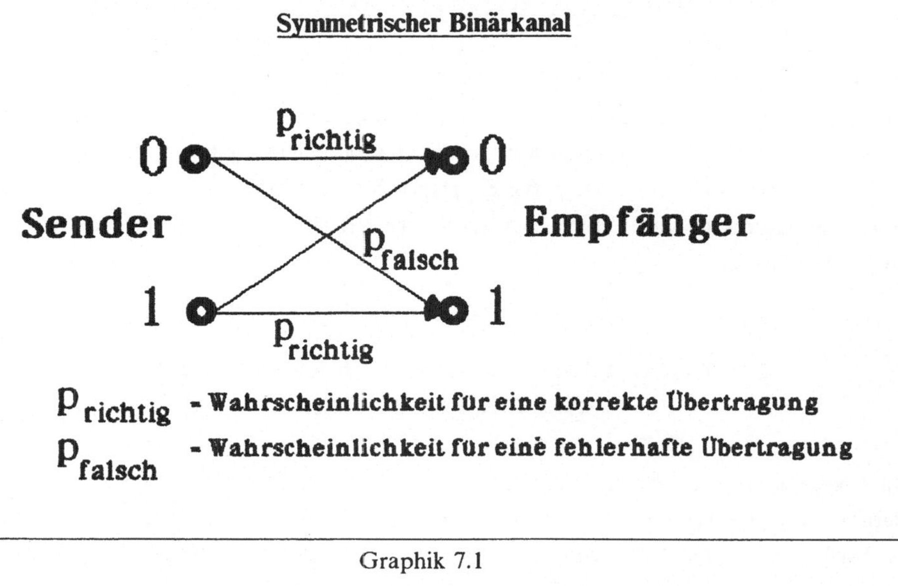

Graphik 7.1

durch das **Rauschen**, mit dem die charakteristischen Signalflanken des Datensignals verzerrt/ verfälscht werden. Da in der Datensenke (Empfänger) Verzerrungen innerhalb der Signale nur bis zu einem festgelegten Maß ausgeglichen werden können, entsteht ein Übertragungsfehler, wenn das Maß überschritten wird. Andererseits können Signalverfälschungen soweit reichen, daß das inhaltlich falsche Signal vom Decodierer wieder als korrekt eingestuft und gewertet wird.

Von der Funktion und Auslegung des Übertragungssystems im gesamten Komplex ist es abhängig, ob eine Fehlerkorrektur notwendig wird oder die Fehlererkennung ausreicht. Die Nachrichtenkanäle innerhalb eines Rechnerkomplexes liegen größtenteils als Duplex-Kanäle vor, so daß statt einer Korrektur der Sender aufgefordert werden kann, den Datenblock noch einmal zu schicken, vgl. Abschnitt 7.2.4.

Damit Fehler in einem gewissen Umfang erkannt und bei Bedarf auch korrigiert werden können, muß neben der reinen Information ein **redundanter** Teil ergänzt werden, der über die Darstellung, Struktur bzw. Form der eigentlichen Information weitere Auskünfte gibt. Die **redundanten Codes** stehen damit den **Quellencodes** gegenüber. Eine gewisse Redundanz ist bekannterweise für jedes auf Sicherheit ausgelegte technische System notwendig, um dessen sichere, fehlerfreie Funktion mit hoher Wahrscheinlichkeit zu garantieren. Man denke an die in n-facher Ausführung installierten Kühlpumpen in Kraftwerken. Analog dazu kann ein redundanter Code auch mit der n-fachen Wiederholung des Nachrichtenteils erzeugt und über eine Mehrheitsentscheidung korrigiert werden; n sollte hierzu ungerade gewählt werden, um Pattsituationen zu vermeiden. Die mathematische Beschreibung schafft aber das

Fundament für eine effizientere Codierung und ermöglicht eine höhere **Informationsrate** bzw. mehr Sicherheit.

Eine völlig andere Zielsetzung liegt der **Kryptographie** zugrunde. Der Begriff Kryptographie bezeichnet die Wissenschaft, die sich allgemein mit der **Verschlüsselung** und der sich anschließenden **Entschlüsselung** von geheimzuhaltenden Daten befaßt. Dieses Tätigkeitsfeld umfaßt nicht das "Knacken" von Verschlüsselungstechniken im Sinne der **unerlaubten Entschlüsselung**, das ist eine eigene Wissenschaft, die **Kryptoanalysis**. Ebenso werden die chemischen Verfahren, wie Geheimtinte usw. ausgeschlossen. Die Kryptographie beinhaltet heute vorrangig Verfahren, die auf Strukturen der Kombinatorik und Algebra beruhen.

Der Bedarf nach Methoden zur Verschlüsselung von Nachrichten entstand fast gleichzeitig mit der Übermittlung von schriftlichen Informationen. Die Beschäftigung mit der Verschlüsselung von Nachrichten ist über die gesamte geschichtliche Entwicklung hin zu beobachten, insbesondere in Zeiten kriegerischer Auseinandersetzungen.

In der heutigen Zeit der "totalen" Vernetzung von Kommunikations- und Rechnersystemen und der dezentralen Datenverarbeitung gewinnt die Kryptographie einen immer höheren Stellenwert. Dies wird deutlich, wenn man bspw. an das Briefgeheimnis beim elektronischen Brief denkt. Um die sogar im Grundgesetz verankerten Rechte bei einer elektronischen Verarbeitung der Daten auch weiterhin wahren zu können, müssen Informationen verschlüsselt übertragen und gespeichert werden können.

Kryptographische Verfahren können heute in zwei prinzipielle Techniken eingeteilt werden, in die **kryptographischen Codes** und die **kryptographischen Chiffren**. Beide werden jeweils als Bestandteil entsprechender Systeme behandelt, des **Krypto-** und des **Codesystems**.

Das Kryptosystem unterscheidet zwei Seiten, die Sender- und die Empfängerseite. Auf der Senderseite geht die Nachricht x (der **Klartext**) ein und wird mit der **Chiffrierfunktion** $c(x, s_c) = y$ und dem **Schlüssel** s_c chiffriert, d.h. in den **Schlüsseltext** y übersetzt. Analog dazu setzt sich die Empfängerseite aus der **Dechiffrierfunktion** $d(y, s_d) = x$ und dem Schlüssel s_d zusammen, und es resultiert der ursprüngliche Klartext x; in den klassischen Verfahren gilt $s_c = s_d$. Der **Übertragungskanal** verbindet beide Seiten, wobei von einer **fehlerfreien** Übermittlung der Daten ausgegangen wird. Darin findet auch die erste Abgrenzung zur **Codierungstheorie** statt, weil diese die **Erkennung** und **Korrektur** von **Übertragungsfehlern** im besonderen behandelt.

Die Qualität der Verschlüsselung, die **kryptographische Stärke** der Chiffre hängt wesentlich von der zugrundeliegenden Chiffrierfunktion ab, d.h. wieviel Zeit benötigt wird, die Dechiffrierfunktion (die Umkehrfunktion) zu finden. Allgemein wird die Stärke daher mit dem **Rechenzeitaufwand** bemessen, der für eine Bestimmung und Berechnung notwendig wäre. Dieser hängt wiederum direkt von der Effizienz der zur Verfügung stehenden Algorithmen ab, die für anfallende Teilprobleme angewandt werden können. Aus der endlichen Rechengeschwindigkeit der Computer heraus ergibt sich insgesamt für die benötigte Zeit eine feste untere Grenze. Ist absehbar, daß bspw. Monate an Rechenzeit auf "Superrechnern" notwendig sein werden, kann durch das Kryptosystem eine hohe Sicherheit gewährleistet werden.

Um einerseits unterschiedlichen Empfängern Nachrichten in verschlüsselter Form übermitteln zu können und zum anderen dem "Feind", dem **Kryptoanalytiker**, das Leben schwer zu machen, wird die Chiffrierfunktion zusätzlich vom Schlüssel s_c parametrisiert (variiert). Lediglich die Übertragung des Schlüssels muß unter sicherer Geheimhaltung stattfinden. Diesem hier kurz umrissenen Funktionsschema entsprachen bisher fast alle kryptographischen Verfahren.

Ein Kryptosystem der neuen Generation wurde 1976 von Diffie und Hellmann vorgestellt, das "**Public-Key Cryptosystem**", vgl. Abschnitt 7.3.2. In einem solchen System ist der Schlüssel jedes einzelnen Empfängers in einer **öffentlich** (public) zugänglichen Liste wie in einem Telefonbuch aufgeführt. Neben diesem **offenen Schlüssel** oS_i besitzt jeder Teilnehmer/Benutzer B_i des Kryptosystems einen **geheimen Schlüssel** gS_i. Beide Schlüssel müssen zueinander passen, eine Dechiffrierung mit einem anderen Schlüssel gS_j ($\neq gS_i$) ist nicht möglich. Man erkennt, daß mit gS_i, dem zu oS_i **inversen** Schlüssel, die "**Umkehrfunktion**" erzeugt wird, so daß die kryptographische Stärke wesentlich von dem Aufwand abhängt, der für das Gewinnen von gS_i aus oS_i notwendig ist.

Zu den **kryptographischen Codes** und dem **Codesystem**: mit diesen verbindet sich eine feste (endliche) Menge an Codewörtern (nicht Codeworte). Eine definierte (vereinbarte) Menge an Nachrichtenwörtern (z.B. Wörter, Silben, Buchstaben oder ganze Sätze) wird in eine Menge aus Codewörtern (Symbole, Zahlen oder ähnlichem) mittels einer bijektiven Abbildung transformiert; z.B. "Mathematik"↔"4711" usw. Damit sind die Bestandteile eines Codesystems genannt, dies ist die **Codetabelle** sowie die **Codier-** und **Decodiereinrichtung**. Die Übersetzung geschieht anschaulich über eine Zuordnungsliste in Tabellenform wie in einem Wörterbuch, und man übersetzt damit die Nachricht. **Statistische Tests** wie Häufigkeitsverteilungen sind aus diesem Grund das Standardwerkzeug der **Kryptoanalytiker** für die Bestimmung der Codetabelle, es werden dieselben **semantischen** Einheiten -Silben, Wörter, Sätze usw.- stets gleich übersetzt.

Stellt man **Chiffre** und **Code** einander gegenüber, so erkennt man, daß die Chiffre eine systematisierte Codierung ist, und zwar insofern, als die Transformationen mit Hilfe mathematischer Methoden (Permutationen und algebraische Operationen) beschrieben werden. Mit der Chiffrierfunktion entfallen die Nachteile, die eine große Codetabelle mit sich bringt, nämlich der relativ hohe Speicherplatzbedarf und die Zugriffszeiten. Die mathematische Beschreibung führt gleichzeitig dazu, daß in einer Chiffre nicht auf Wortgrenzen (Wörter, Silben oder ähnliches), quasi inhaltliche Grenzen, geachtet, sondern mit Informationseinheiten fester Länge, d.h. mit **Strings** gearbeitet wird, mit **syntaktischen** Einheiten.

7.2 CODIERUNGSTHEORIE

Die kleinste **Informationseinheit** im Rechner, das Bit, steht für eine 0/1-Information. Eine nächstgrößere, die Standardeinheit der nicht-numerischen Information ist das Byte ($= 8$ Bits). Daher liegt zur Darstellung von Informationen ein **Binärcode** zugrunde, und es werden hier ausschließlich **binäre Codierungen** vorgestellt. Die beiden gängigsten binären **Zeichencodes** mit einem internationalen Geltungsbereich dienen der Codierung von alphanumerischen Texten (A,...,Z,0,...,9), Sonderzeichen ($, # etc.) und Steuerzeichen (Formatierungs-, Übertragungssteuerzeichen etc.). Dies ist zum einen der **ASCII** (**a**merican **s**tandard **c**ode of **i**nformation **i**nterchange, ein 7-Bit-Code), und zum anderen der umfangreichere **EBCDIC** (**e**xtended **b**inary **c**oded **d**ecimal **i**nterchange **c**ode, ein 8-Bit-Code), vgl. Tabelle 7.1. Bedingt durch die Länge von sieben und acht Bits finden die Begriffe "Zeichen" und "Byte" als Maß für die Länge einer Information recht häufig eine synonyme Verwendung.

Nach codierungstheoretischer Definition wird unter einem **Code** C eine nichtleere Menge aus **Codewörtern** X verstanden. Ein Codewort ist eine endliche **Zeichenkombination** aus einem festgelegten endlichen **Zeichenvorrat** vom Umfang q. Es sei bemerkt, daß diese Definition des Codes nicht der **DIN** **44300** entspricht, die einen Code als die **Zuordnungsvorschrift** zwischen Urbild- und Bildmenge definiert.
Unterliegen die Elemente -genauer die **Zeichen**- des **q-nären** **Zeichenvorrates** einer definierten Ordnung, dann wird dieser als **Alphabet** A bezeichnet; ein naheliegendes Beispiel ist das Buchstabenalphabet {A, B,..., Z}. Einem **binären** **Code** liegt entsprechend als Alphabet die zweiwertige ($q = 2$) Menge {0,1} zugrunde, bestehend aus den **Binärzeichen**, kurz: **Bits**, "0" und "1". Die Zeichen eines q-nären Alphabets werden **Ziffern** genannt, wenn diese die Zahlenwerte 0 bis q-1 vertreten; bei $q = 2$ sind dies **Dualziffern**.
Die übliche Darstellungsform der Codewörter/Zeichenkombinationen X ist das n-Tupel als Spaltenvektor $X = (x_1, x_2, ..., x_n)$, seltener als Zeilenvektor $X = (x_1, x_2, ..., x_n)^T$; man bezeichnet die x_i (ε A) als i-te Stelle oder Komponente (T = transponiert). Damit ergibt sich für ein **festes** q und n allgemein der Raum A^n, analog zum R^n. Dieser umfaßt q^n Elemente (n-stellige Zeichenkombinationen), die in Tabellenform systematisch aufgeführt werden können; bei einem Binärcode sind das 2^n. Auf die algebraische Behandlung geht der nachfolgende Abschnitt 7.2.1 ein.
In der Mengenlehre wird die Menge **aller** mit einem q-nären Zeichenvorrat Z gebildeten n-stelligen Codewörter als **q-näres** **kartesisches** **Mengenprodukt** $Z \times Z \times ... \times Z$ bezeichnet; dieses umfaßt q^n Elemente. Um Irrtümer zu vermeiden: ein Code muß nicht unbedingt alle möglichen Zeichenkombinationen enthalten, er kann auch nur ein einziges Element umfassen.

Ein Begriff, der insbesondere beim **Sortieren** von Daten verwendet wird, ist die **lexikographische** **Anordnung**. Diese liegt in einem Mengenprodukt vor, wenn zu jedem Element (jedem der n-stelligen Codewörter) eindeutig ein Vorgänger und ein Nachfolger zugewiesen werden kann. Damit werden die Relationen < und > zwischen zwei Codewörtern X und Y defi-

Tabellarische Definition des ASCII und IBM-EBCDIC

0 = 0000, 1=0001, 2=0010, 3=0011, ..., A=1010, ..., E=1110, F=1111
"1.": linker Teil; "2.": rechter Teil des 7/8-stelligen Binärmusters

ASCII

1.\2.	0	1	2	3	4	5	6	7	8	9	A	B	C	D	E	F
0	NUL	SOH	STX	ETX	EOT	ENQ	ACK	BEL	BS	HT	LF	VT	FF	CR	SO	SI
1	DLE	DC1	DC2	DC3	DC4	NAK	SYN	ETB	CAN	EM	SUB	ESC	FS	GS	RS	US
2	SP	!	"	#	$	%	&	'	(	)	*	+	,	-	.	/
3	0	1	2	3	4	5	6	7	8	9	:	;	<	=	>	?
4	@	A	B	C	D	E	F	G	H	I	J	K	L	M	N	O
5	P	Q	R	S	T	U	V	W	X	Y	Z	[	\	]	^	_
6	`	a	b	c	d	e	f	g	h	i	j	k	l	m	n	o
7	p	q	r	s	t	u	v	w	x	y	z	{	|	}	~	DEL

IBM-EBCDIC

1.\2.	0	1	2	3	4	5	6	7	8	9	A	B	C	D	E	F
0	NUL	SOH	STX	ETX	PF	HT	LC	DEL	GE	RLF	SMM	VT	FF	CR	SO	SI
1	DLE	DC1	DC2	TM	RES	NL	BS	IL	CAN	EM	CC	CU1	IFS		IGS	IRS	IUS
2	DS	SOS	FS		BYP	LF	ETB	ESC			SM	CU2		ENQ	ACK	BEL
3			SYN		PN	RS	UC	EOT				CU3	DC4	NAK		SUB
4	SP										¢	.	<	(	+	|
5	&										!	$	*	)	;	¬
6	-	/									¦	,	%	_	>	?
7										`	:	#	@	'	=	"
8		a	b	c	d	e	f	g	h	i						
9		j	k	l	m	n	o	p	q	r						
A		~	s	t	u	v	w	x	y	z						
B																
C	{	A	B	C	D	E	F	G	H	I			∫		⊤	
D	}	J	K	L	M	N	O	P	Q	R						
E	\		S	T	U	V	W	X	Y	Z				⌐		
F	0	1	2	3	4	5	6	7	8	9	|					EO

die wichtigsten Abkürzungen:

NUL:	Null (ungültiges Zeichen)	LF:	line feed (Zeilenvorschub)
STX:	start of text (Textanfang)	FF:	form feed (Formularvorschub)
ETX:	end of text (Textende)	CR:	carriage return (Waagenrücklauf)
EOT:	end of transmission (Übertragungsende)	NAK:	negative acknowledgement
ENQ:	enquiry (Anfrage)	SYN:	synchronous idle (Synchronisier-
ACK:	acknowledgement (Empfangsbestätigung)		zeichen im Leerlauf)
BEL:	bell (Glocke)	ESC:	escape
BS:	backspace	SP:	space (blank, Leerzeichen)
CAN:	cancel	DEL:	delete

niert, es gilt $X < (>) Y$, wenn für die erste Stelle i ($i = 1,...,n = >$ von links nach rechts) mit $x_i \neq y_i$ das Zeichen x_i im Alphabet vor (nach) y_i liegt. Folglich **muß** der lexikographischen Anordnung ein Alphabet zugrundeliegen. Gemäß Tabelle 7.1 trifft dies auf den ASCII und EBCDIC zu, weil im binären Alphabet die 0 vor der 1 steht, so daß dann "a" < "b" < ... < "z" gilt. Gleichzeitig bilden auch die alphanumerischen Zeichen und die Ziffern ein Alphabet, so daß analog zum vorangehenden Schritt z.B. "BENNO" > "BELLO" gilt. Zur Verdeutlichung läßt man einfach die Kommata innerhalb der n-Tupel X und Y wegfallen, und es ist $X < (>) Y$ für die auf dem q-nären Zahlensystem basierenden Zahlen X und Y. Dieser Schritt zur Verdeutlichung sollte aber nicht dazu führen, daß ein Codewort bei fehlenden Kommata grundsätzlich als eine n-stellige Zahl zu deuten ist. Wird dies nicht explizit aufgehoben, dann stellt jedes Zeichen für sich eine eigene einstellige Dualzahl dar.

Bestehen alle Codewörter aus einer festen Anzahl an Komponenten x_i (die Codewörter sind von der Länge n), dann wird von einem **Blockcode der Länge n** gesprochen; diese liegen bei der Kanalcodierung fast ausschließlich vor. Der ASCII und der EBCDIC sind Beispiele für Blockcodes der Länge 7 bzw. 8, wobei der ASCII für die Verwendung im Byte-Format auf 8 Bits ergänzt werden kann, vgl. Abschnitt 7.2.3. In der Praxis faßt man Informationseinheiten zu **Nachrichtenblöcken** bzw. **-wörtern** (Strings) fester Länge zusammen, so daß diese als Codewörter eines Blockcodes aufgefaßt werden können. Eine solche Einheitengröße ist das Byte, ebenso kann ein Block aus vier Bits oder aus 1024 und mehr Bits bestehen. Abhängig ist dies von der Anwendung, ob Daten auf ein Magnetband geschrieben oder über eine Modem-Strecke übertragen oder die Speichereinheiten des Rechners kontrolliert werden sollen. Bei jeder Anwendung ist im zugrundeliegenden Nachrichtenkanal mit einer anderen Fehlerverteilung bzw. -häufigkeit zu rechnen.

Geht man allgemein von Nachrichtenblöcken der Länge m aus, so werden zu diesen weitere k Kontrollstellen (Prüfstellen) hinzugefügt. Dieser **redundante Anteil** wird aus der Codierungsvorschrift gewonnen und unterliegt damit fest definierten Bedingungen. Insgesamt führt das zu einem **Codewort**, welches aus $n = m + k$ Stellen besteht, und es findet eine Transformation des Quellen- bzw. Zeichencodes in einen anderen statt, den **redundanten Code**; der Raum A^m wird in den Raum A^{m+k} mit $A = \{0,1\}$ abgebildet. Da mit dem Hinzufügen der Kontrollstellen die Nachrichtenstellen **unberührt** bleiben und diese unverändert in das Codewort einfließen, werden die Codes als **systematische Codes** bezeichnet; beide Teile können jederzeit voneinander getrennt werden.

Das Verhältnis $[m/(m+k)]$ gibt die **relative Redundanz** des Codes an, die **Informationsrate**. In den Abschnitten 7.2.2 bis 7.2.4 werden verschiedene **systematische Blockcodes** vorgestellt, wobei deren innere Systematik schrittweise gesteigert wird. Es handelt sich um die Blockcodes allgemein, die linearen (systematischen) Binärcodes und schließlich um die zyklischen Binärcodes. Diese Systematisierung hängt mit den verwendeten mathematischen Beschreibungsmethoden zusammen, durch welche die Anwendung algebraischer Operationen gesteigert wird.

7.2.1 ALGEBRA DER RESTKLASSEN

Wie bereits angedeutet, können die Codewörter, gebildet aus einem q-nären Zeichenvorrat, einen Vektorraum aufspannen, wobei nur endlich viele Elemente diesen Raum belegen. Da die Axiome für die Vektorrechnung aber erfüllt sein müssen, kann das Vorgehen beim Rechnen mit diesen Vektoren nicht unverändert aus dem R^n, dem Raum über den reellen Zahlen, übernommen werden. Denn für einen Vektorraum ist unter anderem die **Abgeschlossenheit** Bedingung, z.B. muß die Summe zweier Vektoren wieder Element des Vektorraumes sein, vgl. Abschnitt 1.1. Würde man z.B. $(1,1,1)^T + (1,0,1)^T$ auf dem üblichen Weg berechnen, so ergäbe dies $(2,1,2)^T$. Unterstellt man aber das Alphabet $\{0,1\}$, so ist $(2,1,2)^T$ kein Element des Raumes mehr, weil die Ziffer 2 kein Element des Alphabets darstellt. Die Mathematik bietet hierzu als "Ausweg" die **Algebra der Restklassen** an, die **Rechnung modulo q**; im Abschnitt 2.1 wurde diesbzgl. der Kongruenzbegriff vorgestellt. Dies führt zu den algebraischen Strukturen Gruppe, Ring und Körper, wobei die Rechnung modulo q (q muß eine Primzahl sein) mit dem q-nären Alphabet $\{0, 1, ..., q\text{-}2, q\text{-}1\}$ einen Körper -ein **Galois-Feld GF(q)**- bilden; für $q = 2$ ist es das GF(2). Hierauf aufbauend, kann ein Vektorraum über dem GF(q) definiert werden, analog zum Vektorraum über den reellen Zahlen.

Die Rechnung modulo q macht zwischen einer Zahl z und der Zahl $z + i \bullet q$ mit $i \varepsilon Z$ bzw. $i = 0, \overset{+}{}\!\!\underset{-}{} 1, \overset{+}{}\!\!\underset{-}{} 2,...$ und $q \varepsilon N$, $z \varepsilon Z$ keinen Unterschied, so daß

$$z = z + i \bullet q \qquad (\text{mod } q) \tag{7.1}$$

gilt. Das heißt, daß unter der Vereinbarung (7.1) alle Zahlen $z + i \bullet q$ für $i \varepsilon Z$ zusammen eine **Restklasse** bilden, wobei ein Rest diejenige Restklasse symbolisch vertritt, die ihn selbst als Element hat. Mit $q = 2$ ergeben sich die Reste 0 und 1 sowie die beiden Restklassen $\{..., -4, -2, \underline{0}, 2, 4, 8, ...\}$ und $\{..., -3, -1, \underline{1}, 3, 5, 7, 9, ...\}$. Auf obiges Beispiel angewendet, resultiert mit $q = 2$ als Ergebnis $(1,1,1)^T + (1,0,1)^T = (0,1,0)^T$, das nun wieder Element des Raumes $GF(2)^3$ ist, weil die Komponenten x_i beider Vektoren modulo q addiert wurden. Man rechnet quasi mit den üblichen Rechenregeln und ersetzt abschließend das Ergebnis durch den Rest, der bei der Division durch m anfällt. In einem Beispiel wird die Rechnung mit negativen Zahlen beschrieben, es gilt $-8 = 1(\text{mod}3)$, weil $-8 = \underline{1}\text{-}3 \bullet 3$ ist.
Da das Rechnen mit Vektoren, Matrizen und Polynomen bei der Behandlung von Codes und Chiffren notwendig sein wird, werden hierfür die wichtigsten Rechenregeln, insbesondere die Besonderheit bei $q = 2$ genannt. Die Komponenten der Vektoren und die Zahl r (ein Skalar) sind **Ziffern** des q-nären Alphabets $A_q = \{0,1,...q\text{-}2,q\text{-}1\}$ bzw. Elemente des GF(q).

$X = (x_1,x_2,...,x_n)$, $Y = (y_1,y_2,...,y_n)$; r, x_i, $y_i \varepsilon A_q$

(a) $X + Y = ([x_1 + y_1] \bmod q, ..., [x_n + y_n] \bmod q)$ (Vektoraddition)   (7.2)

(b) $X\text{-}Y = ([x_1\text{-}y_1] \bmod q, [x_2\text{-}y_2] \bmod q, ..., [x_n\text{-}y_n] \bmod q)$ (Vektorsubtraktion)   (7.3)

(c) $r \cdot X = ([r \cdot x_1] \bmod q, ..., [r \cdot x_n] \bmod q)$ (Multiplikation mit dem Skalar r)   (7.4)

Entsprechendes gilt für die Spaltenvektoren X^T und Y^T. Speziell die Rechnung modulo 2 ($q = 2$) zeigt sich einfach auf, weil zwischen Subtraktion und Addition nicht weiter unterschieden werden muß ($1 + 1 = 0$, $1\text{-}1 = 0$, $1 + 0 = 1$, $1\text{-}0 = 1$, $0 + 0 = 0$, $0\text{-}0 = 0$).
Des weiteren sind n Vektoren X_i

(a) **linear unabhängig**, wenn $a_1 \cdot X_1 + a_2 \cdot X_2 + ... + a_n \cdot X_n = 0$ nur für $a_1 = a_2 = ... = a_{n-1} = a_n = 0$

(b) **linear abhängig**, wenn $a_1 \cdot X_1 + a_2 \cdot X_2 + ... + a_{n-1} \cdot X_{n-1} + a_n \cdot X_n = 0$ auch mit einem $a_i \neq 0$

gilt. Die Verfahren zur Berechnung der Determinante einer Matrix, bestehend aus GF(2)-Elementen, ändern sich ebenfalls nicht. Die Laplace-Entwicklung kann entsprechend vorgenommen werden, und ein Gleichungssystem mit n Gleichungen und n Unbekannten besitzt eine eindeutige Lösung, wenn die Determinante ungleich Null ist.

Analog zur Rechnung mit reellen Zahlen kann die Rechnung modulo 2 auch auf Polynome $P_n(z)$ ausgeweitet werden. Dabei stammen die Koeffizienten a_i und das Funktionsargument z des Polynoms $P_n(z)$ n-ten Grades mit

$$P_n(z) = a_n \cdot z^n + a_{n-1} \cdot z^{n-1} + a_{n-2} \cdot z^{n-2} + ... + a_2 \cdot z^2 + a_1 \cdot z^1 + a_0; \quad a_n \neq 0 \qquad (7.5)$$

aus dem GF(2), das impliziert die Rechnung modulo 2. Mit dieser Festlegung ist zugleich die Gesamtanzahl der möglichen Polynome n-ten Grades auf 2^{n+1} beschränkt, und man unterscheidet weiter zwischen **reduziblen** und **irreduziblen Polynomen**. Ein reduzibles Polynom P kann in zwei Faktoren (Polynome) Q und R aufgespalten werden, so daß $P = Q \cdot R$ gilt. Für ein irreduzibles Polyom ist das nicht möglich, ein Vergleich mit den Primzahlen ist daher naheliegend. Prüfen kann man diese Eigenschaft mit der Polynomdivision durch sämtliche "kleinere" Polynome; im Beispiel 7.1 wird eine solche durchgeführt, wobei die übliche Kurzdarstellung für Polynome mit GF(2)-Koeffizienten Anwendung findet.

Irreduzible Polynome bilden als **Modularpolynom M(z)** die Grundlage zur Anwendung der **Polynom-Restklassenrechnung** bei zyklischen Codes. Obige Formulierung (7.1) nimmt bei Polynomen die Form

$$a(z) = a(z) + i(z) \cdot M(z) \qquad (7.6)$$

an, so daß alle Polynome, die bei der (Polynom-)Division durch M(z) dasselbe Restpolynom r(z) ergeben, in der **Polynom-Restklasse** r(z) zusammengefaßt werden. Analog bildet die Rechnung modulo einem irreduziblen Polynom vom Grad n einen (endlichen) Körper, ein Galois-Feld GF(2^n). Der Grad von r(z) beträgt höchstens n-1 ($= >$ n Koeffizienten), wenn M(z) vom Grad n ist, daher auch das GF(2^n) und nicht das GF(2^{n+1}).
Für die Durchführung der Operationen + **und** - mit den Polynomen a(z) vom Grad n und b(z) vom Grad m gemäß (7.5) gilt

$$a(z) \overset{+}{\underset{-}{}} b(z) = \overset{s}{\underset{i=0}{\sum}} \; [(a_i + b_i) \bmod 2] \bullet z^i \quad \text{mit} \quad a_i, \, b_i, \, x_i \; \varepsilon \; GF(2) \quad \text{und} \quad s = \max\{m,n\}. \; (7.7)$$

Zwischen Addition und Subtraktion muß in der Rechnung modulo 2 bekanntlich nicht unterschieden werden. Die Multiplikation läuft entsprechend auf das Ausmultiplizieren von Polynomen hinaus, bekannte Formeln wie $(a\text{-}b)(a\text{+}b) = a^2\text{-}b^2$ haben auch hier ihre Gültigkeit.

Neben dieser algebraischen Formulierung eines Polynoms findet ebenso die vektorielle Darstellung Anwendung, indem das Polynom (7.5) als $(n+1)$-Tupel $(a_n, a_{n-1}, ..., a_1, a_0)$ formuliert wird.

Neben dem Attribut **reduzibel/irreduzibel** ist die **Periode** eine weitere charakteristische Größe eines Polynoms $m(z)$. Teilt man die Polynome der Form $p_i(z) = z^i$ für $i = 0,1,2,..,\infty$ durch das ausgewählte Modularpolynom $m(z)$ vom Grad n, so ergeben sich die Restpolynome $r_i(z) = p_i(z) \bmod m(z)$. In der Folge $r_0(z)$, $r_1(z)$, $r_2(z)$, ... schließt sich spätestens für $w = 2^n\text{-}1$ die Periode, so daß $r_0(z) = r_w(z)$ gilt. Die Periode(nlänge) beträgt maximal $w = 2^n\text{-}1$ und ist eine charakteristische Größe für das Polynom $m(z)$. Daß w maximal $2^n\text{-}1$ beträgt, ergibt sich daraus, daß die Restpolynome vom Grad kleiner als $M(z)$, und damit die möglichen Polynome beschränkt sind. Besitzt ein Polynom die **maximale Periode** $2^n\text{-}1$, so bekommt es zusätzlich das Attribut **primitiv**. **Primitive Modularpolynome** nehmen bei zyklischen Codes eine zentrale Funktion ein, daher sind diese in Tabelle 7.2 besonders gekennzeichnet.

In den folgenden Abschnitten liegt stets die Rechnung modulo 2 zugrunde, sofern diese nicht explizit aufgehoben wird.

7.2.2 BINÄRE BLOCKCODES

Zur Definition des **binären Blockcodes** aus Abschnitt 7.2 muß nichts weiter hinzugefügt werden. Dieser besteht aus einer Menge gleichlanger Codewörter, denen das **Alphabet** $\{0,1\}$ zugrundeliegt. In Form einer Tabelle kann eine Zuordnungsliste zwischen der Information, z.B. den alphanumerischen Zeichen, und den Codewörtern (den Binärmustern) hergestellt werden, wie dies bei der Definition des ASCII geschehen ist, vgl. Tabelle 7.1. Dies ist möglich, weil sowohl eine endliche Menge als Alphabet zugrundeliegt als auch die Codewörter von fester Länge sind, wodurch die Anzahl möglicher Kombinationen begrenzt ist. Die Bezeichnung eines Codes als Blockcode charakterisiert diesen **allein** bzgl. seiner Länge, und es kann sowohl ein Quellencode als auch ein redundanter Code ein Blockcode sein. Die nachfolgenden Erläuterungen haben alle einen binären Blockcode als Grundlage.

Um die Ähnlichkeit, präziser, den Abstand von Codewörtern messen zu können, wird die **Distanz $d[X,Y]$** zwischen zwei Codewörtern X und Y definiert. Dem Wert $d[X,Y]$ entspricht die Anzahl an Stellen x_i und y_i, in denen sich X und Y unterscheiden, d.h., $x_i \neq y_i$ ist; z.B. $d[(1,0,1,1,1,0,1,0),(0,1,0,1,0,1,0,1)] = 7$. Die Anzahl an Stellen in einem Codewort X, die mit

Irreduzible Polynome über dem GF(2)

Die Koeffizienten für das Polynom $a(z) = a_n \cdot z^n + a_{n-1} \cdot z^{n-1} + \ldots + a_0$ $(a_n \neq 0)$, so daß $a(z)$ irreduzibel ist, sind nachstehend aufgeführt. Diese Aufstellung nennt zu jedem Grad nur einige -nicht alle- Polynome mit dieser Eigenschaft.

p	n	a_{10}	a_9	a_8	a_7	a_6	a_5	a_4	a_3	a_2	a_1	a_0
x	2									1	1	1
x	3								1	0	1	1
x	4							1	0	0	1	1
	4							1	1	1	1	1
x	5						1	0	0	1	0	1
x	5						1	1	1	1	0	1
x	5						1	1	0	1	1	1
x	6					1	0	0	0	0	1	1
	6					1	0	1	0	1	1	1
x	6					1	1	0	0	1	1	1
x	7				1	0	0	1	1	1	0	1
x	7				1	1	1	1	0	1	1	1
x	8			1	0	0	0	1	1	1	0	1
	8			1	1	1	1	1	0	0	1	1
x	9		1	0	0	0	0	1	0	0	0	1
x	10	1	0	0	0	0	0	0	1	0	0	1

p: "x" = > das Polynom $a(z)$ ist bei diesen Koeffizienten primitiv

Tabelle 7.2

der 1 belegt sind, wird als das **Gewicht g[X]** bezeichnet. Der Zusammenhang zwischen der Distanz und dem Gewicht in einem binären Blockcode ist

$$d[X,Y] = g[X + Y] \quad (\text{modulo } 2); \tag{7.8}$$

dies ist eine charakteristische Eigenschaft der Blockcodes. Betrachtet man den gesamten Code C, so gibt die **Hamming-Distanz** $d_h[C]$ mit

$$d_h[C] = \min\{X, Y \varepsilon C; X \neq Y \mid d[X,Y]\} \tag{7.9}$$

die kleinste vorkommende Distanz zwischen zwei beliebigen Codewörtern an.

Mit den gezielt hinzugefügten Kontrollstellen innerhalb eines redundanten Codes bezweckt man, daß die Ähnlichkeit der Codewörter gemindert wird und die Distanz zunimmt. Unterscheiden sich Codewörter minimal in einer einzigen Stelle ($d_h[C] = 1$), so ist nicht einmal die Erkennung eines Fehlers möglich, weil das eigentliche Codewort in ein anderes gültiges überführt wird. Bereits hier kann festgehalten werden, daß sich die Codewörter eines **fehler-**

entdeckenden Codes mindestens in zwei Stellen unterscheiden müssen, um **einen** einzigen Fehler entdecken zu können. Bei einem größeren Abstand ist es wahrscheinlicher, daß der Decodierer das korrekte Codewort auswählt. Die Wahrscheinlichkeit des bereits geschilderten Falles, daß die Verfälschung soweit führt, daß ein (gültiges) Codewort entsteht, wird geringer. Damit in einem definierten redundanten Code C bis zu f falsche Stellen innerhalb eines empfangenen Codewortes

(1)   erkannt werden können, muß $d_h[C] = f + 1$ (7.10)

(2)   korrigiert werden können, muß $d_h[C] = 2 \cdot f + 1$ (7.11)

betragen.

Bei der praktischen Anwendung, der Suche nach einem redundanten Code, ergibt sich die Frage, wieviel Fehler (a) sollen erkannt oder (b) korrigiert werden können. Aus (a) und (b) ergeben sich entsprechende Verfahren zur Entwicklung eines Codes mit diesen Fähigkeiten. Mit diesem verbindet sich meistens auch eine definierte Anzahl an Nachrichtenstellen, so daß die Gruppierung der Nachrichtenstellen mitbeachtet werden muß. Nachfolgend wird die Entwicklung von Codes mit definierten Fähigkeiten aufgezeigt.

7.2.3   LINEARE SYSTEMATISCHE BLOCKCODES

Eine erste algebraische Verarbeitung der Codes findet mit den **linearen systematischen Blockcodes** statt. Bei diesem redundanten Code wird von m **Nachrichtenstellen** und k **Kontrollstellen** ausgegangen, und man spricht von einem systematischen $(n = m + k, m)$-Blockcode. Die Kontrollstellen unterliegen festgelegten Bedingungen wie die x_i in einem **linearen** Gleichungssystem. Werden diese Bedingungen von einer vorgelegten Zeichenkombination nicht mehr erfüllt, dann handelt es sich bei dieser Zeichenkombination nicht um ein Element dieses Codes. Über diese Bedingungen wird somit ein Unterraum des $GF(2^{m+k})$ definiert.

Als feste Konvention soll gelten, daß in einem Codewort $X = (x_1, x_2, ..., x_k, x_{k+1}, ..., x_{k+m})$ die ersten k Stellen von links die Kontroll- und die restlichen m Stellen Nachrichtenstellen sind.

Nutzt man eine Prüfstelle $(k = 1)$, so ergibt sich die bekannte **einstellige Paritätskontrolle**. Der ASCII ist ein 7-Bit-Code. Die Einheitsgröße der nicht-numerischen Information, die in einem Computer verarbeitet wird, ist das Byte $(b_1 b_2 b_3 b_4 b_5 b_6 b_7 b_8)$, bestehend aus den Bits b_1 bis b_8. Damit bietet sich an, Bit b_1 bei der Erweiterung des ASCII auf Bytelänge nicht einfach mit 0 oder 1 zu besetzen, sondern als Kontrollstelle zu nutzen. Selbstverständlich bedient man sich dieser Technik allein bei der Übertragung der Information. Bei deren Verarbeitung im Hauptspeicher oder deren Speicherung auf Datenträgern reicht es aus, $b_1 = 0$ zu setzen. Massenspeicher generell und auch die Hauptspeicher von Großrechnern verwalten als fester Bestandteil der Hardware eigene Prüfsummen zur Kontrolle, die zusätzlich mitgeführt werden, ohne daß der Benutzer etwas davon wahrnehmen kann.

Zurück zum ASCII: bei diesem werden die sieben Bits b_2 bis b_8 entweder auf eine **gerade** (even) oder auf eine **ungerade** (odd) Anzahl an 1-Bits ergänzt. In der technischen Literatur wird dies mit den englischen Begriffen "even parity", "odd parity" und "parity bit" umschrieben. Wird nun ein Bit in **einer** Stelle verfälscht, dann besteht ein Widerspruch zur Kontrollstelle (zum Paritätsbit), so daß **ein** Fehler erkannt, aber keiner korrigiert werden kann. Treten bspw. $2 \cdot i$ Fehler auf, so ergänzen sich diese derart, daß kein Widerspruch mehr zum parity bit besteht. Gemäß (7.10/11) muß d_h[erweiterter ASCII]$= 2$ sein, ohne Prüfstelle ($b_1 =$ konst.) gilt d_h[ASCII]$= 1$, was aus Tabelle 7.1 leicht abzulesen ist.

Versucht man, die Paritätskontrolle mathematisch zu fassen, führt dies zu den Gleichungen

$$b_1 + b_2 + b_3 + b_4 + b_5 + b_6 + b_7 + b_8 = 0 \leftrightarrow b_1 = b_2 + b_3 + b_4 + b_5 + b_6 + b_7 + b_8 \tag{7.12}$$

$$b_1 + b_2 + b_3 + b_4 + b_5 + b_6 + b_7 + b_8 = 1 \leftrightarrow 1 + b_1 = b_2 + b_3 + b_4 + b_5 + b_6 + b_7 + b_8 \tag{7.13}$$

für **even** und **odd parity**. Dieses Schema (Gleichungssystem) kann um weitere Gleichungen ergänzt werden, wobei mit jeder Gleichung mindestens eine weitere Kontrollstelle hinzugefügt bzw. eine Nachrichtenstelle geopfert werden muß. Würde man keine zusätzlichen Kontrollstellen verwenden, so ergäben sich auch Bedingungen für die Nachrichtenstellen, und diese sollten eigentlich frei besetzbar sein.

Insgesamt resultiert eine Matrix, die **Kontrollmatrix**, bestehend aus $n = m + k$ Kontrollspalten und k Prüfzeilen. Die Zugehörigkeit einer Zeichenkombination zu einem linearen Blockcode kann mit Hilfsmitteln der Linearen Algebra unter mod 2 Rechnung überprüft werden. Mit den konkreten Zahlen $m = 4$ und $k = 3$ lautet das Gleichungssystem für ein Codewort $X = (x_1 x_2 x_k x_4 x_5 x_6 x_k + m)$

1. Kontrollzeile: $1 \cdot x_1 + 0 \cdot x_2 + 0 \cdot x_3 + x_4 \cdot a_{1,4} + x_5 \cdot a_{1,5} + x_6 \cdot a_{1,6} + x_7 \cdot a_{1,7} = 0$

2. Kontrollzeile: $0 \cdot x_1 + 1 \cdot x_2 + 0 \cdot x_3 + x_4 \cdot a_{2,4} + x_5 \cdot a_{2,5} + x_6 \cdot a_{2,6} + x_7 \cdot a_{2,7} = 0$

3. Kontrollzeile: $0 \cdot x_1 + 0 \cdot x_2 + 1 \cdot x_3 + x_4 \cdot a_{3,4} + x_5 \cdot a_{3,5} + x_6 \cdot a_{3,6} + x_7 \cdot a_{3,7} = 0$

$\uparrow$1.Kontrollspalte ... $\qquad$ $\uparrow$4.Kontrollspalte usw.

$$< = > \quad A \cdot x = 0, \tag{7.14}$$

wobei die $k \times (n = m + k)$-Matrix A (hier 3×7) aus zwei Teilen zusammengesetzt ist. Den rechten Teil, die Elemente $a_{i,j}$ mit $j \geq k$, bildet eine (beliebige) $k \times m$-Matrix und den linken Teil eine k-quadratrische Einheitsmatrix. Eine einfache Berechnung der Kontrollstellen bedingt, daß der erste Teil eine Einheitsmatrix ist; eine weitere Begründung folgt später.

Bezogen auf die obige Ergänzung zu einer geraden Anzahl an Stellen x_i mit $x_i = 1$, wird dies in den $k(= 3)$ Gleichungen jeweils nur mit einer ausgewählten Menge vorgenommen. Mit $a_{i,j} = 1$ wird die i-te Stelle bei der "Ergänzung" mitberücksichtigt, ansonsten nicht. Äquivalent kann dieser Sachverhalt auch mit einer Linearkombination der "Kontrollspaltenvektoren" (k-Tupel) formuliert werden

$$x_1 \bullet K_1 + x_2 \bullet K_2 + x_3 \bullet K_3 + ... + x_6 \bullet K_6 + x_7 \bullet K_7 = 0, \tag{7.15}$$

wobei der Spaltenvektor K_i aus den Komponenten $a_{1,i}$ bis $a_{k,i}$ besteht, $K_i = (a_{1,i}, a_{2,i}, ..., a_{k,i})^T$. Zwei Fragen stellen sich nun unmittelbar. (1) Wie und wann können Fehler erkannt werden, und (2) welche Beschaffenheit müssen die $a_{i,j}$ haben, damit auch eine Korrektur möglich wird.

Zunächst (1): das **Fehlermuster** F, das bei der Übertragung auf ein Codewort X einwirkt, kann als n-Tupel $F = (f_1,...,f_n)$ aufgefaßt werden, so daß $x'_i = x_i + f_i$ für die Stelle x'_i des empfangenen Codewortes X' gilt. Je nachdem, ob in der i-ten Stelle ein Fehler auftrat, gilt $f_i = 1$, ansonsten $f_i = 0$. Mit X' nimmt auch der Decodierer die Prüfung vor, indem die konkreten Werte x'_i in das Gleichungssystem

$$[x'_1 \bullet K_1 + x'_2 \bullet K_2 + ... + x'_{n-1} \bullet K_{n-1} + x'_n \bullet K_n] = 0 \quad <=> \tag{7.16}$$

$$[x_1 \bullet K_1 + x_2 \bullet K_2 + ... + x_n \bullet K_n] + [f_1 \bullet K_1 + f_2 \bullet K_2 + ... + f_n \bullet K_n] = 0 \tag{7.17}$$

eingesetzt werden, wobei der erste Term in (7.17) dem unverfälschten Codewort entspricht und gemäß (7.15) Null ergibt. Somit wird ein Fehler $F(\neq 0)$ nur dann erkannt, wenn

$$S = [f_1 \bullet K_1 + f_2 \bullet K_2 + f_3 \bullet K_3 + ... + f_{n-1} \bullet K_{n-1} + f_n \bullet K_n] \neq 0 \tag{7.18}$$

gilt (S ist ein Spaltenvektor!). Das Fehlermuster F darf kein Codewort sein, sonst wäre S = 0. Offenbar hat das zu übertragende Codewort keine Bedeutung beim Fehlertest. Nur, wenn das Fehlermuster F **kein** Codewort ist, kann der Fehler erkannt werden. Es wird darauf hingewiesen, daß auch die Kontrollstellen verfälscht werden können. Bei der Fehlerprüfung wird nicht zwischen beiden Gruppen unterschieden.
Mit diesen Kenntnissen lassen sich bereits die Bedingungen an das Gleichungssystem angeben, mit dem die Zugehörigkeit zum Code getestet werden kann bzw. die Kontrollstellen zu berechnen sind. Soll ein redundanter Code t Fehler erkennen können, muß die Hamming-Distanz gemäß (7.11) $t+1$ betragen. Dies bedeutet gleichzeitig, daß in F bis zu t Stellen $f_i = 1$ sein dürfen und trotzdem $S \neq 0$ gelten muß. Das heißt weiter, die Summe aus maximal t beliebig verschieden ausgewählten K_i muß stets ungleich dem Nullvektor sein, die t Vektoren damit **linear unabhängig**.

(2) Damit t Fehler schließlich auch korrigiert werden können, muß weiter gewährleistet sein, daß für zwei verschiedene Fehlermuster F_i und F_j gemäß (7.18) unterschiedliche S_i und S_j vorliegen. Nur dann kann über S rückwirkend eindeutig auf das richtige Codewort geschlossen werden. Für zwei n-stellige Fehlermuster F und G, die jeweils (nur) aus t Komponenten (Fehlerstellen) mit $f_i = 1$ bzw. $g_i = 1$ bestehen, muß die Bedingung

$$[f_1 \bullet K_1 + f_2 \bullet K_2 + ... + f_n \bullet K_n] \neq [g_1 \bullet K_1 + g_2 \bullet K_2 + ... + g_n \bullet K_n] \quad <=> \tag{7.19}$$

$$[(f_1+g_1) \bullet K_1 + (f_2+g_2) \bullet K_2 + ... + (f_{n-1}+g_{n-1}) \bullet K_{n-1} + (f_n+g_n) \bullet K_n] \neq 0 \tag{7.20}$$

erfüllt sein. Folglich können in (7.20) maximal $2 \bullet t$ Faktoren $(f_i + g_i) = 1$ auftreten, so daß für eine **Fehlerkorrektur** von t Fehlern bis zu $2 \bullet t$ beliebig, aber verschieden ausgewählte Vektoren K_i linear unabhängig sein müssen. In der Rechnung modulo 2 ist dies für $t = 1$ mit der Bedingung gleichbedeutend, daß die Kontrollvektoren K_i paarweise verschieden sein müssen. Für die ersten k Vektoren (sie bilden Einheitsmatrix) ist dies bereits garantiert.

Nur für kleine t stellt sich die Besetzung der Kontrollmatrix als nicht zu kompliziert heraus. Jedoch wächst der Aufwand mehr als linear mit t. Daher mußte die zugrundeliegende Systematik weiter gesteigert werden, dies führt zu den **zyklischen, linearen Binärcodes**, die mit Hilfe von Polynomen und der Polynom-Restklassenrechnung beschrieben werden.

7.2.4 ZYKLISCHE BINÄRCODES

Ein weiterer Schritt in der Systematisierung der Codes findet mit der Polynom-Restklassenrechnung statt. Zu einem Codewort $X = (x_1, x_2, ..., x_m, x_{m+1}, ..., x_{m+k})$ wird das **Codewortpolynom**

$$x(z) = \sum_{i=1}^{k+m} x_i \bullet z^{m+k-i} = x_1 \bullet z^{m+k-1} + ... + x_{k+m} \bullet z^0 \tag{7.21}$$

betrachtet. Ausgehend von einem **irreduziblen Generatorpolynom**

$$g(z) = g_k \bullet z^k + g_{k-1} \bullet z^{k-1} + g_{k-2} \bullet z^{k-2} + g_{k-3} \bullet z^{k-3} + ... + g_1 \bullet z + g_0 \tag{7.22}$$

vom Grad k $(=> k+1$ Koeffizienten), wird mit m Polynomen $a_i(z) = [a_i \bullet z^i]$ $(i = 0,1,...,m-1)$ das Polynom $a(z)$ mit

$$a(z) = \sum_{i=0}^{m-1} [a_i(z) \bullet g(z)] = \sum_{i=0}^{m-1} a_i \bullet [g(z) \bullet z^i] \tag{7.23}$$

definiert, das durch Umformung wiederum in die (algebraische) Form

$$a(z) = t(z) = t_{k+m-1} \bullet z^{k+m-1} + ... + t_1 \bullet z + t_0 = \sum_{i=0}^{k+m-1} t_i \bullet z^i \tag{7.24}$$

überführt werden kann. Das Polynom $t(z)$ bzw. $a(z)$ in (7.24) hat maximal $(k+1) + (m-1) = k+m = n$ Koeffizienten t_i und ist damit höchstens vom Grad $(k+m)-1$. Die Multiplikation von $g(z)$ mit z^i bewirkt das Verschieben des entstandenen "Polynommusters" um eine Stelle nach links; man kann sich dies als Schieberegister vorstellen, vgl. weiter unten.

Nach (7.23) ist $g(z)$ stets Teiler von $a(z)$ bzw. $t(z)$, wobei selbstverständlich in allen diesen Formulierungen die Rechnung modulo 2 zugrundeliegt. Das kann zu einer Bedingung für Codewörter formuliert werden: eine Zeichenkombination X ist nur dann auch ein Codewort, wenn das entsprechende Polynom $x(z)$ restlos durch $g(z)$ dividiert werden kann.

Welche Möglichkeiten bietet dies zur Bestimmung der Kontrollstellen? Das Attribut **systematisch** fordert, daß die zu codierenden m Nachrichtenstellen unverändert in das Codewort einfließen müssen und sich die Kontrollstellen aus diesen ergeben. Bei der nachfolgenden

Herleitung wird unterstellt, daß die m Nachrichtenstellen den linken Teil (t_{m+k-1} bis t_k) und die k Kontrollstellen den rechten Teil (t_{k-1} bis t_0) des Codewortes belegen. Unter diesen Vorgaben müssen die restlichen k Koeffizienten t_{k-1} bis t_0 mit den k Kontrollstellen so besetzt werden, daß t(z) durch g(z) restlos geteilt werden kann, d.h.

$$t(z) = 0 \mod g(z). \tag{7.25}$$

Der dazu notwendige Rechenschritt wird im Beispiel 7.1 mit einem irreduziblen Polynom 14-ten Grades ausführlich vorgeführt. Mit der Funktion POLYNOM_DIVISION im Programm 7.1 kann die Polynomdivision mit beliebigen Polynomen aus dem $GF(2^n)$ durchgeführt werden. Zu bemerken ist, daß die Addition modulo 2 über eine IF-Abfrage realisiert werden kann. In Kapitel 1 wurde in Beispiel 1.3 ein Volladdierer aufgebaut, dabei führte die Summe "z = a + b mod 2" auf den **logischen Ausdruck** "a exor b" (gemäß Tabelle 1.2: a < > b). Das heißt, daß für z = 1 die Summanden a und b verschieden sein müssen, was sich einfach über eine IF-Anweisung formulieren läßt, ansonsten ist z = 0. Auch ist man dadurch nicht an arithmetische Operanden gebunden, so daß im Programm 7.1 die Polynome bzw. die Koeffizienten durch zwei Zeichen (Character) dargestellt werden, die mit den Konstanten **F** und **W** definiert sind.

Die a_i in (7.23) sind ohne weitere Bedeutung, weil sie sich mit der Berechnung der t_i ergeben und nicht umgekehrt.

Für eine praktische (schnellere) Berechnung bietet sich auch hier an, mit einer Kontrollmatrix zu arbeiten. Da die t_i in (7.25) bzw. (7.24) festliegen und auch von z unabhängig sind, kann die Bedingung (7.25) auf jedes Produkt $[g(z) \cdot z^i]$ bezogen werden, und die Bedingung lautet neu, daß

$$\sum_{i=0}^{m+k-1} t_i \cdot [z^i \mod g(z)] = 0 \tag{7.26}$$

gilt. Jedes dieser Elemente $[z^i \mod g(z)]$ stellt ein Polynom $p_i(z)$ vom maximalen Grad (k-1) mit k Koeffizienten dar, weil der Grad von g(z) k beträgt und die Restpolynome stets von kleinerem Grad sind. Somit kann (7.25) auch mit

$$t_{n-1} \cdot p_{n-1}(z) + t_{n-2} \cdot p_{n-2}(z) + t_{n-3} \cdot p_{n-3}(z) + ... + t_0 \cdot p_0(z) = 0 \tag{7.27}$$

formuliert werden. Versteht man die $p_i(z)$ als Spaltenvektoren $P_i = (p_{k-1}, p_{k-2}, ..., p_0)^T$, wobei die k Koeffizienten dessen Komponenten bilden, dann resultiert das Prüfschema

$$t_{n-1} \cdot P_{n-1} + t_{n-2} \cdot P_{n-2} + t_{n-3} \cdot P_{n-3} + ... + t_0 \cdot P_0 = 0, \tag{7.28}$$

genauer die k×n-Kontrollmatrix, wie sie in Abschnitt 7.2.3 für k = 3 und n = 7 aufgeführt ist, allerdings mit dem "Schönheitsfehler" der Seitenvertauschung.

Aus (7.26) folgt auch, daß die k Vektoren P_i für i = 0,1,..,(k-1) immer eine Einheitsmatrix bilden, denn bei diesen Werten für i gilt $[z^i \mod g(z)] = z^i$, weil g(z) ein Polynom k-ten Grades ist. Die obige Vertauschung zur sonstigen Übereinkunft wurde vorgenommen, damit die Kontrollstellen die Einheitsmatrix belegen und diese einfach zu bestimmen sind.

Die Erklärung des Attributs zyklisch: ein **Code** ist **zyklisch**, wenn das um beliebig viele Stel-

---

Berechnung der Kontrollstellen eines zyklischen Codes

Die 0/1-Folgen sind als Kurzform für Polynome des $G(2^n)$ zu interpretieren, indem dies die Koeffizienten sind, $"\bullet z^i"$ und $"+"$ wurden entfernt. Es handelt sich nicht um eine Division zweier Dualzahlen, sondern um eine Polynomdivision. Der formale Unterschied besteht unter anderem darin, daß bei der Addition/Subtraktion keine Überträge auf andere Stellen entstehen.

```
11011001101xxxx : 10011 = 11001100111 + Rest
-10011
 010000
 -10011
  00011011
    -10011
     010000
     -10011
      000111xxxx (Annahme: xxxx=0000)
        -10011
         011110
         -10011
          011010
          -10011
           01001 => mit xxxx=0000 ergibt sich ein Rest von 1001
```

Wählt man dagegen xxxx = 1001, so ergibt sich kein Rest, was leicht nachvollziehbar ist. Somit ergeben sich die Kontrollstellen als xxxx = 1001.

Beispiel 7.1

---

len s zyklisch verschobene Codewort (z.B. $s = 1$: x_2, x_3, ..., x_n, x_1) bzw. das entsprechende Polynom gleichfalls die Bedingung (7.25) erfüllt.

Bei einem fest gewählten Generatorpolynom $g(z)$ vom Grad k ergibt sich bezüglich der **Stellenanzahl** n eines zyklischen Codes die Beschränkung, daß

$$n = m + k = p \leq 2^k - 1 \qquad\qquad (7.29)$$

gelten muß, wobei p die **Periode** von $g(z)$ ist. Würde diese Schwelle überschritten ($n > p$), so könnte nicht garantiert werden, daß beim Zutreffen von (7.25) $t(z)$ auch wirklich ein Codewortpolynom ist. Man erkennt, daß insbesondere die **primitiven** Generatorpolynome eine besondere Funktion einnehmen, weil bei diesen die Periode p maximal ist ($p = 2^k - 1$). Zur Berechnung der $p_i(z)$ dient Programm 7.1, das zu dem eingelesenen Modularpolynom $g(z)$ diese bestimmt. Es kann damit zur Bestimmung der Kontrollmatrix herangezogen werden, vgl. Beispiel 7.2. Bei der Eingabe des Modularpolynoms muß beachtet werden, daß stets sämtliche MAX_GRAD + 1 Koeffizienten anzugeben sind, also auch "führende Nullen".

Division von Polynomen über dem GF(2)

```pascal
PROGRAM DIVISION_VON_POLYNOMEN (INPUT,OUTPUT);
CONST W = '1'; F = '0';/* DEFINITION DER KOEFF. 0(F) UND 1(W) */
      MAX_GRAD = 20;    /* OBERE SCHRANKE FUER DEN POLYNOMGRAD */
TYPE  POLYNOM  = RECORD /* POLYNOM - DEFINITION */
                   KOEFF      : ARRAY[0..MAX_GRAD] OF CHAR;
                   GRAD       : INTEGER
                   END;
      DIVISION_ERGEBNIS = RECORD /* ERGEBNIS DER DIVISION */
                   ERGEBNIS : POLYNOM;
                   REST     : POLYNOM
                   END;
VAR MODULAR_POLY, POLY1 : POLYNOM;
    POLY2 : DIVISION_ERGEBNIS;
    I, J, N : INTEGER;


/*- - - - - - - - - - - - - - - - - - - - - - - - - - - - - - - - - - - -*/
FUNCTION POLYNOM_DIVISION
(ZAEHLER_POLY : POLYNOM;/* ZAEHLERPOLYNOM  */
  NENNER_POLY : POLYNOM)/* NENNERPOLYNOM   */
               : DIVISION_ERGEBNIS;/* E R G E B N I S */
VAR I, J  : INTEGER;
BEGIN;
POLYNOM_DIVISION.ERGEBNIS.GRAD := ZAEHLER_POLY.GRAD-NENNER_POLY.GRAD;
FOR I := 0 TO MAX_GRAD DO /* ERGEBNIS INIT. */
    POLYNOM_DIVISION.ERGEBNIS.KOEFF[I] := F;
IF ZAEHLER_POLY.GRAD < NENNER_POLY.GRAD
   THEN POLYNOM_DIVISION.ERGEBNIS.GRAD := 0
   ELSE FOR I := ZAEHLER_POLY.GRAD DOWNTO NENNER_POLY.GRAD DO
             IF ZAEHLER_POLY.KOEFF[I] = W
               THEN BEGIN;
                    FOR J := 0 TO NENNER_POLY.GRAD DO
                        IF ZAEHLER_POLY.KOEFF[I-J] <>
                           NENNER_POLY.KOEFF[NENNER_POLY.GRAD-J]
                           THEN ZAEHLER_POLY.KOEFF[I-J] := W
                           ELSE ZAEHLER_POLY.KOEFF[I-J] := F;
                    POLYNOM_DIVISION.ERGEBNIS.KOEFF
                    [I-NENNER_POLY.GRAD] := W
                    END
               ELSE POLYNOM_DIVISION.ERGEBNIS.KOEFF
                    [I-NENNER_POLY.GRAD] := F;
FOR I := 0 TO MAX_GRAD DO /* DIVISIONSREST EINTRAGEN */
    POLYNOM_DIVISION.REST.KOEFF[I] := ZAEHLER_POLY.KOEFF[I];
FOR I := 0 TO MAX_GRAD DO /* GRAD DES RESTPOLYNOMS ERMITTELN */
    IF ZAEHLER_POLY.KOEFF[I] = W
       THEN POLYNOM_DIVISION.REST.GRAD := I
END;/* FUNCTION - END */
/*- - - - - - - - - - - - - - - - - - - - - - - - - - - - - - - - - - - -*/
BEGIN;/* MAIN - BEGIN */
WRITE(' MODULARPOLYNOM: ');
```

Teil 1 von Programm 7.1

```
FOR I := MAX_GRAD DOWNTO 0 DO /* MODULAR-POLYNOM EINLESEN */
    BEGIN;                     /* UND AUSDRUCKEN          */
    READ( MODULAR_POLY.KOEFF[I] );
    WRITE( MODULAR_POLY.KOEFF[I] )
    END;
WRITELN;    READLN;
FOR I := 0 TO MAX_GRAD DO /* GRAD DES MODULAR-POLYNOMS ERMITTELN */
    IF MODULAR_POLY.KOEFF[I] = W
        THEN MODULAR_POLY.GRAD := I;
FOR I := MAX_GRAD DOWNTO 0 DO /* ARBEITSPOLYNOM INIT. */
    POLY1.KOEFF[I] := F;
N := 1;
FOR I := 1 TO MODULAR_POLY.GRAD DO /* FUER DEN HAMMING-CODE DIE */
    N := N * 2;                    /* STELLENANZAHL BERECHNEN    */
N := N - 1;    POLY1.KOEFF[0] := W;    POLY1.GRAD := 0;
FOR I := 0 TO N-1 DO
    BEGIN;
    POLY2 := POLYNOM_DIVISION(POLY1, MODULAR_POLY);
    WRITE(' REST-POLYNOM FUER Z HOCH ',I:3,': ');
    FOR J := MAX_GRAD DOWNTO 0 DO
        WRITE( POLY2.REST.KOEFF[J] );
    WRITELN;
    POLY1.KOEFF[I+1] := W;/* Z HOCH I+1 GENERIEREN */
    POLY1.KOEFF[I]   := F;/* KOEFFIZIENT WIEDERHERSTELLEN */
    POLY1.GRAD := POLY1.GRAD + 1 /* POLYNOMGRAD ERHOEHEN */
    END
END.
```

<u>Beispiel einer Eingabe</u>

```
00000000000000000010011
```

<u>dazugehörende Ausgabe</u>

```
MODULARPOLYNOM: 00000000000000000010011
REST-POLYNOM FUER Z HOCH   0: 00000000000000000000001
REST-POLYNOM FUER Z HOCH   1: 00000000000000000000010
REST-POLYNOM FUER Z HOCH   2: 00000000000000000000100
REST-POLYNOM FUER Z HOCH   3: 00000000000000000001000
REST-POLYNOM FUER Z HOCH   4: 00000000000000000000011
REST-POLYNOM FUER Z HOCH   5: 00000000000000000000110
REST-POLYNOM FUER Z HOCH   6: 00000000000000000001100
REST-POLYNOM FUER Z HOCH   7: 00000000000000000001011
REST-POLYNOM FUER Z HOCH   8: 00000000000000000000101
REST-POLYNOM FUER Z HOCH   9: 00000000000000000001010
REST-POLYNOM FUER Z HOCH  10: 00000000000000000000111
REST-POLYNOM FUER Z HOCH  11: 00000000000000000001110
REST-POLYNOM FUER Z HOCH  12: 00000000000000000001111
REST-POLYNOM FUER Z HOCH  13: 00000000000000000001101
REST-POLYNOM FUER Z HOCH  14: 00000000000000000001001
```

Teil 2 (Ende) von Programm 7.1

Der **zyklische Hamming-Code** basiert auf einem **primitiven** $g(z)$, und es ergibt eine Hamming-Distanz von drei ($d_h = 3$), so daß zwei Fehler erkannt und einer korrigiert werden kann. Man wählt damit ein primitives, beliebiges Generatorpolynom vom Grad k, und die Codewörter umfassen dann $2^k - 1 = n$ Stellen, nämlich k Kontroll- und ($n-k=m$) Nachrichtenstellen. Aus dem gewählten Polynom resultiert auch die $k \times (2^k-1)$-Kontrollmatrix. Die Spaltenvektoren (k-Tupel) der Matrix sind paarweise linear unabhängig (verschieden) voneinander, und es sind insgesamt 2^k-1 Vektoren. Somit ist es möglich, die transponierten Vektoren P_i^T (ein Zeilenvektor) bzw. $p_i(z)$ als k-stellige Dualzahlen d_i ($0 \leq i \leq 2^k-2$) von 1 bis 2^k-1 zu interpretieren. Jedoch sind die d_i nicht der Größe nach geordnet, es ist meistens $d_i \neq i+1$; vgl. die Ausgabe von Programm 7.1.

Welche Vorteile birgt dies trotzdem bei der Codierung und Decodierung? Die Erstellung der Kontrollmatrix ist einfach. Gemäß (7.27) gilt bei einem Fehler in t_i $S = P_i$, und man stößt über die Dualzahl d_i eindeutig auf den Fehler. Da nicht $d_i = i+1$ garantiert ist, sollte die Zuordnung von $p_\alpha(z)$ auf d über ein Array gelöst werden. Eine weitere Möglichkeit besteht darin, die m Nachrichtenstellen so zu verteilen, daß jeweils $d_\alpha = \alpha + 1$ gilt (die k Kontrollstellen benötigen keiner Korrektur und können beliebig verteilt werden!).

Es wird von einem **verkürzten zyklischen Code** gesprochen, wenn in (7.29) das $<$ zutrifft. Zur Verdeutlichung kann man sich die ersten Nachrichtenstellen als konstant gleich Null vorstellen. Eine praktische Anwendung liegt z.B. in der Anpassung des Codes an eine vorgegebene kleinere Länge der Nachrichtenblöcke, so daß nicht alle m Nachrichtenstellen des Codewortes genutzt werden. Bei der Aufstellung der Kontrollmatrix sind keine Änderungen zu berücksichtigen, lediglich werden weniger Spaltenvektoren verwendet. Zu erwähnen ist allein, daß die zyklische Eigenschaft des Codes mit der Verkürzung verloren geht. Im Beispiel 7.2 wird eine Anwendung eines verkürzten zyklischen Codes vorgestellt. Gleichzeitig wird dargelegt, weshalb die verwendete Codierung leistungsfähiger als eine Wiederholung der Nachricht ist, obwohl beiden die 1/2 zugrundeliegt.

Einen leistungsfähigeren zyklischen Code als den Hamming-Code, den sogenannten **Abramson-Code**, erhält man mit einem Modularpolynom $g(z)$ der Form $g(z) = a(z) \cdot (z+1)$, wobei $a(z)$ ein primitives, beliebiges Polynom vom Grad k ist. Die Hamming-Distanz dieses Codes beträgt dann vier ($d_h = 4$), und es ergeben sich $k+1$ Kontrollstellen sowie $m = 2^k-k-2$ Nachrichtenstellen, insgesamt ein Codewort der Länge 2^k-1. Die Kontrollmatrix ergibt sich analog aus obiger Herleitung, indem das Polynom $g(z)$ verwendet wird.

Codes mit schrittweise verbesserten Möglichkeiten der Fehlerkorrektur finden deren Verallgemeinerung im **Bose-Chaudhuri-Code**, auf den hier nicht weiter eingegangen werden kann. Dieser ermöglicht eine Korrektur bis zu einer beliebig vorgegebenen Zahl t an Fehlern. Seine Behandlung bedarf einer tieferen algebraischen Beschreibung, so daß hierzu auf [25] verwiesen wird.

Sogenannte **iterative Codes** bzw. zwei- oder mehrdimensionale Codes werden bspw. bei den

Magnetbandspeichern verwendet. Jedes Byte wird zunächst mit einem Paritätsbit ergänzt (eine zusätzliche Zeile), die Bezeichnung der 9-Spur-Technik ist darauf zurückzuführen. Zusätzlich wird eine Prüfsumme über die im Block enthaltenen Bytes errechnet und diesem hinzugefügt (zusätzliche Spalte(n)), daher zweidimensional. Von beiden Vorgängen merkt der Benutzer nichts, diese laufen in den Peripheriegeräten selbständig ab.

Eine praktische Realisierung eines zyklischen Codes in der Hardware liegt in der Beschreibung sogenannter **rückgekoppelter Schieberegister**. Der allgemeine Aufbau eines solchen ist in der Graphik 7.2 dargestellt. Schieberegister lassen sich gezielt konstruieren und zur **Polynomdivision** von GF(2)-Polynomen einsetzen. Jedes der einzelnen binären Speicherelemente (Flip-Flops) enthält Null oder Eins und gibt diesen Wert konstant an seinem Ausgang (links) aus. Nur, wenn es einen Taktimpuls erhält, übernimmt es den Wert an dessen Eingang (rechts) als neuen Inhalt. Die geschalteten **Rückkopplungen** bestehen aus den geschalteten Verbindungen sowie den modulo 2 **Addierbausteinen** (exor-Baustein). Letztere geben an deren Ausgang stets die Summe modulo 2 aus, so daß in einem Taktzyklus entsprechend den Rückkopplungen die Speicherelemente des Schieberegisters die neuen Werte annehmen. Dieser Vorgang, die Veränderung des Registerinhalts in Abhängigkeit zu den geschalteten Rückkopplungen, läßt sich mittels Polynom-Restklassenrechnung mathematisch leicht beschreiben. Aus den n Rückkopplungen g_i ergibt sich das **Generatorpolynom** $g(z) = g_n \cdot z^n + g_{n-1} \cdot z^{n-1} + ... + g_1 \cdot z + g_0$, indem $g_i = 1$ ist, wenn die Rückkopplung besteht (geschaltet wurde), ansonsten ist $g_i = 0$. Den aktuellen Inhalt des Schieberegisters bzw. der einzelnen Elemente s_i kann man allgemein über ein Polynom

$$R(z) = \sum_{i=0}^{n-1} s_i \cdot z^i \tag{7.30}$$

(n-1)-ten Grades ausdrücken, vgl. Graphik 7.2. Bei einem beliebigen aktuellen Registerinhalt $R_i(z)$ stellt sich mit dem nächsten Takt der neue Inhalt des Schieberegisters $R_{i+1}(z)$ gemäß

$$R_{i+1}(z) = [R_i(z) \cdot z + d \cdot z^n] \bmod g(z) \tag{7.31}$$

ein.

Im Bereich der IBM-Großrechner findet die **gesicherte Übertragungsprozedur** SDLC (<u>s</u>ynchronous <u>d</u>ata <u>l</u>ink <u>c</u>ontrol) Anwendung. Übertragungs- oder Leitungsprozeduren sind Bestandteil des **Kommunikationsprotokolls** -unter diesem wird die globale Absprache des Datenverkehrs verstanden- und ist Grundlage für den Datentransfer über Verbindungsstrecken innerhalb von Rechnernetzen (z.B. Rechner-Rechner-Kopplung). Diese gewährleisten eine **sichere** Datenübertragung, sie legen das Format fest, in der die binäre Information übertragen wird. Der Prozedur SDLC liegt das Generatorpolynom $g(z) = z^{16} + z^{12} + z^5 + 1$ und damit das in Beispiel 7.3 dargestellte rückgekoppelte Schieberegister zugrunde. Ausgehend von $R_0(z) = \sum_{j=0}^{15} z^j$ ($=>$ $s_j = 1$ für $j = 0,..,15$), wird gemäß (7.31) für jedes Datenbit d_i ($i = 1,2,...,n$) das Polynom $R_i(z)$ (in der Hardware) berechnet.

Das sich mit dem letzten Datenbit d_n ergebende $R_n(z)$ wird als 16-stelliges **Kontrollmuster** in

---

Verwendung eines Hamming-Codes zur Datensicherung

Die Aufgabenstellung besteht in der Codierung eines Bytes derart, daß in jeder der beiden Vier-Bit-Gruppen -auch **Nibble** genannt- mindestens ein Fehler korrigiert und zwei erkannt werden. Dies führt somit auf einen Hamming-Code, der die $m = 4$ Nachrichtenstellen aufnimmt und mit entsprechenden $k = 4$ Kontrollstellen versieht. Gemäß (7.29) ist für $m = 4$ das Polynom $p(z) = z^4 + z + 1$ ein geeignetes (irreduzibles) Generatorpolynom, und es ergäben sich 15-stellige Codewörter. Von diesen sind 11 Nachrichtenstellen, so daß ein **verkürzter** zyklischer Hamming-Code Anwendung finden wird. Von Programm 7.1 ist bereits das Kontrollschema berechnet worden. Im Falle eines verkürzten Codes können neben den Vektoren für die Einheitsmatrix beliebig andere Vektoren ausgewählt werden, z.B.:

$$
\begin{aligned}
x_1 + x_2 + x_3 \quad\quad &= \quad x^5 \\
x_1 + \quad\quad x_4 &= \quad\quad x^6 \\
x_2 + \quad x_4 &= \quad\quad\quad x^7 \\
x_1 + \quad x_3 + x_4 &= \quad\quad\quad\quad x^8 \ .
\end{aligned}
$$

Für jedes Nibble müssen entsprechend die Kontrollstellen x_5 bis x_8 berechnet und angehängt werden.

Die Informationsrate beträgt 1/2, wie es auch der Fall wäre, wenn beide Nibbles bzw. das Byte einfach wiederholt würde. Ist dies bzgl. der Effizienz (Sicherheit) gleichwertig? Nein. Geht man davon aus, daß die Nachrichtenstellen beliebig besetzt werden ($d_h = 1$), so ergibt die Wiederholung nur eine Verdopplung der Hamming-Distanz ($d_h = 2$), und des weiteren treten Pattsituationen ein.

Beispiel 7.2

---

invertierter Form an die Daten angehängt. Im Empfänger geht man genauso vor und berechnet, ausgehend von $s_j = 1$ ($j = 0,...,15$), für die empfangenen Datenbits d_i das Polynom $R_i(z)$ entsprechend. Dieser Verrechnungsschritt endet aber im Empfänger nicht mit den Datenbits, sondern erstreckt sich weiter auf die empfangenen (invertierten) 16 Kontrollbits. Eine korrekte Übertragung im Rahmen der möglichen Fehlerüberprüfung bestätigt sich, wenn $R(z)$ am Ende in Kurzform das Muster 0001110100001111 ergibt; würde das Kontrollzeichen nicht invertiert in die Rechnung einfließen, so ergäbe sich $s_j = 0$ ($j = 0,..,15$). Stellt sich das Muster nicht ein, so fordert der Empfänger den Sender zur **Blockwiederholung** auf. Wurde dies n-mal erfolglos durchgeführt, wird die Leitung deaktiviert.

Begründungen für diesen Ablauf im Detail und auch für dieses spezielle Muster können im Rahmen dieses Buches nicht näher gegeben werden.

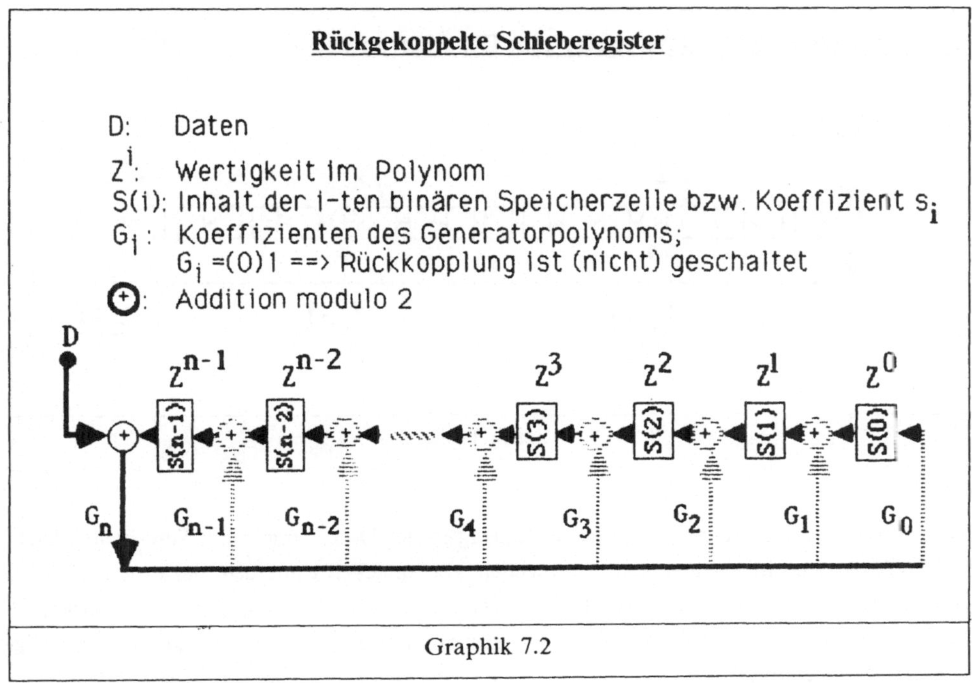

Graphik 7.2

7.3 KRYPTOGRAPHIE

Die im Abschnitt 7.1 vorgestellte Struktur des Kryptosystems läßt sich bzgl. des Chiffren-
typs in die **reversiblen** und die **irreversiblen Chiffren** weiter untergliedern. Erstere Chiffre ist
von elementarer Art und besagt, daß der **Klartext** in einen sicheren ("unlesbaren") **Schlüsseltext** (das Chiffrat) chiffriert und mit demselben Aufwand wieder in die lesbare Form dechiffriert werden kann.

Irreversible Chiffren werden auch als **Einwegfunktionen** bezeichnet; diese unterliegen der
Forderung, daß die Verschlüsselung selbst leicht ist, d.h. $f(x)=y$ kann schnell berechnet
werden, jedoch die rückwärtige Berechnung von x aus y ($x=f^{-1}(y)$) sehr viel Zeit benötigt
und somit ausgeschlossen werden kann.

Das klassische Anwendungsbeispiel einer Einwegfunktion ist die Verschlüsselung von Kenn-
wörtern (Password) in einem Rechnersystem mit kontrolliertem Zugriff. Mit der Berechti-
gung des Zugriffs auf den Rechner wird jedem Benutzer ein Kennwort vergeben. Die Kenn-
wörter aller Benutzer sind für den Zugriffskontrollmechanismus in einer evtl. sogar allgemein
zugänglichen Datei gespeichert. Dies natürlich nicht als Klartexteintrag, sondern in chiffrierter Form. Somit wird bei der Zugriffskontrolle das eingegebene Kennwort chiffriert

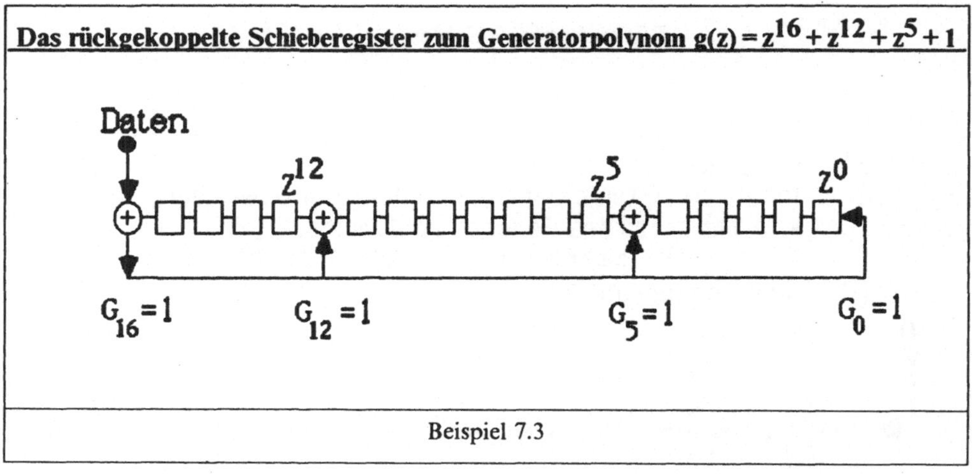

Beispiel 7.3

(f(Kennwort) = y berechnet) und mit dem Eintrag in der Datei verglichen. Sind beide gleich, wird auch der Zugriff auf den Rechner gegeben. Da umgekehrt aus dem bekannten Chiffrat quasi nicht das eigentliche Kennwort berechnet werden kann, ist der Schutz gewährleistet. Auch der Administrator des Zugriffskontrollsystems kann dies nicht; er hat nur die Möglichkeit ein Kennwort zu initialisieren. Der Anwendung einer Einwegfunktion liegt zugrunde, daß an dem Klartext an sich kein Interesse besteht und eine Dechiffrierung nicht in Betracht kommt.

Zu den irreversiblen Chiffren zählen auch die Kryptosysteme mit offenem Schlüssel; bei diesen ist die rückwärtige Berechnung des geheimen Schlüssels aus dem öffentlichen "unmöglich".

7.3.1   DER DATA ENCRYPTION STANDARD (DES)

Der **D**ata **E**ncryption **S**tandard, kurz DES, basiert auf einem Algorithmus zur **Blockchiffrierung** (Länge = 8 Bytes) binärer Nachrichten und ist eine **reversible** Chiffre. Der DES ist bei der Firma IBM entwickelt und 1977 als US-Verschlüsselungsstandard genormt worden. Auch in Deutschland findet dieser Anwendung: im Bankwesen z.B. bei der Codierung der für den Geldautomaten entwickelten Scheckkarten und beim Transfer von Daten zwischen den Rechenzentren.

Dem Algorithmus liegen **Permutationen** und nichtlineare **Substitutionen** sowie eine Operationsvorschrift zugrunde, die 16-mal zu durchlaufen ist. Der Schlüssel K wie auch der Klartext D bestehen aus 64 Bits, wobei D beliebig gewählt werden kann und im Schlüssel von den 64 Bits acht Paritätsbits (Kontrollstellen) sind. Zwei praktische Vorzüge bietet der DES: einerseits müssen keine arithmetischen Operationen -evtl. noch mit "riesigen" Zahlen- vorgenommen werden, andererseits brauchen zur Dechiffrierung die aus dem eigentlichen

Schlüssel K bestimmten Teilschlüssel K_i lediglich in umgekehrter Reihenfolge verwendet zu werden.

In der Graphik 7.3 ist der gesamte Ablauf der Chiffrierung aufgeschlüsselt und die Komponentenanzahl jeder Zwischenstufe angegeben. Nachfolgend sind die Operationsschritte im Detail dargestellt (vgl. [27]), und gleichzeitig werden Hinweise für die programmtechnische Umsetzung gegeben, wie sie mit Programm 7.2 vorgenommen wurde. Zu erwähnen ist, daß für den DES-Benutzer nur die Auswahl eines beliebigen Schlüssels besteht. Sämtliche Operationen sind festgelegt (genormt) und können ohne tiefgreifende Kenntnisse, die vorrangig beim Entwickler liegen, nicht geändert werden. Die DES-Parameter sind in Tabelle 7.3 aufgeführt, wobei Programm 7.2 seine Eingabe auch in diesem Format erwartet.

Der Index i wird in nachstehender Beschreibung sowie in der Graphik 7.3 ausschließlich für die Nummer des Schleifendurchlaufs (Iterationsschrittes) und nicht für die Formulierung der Einzeloperationen verwendet. Damit wird verdeutlicht, daß sich die Größen von Schritt zu Schritt unterscheiden.

(1) Der 64 Komponenten d_j (j = 1,2,...,64) umfassende Eingabevektor D (acht zu chiffrierende Bytes) wird der Permutation (Vertauschung der Stellen) IP unterzogen, aus der die Bits u_1 bis u_{64} des Vektors U (U = IP(D)) resultieren. Man kann dies einfach über ein Array PERM lösen, so daß PERM[j] die neue Position des j-ten Elements angibt (u[j]: = d[PERM[j]]). Die 64 Bits u_j werden schließlich in zwei gleichgroße Gruppen (Vektoren) eingeteilt, eine linke $L_0 = (u_1, u_2, ..., u_{32})$ und eine rechte $R_0 = (u_{33}, u_{33}, ..., u_{64})$.
Dieser Schritt (1) ist der obere Bestandteil von Teil (1) der Graphik 7.3.

(2) Mit den Startwerten L_0 und R_0 führt man 16-mal (i = 1, 2, ..., 16) die Operationsfolge

$$L_i = R_{i-1} \tag{7.32}$$

$$R_i = L_{i-1} + f(R_{i-1}, K_i) \pmod 2 \tag{7.33}$$

aus. Für diesen Schritt müssen nun zunächst (I) die Bildung der Teilschlüssel K_i und (II) die Operationen, die sich in der Funktion f bergen, beschrieben werden. In einem Programm empfiehlt es sich gleichfalls, die funktionale Darstellung durch f beizubehalten.

(I) Es wird vom eigentlichen Schlüssel K der Länge 64 ausgegangen, wobei die Funktion der Bits $k_{j \cdot 8}$ für j = 1, 2, ..., 8 als Paritätsbits festgelegt ist.

(a) Mit der Operation PK_1(K) gewinnt man aus dem 64-stelligen Schlüssel K den 56-stelligen Vektor F, F = PK_1(K). Durch PK_1 werden die Paritätsbits beseitigt und der resultierende 56-stellige Vektor einer definierten Permutation unterzogen. Aus F werden nun M_0 und N_0 gewonnen, indem F in eine linke Hälfte $M_0 = (f_1, f_2, ..., f_{28})$ (28 Bits) und eine rechte Hälfte $N_0 = (f_{29}, f_{30}, ..., f_{56})$ (28 Bits) aufgesplittet wird. In M_0 und N_0 liegen die eigentlichen Startwerte für die in (b) beschriebene Iteration. Der gesamte Schritt (a) ist im Teil

DES-Parameter

In folgender Aufstellung sind die DES-Parameter aufgeführt, wie die Norm sie vorschreibt. Gleichzeitig stellt diese Liste das Eingabeformat für Programm 7.2 dar.

```
                            --   IP   --
58 50 42 34 26 18 10  2         60 52 44 36 28 20 12  4
62 54 46 38 30 22 14  6         64 56 48 40 32 24 16  8
57 49 41 33 25 17  9  1         59 51 43 35 27 19 11  3
61 53 45 37 29 21 13  5         63 55 47 39 31 23 15  7
                            --  PK_1  --
57 49 41 33 25 17  9  1         58 50 42 34 26 18 10  2
59 51 43 35 27 19 11  3         60 52 44 36 63 55 47 39
31 23 15  7 62 54 46 38         30 22 14  6 61 53 45 37
29 21 13  5 28 20 12  4
                            --  PK_2  --
14 17 11 24  1  5  3 28         15  6 21 10 23 19 12  4
26  8 16  7 27 20 13  2         41 52 31 37 47 55 30 40
51 45 33 48 44 49 39 56         34 53 46 42 50 36 29 32
                            --   PL   --
16  7 20 21 29 12 28 17          1 15 23 26  5 18 31 10
 2  8 24 14 32 27  3  9         19 13 30  6 22 11  4 25
                            --  S(1)  --
    14  4 13  1  2 15 11  8  3 10  6 12  5  9  0  7
     0 15  7  4 14  2 13  1 10  6 12 11  9  5  3  8
     4  1 14  8 13  6  2 11 15 12  9  7  3 10  5  0
    15 12  8  2  4  9  1  7  5 11  3 14 10  0  6 13
                            --  S(2)  --
    15  1  8 14  6 11  3  4  9  7  2 13 12  0  5 10
     3 13  4  7 15  2  8 14 12  0  1 10  6  9 11  5
     0 14  7 11 10  4 13  1  5  8 12  6  9  3  2 15
    13  8 10  1  3 15  4  2 11  6  7 12  0  5 14  9
                            --  S(3)  --
    10  0  9 14  6  3 15  5  1 13 12  7 11  4  2  8
    13  7  0  9  3  4  6 10  2  8  5 14 12 11 15  1
    13  6  4  9  8 15  3  0 11  1  2 12  5 10 14  7
     1 10 13  0  6  9  8  7  4 15 14  3 11  5  2 12
                            --  S(4)  --
     7 13 14  3  0  6  9 10  1  2  8  5 11 12  4 15
    13  8 11  5  6 15  0  3  4  7  2 12  1 10 14  9
    10  6  9  0 12 11  7 13 15  1  3 14  5  2  8  4
     3 15  0  6 10  1 13  8  9  4  5 11 12  7  2 14
                            --  S(5)  --
     2 12  4  1  7 10 11  6  8  5  3 15 13  0 14  9
    14 11  2 12  4  7 13  1  5  0 15 10  3  9  8  6
     4  2  1 11 10 13  7  8 15  9 12  5  6  3  0 14
    11  8 12  7  1 14  2 13  6 15  0  9 10  4  5  3
                            --  S(6)  --
    12  1 10 15  9  2  6  8  0 13  3  4 14  7  5 11
    10 15  4  2  7 12  9  5  6  1 13 14  0 11  3  8
     9 14 15  5  2  8 12  3  7  0  4 10  1 13 11  6
     4  3  2 12  9  5 15 10 11 14  1  7  6  0  8 13
```

Teil 1 von Tabelle 7.3

```
                          -- S(7) --
      4 11   2 14 15   0   8 13   3 12   9   7   5 10   6   1
     13   0 11   7   4   9   1 10 14   3   5 12   2 15   8   6
      1   4 11 13 12   3   7 14 10 15   6   8   0   5   9   2
      6 11 13   8   1   4 10   7   9   5   0 15 14   2   3 12
                          -- S(8) --
     13   2   8   4   6 15 11   1 10   9   3 14   5   0 12   7
      1 15 13   8 10   3   7   4 12   5   6 11   0 14   9   2
      7 11   4   1   9 12 14   2   0   6 10 13 15   3   5   8
      2   1 14   7   4 10   8 13 15 12   9   0   3   5   6 11
                          --  E   --
    32  1  2  3  4  5  4  5           6  7  8  9  8  9 10 11
    12 13 12 13 14 15 16 17          16 17 18 19 20 21 20 21
    22 23 24 25 24 25 26 27          28 29 28 29 30 31 32  1
                          -- LS(I) --
      1  1  2  2  2  2  2  2  1  2  2  2  2  2  2  1
```

Teil 2 (Ende) von Tabelle 7.3

(2) der Graphik beschrieben.

(b) Im Schritt i werden die Vektoren M_{i-1} und N_{i-1} (jeder für sich) der festgelegten Anzahl s_i **zyklischen** **Linksshifts** (LS_i) unterzogen, wobei s_i für jeden Schritt i gesondert ausgewählt ist. Aus dieser Operation resultieren M_i und N_i. Mittels Polynom-Restklassenrechnung kann dies äquivalent über

$$m_i(z) = m_{i-1}(z) \cdot z^{s_i} \mod z^{28} \tag{7.34}$$

$$n_i(z) = n_{i-1}(z) \cdot z^{s_i} \mod z^{28} \tag{7.35}$$

formuliert werden.

Für die Bestimmung des 48-stelligen Teilschlüssels K_i müssen zunächst in M_i die Bits 9, 18, 22 und 25 ($=> M_i'$) sowie in N_i die Bits 7, 10, 15 und 26 entfernt ($=> N_i'$) werden. Der durch Verkettung entstehende 48-stellige Vektor $M_i'N_i'$ wird zusätzlich permutiert. Diese beiden Operationen bergen sich in der Funktion PK_2, d.h., $K_i = PK\_2(M_iN_i)$.

Um Rechenzeit zu sparen, ist es empfehlenswert, die Berechnung der Teilschlüssel K_i aus der Verschlüsselungsfunktion herauszulösen und diese als Parameter zu übergeben. Das erbringt zwei Vorteile: zum einen sind die K_i

Algorithmus des Data Encryption Standards
TEIL (1)
Klartext D 64
IP
L0 32
R0 32
f(R_0,K_1)
(modulo 2)
+
L_1=R_0 32
R_1 32
for i := 1 to 16 do
    begin;
    L(i) := R(i-1);
    R(i) := L(i-1) + f(R(i-1),K(i))
    end;
L16 32
R16 32
R16 32
L16 32
inverse IP 64
Schlusseltext DES(D,K) 64
TEIL (2)
Schlüssel K 64
PK_1
M0 28
N0 28
TEIL (3)
R_{i-1} 32
E
E(R_{i-1}) 48
M_{i-1} 28
LS i
M_i 28
N_{i-1} 28
LS i
N_i 28
PK_2
K_i 48
(modulo 2)
+
K_i+E(R_{i-1}) 48
jeweils 6 Bits
S_1 S_2 S_3 S_4 S_5 S_6 S_7 S_8
jeweils 4 Bits
PL
f(R_{i-1},K_i) 32

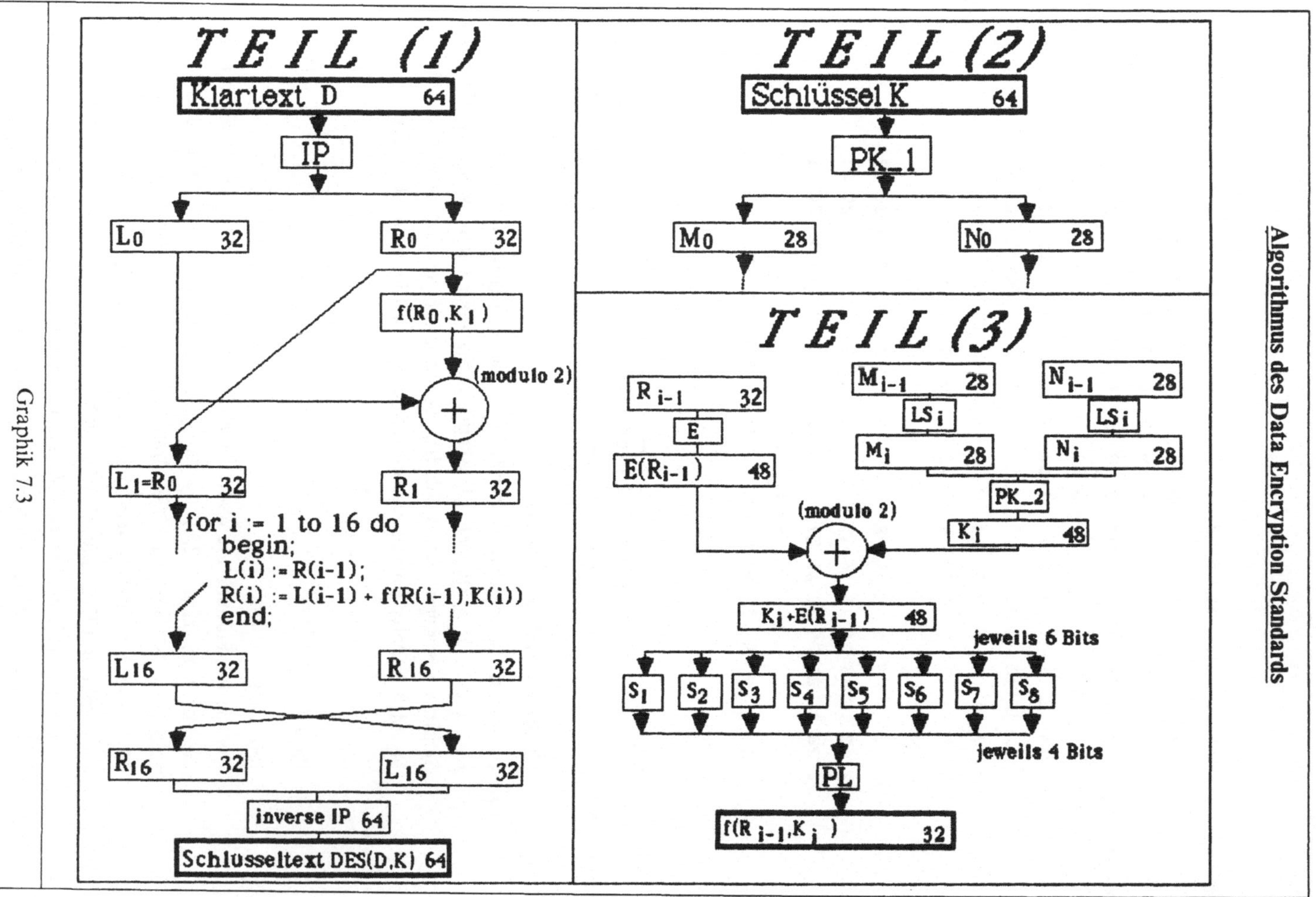

Graphik 7.3

__Programmtechnische Umsetzung des Data Encryption Standards__

```
PROGRAM DATA_ENCRYPTION_STANDARD (DESPARM,INPUT,OUTPUT);
/* VERSCHLUESSELUNG MIT DEM GENORMTEN  D E S  */
CONST NULL = FALSE;/* NULL- UND EINS-ELEMENT DEFINIEREN */
      EINS = TRUE;
TYPE  SCHLUESSEL_ANGABE = ARRAY[1..8]  OF INTEGER;
      TEXT_ANGABE       = ARRAY[1..8]  OF CHAR;
      SCHLUESSEL        = ARRAY[1..48] OF BOOLEAN;
      TEIL_SCHLUESSEL   = ARRAY[1..16] OF SCHLUESSEL;
      TUPEL_4           = ARRAY[1..4]  OF BOOLEAN;
      TUPEL_28          = ARRAY[1..28] OF BOOLEAN;
      TUPEL_32          = ARRAY[1..32] OF BOOLEAN;
      TUPEL_48          = ARRAY[1..48] OF BOOLEAN;
      TUPEL_56          = ARRAY[1..56] OF BOOLEAN;
      TUPEL_64          = ARRAY[1..64] OF BOOLEAN;
      PERMUTATION_32    = ARRAY[1..32] OF INTEGER;
      PERMUTATION_48    = ARRAY[1..48] OF INTEGER;
      PERMUTATION_56    = ARRAY[1..56] OF INTEGER;
      PERMUTATION_64    = ARRAY[1..64] OF INTEGER;
      EXPANSION         = ARRAY[1..48] OF INTEGER;
      SUBST_MATRIX      = ARRAY[NULL..EINS,NULL..EINS,
                                NULL..EINS,NULL..EINS,
                                NULL..EINS,NULL..EINS] OF TUPEL_4;
      SUBST_MATRIZEN    = ARRAY[1..8]  OF SUBST_MATRIX;
      SHIFT_TABELLE     = ARRAY[1..16] OF INTEGER;
      EINGABE_FILE      = TEXT;
VAR   DESPARM : EINGABE_FILE;/* FILE FUER DIE DES-PARAMETER */
      CHIFFRAT, KLARTEXT: TEXT_ANGABE;/* KLARTEXT UND SCHLUESSELTEXT */
      K_I, K_I_U  : TEIL_SCHLUESSEL;/* TEIL-SCHLUESSEL K(I) */
      DES_KEY     : SCHLUESSEL_ANGABE;/* SCHLUESSEL K */
      IP    : PERMUTATION_64;/* INITIAL-PERMUTATION IP */
      PK_1  : PERMUTATION_56;/* INITIAL-PERMUTATION PK_1 */
      PL    : PERMUTATION_32;/* PERMUTATION PL AM ENDE VON F */
      PK_2  : PERMUTATION_48;/* PERMUTATION PK_2 DER TEIL-SCHLUESSEL */
      S_J   : SUBST_MATRIZEN;/* SUBSTITUTIONS-MATRIZEN */
      E     : EXPANSION;/* EXPANSION E IN F */
      LS_I_ : SHIFT_TABELLE;/* ZYKLISCHE LINKS-SHIFTS */
      I     : INTEGER;
/* - - - - - - - - - - - - - - - - - - - - - - - - - - - - - - - - - - - */
FUNCTION ENCRYPT_DECRYPT /* CHIFFRIER- UND DECHIFFRIERFUNKTION */
  (D : TEXT_ANGABE;/* KLARTEXT ODER SCHLUESSELTEXT */
  IP : PERMUTATION_64;/* INITIAL-PERMUTATION IP */
K_I_ : TEIL_SCHLUESSEL;/* TEIL-SCHLUESSEL K(I) */
  PL : PERMUTATION_32;/* PERMUTATION PL AM ENDE VON F */
S_J_ : SUBST_MATRIZEN;/* SUBSTITUTIONS-MATRIZEN S(J) */
   E : EXPANSION) /* EXPANSION E */
     : TEXT_ANGABE;/* E R G E B N I S */
VAR I, J, BITS : INTEGER;/* ARBEITSVARIABLEN */
    L, R, ZZ   : TUPEL_32;
    XX, YY     : TUPEL_64;
```

Teil 1 von Programm 7.2

```
     IP_INVERS  : PERMUTATION_64;

     function f /* zur berechnung von f(r(i-1),k(i)) */
      (r : tupel_32;/* rechte haelfte r(i-1) */
    k_i : schluessel)/* teil-schluessel k(i) */
        : tupel_32;/* e r g e b n i s */
     var xx : tupel_48;/* arbeitsvariablen */
         yy : tupel_32;
         ww : tupel_4;
         i, j : integer;
         sub_ma : subst_matrix;
     begin;
     for i := 1 to 48 do /* expansion( r(i-1) ) */
         xx[i] := r[e[i]];
     for i := 1 to 48 do /* addition modulo zwei */
         if xx[i] <> k_i[i]
             then xx[i] := eins
             else xx[i] := null;
     for i := 0 to 7 do
         begin;
         sub_ma := s_j_[i+1];/* matrix s(j) auswaehlen */
         /* substitution ueber auswahl der zeile und spalte */
         ww := sub_ma[xx[6*i+1],xx[6*i+6],xx[6*i+2],
                     xx[6*i+3],xx[6*i+4],xx[6*i+5]];
         for j := 1 to 4 do
             yy[4*i+j] := ww[j]
         end;
     for i := 1 to 32 do /* permutation p1 durchfuehren */
         f[i] := yy[p1[i]]
     end;/* function - end */

BEGIN;
FOR I := 0 TO 7 DO /* CHARACTER ==> BINAER (BOOLEAN) */
    BEGIN;
    BITS := ORD( D[I+1] );/* CHARACTER ==> INTEGER */
    FOR J := 8 DOWNTO 1 DO /* INTEGER ==> BOOLEAN */
        BEGIN;
        IF ODD( BITS )
            THEN YY[I*8+J] := EINS
            ELSE YY[I*8+J] := NULL;
        BITS := BITS DIV 2
        END
    END;
FOR I := 1 TO 64 DO /* INITIAL-PERMUTATION IP DURCHFUEHREN */
    XX[I] := YY[IP[I]];
FOR I := 1 TO 32 DO /* IN ZWEI HAELFTEN R UND L AUFSPLITTEN */
    BEGIN;
    L[I] := XX[I];    /* LINKE HAELFTE */
    R[I] := XX[32+I] /* RECHTE HAELFTE */
    END;
FOR I := 1 TO 16 DO /* ITERATION */
```

Teil 2 von Programm 7.2

```
       BEGIN;
       ZZ := F( R , K_I_[I] );
       FOR J := 1 TO 32 DO /* L(I-1) + F(R(I-1),K(I)) */
           IF ZZ[J] <> L[J]
               THEN ZZ[J] := EINS
               ELSE ZZ[J] := NULL;
       L := R;/* L(I) = R(I-1) */
       R := ZZ
       END;
FOR I := 1 TO 32 DO /* ABSCHLIESSENDE VERTAUSCHUNG */
    BEGIN;
    XX[I]     := R[I];
    XX[I+32] := L[I]
    END;
FOR I := 1 TO 64 DO /* INVERSE INITIAL-PERMUTATION IP BESTIMMEN */
    IP_INVERS[IP[I]] := I;
FOR I := 1 TO 64 DO /* INVERSE INITIAL-PERMUTATION DURCHFUEHREN */
    YY[I] := XX[IP_INVERS[I]];
FOR I := 0 TO 7 DO /* BINAER (BOOLEAN) ==> CHARACTER */
    BEGIN;
    BITS := 0;
    FOR J := 1 TO 8 DO /* BINAER ==> INTEGER */
        BEGIN;
        BITS := BITS * 2;
        IF YY[I*8+J] = EINS
            THEN BITS := BITS + 1
        END;
    ENCRYPT_DECRYPT[I+1] := CHR(BITS) /* INTEGER ==> CHARACTER */
    END
END;/* FUNCTION - END */
/* - - - - - - - - - - - - - - - - - - - - - - - - - - - - - - - - - */
FUNCTION TEILSCHLUESSEL_GENERIERUNG
   (K : SCHLUESSEL_ANGABE;/* SCHLUESSEL K IN FORM VON 8 ZAHLEN */
 PK_1 : PERMUTATION_56;/* INITIAL-PERMUTATION PK_1 */
 PK_2 : PERMUTATION_48;/* PERMUTATION PK_2 */
LS_I_ : SHIFT_TABELLE) /* LINKS-SHIFTS LS(I) */
     : TEIL_SCHLUESSEL;/* E R G E B N I S */
VAR I, J : INTEGER;
    M, N, PP, QQ : TUPEL_28;
    XX : TUPEL_56;
    YY : TUPEL_64;
BEGIN;
FOR I := 0 TO 7 DO /* 8 BYTES ==> 64 BITS DES SCHLUESSELS */
    FOR J := 8 DOWNTO 1 DO /* INTEGER ==> BOOLEAN */
        BEGIN;
        IF ODD( K[I+1] )
            THEN YY[I*8+J] := EINS
            ELSE YY[I*8+J] := NULL;
        K[I+1] := K[I+1] DIV 2
        END;
FOR I := 1 TO 56 DO /* INITIAL-PERMUTATION PK_1 DURCHFUEHREN */
    XX[I] := YY[PK_1[I]];
```

Teil 3 von Programm 7.2

```
FOR I := 1 TO 28 DO /* IN ZWEI HAELFTEN M UND N AUFSPLITTEN */
    BEGIN;
    M[I] := XX[I];   /* LINKE HAELFTE */
    N[I] := XX[28+I] /* RECHTE HAELFTE */
    END;
FOR I := 1 TO 16 DO /* 16 TEIL-SCHLUESSEL WERDEN BERECHNET */
    BEGIN;
    PP := M; QQ := N;
    FOR J := 0 TO 27 DO /* ZYKLISCHE LINKS-SHIFTS DURCHFUEHREN */
        BEGIN;
        M[J+1] := PP[((J+LS_I_[I]) MOD 28)+1];
        N[J+1] := QQ[((J+LS_I_[I]) MOD 28)+1]
        END;
    FOR J := 1 TO 28 DO
        BEGIN;
        XX[J]    := M[J];
        XX[28+J] := N[J]
        END;
    FOR J := 1 TO 48 DO /* PERMUTATION PK_2 (56 BITS => 48 BITS )*/
        TEILSCHLUESSEL_GENERIERUNG[I,J] := XX[PK_2[J]]
    END /* BEGIN - END */
END;/* FUNCTION - END */
/* - - - - - - - - - - - - - - - - - - - - - - - - - - - - - - - - - */
PROCEDURE DES_INIT /* INITIALISIERUNG DER DES-PARAMETER */
/* DIE PARAMETER WERDEN AUS DEM UEBERGEBENEN FILE GELESEN;          */
/* DER AUFBAU DER EINGABE KANN DER TABELLE 7.3 ENTNOMMEN WERDEN */
(VAR DES_PARM : EINGABE_FILE;/* FILE FUER DIE EINGABE */
        VAR IP : PERMUTATION_64;/* INITIAL-PERMUTATION IP */
      VAR PK_1 : PERMUTATION_56;/* INITIAL-PERMUTATION PK_1 */
        VAR PL : PERMUTATION_32;/* PERMUTATION PL */
      VAR PK_2 : PERMUTATION_48;/* PERMUTATION PK_2 */
      VAR S_J_ : SUBST_MATRIZEN;/* SUBSTITUTIONS-MATRIZEN S(J) */
         VAR E : EXPANSION;/* EXPANSION E */
     VAR LS_I_ : SHIFT_TABELLE);/* LINKS-SHIFTS LS(I) */
VAR I, J, B1, B2, B3, B4, B5, B6, ELEMENT : INTEGER;
    XX : SUBST_MATRIX;
    YY : TUPEL_4;
BEGIN;
RESET(DES_PARM);/* FILE OEFFNEN */
READLN( DES_PARM );/* UEBERSCHRIFT UEBERLESEN */
FOR I := 1 TO 64 DO /* PERMUTATION IP EINLESEN */
    READ( DES_PARM, IP[I] );
READLN( DES_PARM ); READLN( DES_PARM );/* UEBERSCHRIFT UEBERLESEN */
FOR I := 1 TO 56 DO /* PERMUTATION PK_1 EINLESEN */
    READ( DES_PARM, PK_1[I] );
READLN( DES_PARM ); READLN( DES_PARM );/* UEBERSCHRIFT UEBERLESEN */
FOR I := 1 TO 48 DO /* PERMUTATION PK_2 EINLESEN */
    READ( DES_PARM, PK_2[I] );
READLN( DES_PARM ); READLN( DES_PARM );/* UEBERSCHRIFT UEBERLESEN */
FOR I := 1 TO 32 DO /* PERMUTATION PL EINLESEN */
    READ( DES_PARM, PL[I] );
```

Teil 4 von Programm 7.2

```
READLN( DES_PARM ); READLN( DES_PARM );/* UEBERSCHRIFT UEBERLESEN */
FOR I := 1 TO 8 DO /* 8 SUBSTITUTIONS-MATRIZEN EINLESEN */
    BEGIN;
    FOR B1 := 0 TO 1 DO /* B1 UND B2 ==> ZEILEN-NUMMER */
        FOR B2 := 0 TO 1 DO
            BEGIN;
            FOR B3 := 0 TO 1 DO /* B3 BIS B6 ==> SPALTEN-NUMMER */
                FOR B4 := 0 TO 1 DO
                    FOR B5 := 0 TO 1 DO
                        FOR B6 := 0 TO 1 DO
                            BEGIN;
 /* ELEMENT EINLESEN */    READ( DES_PARM, ELEMENT );
 /* INTEGER ==> BINAER */  FOR J := 4 DOWNTO 1 DO
                                BEGIN;
                                IF ODD( ELEMENT )
                                    THEN YY[J] := EINS
                                    ELSE YY[J] := NULL;
                                ELEMENT := ELEMENT DIV 2
                                END;
                            XX[(B1=1),(B2=1),(B3=1),(B4=1),(B5=1),
                                (B6=1)] := YY
                            END;
            READLN( DES_PARM )
            END;
    S_J_[I] := XX;
    READLN( DES_PARM ) /* UEBERSCHRIFT UEBERLESEN */
    END;
FOR I := 1 TO 48 DO /* EXPANSION E EINLESEN */
    READ( DES_PARM, E[I] );
READLN( DES_PARM ); READLN( DES_PARM );/* UEBERSCHRIFT UEBERLESEN */
FOR I := 1 TO 16 DO /* ANZAHL AN LINKS-SHIFTS EINLESEN */
    READ( DES_PARM, LS_I_[I] )
END;/* PROCEDURE - END */
/* - - - - - - - - - - - - - - - - - - - - - - - - - - - - - - - - */
BEGIN;/* MAIN - BEGIN */
DES_INIT( DESPARM, IP, PK_1, PL, PK_2, S_J, E, LS_I_ );
FOR I := 1 TO 8 DO /* WAHLLOSE BESETZUNG DES SCHLUESSELS OHNE */
    DES_KEY[I] := 13*I+2;/* PARITAETSBITS ZU VERWENDEN */
K_I := TEILSCHLUESSEL_GENERIERUNG(DES_KEY, PK_1, PK_2, LS_I_);
KLARTEXT(.1.) := 'K';  KLARTEXT(.2.) := 'a';  KLARTEXT(.3.) := 't';
KLARTEXT(.4.) := 'a';  KLARTEXT(.5.) := 'r';  KLARTEXT(.6.) := 'i';
KLARTEXT(.7.) := 'n';  KLARTEXT(.8.) := 'a';
CHIFFRAT := ENCRYPT_DECRYPT( KLARTEXT, IP, K_I, PL, S_J, E);
FOR I:= 1 TO 8 DO /* SCHLUESSELTEXT MIT ORD (INTEGER) AUSGEBEN, */
    WRITE( (ORD(CHIFFRAT[I])):5 );/* WEIL MEIST NICHT DRUCKBAR */
WRITELN;
FOR I:= 1 TO 16 DO /* REIHENFOLGE DER TEIL-SCHLUESSEL UMKEHREN */
K_I_U[I] := K_I[17-I];
KLARTEXT := ENCRYPT_DECRYPT( CHIFFRAT, IP, K_I_U, PL, S_J, E);
FOR I:= 1 TO 8 DO
    WRITE( KLARTEXT[I] )
END.
```

Teil 5 von Programm 7.2

Eingabe

--Eingabe siehe Tabelle 7.3--

Ausgabe

159   5   84   70   245   170   185   73
Katarina

Teil 6 (Ende) von Programm 7.2

nicht für jeden Klartextblock erneut zu berechnen, und zum anderen kann die Verschlüsselungsfunktion auch zur Dechiffrierung verwendet werden. Für die Dechiffrierung sind die Teilschlüssel lediglich in umgekehrter Reihenfolge (K_{16}, K_{15}, ..., K_1) zu übergeben.

(II) Mittels der linearen Erweiterung (Expansion) E des 32-stelligen Vektors R_{i-1} (E ist von i unabhängig und damit in jedem Schritt gleich) gewinnt man den 48-stelligen Vektor $Z_i = E(R_{i-1})$; E verdoppelt 16 ausgewählte Komponenten und permutiert diese. Die Expansion läßt sich gleichfalls über ein Array mit 48 Elementen gemäß Tabelle 7.3 beschreiben. Zu Z_i addiert man (modulo 2) den 48-stelligen Teilschlüssel K_i, der aus Prozedur (I) gewonnen wird, und erhält $W_i = Z_i + K_i$. Es sei nun zur einfacheren Darstellung $B = W_i$ die Summe, so wird B für den nächsten Schritt in acht 6-stellige Vektoren B_j mit den Komponenten $b_{j,1}$ bis $b_{j,6}$ unterteilt ($b_{j,k} = W_{i,6(j-1)+k}$ für $j = 1,2,...,8$).
Jeder dieser 6-Tupel b_j wird in einen 4-Tupel q_j überführt; dies erfolgt über die **Substitutionsmatrix** S_j, d.h. für jeden Vektor b_j wird ein gesondertes S_j verwendet; die acht S_j sind in jedem Schritt i gleich. S_j ist eine 4×16-Matrix, wobei die Indizes hier mit Null beginnen, und die Elemente $s_{j,n,m}$ einer Zeile n ($n = 0,1,2,3$; $m = 0,1,2,...,15$) sind die Zahlen von 0 bis 15 in der mit Tabelle 7.3 definierten Reihenfolge. Obige Transformation des 6-Tupels b_j erfolgt, indem die beiden Bits $b_{j,1}$ und $b_{j,6}$ als zweistellige Dualzahl $b_{j,1}b_{j,6}$ interpretiert die Zeile α angeben. Analog dazu bilden die Bits $b_{j,2}...b_{j,5}$ die Spalte β in der Matrix S_j, und das ausgewählte Matrixelement ist eine Zahl zwischen 0 und 15 und daher durch vier Dualziffern darstellbar. Das entsprechend ausgewählte Element $s_{j,\alpha,\beta}$, dargestellt als Dualzahl und als 4-Tupel interpretiert, ergibt das Resultat q_j dieser Transformation $d_j \rightarrow q_j$ ($\{0,1\}^6 \rightarrow \{0,1\}^4$).
Durch die Verkettung der acht 4-Tupel q_j entsteht ein 32-stelliger Vektor Q, der nach der Permutation PL, die von i unabhängig ist, den Wert $f(R_{i-1},K_i)$ darstellt.
Diese **nichtlineare Substitution** mit den Matrizen S_j bildet einen Kernbereich des DES und ist ausschlaggebend für die kryptographische Stärke.

Schritt (II) ist zusammen mit Schritt (Ib) im Teil (3) der Graphik dargestellt.

(3) Nach 16-maligem Durchlauf der Schleife werden schließlich die beiden Hälften L_{16} und R_{16} miteinander vertauscht, verkettet und der zu IP inversen Permutation IP^{-1} aus Schritt (1) unterzogen. Es resultiert der endgültige Schlüsseltext (das Chiffrat), ein 64-stelliger Vektor; der DES ist damit eine **längentreue** Chiffre.

Dem Aufbau der obigen prozeduralen Beschreibung liegt zugrunde, daß die Punkte (1) und (Ia) die Schritte zur Gewinnung der Startwerte für die jeweils nachstehend beschriebene Iteration angeben.

Mit der Veröffentlichung und Normung dieses Verfahrens wurde auch die Suche nach den Schwachpunkten des DES aufgenommen. Zu bemerken ist, daß der Entwickler zur Wahl der DES-Parameter gemäß Tabelle 7.3 keine Auskunft gibt. Für detaillierte Analysen des DES bzgl. dessen kryptographischer Stärke wird auf [27] verwiesen.

Nun zu den sogenannten **Betriebsarten** des DES, vgl. auch [27].

(1) <u>E</u>lectronic <u>C</u>ode <u>B</u>ook Mode (kurz ECB): Jeder 64-Bit-Textblock X_i wird mit demselben Schlüssel chiffriert $Y_i = DES(X_i,K)$, so daß gleiche Textelemente auch in denselben Schlüsseltext übersetzt werden (analog zum Codesystem ist dies eine Schwäche).

(2) <u>C</u>ipher <u>B</u>lock <u>C</u>haining Mode (kurz CBC): Auch in diesem werden die einzelnen Textblöcke (64 Bits) X_i einzeln chiffriert, nur mit der Ergänzung, daß mit $Y_0 = DES(X_0,K)$ jeweils $Y_i = DES([X_i + Y_{i-1}],K)$ an den Empfänger übermittelt wird. Damit werden die Blöcke in eine gewisse Abhängigkeit voneinander gebracht (verkettet), so daß Störungen (evtl. Manipulationen) bei der Übertragung (eher) bemerkt werden und statistische Methoden eher versagen als bei (1).

(3) **DES-Iterationen:** Auf einen Textblock wird der DES nicht nur einmal, sondern n-mal ausgeführt; dies läßt sich mit $DES^n(X,K) = DES([DES^{n-1}(X,K)],K)$ $(n > 1)$ rekursiv definieren (analog zur Potenzdefinition). Dadurch bedingt, daß $DES(X,K) \neq DES(Y,K)$ mit $X \neq Y$ ist, existiert ein α, daß nach α Iterationen $DES^{\alpha}(X,K) = X$ gilt. Daher muß zwischen Schlüsseln mit kurzen und solchen mit langen Perioden unterschieden werden, wobei die Wahrscheinlichkeit gering ist, ein K mit kurzer Periode zufällig auszuwählen.

(4) **DES als Einwegfunktion:** Den Character einer Einwegfunktion nimmt die Chiffrierfunktion $Y = [DES(X,K_1) + DES(X,K_2)]$ (mod 2) an.

Bei der Wahl des Schlüssels kann man sich eines beliebigen **Zufallszahlengenerators** bedienen (vgl. Kapitel 6). Man generiert z.B. acht Zufallszahlen zwischen 0 und 127, interpretiert diese als 7-stellige Dualzahl und versieht diese noch falls notwendig mit dem Paritätsbit.

Programm 7.2 stellt eine Möglichkeit der programmtechnischen Umsetzung des DES vor. Es besteht im wesentlichen aus den Funktionen ENCRYPT_DECRYPT, TEILSCHLUESSEL_GENERIERUNG und der Prozedur DES_INIT. Der Prozedur DES_INIT sind die gesamten DES-Parameter über einen File zu übergeben. Das Format, dem die Eingabe genügen muß, entspricht dem Aufbau von Tabelle 7.3; jeder Abschnitt wird durch eine Textzeile (Überschrift) getrennt und kann für dessen Kommentierung genutzt werden. In dem kurzen Hauptprogramm wird der Klartext "Katarina" (EBCDIC) verschlüsselt und entschlüsselt, wobei der Schlüsseltext nicht direkt, sondern über die ORD-Funktion ausgegeben wird, da sich nicht-druckbare Zeichen ergeben können. So ist nicht zu verfahren, wenn in der praktischen Anwendung Dateien verschlüsselt werden.

7.3.2   PUBLIC KEY CRYPTOSYSTEM

Mit zu den ersten Public Key Systemen gehört das Pohlig-Hellmann-Verfahren, dessen Stärke wesentlich von der zugrundeliegenden Primzahl abhängig ist, insbesondere auch davon, ob die Primzahl noch unbekannt ist, vgl. [27]. Die Entwicklung effizienter Algorithmen zum Aufspüren von Primzahlen läßt dieses Verfahren bzgl. seiner Stärke immer schwächer erscheinen. Auf das Verfahren wird hier nicht näher eingegangen, die einleitenden Sätze sollen nur zum besseren Verständnis dienen für die in den beiden SPIEGEL-Artikeln dargelegte Entwicklung.

Praktisch wurde das Pohlig-Hellmann-Verfahren durch das RSA-Verfahren abgelöst, vgl. auch [27]. Aus zwei möglichst großen Primzahlen p und q bildet man das Produkt $n = p \cdot q$. Entsprechend berechnet man das Produkt $r = (p-1)(q-1)$ und ermittelt eine Primzahl d mit $\max\{q,p\} < d < (r-1)$. Zu d wird eine Zahl e bestimmt, daß $d \cdot e = 1 \pmod r$ gilt; hierfür verwendet man den Berlekamp-Algorithmus, siehe [27]. Auf dessen Aufführung wird an dieser Stelle verzichtet, weil dem praktischen Einsatz des RSA-Verfahrens die Arithmetik mit sehr großen Zahlen zugrundeliegt; dies würde jedoch den Rahmen dieses Buches überschreiten.

Jeder Benutzer B_i des Kryptosystems wählt zunächst für sich q_i, p_i, berechnet sein n_i und sucht ein passendes d_i. In das öffentlich zugängliche Schlüsselverzeichnis stellt B_i die Zahl n_i und das dazugehörende e_i. Will nun B_α dem B_β eine Nachricht m in chiffrierter Form übermitteln, so berechnet B_α den Schlüsseltext m' gemäß

$$m' = m^{e_\beta} \bmod n_\beta, \tag{7.36}$$

wobei die Nachricht $m \varepsilon [0; n_\beta - 1]$ sein muß. Der Empfänger B_β dechiffriert seine Nachricht gemäß

$$m = m'^{d_\beta} \bmod n_\beta, \tag{7.37}$$

nur er kennt Wert d_β. Mit dieser Methode kann ein sicheres Kryptosystem aufgebaut werden, weil zum unerlaubten Dechiffrieren die Zahl n_i faktorisiert werden muß. Unter **Faktorisierung** einer Zahl versteht man deren Zerlegung in die Primfaktoren; bei n sind dies zwei,

Zitate aus zwei SPIEGEL-Artikeln zum Thema Primzahlen/Faktorisierung

HEFT 12/1982

Exotische Riesen

Primzahlen galten den Mathematikern seit je als besonders widerspenstige Objekte. Ein Computerprogramm spürt nun selbst 100stellige Primzahlen in Minutenschnelle auf.

Die Jagd nach Primzahlen kam nicht einmal recht voran, seit „number cruncher", die zahlenfressenden Großcomputer, Millionen Rechenoperationen pro Sekunde ausführen. Doch jetzt scheinen Elektronen- und Menschengehirne im Verein einen Durchbruch geschafft zu haben.

In nur 77 Sekunden schnurrte im Rechenzentrum der Universität Amsterdam ein ausgetüfteltes Programm ab. Dann hatten die Mathematiker Hendrik Lenstra und Henri Cohen den Beweis, daß eine bereits verdächtige 97stellige Zahl, die sich ihr amerikanischer Kollege John Brillhart für den Test ausgedacht hatte, tatsächlich zu den Primzahlen gehört.

Bis zu 100 Stellen dürfen es mittlerweile schon sein, meinen die Experten, wenn die neuentwickelte Auslese-Strategie in Minuten entscheiden soll, ob eine Zahl „prim" ist. Damit kann endlich mit Elan ein Problem angegangen werden, von dem der deutsche Mathematiker Carl Friedrich Gauß 1801 gesagt hatte, „die Würde der Wissenschaft" verlange, daß alle Anstrengungen zu seiner Lösung unternommen würden.

Dabei haben Primzahlen kaum praktische Bedeutung. Gebraucht werden sie zwar in Chiffriersystemen zur militärischen Geheimhaltung und zum zivilen Datenschutz, außerdem in einigen mathematischen Verfahren wie der Erzeugung von Zufallswert-Reihen und bestimmten Darstellungen von Kurvenverläufen („schnelle Fourier-Transformationen"); dafür aber reichen die bekannten Primzahlen aus.

Das Aufspüren einzelner exotischer Riesen hilft indes wenig, wenn es zu entscheiden gilt, ob beliebige Zahlen prim sind. Denn mit bloßem Probieren, ob eine Zahl zusammengesetzt ist oder nicht, wären auch die heute leistungsfähigsten Datenverarbeitungsanlagen noch überfordert; an einer 40stelligen Zahl etwa hätte ein Großcomputer auf diese Weise eine Million Jahre zu knacken.

Um mit annehmbarem Aufwand an Rechenzeit weiterzukommen, so erklärten vor einigen Jahren Michael Rabin von der Hebräischen Universität in Jerusalem und andere Mathematiker, solle man es nicht allzu genau nehmen: Statt Gewißheit müsse dann eben statistische Wahrscheinlichkeit genügen.

Ein bestimmter Test, erläuterte Rabin, gebe zwar nur mit einer Chance von eins zu eins ein korrektes Ergebnis. Aber würden solche Tests unabhängig voneinander zum Beispiel dreißigmal angewandt, läge die Wahrscheinlichkeit bei eins zu einer Milliarde – die so geprüfte Zahl sei „für alle praktischen Zwecke" als Primzahl anzusehen.

Dieser Ansatz erwies sich als fruchtbar. Die US-Wissenschaftler Leonard Adleman, Robert Rumely und Carl Pomerance entwickelten die Methode derart weiter, daß nun doch das letzte Quentchen Unsicherheit getilgt werden konnte.

Besteht die Zahl, die untersucht werden soll, eine Reihe von Tests, bleibt bei dieser Strategie nur mehr eine kurze Liste möglicher Teiler übrig. Geht dann keine der restlichen Divisionen glatt auf, ist die Zahl ohne allen Zweifel prim.

Den entscheidenden Schritt zu einem praktikablen Verfahren schafften schließlich der Niederländer Lenstra und sein Kollege Cohen von der Universität Bordeaux. Die Amerikaner hatten für eine 60stellige Zahl noch sechs Stunden Rechenzeit gebraucht; die beiden Europäer verkürzten die Auslese so geschickt, daß 100stellige Zahlen in Minuten analysiert werden können.

Ein Risiko sei allerdings dabei, hatte noch vor anderthalb Jahren die US-Wissenschaftszeitschrift „Science" zu bedenken gegeben: Ähnliche Computerprogramme könnten mißbraucht werden, um allgemein zugängliche Codes für den Datenschutz zu knacken.

Der Experte Ronald L. Rivest vom Massachusetts Institute of Technology dagegen sieht das ganz anders. Der neue Primzahl-Test, erklärte er letzten Monat, werde vielmehr dabei helfen, sichere Codes zu entwickeln.

Teil 1 von Tabelle 7.4

HEFT 52/1983

Durchbruch beim Bier

Amerikanische Mathematiker zertrümmern mit Computerhilfe Monsterzahlen – die Forschung nützt der Computerwissenschaft und den US-Geheimdiensten.

Vor drei Wochen nun, am 4. Dezember, zerlegten Zahlenfresser der vornehmlich mit Militärforschung befaßten Sandia National Laboratories in Albuquerque (US-Staat New Mexico) ein Zahlenmonster von 67 Ziffern in seine Bestandteile – ein Forscherteam unter der Leitung des Mathematikers Gus Simmons hatte das Kunststück fertiggebracht.

Doch was ehedem als Telephonbuch-Idiotismus belächelt wurde, rührt nunmehr an den Nerv der Computer-Gesellschaft: Computer-Wissenschaftler, Computer-Nutzer und US-Geheimdienste verfolgen „Factoring", das Zerlegen astronomisch großer Zahlen in ihre Faktoren, mit gespannter Aufmerksamkeit.

„Noch vor wenigen Jahren", so John Brillhart von der University of Arizona, „galt Factoring selbst unter Kollegen als Spielart der Geistesverwirrung." Doch heute, wundert sich der Mathematiker, „interessieren sich selbst Banker und Geheimdienstler dafür – das entbehrt nicht einer gewissen Ironie".

Am 14. August 1980 zeigte sich Amerikas geheimster Geheimdienst, die National Security Agency (NSA), erstmals vom esoterischen mathematischen Treiben betroffen. Auf Druck der NSA entzog die National Science Foundation dem Computer-Theoretiker Leonard Adleman vom Massachusetts Institute of Technology (MIT) zuvor bewilligte Forschungsmittel, weil, wie es hieß, Teile seiner Arbeit die „nationale Sicherheit" gefährdeten.

Mathematiker Adleman hatte, gemeinsam mit seinen MIT-Kollegen Ronald Rivest und Adi Shamir, 1977 begonnen, einen bruchsicheren Computer-Code zu entwickeln – ein Bekanntwerden solcher Codes konnte der US-Sicherheitsbehörde nicht recht sein. Das Geheimnis auf Dauer abzuschirmen gelang jedoch nicht mehr, da sich das Code-Prinzip der Primfaktor-Zerlegung bei Fachleuten herumsprach.

Da Banken und multinationale Unternehmen, Behörden und Versicherungen elektronisch Geld überweisen, Warenströme steuern und sensible Betriebsdaten per Kabel, Funk und Satellit übermitteln, bestand ein allgemeiner Bedarf an derartigen leicht zu handhabenden und zugleich einbruchsicheren Codes.

Nun wankt die noch vor sechs Jahren als sicher erachtete Marke. Das Sandia-Team um Gus Simmons benötigte nur 13 Stunden und 42 Minuten, um die 67stellige Zahl zu zerlegen; noch 1981 hatten Mathematiker geglaubt, die Schallmauer für Zahlenzertrümmerei liege bei 50 Ziffern.

Rivest, Shamir und Adleman vom MIT zielten mit ihrem „RSA"-Code auf die schwache Stelle elektronischer Rechengewalt, das Factoring: Um den von ihnen entwickelten Code zu brechen, muß ein Zahlenmonster, der Schlüssel zum Code, gleichsam in seine Atome, die „Primfaktoren" zerlegt werden. Wird als Code, so behaupteten die MIT-Forscher 1977, beispielsweise eine 80stellige Zahl gewählt, so sei dieser Verschlüsselungsmethode auch mit Supercomputern nicht beizukommen.

Ein eleganter mathematischer Dreh und der „Cray-1" der Sandia National Laboratories brachten den Erfolg: Noch vor zwei Jahren hatten Simmons und seine Kollegen nahezu neun Stunden benötigt, um eine 58stellige Zahl zu zerlegen – mittlerweile gelingt ihnen das in knapp zwei Stunden.

Daß ein Militärforschungsinstitut kostbare Computer-Zeit für solch scheinbar eitle Rekordjagd bereitstellt, hat gute Gründe. Auch Marvin Wunderlich, Mathematiker an der Northern Illinois University, wird vom Nachrichtendienst NSA großzügig gefördert; er soll sein Factoring-Programm auf einem Nasa-Computer durchspielen.

Bei der Weltraumbehörde nämlich steht seit kurzem ein sogenannter MPP-Rechner („Massively Parallel Processor"). Er wurde für die Nasa gebaut, um Satellitendaten auszuwerten, und ist ein Vorläufer der Supercomputer der 90er Jahre: 16 384 Prozessoren ermöglichen es, Teile von umfangreichen Computer-Programmen parallel – statt, wie bislang nötig, nacheinander – abzuarbeiten.

Teil 2 (Ende) von Tabelle 7.4

p und q. Hat man dieses Problem bewältigt, so kann aus den Zahlen p, q und e das benötigte d bestimmt und der Schlüsseltext dechiffriert werden.

Für das Faktorisieren muß sehr viel Rechenzeit aufgewendet werden, und es galt als "mathematische Sensation", wenn dies für "bekannte" große Zahlen gelang. Damit ist das System um so sicherer, je größer q und p sind und die Schwierigkeit der Zerlegung allzu groß wird. Über sehr große Primzahlen (einer nicht-trivialen Form) zu verfügen, ist daher von großem Vorteil für das eigene Sicherheitskonzept.

So verfolgen z.B. Geheimdienste mit großer Wachsamkeit die Szene, gerade auf dem Gebiet der Faktorisierung. Diese ruhte solange, bis die Technik der **Vektorisierung** entdeckt und technisch realisiert wurde, vgl. Abschnitt 2.2. Die Tatsache, daß wesentliche Teile der Algorithmen zum kryptographischen Angriff vektorisiert werden können, ließ die Rechenzeit zu immer vertretbareren Dimensionen schwinden. Anhand der beiden SPIEGEL-Artikel in Heft 12/1982 (Seite 220-225) und Heft 52/1983 (Seite 122-124) kann die Entwicklung anschaulich nachvollzogen werden, insbesondere die Leistungen des Mathematikers Adleman. Einige Passagen dieser Artikel sind in Tabelle 7.4 zitiert.

8 GRAPHISCHE DATENVERARBEITUNG

Die rechnergestützte Verarbeitung graphischer Daten gewinnt ein immer breiteres Anwendungsspektrum, bedingt durch die höhere Leistung der Hardware bei gleichzeitig sinkenden Preisen. Dieses Kapitel führt in die Thematik der Graphischen Datenverarbeitung ein und stellt zu einigen praktischen Anwendungen auch effektive Lösungen in Pascal vor. Es wird unter anderem ein Programm zur Darstellung dreidimensionaler Funktionen entwickelt, dabei kann die Betrachtung von einem frei wählbaren Standpunkt aus stattfinden.

Auf die hardwarebezogenen Probleme und die Eigenschaften der verschiedenen graphischen Ausgabegeräte wird nur in geringem Umfang eingegangen. Die Standardwerke [30,37] wenden sich ausführlich dem Thema der Graphik-Hardware zu. Der Schwerpunkt liegt hier auf der algorithmischen (der mathematischen) Seite. Ein grundliegendes Verständnis der Vektorrechnung und Linearen Algebra wird vorausgesetzt.

8.1 ANWENDUNGEN DER GRAPHISCHEN DATENVERARBEITUNG

CAD und **CAM** sind zwei der bekanntesten industriellen Anwendungen aus dem Bereich der graphischen Datenverarbeitung. **C**omputer **A**ided **D**esign-Systeme ermöglichen die rechnergestützte, dialogorientierte Entwicklung und Konstruktion. **C**omputer-**A**ided-**M**anufacturing erweitert diese Möglichkeiten in der Form, um die graphischen Daten für Produktionsprozesse direkt verwenden zu können. Z.B. besteht die Möglichkeit, eine numerisch gesteuerte Drehmaschine zu koppeln und zu beauftragen, einen Rohling entsprechend der Konstruktion zu fertigen. Andere Anwendungen der Graphischen Datenverarbeitung sind Simulatoren (z.B. Pilotentraining) und liegen in der Medizintechnik.

Die Erzeugung und Verarbeitung von Bildinformation (graphischen Daten) mit Hilfe von Computern erstreckt sich über mehrere Disziplinen der angewandten Informatik, wobei eine exakte Abgrenzung schwer zu formulieren ist.

Die **geometrische Datenverarbeitung** behandelt die **Beschreibung** von geometrischen Objekten im **Objektraum** sowie die **Verarbeitung** der geometrischen Information. Rechnerinterne Darstellungsformen für Objekte jeglicher äußeren Form (z.B. Linie, Punkt, Polyeder usw.) werden entwickelt, auch die Beschreibung von Oberflächen mit Hilfe von Funktionen. Bei der externen Speicherung geometrischer Information sind die Datenstrukturen in Verbindung mit Datenbankkonzepten besonders hervorzuheben. Algorithmen wie der "Punkt im Polygon"-Test, das Bilden der konvexen Hülle usw., fallen unter die Verarbeitung geometrischer Information.

Die **graphische Datenverarbeitung** (Computergraphik) beschäftigt sich ausschließlich mit der Abbildung des Objektraumes in den **Bildraum** (Bildschirm, Zeichenfläche), d.h. die Umsetzung der Objektbeschreibung in ein fertiges Bild. Abbildungen und Projektionen (z.B. die perspektivische Abbildung) der Objekte werden angewandt, um diese möglichst eindeutig und verschiedenartig darstellen zu können. Algorithmen zur Eliminierung nicht sichtbarer Linien/Flächen (Hidden-Line/Surface) müssen entwickelt werden, um eine möglichst wirklichkeitsgetreue Abbildung zu erzielen. Ebenso bleiben die hardwarebezogenen Probleme und die Besonderheiten der verschiedenen Ausgabegeräte (Plotter, Rasterbildschirm, Vektorschirm, Mikrofilm etc.). in der Computergraphik nicht unberücksichtigt. Entsprechend werden z.B. für den Rasterbildschirm Algorithmen zum Zeichnen einer Linie entwickelt.

Einen besonderen Stellenwert in der Praxis hat die **interaktive** Computergraphik. Sie erlaubt -als **Echtzeitanwendung-**, daß der Anwender über Eingabegeräte, wie Tastatur, Maus, Lichtgriffel, Graphik-Tableau oder ähnlichem, den Ablauf des Programms beeinflussen und seine Graphik interaktiv entwickeln kann (z.B. CAD-System). Dem steht das **passive** Graphiksystem gegenüber, das auf der Basis von Unterprogrammaufrufen die Graphik erzeugt, ohne daß Möglichkeiten der Einflußnahme während des Programmablaufs bestehen. Veränderungen an der Graphik können nur durch Änderungen im Programm bzw. der Eingabedaten vorgenommen werden.

Unter dem Sammelbegriff **Computeranimation** werden die eher "nicht-wissenschaftlichen" Anwendungen zusammengefaßt, wie Spiele, die Erzeugung von Trickfilmen, die Computerkunst usw.

Der Bereich **Computervision** verarbeitet als Input ausschließlich den Bildraum. Es wird versucht, Konturen und Objekt(-Elemente) aufgrund von Farb-, Kontrast- bzw. Helligkeitsunterschieden zu erkennen und das Bild zu interpretieren (Auswertung von Satellitenbildern, Lesen der Postleitzahl bei der Paketsortierung etc.). Durch Bilderkennungssysteme wird die Kenntlichmachung von Objekt(teil)en erreicht, indem das vorgegebene Bild analysiert wird, und es erfolgt eine Rekonstruktion des ursprünglichen Objektraumes.

8.2 AUSGABEGERÄTE UND GRAPHIKSYSTEME

In welchem Umfang man von der Computergraphik Gebrauch machen kann, hängt von der Software und der Hardware ab. So entscheidet die Software, in welchem Rahmen dem Anwender Arbeiten abgenommen werden. Z.B. sind es verschiedene Funktionen zum Zeichnen eines Kreises, die den zahlreichen Varianten, einen Kreis zu definieren, Rechnung tragen. Es betrifft allgemein die Hilfsmittel -Unterprogramme bzw. Menüfunktionen-, auf die der Anwender beim Arbeiten zurückgreifen kann.

Die Hardware wiederum legt Qualität und Art der Ausgabe fest, z.B. besitzt ein Plotter (Zeichengerät) eine andere Auflösung als ein Graphikbildschirm. Man spricht allgemein von einem **graphischen Arbeitsplatz** (graphical workstation). Unter diesen Begriff fallen die Hardwarekomponenten, die zur Erstellung und Bearbeitung graphischer Daten dienen (Bildschirm, Tastatur, Maus, Plotter usw.). Die grundsätzliche Tendenz besteht darin, den graphischen Arbeitsplatz "intelligent" und sehr leistungsfähig auszulegen, so daß dieser elementare oder auch komplexere Aufgaben übernehmen kann. Rotationen und andere Transformationen werden nicht mehr auf dem eigentlichen Haupt-, also Großrechner (Host) vorgenommen, sondern von der Workstation selbständig berechnet. Der Host liefert ausschließlich Rohdaten und evtl. benötigte Programme, und ggf. findet ein regelmäßiger Abgleich des Datenbestands zwischen beiden Systemen statt.

Bei den graphikfähigen Bildschirmen, die auf der ständigen **Bildwiederholung** mit hoher Frequenz basieren, unterscheidet man zwei Typen, den **Vektorschirm** und den **Rasterbildschirm**, vgl. Graphik 8.1. Der **Bildwiederholspeicher** eines Vektorschirms enthält das auszugebende Bild in Form eines kleinen Maschinenprogramms, in dem bspw. auch Sprünge möglich sind. Der integrierte Rechner interpretiert den Befehlscode und zeichnet zu einem "VECTOR-Befehl" die Strecke, den "Vektor", auf den Bildschirm. Das gesamte Bildprogramm wird als Display File bezeichnet und kann durch den eigentlichen Hauptrechner verändert werden. Mit der hohen Frequenz der Bearbeitung des Display Files ist auch die bewegte Graphik möglich.

Der Bildwiederholspeicher eines Rasterbildschirms stellt eine $n \times m$-Bit-Matrix dar, und jedes Bit -bei einer Farbausgabe sind dies mehrere- vertritt einen Bildpunkt, einen Pixel (picture element). Unter einem **Pixel** versteht man (gemäß Norm) das kleinste Element einer Darstellungsfläche, dem unabhängig von den anderen eine Intensität/Farbe zugeordnet werden kann. Graphik 8.1 deutet die Schwierigkeiten an, die das Zeichnen einer Linie von wahlfreier Steigung mit sich bringt. Verschiedene Algorithmen sind für das Zeichnen von Linien auf diesem Gerätetyp entwickelt worden, vgl. [30].

Mit dem genormten **Graphischen-Kern-System** -kurz GKS- (DIN 66252) ist der Ansatz zur **hardwareunabhängigen** 2D-und 3D-Graphik-Software gelungen. Indem das GKS eine Menge an genormten elementaren Darstellungselementen zur Verfügung stellt, sogenannte **Primitive** (graphical primitives), kann mit ihm jede realisierbare Anwendung umgesetzt werden. Die Unabhängigkeit von der Hardware wird im GKS-Konzept mit dem logischen **graphischen Arbeitsplatz** hergestellt. Dieser bildet die logische Schnittstelle zu den eigentlichen unterschiedlichen Hardwarekomponenten, so daß über ihn die Ein- und Ausgaben zu/von den Geräten vorgenommen werden.

Folgende sechs Primitive stehen im GKS zur Verfügung, wobei das 3D-GKS die "Einschränkung" auferlegt, daß die Primitive von (3) bis (6) eben sein müssen.

(1) **Polygon**: Zeichnen eines Streckenzuges, der über eine Liste an Punkten definiert wird. Im Falle zweier Punkte entspricht dies dem gängigen LINE-Befehl anderer graphischer Systeme. Es können unter anderem Strichstärke und Linientyp spezifiziert werden.

(2) **Polymarke**: Punkte (Positionen), die in einer Liste zu übergeben sind, werden mit einem zentrierten Symbol markiert. Bei einem einzigen Punkt ist es mit dem gängigen POINT-Befehl vergleichbar.

(3) **Text**: Unter Angabe eines **Fonds** (Zeichensatzes) kann in frei wählbarem Winkel und beliebiger Dimension ein Text in die Zeichnung gesetzt werden; es entspricht dem üblichen TEXT-Befehl.

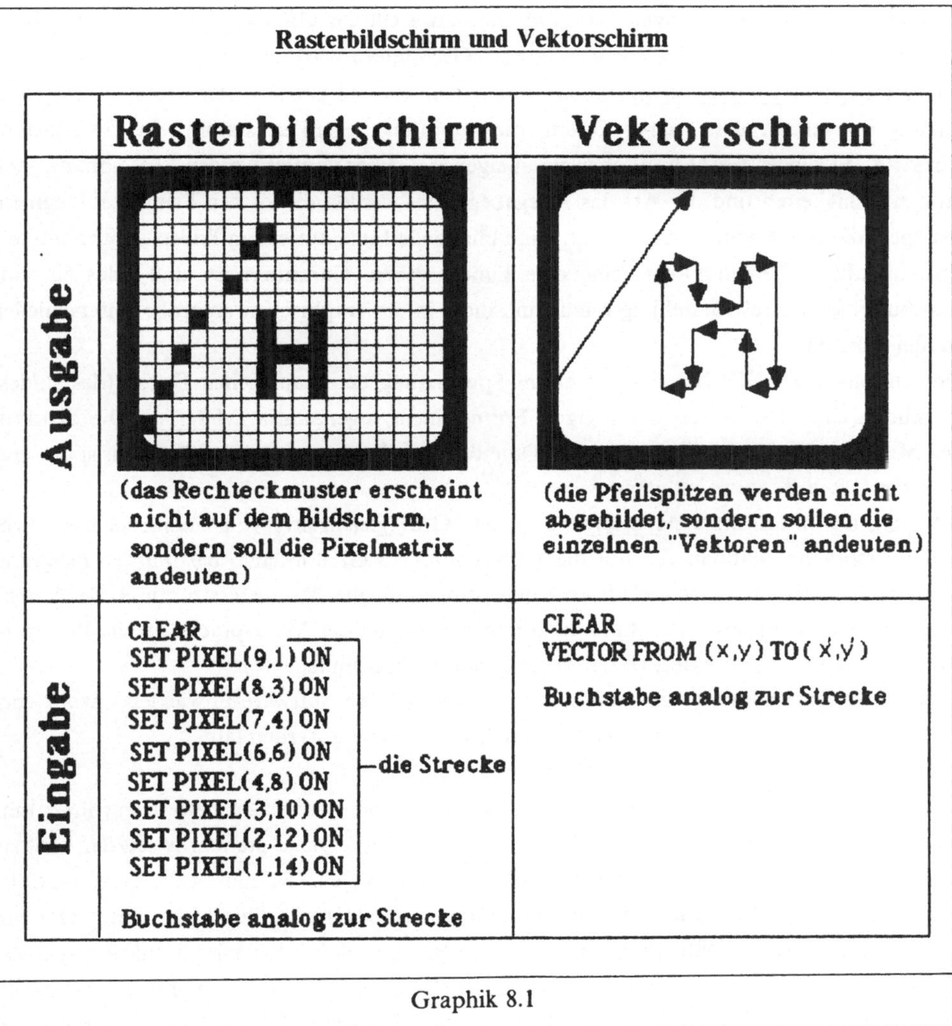

(4) **Füllgebiet**: Diese Primitive erlaubt das Ausfüllen (Schraffur, Ausfüllen mit einer Farbe) eines geschlossenen Streckenzuges (Polygon).

(5) **Zellmatrix**: Eine Pixel-Matrix mit definierten Farben wird ausgegeben.

(6) **Verallgemeinertes Darstellungselement**: Definition eigener Primitive, so daß auf einen zusätzlichen Funktionssatz (z.B. Kreis, Kreisbogen) zurückgegriffen werden kann. Es entspricht quasi einer "flexiblen" Primitive-Definition.

Die nächst höhere logische Einheit im GKS ist das **Segment** (Teilbild), das demzufolge aus einer Anzahl von Primitiven besteht; das gesamte Bild besteht aus Segmenten. Nur auf der Ebene des Segments bietet das GKS Transformationen und die weitere Bearbeitung an.

Um die Hardwareunabhängigkeit zu gewährleisten, stellt das GKS Funktionen für die Kommunikation mit den Geräten zur Verfügung. GKS-intern wird der geräteunabhängige Output mittels eines **Gerätetreibers** (Software) auf dem speziell gewünschten Gerät ausgegeben. Analog konvertiert der Treiber Daten, die von Eingabegeräten stammt, in GKS-interne Formate. Für jedes Gerät muß über einen eigenen Treiber verfügt werden. In Abhängigkeit zu den Fähigkeiten und der Art des Ausgabegerätes werden die zu den Primitiven/Segmenten spezifizierten Attribute dargestellt. Eine blinkende Linie auf einem Bildschirm könnte bei der Ausgabe auf einen Plotter eine rote Linie ergeben. Garantiert ist, daß jedes einzelne Attribut eine andere Darstellung erhält und diese in der graphischen Ausgabe unterschieden werden können.

Der Output des GKSs bei einer externen Speicherung der graphischen Daten (des Bildes) besteht in einer hardwareunabhängigen Form, einem sogenannten **Metafile**. Die Struktur des Metafiles, der Satzaufbau und das Dateiformat, sind genormt, und der Transport graphischer Daten ist somit möglich.

Über die Definition einer **Metasprache** ist das GKS gleichzeitig von einer speziellen Programmiersprache unabhängig. Für die Verwendung des GKS in einer bestimmten Programmiersprache existieren gleichfalls feste Konventionen für die Parameterstrukturen der Unterprogramme bzw. Prozeduren. Eine genormte Anpassung der Metasprache an die Programmiersprache bzgl. Syntax und Datenformate muß(te) stattfinden.

Diese kurze Darstellung macht deutlich, daß das GKS den Software-Enwickler sowohl vom speziellen Ausgabegerät als auch vom Hersteller unabhängig werden läßt.

Es ist häufig anzutreffen, daß renommierte Hersteller von Graphik-Hardware mit ihrer mitgelieferten Software (in Form eines Unterprogrammpakets) Quasi-Standards setzten, weil sie einen großen Marktanteil mit ihren Geräten vereinnahm(t)en. So nimmt die Graphik-Software der Firmen CalComp und Benson eine solche zentrale Funktion ein. Das im Abschnitt 8.7.3 entwickelte Programm zum Zeichnen dreidimensionaler Funktionen nutzt z.B. diese Unterprogramme zur Erzeugung der Graphik. Für die Zukunft ist es jedoch absehbar, daß sich das GKS im Wettlauf mit den speziellen Firmenlösungen durchsetzen wird.

Bei der Aufführung der GKS-Primitive wurde zugleich ein noch "primitiverer" Satz an Darstellungselementen vorgestellt. Dieser besteht nur aus dem LINE-, POINT-, und TEXT-Befehl. Dieses sind die grundliegenden Möglichkeiten, die in einer Graphikumgebung vorhanden sein sollten. Ein Weg zu einer möglichst geräteunabhängigen Software bestünde damit auch in der ausschließlichen Nutzung dieses Befehlssatzes.

8.3 BESCHREIBUNG VON OBJEKTEN

Für eine praktisch sinnvolle Beschreibung der Objekte müssen Konventionen vereinbart und Begriffe fest definiert werden. Dieser Abschnitt wird zur mathematischen Beschreibung und zur rechnerinternen Darstellung Auskunft geben.

8.3.1 KOORDINATENSYSTEME

Zur mathematischen Beschreibung von Objekten jeglicher Form wird ein Bezugssystem benötigt, dies ist hier das **rechtwinklige kartesische Koordinatensystem** mit den Einheitsvektoren $\vec{e}_x$, $\vec{e}_y$ und $\vec{e}_z$. Ein Punkt P(x,y,z) in diesem Raum ist durch die Linearkombination $\vec{p} = x \cdot \vec{e}_x + y \cdot \vec{e}_y + z \cdot \vec{e}_z$ definiert; $\vec{p}$ ist der **Ortsvektor** zum Punkt P.

Zusätzlich wird bei den (kartesischen) Koordinatensystemen zwischen **Links-** und **Rechtssystem** weiter unterschieden. Deren Definition betrifft die Anordnung und Richtung der Koordinatenachsen im R^3. Geht man von der üblichen Darstellung des rechtwinkligen, zweidimensionalen, kartesischen Koordinatensystems aus, so zeigt der Vektor $\vec{e}_x$ nach rechts und der Vektor $\vec{e}_y$ nach oben. Die x-Achse kann über eine Drehung um 90 Grad im Gegenuhrzeigersinn "um die z-Achse" in die y-Achse überführt werden.

Wird das System nun um eine weitere Dimension erweitert, dann bestehen für den Vektor $\vec{e}_z$ zwei Möglichkeiten. In einem **Linkssystem** zeigt der $\vec{e}_z$-Vektor in die Zeichenebene (x-y-Ebene) hinein und in einem **Rechtssystem** aus dieser heraus. Die sogenannte "rechte Handregel" beschreibt den Aufbau eines Rechtssystems (rechtshändigen Systems) anschaulich, indem Daumen, Zeige- und Mittelfinger der rechten Hand in dieser Reihenfolge die x-, y- und die z-Achse eines Rechtssystems darstellen. Analog besteht der Zusammenhang zwischen der linken Hand und einem Linkssystem.

Graphik 8.2 zeigt das rechtwinklige Links- und Rechtssystem in verschiedenen Lagen (von verschiedenen Betrachtungspunkten aus). Auch ist in der Graphik 8.2 die Richtung des **positiven Drehsinns** eingezeichnet, Winkelangaben in späteren Matrizen beruhen stets auf dieser Orientierung. Die Begriffe **Orientierung**, **Umlaufsinn** und **Drehsinn** werden vielfach alternativ zueinander verwendet und beschreiben die Orientierung in einem System bzw. bei einer Operation. Man bezeichnet die **positive Orientierung** auch als **Gegenuhrzeigersinn**. Aus dem Begriff **mathematischer Drehsinn** wird deutlich, daß "allen" Formulierungen als Konvention die positive Orientierung zugrundeliegt. Bei näherer Betrachtung der Graphik 8.2 wird deutlich, daß im Rechtssystem die positive Richtung der Drehachse zum Betrachter (Auge) hinzeigt, sofern die positive Orientierung und der Gegenuhrzeigersinn gleichbedeutend sind, also die gleiche Drehrichtung besitzen. Im Linkssystem zeigt analog dazu die positive Richtung vom Betrachter aus weg. Hieraus ergibt sich auch der Unterschied zwischen einer Drehung um die z- und einer um die "-z"-Achse; aus beiden resultieren (bei positiver Orientierung) zueinander inverse Drehungen. Der Begriff Umlaufsinn ist an die Beschreibung sogenannter **orientierter Flächen** gebunden, vgl. Abschnitt 8.7.2.

Links- und Rechtssysteme und die positive Orientierung
Linkssysteme
Rechtssysteme
x
Drehung um die z-Achse
Drehung um die y-Achse
y
z
Drehung um die x-Achse
y
z
x
y
x
z
Z
x
Drehung um die y-Achse
Drehung um die x-Achse
Drehung um die z-Achse
y
x
z
-z
y
x
-z
z
y
z
x
Kennzeichnung des
Linkssystems
("Ende des Pfeiles")
Z ⊗
y
z ⊙
x
Kennzeichnung des
Rechtssystems
("Pfeilspitze")
x

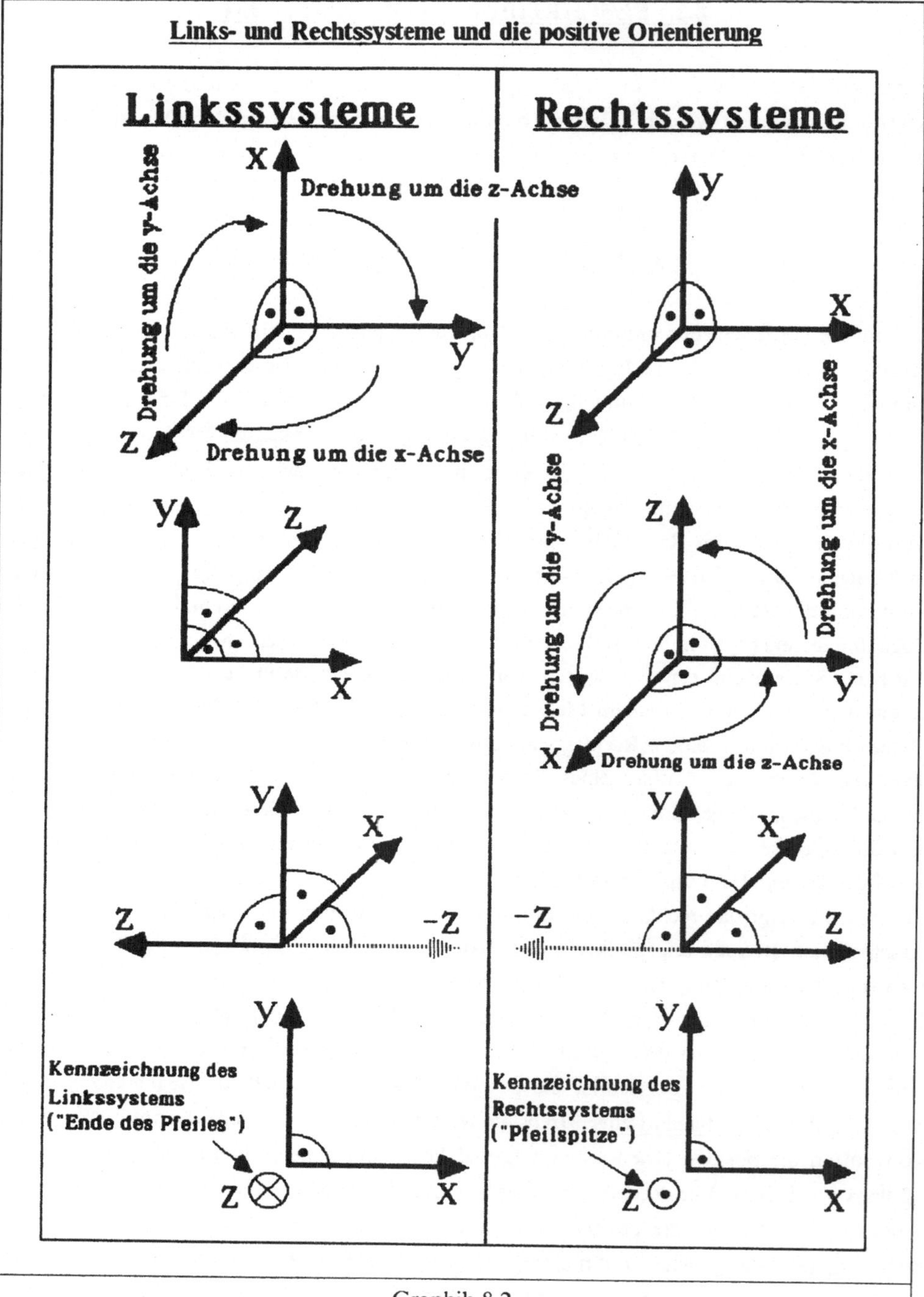

Graphik 8.2

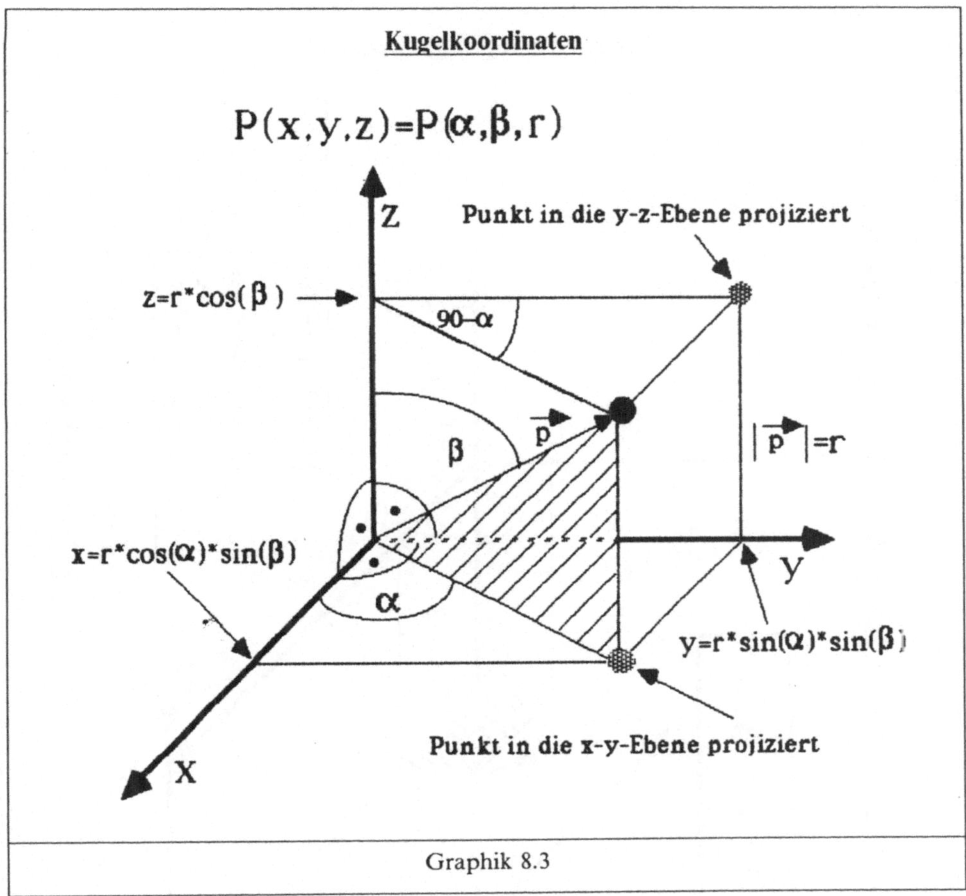

Graphik 8.3

Bemerkt sei weiter, daß der Begriff des Links- und Rechtssystems nicht an die Rechtwinkligkeit der Koordinatenachsen gebunden ist.

Neben den kartesischen Koordinaten sind bei den Projektionen und allgemein bei zentralsymmetrischen Aufgabenstellungen die **Kugelkoordinaten** eines Punktes von Interesse. Die Lage eines Punktes P wird durch zwei Winkel α, β und einem Radius r spezifiziert. Die kartesischen Koordinaten x,y und z des Punktes P(α,β,r) sind

$$x = r \bullet \cos(\alpha) \bullet \sin(\beta), \quad y = r \bullet \sin(\alpha) \bullet \sin(\beta), \quad z = r \bullet \cos(\beta). \tag{8.1}$$

Analog können die Kugelkoordinaten von P(x,y,z) mit

$$r = \sqrt{x^2 + y^2 + z^2}, \quad \alpha = \arctan(y/x), \quad \beta = \arccos(z/r) \tag{8.2}$$

berechnet werden. In der Graphik 8.3 sind die Winkel in einem rechtwinkligen kartesischen Koordinatensystem verdeutlicht.

Wechsel des Koordinatensystems
Koordinaten eines Punktes in zwei verschiedenen Koordinatensystemen
$P_b(-3.1.1)=P_a(3.1.3)$
P
Koordinaten des Nullpunktes von KS$_b$ in KS$_a$ sind (4,0,6).
Koordinaten des Nullpunktes von KS$_a$ in KS$_b$ sind (-6,0,4).
(die Achsen wurden gedreht!)
Transformation $P_a \rightarrow P_b$: P_a *
(bei homogenen Koordinaten)

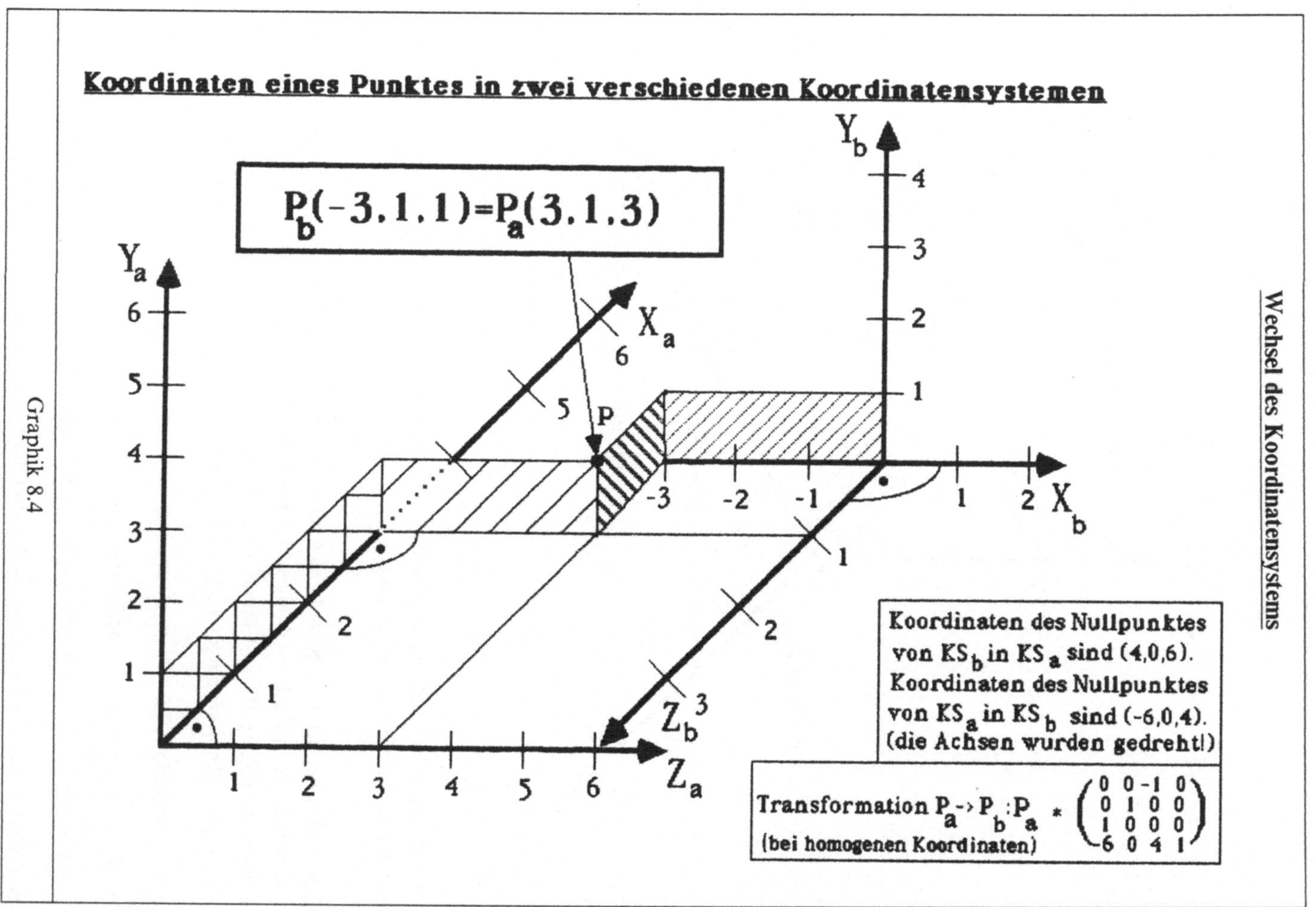

Graphik 8.4

Die Objekte, die man graphisch darstellen will, werden im kartesischen Koordinatensystem beschrieben. Als absoluter Bezugspunkt bei der Beschreibung der Objekte im **Objektraum** dient der Ursprung des **Weltkoordinatensystems**, kurz WK. Diese Bezeichnung drückt aus, daß man im WK die Lage sämtlicher Objekte beschreibt, aus der die "geschaffene Welt" besteht, wobei eine beliebige Maßeinheit (Skalierung) zugrundeliegen kann. Innerhalb der Objekte kann zur einfacheren Handhabung ein **Objektkoordinatensystem**, kurz OK, aufgebaut werden, **relativ** zu diesem werden die Elemente dieses Objektes fixiert. Damit wird die Beschreibung des Objektes unabhängig von dessen **absoluter** Lage im Weltkoordinatensystem, und nur der Ursprung des OKs im WK ist anzugeben. Dies läßt sich selbstverständlich weiterführen, indem ein Element eines Objektes selbst als eigenständiges Objekt definiert ist, so daß innerhalb des einen OKs ein weiteres Objektkoordinatensystem aufgebaut wird. Die Beschreibung eines Flugzeugs als Beispiel. Der Ursprung des Flugzeug-Koordinatensystems wird in Weltkoordinaten angegeben, während die Endpunkte der Flügel in Flugzeug-Koordinaten definiert sind. Weiter kann ein Cockpit-Koordinatensystem zur Beschreibung des Cockpits definiert sein. Eine **Transformation** ist jederzeit möglich, so daß auch die Flügelendpunkte in **absoluten** Weltkoordinaten angegeben werden können.

Des weiteren wird noch das **Augenkoordinatensystem**, kurz AK, definiert. Dies wird notwendig, wenn man die Objekte relativ zu einem Betrachter beschreibt, der einen beliebigen Standort in der "Welt" einnimmt. Hierauf wird bei den Projektionen näher eingegangen, vgl. Abschnitt 8.5.4.

Zu den Koordinatensystemen für die Objektbeschreibung kommt das **Bildkoordinatensystem**, kurz BK, hinzu, das den **Bildraum** beschreibt. Dieser ist vorrangig zweidimensional (Projektionsebene), es wird fast ausschließlich von der **Bildebene** gesprochen. Ist die beschriebene Welt oder ein ausgewählter Teil davon als Graphik auszugeben, so findet mit der Projektion (Abbildung) eine Transformation der Objekt- bzw. Augenkoordinaten (R^3) in die Bildkoordinaten (quasi R^2) statt.

Alle bis hier genannten Koordinatensysteme (WK, OK, AK) dienen der Beschreibung von Punkten (Objekten) in der konstruierten "Welt". Es handelt sich bei allen um Weltkoordinaten, gegebenenfalls sind diese transformiert (relativ zu einem anderen Bezugssystem angegeben). Auch die Koordinaten des Bildraumes können als Weltkoordinaten angesehen werden, weil sich die Projektionsebene in der modellierten Welt befindet. Die Weltkoordinaten werden erst dann verlassen, wenn der Übergang zu den Gerätekoordinaten des Ausgabegerätes stattfindet; beide weisen unterschiedliche charakteristische Eigenschaften auf.

Die Gerätekoordinaten beschreiben die Lage eines Punktes der Darstellungsfläche z.B. relativ zu einer Ecke des Bildschirms oder des Papierblattes. Während Objekte meistens über **reelle** Koordinaten beschrieben werden, kann im **Gerätekoordinatensystem** (GK) vieler Ausgabegeräte nur mit **diskreten** Größen gearbeitet werden, dies hängt von der **Auflösung** ab. So kann bei einem Rasterbildschirm mit einer Auflösung von 500×400 Bildpunkten (Pixel) nur eine rechteckige Fläche entsprechender Maße definiert werden, bestehend aus insgesamt

200000 äquidistanten Punkten. Mit diesen strukturellen Unterschieden stellen sich ggf. gravierende Verluste in der Darstellungsqualität ein. Mit den verschiedenen Ausgabegeräten verbinden sich gleichzeitig eigenständige Bezeichnungen für das GK; es wird somit vom **Plotter-** und **Bildschirmkoordinatensystem** gesprochen. Bei Plottern ist es üblich, daß die Koordinaten als Zentimeterangaben übergeben werden. Für eine einfachere Handhabung akzeptiert der Plotter Realzahlen, die in Abhängigkeit von der Qualität des Schrittmotors im Gerät ihre Auflösung finden. Es wäre möglich, daß die Punkte Q(0.245,0.5) und R(0.255,0.47) zu derselben Stiftposition führen. Üblich ist, innerhalb des GKs mit zwei Koordinatentypen zu arbeiten, den absoluten Gerätekoordinaten und den **Relativkoordinaten**; letztere sind -wie es der Name bereits verrät- als Differenzvektor zu verstehen und zum letzten Bezugspunkt zu addieren. Auf die Abbildung Weltkoordinaten → Gerätekoordinaten geht Abschnitt 8.6 näher ein.

8.3.2   HOMOGENE KOORDINATEN

Die Beschreibung geometrischer Sachverhalte mittels **homogener Koordinaten** hat sich als praktisch erwiesen. Die homogenen Koordinaten eines Punktes im R^n bilden einen $(n+1)$-Tupel, einen Punkt im R^{n+1}, indem eine weitere, die **homogenisierende** Koordinate hinzugefügt wird. Besitzt ein Punkt P des zweidimensionalen Raumes die **gewöhnlichen** (inhomogenen) **Koordinaten** x und y, so ergeben sich die homogenen Koordinaten x_h, y_h und w_h gemäß

$$P(x,y){\rightarrow}P_h(x_h,y_h,w_h) \quad \text{mit} \quad x_h := [x \bullet w_h], \quad y_h := [y \bullet w_h] \quad \text{und} \quad w_h \neq 0, \qquad (8.1)$$

wobei w_h die homogenisierende Koordinate ist und zuvor entsprechend gewählt werden muß. Der Punkt P(x,y) erhält $P_h(x_h,y_h,w_h)$ als Darstellung in homogenen Koordinaten, z.B. P(2,-5)$\rightarrow P_h$(1,-2.5,0.5). Der Ursprung (der Punkt P(0,0)) erhält die Darstellung P_h(0,0,1) bzw. P_h(0,0,α) mit $\alpha \neq 0$.

An dieser Transformation wird bereits deutlich, daß es für einen Punkt eindeutige inhomogene Koordinaten gibt, jedoch unendlich viele Darstellungsformen in homogenen Koordinaten existieren.

Entsprechendes gilt für den Punkt P(x,y,z) des R^3, dessen Koordinaten demzufolge mit einem zuvor ausgewählten w_h ($\neq 0$) gemäß

$$P(x,y,z){\rightarrow}P_h(x_h,y_h,z_h,w_h) \quad \text{mit} \quad x_h := [x \bullet w_h], \quad y_h := [y \bullet w_h] \quad \text{und} \quad z_h := [z \bullet w_h] \qquad (8.2)$$

bestimmt werden. Die homogenen Koordinaten des Punktes P(x,y,z) ergeben sich als $P_h(x_h,y_h,z_h,w_h)$, z.B. P(2E-4, 1E-8, -6.3E-2)$\rightarrow P_h$(20000, 1, -6.3E6, 1E8) und P(0, 0, 0)$\rightarrow P_h$(0, 0, 0, 1).

Die Multiplikation mit w_h kommt einer Skalierung gleich. Läßt man w_h frei wählbar und legt die restlichen zwei/drei Koordinaten fest, dann kann mit diesem Ausdruck eine Menge von Punkten beschrieben werden, die sich bzgl. ihrer gewöhnlichen Koordinaten nur in einem Proportionalitätsfaktor unterscheiden (eine Gerade). Die Multiplikation eines Vektors, der in homogenen Koordinaten formuliert ist, mit einem Skalar r verändert nicht den eigentlichen Punkt.

Der umgekehrte Weg, die Transformation der homogenen in die inhomogenen (gewöhnlichen) Koordinaten ist entsprechend einfach, nachstehend an einem Punkt des R^3 dargestellt:

$$P_h(x_h,y_h,z_h,w_h) \rightarrow P(x,y,z) \quad \text{mit} \quad x := [x_h/w_h], \quad y := [y_h/w_h] \quad \text{und} \quad z := [z_h/w_h] \ (w_h \neq 0). \tag{8.5}$$

Der Fall $w_h = 0$ ist als Grenzfall anzusehen ($w_h \rightarrow 0$), und man bezeichnet diese Punkte als **Fernpunkte** oder **uneigentliche Punkte**. Im dreidimensionalen Fall bilden die Fernpunkte $F_h(x,y,z,0)$ mit $x,y,z \in R$ und $F(0,0,0,0)$ die **Fernebene** im R^4. Analog dazu bilden die Punkte $F(x,y,0)$ mit $F(0,0,0)$ die **Ferngerade** im R^3. Bei der perspektivischen Projektion wird der nähere Zusammenhang zwischen Fern- und **Fluchtpunkt** dargestellt.

Nachstehend werden Anwendungsgebiete für die Formulierung in homogenen Koordinaten genannt.

(1) **Zur Einhaltung eines bestimmten Zahlenintervalls**: Die Skalierung mit der homogenisierenden Koordinate kann helfen, daß Vektorkomponenten das festgelegte Zahlenintervall der Variablen einhalten. So können betragsmäßig sehr kleine Komponenten durch Multiplikation mit einem entsprechend großem w_h in eine geeignete Dimension übertragen werden, ohne an dem eigentlichen Punkt eine Veränderung vorzunehmen, vgl. obige Beispiele.

In einem Beispiel wird auf die kleinen Veränderungen beim Rechnen in der analytischen Geometrie mit homogenen Vektoren eingegangen. Eine Ebene im R^3 läßt sich durch zwei Richtungsvektoren $\vec{v}$ und $\vec{w}$ sowie einem Ortsvektor $\vec{r}$ eindeutig festlegen ($\vec{r},\vec{v},\vec{w} \in R^3$). Es stellt sich daher die Frage, wie man aus beliebig vorgegebenen $\vec{r}'$-, $\vec{v}'$- und $\vec{w}'$-Vektoren in homogenen Koordinaten einen Punkt der Ebene berechnet. Mit gewöhnlichen Koordinaten gilt für einen Punkt P mit dem Ortsvektor $\vec{p} \in R^3$ der Ebene $\vec{p} = \vec{r} + a \cdot \vec{v} + b \cdot \vec{w}$, wobei a und b entsprechend bestimmt und $\vec{v}$ und $\vec{w}$ linear unabhängig sind; ausformuliert bedeutet dies

$$\vec{p} = (p_1,p_2,p_3)^T = (r_1 + a \cdot v_1 + b \cdot w_1, \quad r_2 + a \cdot v_2 + b \cdot w_2, \quad r_3 + a \cdot v_3 + b \cdot w_3)^T. \tag{8.6}$$

Transformiert in die homogenen Koordinaten ($\vec{p} \rightarrow \vec{p}'$, $\vec{r} \rightarrow \vec{r}'$, $\vec{v} \rightarrow \vec{v}'$, $\vec{w} \rightarrow \vec{w}'$) würde obige Formulierung mit $\vec{p}' = \vec{r}' + a \cdot \vec{v}' + b \cdot \vec{w}'$ ohne weitere Veränderung wie folgt lauten

$$\vec{p}' = (p_1',p_2',p_3',h_{p'})^T = (r_1' + a \cdot v_1' + b \cdot w_1', ..., h_{p'} + a \cdot h_{v'} + b \cdot h_{w'})^T, \tag{8.7}$$

wobei $h_{\alpha'}$ die homogenisierende Koordinate des Vektors $\vec{\alpha}'$ ist; dies für $\vec{\alpha} = \vec{r}, \vec{v}, \vec{w}$. Da die Multiplikation eines homogenen Vektors mit einem Skalar, wie es a und b sind, keine Veränderung am eigentlichen Punkt hervorruft, kann der Rechenschritt (8.7) nicht korrekt sein.

Liegen die Vektoren $\vec{r}\,'$, $\vec{v}\,'$ und $\vec{w}\,'$ sowie die Skalare a und b vor, dann besteht ein einfacher Weg zur korrekten Berechnung von $\vec{p}$ bzw. $\vec{p}\,'$ in der Transformation des Vektors $\vec{a}\,'$ zurück in die gewöhnlichen Koordinaten ($\vec{a}\,' \rightarrow \vec{a}$). In diesen berechnet man $\vec{p}$ und transformiert $\vec{p}$ zurück zu $\vec{p}\,'$. Dabei geht aber der Vorteil der Skalierung verloren, der in der Darstellung gerade betragsmäßig großer/kleiner Zahlen liegt (die große/kleine Zahl entsteht als Zwischenergebnis!). Ein geeigneter Rechenschritt wird an der Komponenten p_i' von $\vec{p}\,'$ im Detail gezeigt. Davon ausgehend, daß $\vec{p}\,'$ ein Vektor mit der homogenisierenden Koordinate $\alpha(=h_{p'})$ darstellen wird, ergibt sich die Rücktransformation für i = 1,2,3 mit

$$p_i' = \alpha \bullet [r_i'/h_{r'} + a \bullet v_i'/h_{v'} + b \bullet w_i'/h_{w'}] = [\alpha/h_{r'}] \bullet r_i' + [\alpha/h_{v'}] \bullet a \bullet v_i' + [\alpha/h_{w'}] \bullet b \bullet w_i'. \quad (8.8)$$

Durch eine überlegte Wahl von α kann mit der **rechten** Seite der Gleichung der gewünschte Effekt erzielt werden. Z.B. garantiert $\alpha = \max\{|h_{v'}|, |h_{w'}|\}$, daß $[|\alpha/h_{v'}|] \leq 1$ und $[|\alpha/h_{w'}|] \leq 1$ gilt. Mit dem gewählten α berechnet man die Komponenten p_i' für i = 1,2,3 und setzt die homogenisierende Koordinate $h_{p'} = \alpha$.

Analog dazu wird bei der Geraden vorgegangen; im Abschnitt 8.4 werden einige wichtige Berechnungen der analytischen Geometrie mit homogenen Koordinaten durchgeführt.

Es wird deutlich, daß die Einhaltung bestimmter Zahlenintervalle eine höhere Anzahl notwendiger Operationen zur Folge hat. Den Objektbeschreibungen homogene Koordinaten zugrundeliegen zu lassen, ist nur für spezielle Anwendungen zu empfehlen.

(2) **Zur Formulierung von Transformationen**: Ein formulierungstechnischer Vorzug der homogenen Koordinaten läßt sich bei der Beschreibung elementarer Transformationen wie Drehung, Verschiebung und der Projektionen etc. entdecken, vgl. Abschnitt 8.4. Die homogenen Koordinaten ermöglichen, diese über eine Matrix zu formulieren, und die Verkettung von Transformationen kann über die Matrizenmultiplikation stattfinden. Auf diese Anwendung geht Abschnitt 8.4 ein.

Diese allgemeine Formulierung über eine Transformationsmatrix macht man sich ferner in hardwareorientierten Lösungen zu Nutzen. Der graphische Arbeitsplatz -der Graphikprozessor- nimmt die Transformationen vor, und die allgemeine Multiplikation einer Matrix mit einem Punkt ist in schnellen Schaltkreisen realisiert. Durch diese allgemeine Formulierung kann die Recheneinheit sämtliche Operationen (Transformationen) sehr schnell durchführen. Diese Technik ist bei Rechnern mit nicht genügender Geschwindigkeit eine Voraussetzung für die **bewegte Computergraphik**.

8.3.3 POLYGON UND POLYEDER

Eine wichtige Gruppe von Objekten sind die **Polygone** (Vieleck, z.B. Viereck) und die **Polyeder** (Vielflächner, z.B. Würfel). Das Polygon -auch Streckenzug genannt- wird durch eine (lineare) Liste aus n Punkten P_0 bis P_{n-1} eines Raumes definiert, indem zwischen jedem Punkt P_i und P_{i+1} eine Linie gezogen, d.h. die Strecke gebildet wird. Das Polygon gilt als **geschlossen**, wenn der Streckenzug geschlossen ist und damit die Strecke $P_{n-1}P_0$ existiert. Ein **ebenes** Polygon zeichnet sich dadurch aus, daß die Punkte P_i in einer gemeinsamen Ebene liegen. Bei den beiden Polygonattributen eben und geschlossen sind an die Strecken keine Bedingungen geknüpft, daher stellt das Attribut **einfach** die zusätzliche Forderung, daß sich die Strecken (Kanten) nicht schneiden. Damit gehört jeder Punkt, der auf einer Kante eines einfachen Polygons liegt, genau zu einer Strecke P_iP_{i+1} und jede **Ecke** P_i maximal zu zwei **Kanten**. Den Raum, der von einem geschlossenen, einfachen, ebenen Polygon umschlossen wird, bezeichnet man als **Polygonbereich**.

Eine Menge M von n geschlossenen, ebenen, einfachen Polygonen PG_i bildet ein **Polygonnetz**, wenn nachstehende Bedingungen erfüllt sind.

(a)   Zwei Polygone PG_i und PG_j (i≠j) haben keinen inneren Punkt gemeinsam (= > keine Überlappung).

(b)   Zwei Polygone PG_i und PG_j (i≠j) können nur Ecken oder -ganze- Kanten gemeinsam haben.

(c)   Die Kanten, die nur zu einem Polygon gehören, bilden gemeinsam ein einziges einfaches, geschlossenes Polygon (= > die Polygone liegen beieinander).

(d)   Eine Kante gehört höchstens zu zwei Polygonen.

Ein **Polyeder** wird durch seine begrenzenden Flächenelemente definiert und stellt einen endlichen -beschränkten- Raum dar, der durch endlich viele Polygonbereiche berandet wird, z.B. Würfel, Pyramide usw.. Präzise betrachtet, bezeichnet das **Vielflach** nur die Menge aller Randpunkte, jedoch wird dieser Begriff auch stellvertretend für das Polyeder verwendet, das darüber hinaus auch die Punkte im Innern umfaßt. Die Strecken der begrenzenden Polygone heißen **Kanten**, und deren Endpunkte bilden die **Ecken** des Polyeders. Beispiele für Polygone und Polyeder sind in den Beispielen 8.1 und 8.2 angegeben.

Der **Schwerpunkt** S(x,y,z) eines Polygons oder Polyeders berechnet sich aus den n Ecken $P_i=(x_i,y_i,z_i)$ (i=1,2,...,n) gemäß

$$x = [\sum_{i=1}^{n} x_i]/n, \quad y = [\sum_{i=1}^{n} y_i]/n, \quad z = [\sum_{i=1}^{n} z_i]/n. \tag{8.9}$$

Der Schwerpunkt eines konvexen Polygons/Polyeders liegt stets in dessen Innern. Ferner läßt sich jedes Polygon mit n Ecken immer in (n-2) Dreiecke zerlegen, über die Summe der Dreiecksflächen kann der Flächeninhalt des gesamten Polygons berechnet werden.

Polygon, Polygonnetz und Polyeder sind von elementarer Bedeutung, weil sich Kurven, Flä-

Polygone und Polygonnetze

Beispiel für ein ebenes und geschlossenes Polygon

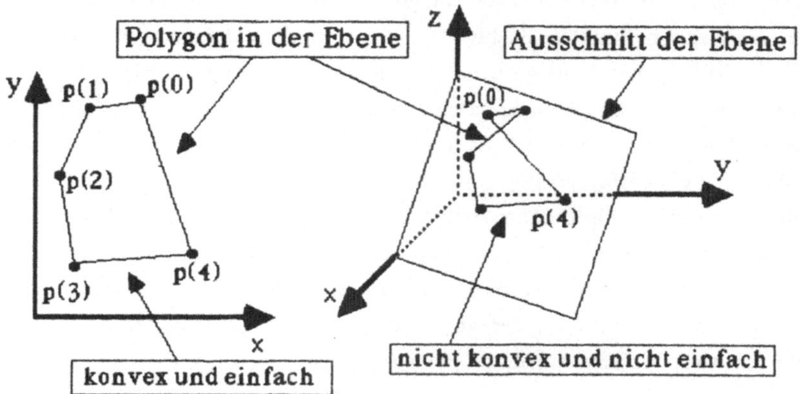

Beispiel für ein nicht ebenes, geschlossenes und einfaches Polygon

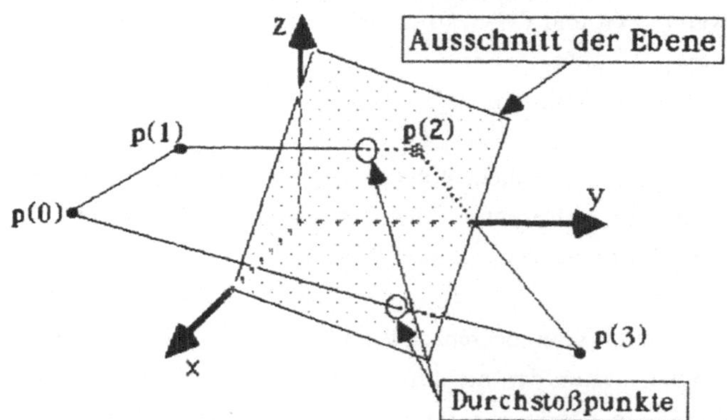

Beispiel für das Polygonnetz

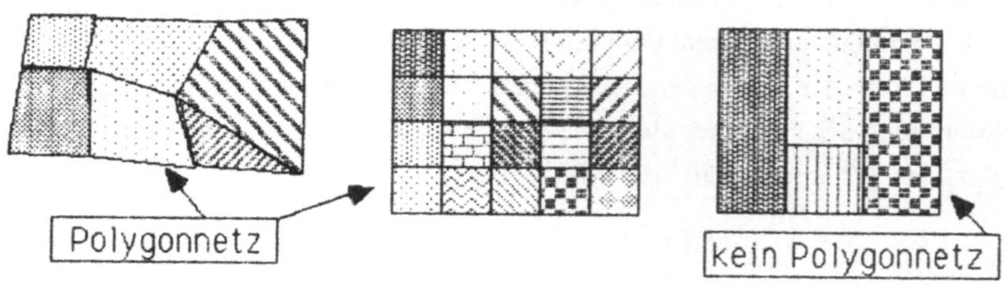

Beispiel 8.1

Polyeder

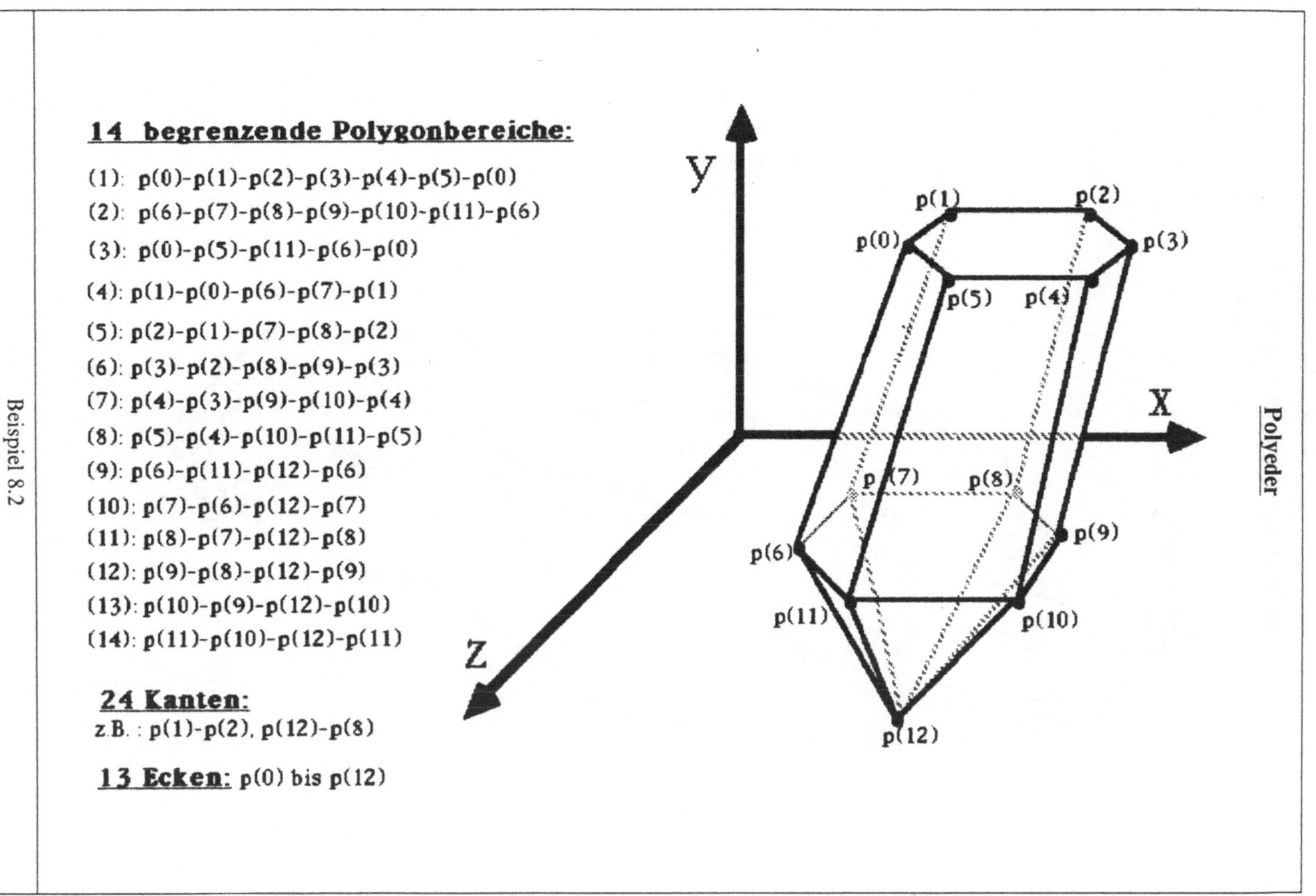

14 begrenzende Polygonbereiche:

(1): p(0)-p(1)-p(2)-p(3)-p(4)-p(5)-p(0)

(2): p(6)-p(7)-p(8)-p(9)-p(10)-p(11)-p(6)

(3): p(0)-p(5)-p(11)-p(6)-p(0)

(4): p(1)-p(0)-p(6)-p(7)-p(1)

(5): p(2)-p(1)-p(7)-p(8)-p(2)

(6): p(3)-p(2)-p(8)-p(9)-p(3)

(7): p(4)-p(3)-p(9)-p(10)-p(4)

(8): p(5)-p(4)-p(10)-p(11)-p(5)

(9): p(6)-p(11)-p(12)-p(6)

(10): p(7)-p(6)-p(12)-p(7)

(11): p(8)-p(7)-p(12)-p(8)

(12): p(9)-p(8)-p(12)-p(9)

(13): p(10)-p(9)-p(12)-p(10)

(14): p(11)-p(10)-p(12)-p(11)

24 Kanten:
z.B. : p(1)-p(2), p(12)-p(8)

13 Ecken: p(0) bis p(12)

Beispiel 8.2

<u>Darstellung eines Autos im Gittermodel</u>

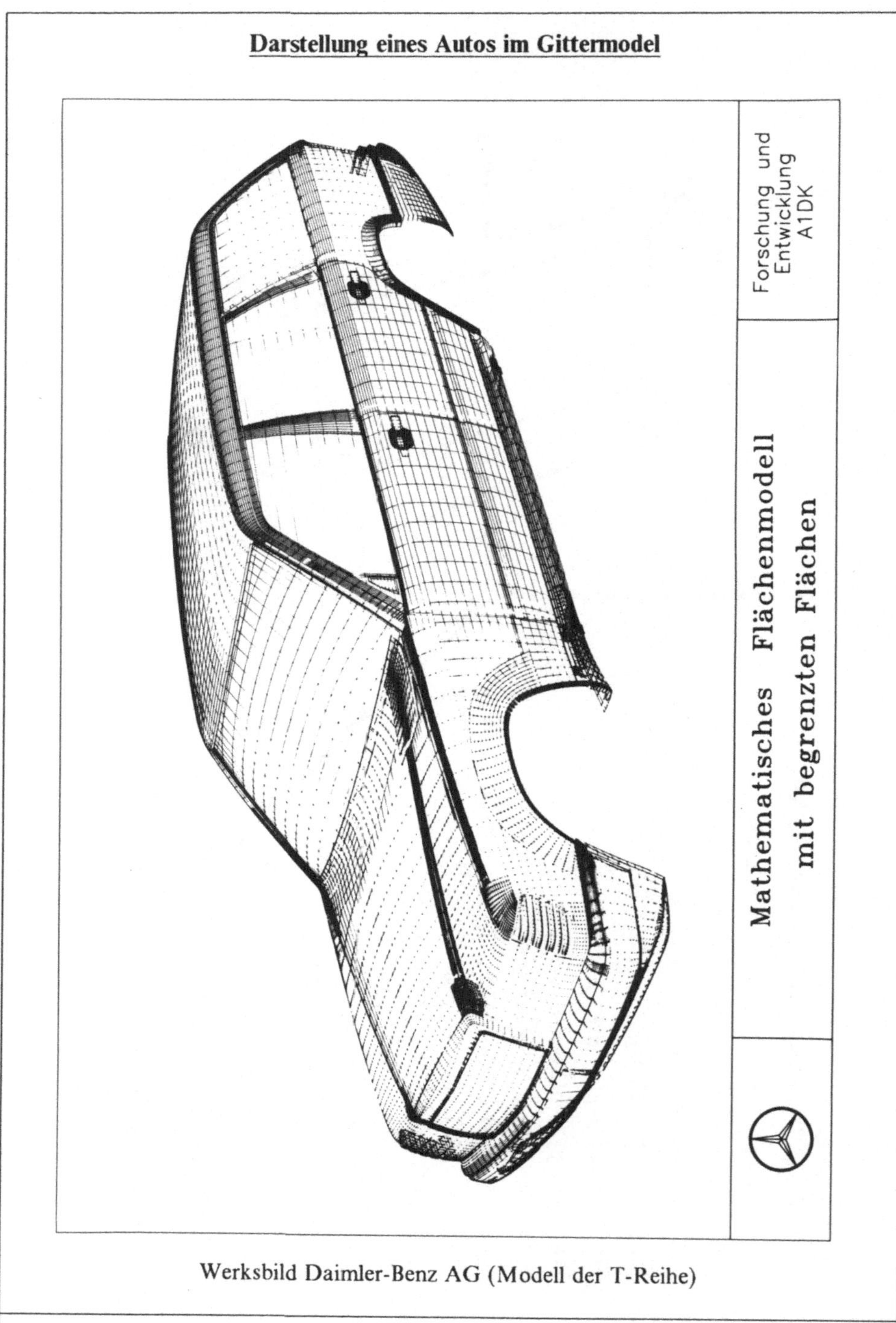

Werksbild Daimler-Benz AG (Modell der T-Reihe)

Graphik 8.5

Algorithmus zur Bildung der konvexen Hülle um eine ebene Punktmenge

(1) Gegeben sind n Punkte p(i) in einer Ebene und gesucht ist das konvexe Polygon mit den Ecken q(i), das die konvexe Hülle bildet. Beide Punktmengen bilden eine Liste, wobei die eine schrittweise ab- und die andere aufgebaut wird.

(2) Eine Gerade durch zwei Punkte p(s) und p(t) ist zu bestimmen, daß alle anderen Punkte links oder rechts von dieser Geraden liegen (==> 2 Halbräume); die Gerade bildet dann die erste Kante des konvexen Polygons. Ein systematischer Weg, zwei solche Punkte zu finden, besteht z.B. in einer Sortierung der Punkte p(i) nach der x- oder y-Koordinate. Dem weiteren Vorgehen muß ein bestimmter Umlaufsinn zugrundeliegen.

(3) q(1) und q(2) sind die beiden in (2) ermittelten Punkte. Den nächsten Punkt q(n+1) der konvexen Hülle findet man, indem derjenige Punkt p(i) aus der Liste gefunden wird, daß die Strecke von q(n-1) nach q(n) mit der Strecke $\overline{q(n)p(i)}$ den kleinsten Winkel hat. Der Punkt q(n+1) entspricht dem gefundenen p(i). Mit dem Eintragen von p(i) bzw. q(n+1) in die Liste der q(i) kann p(i) aus der Liste der zu untersuchenden Punkte gestrichen werden.

(4) Punkt (3) wiederholt man solange, bis der ermittelte Punkt p(i) dem Punkt q(1) entspricht und sich der Streckenzug (das Polygon) schließt.

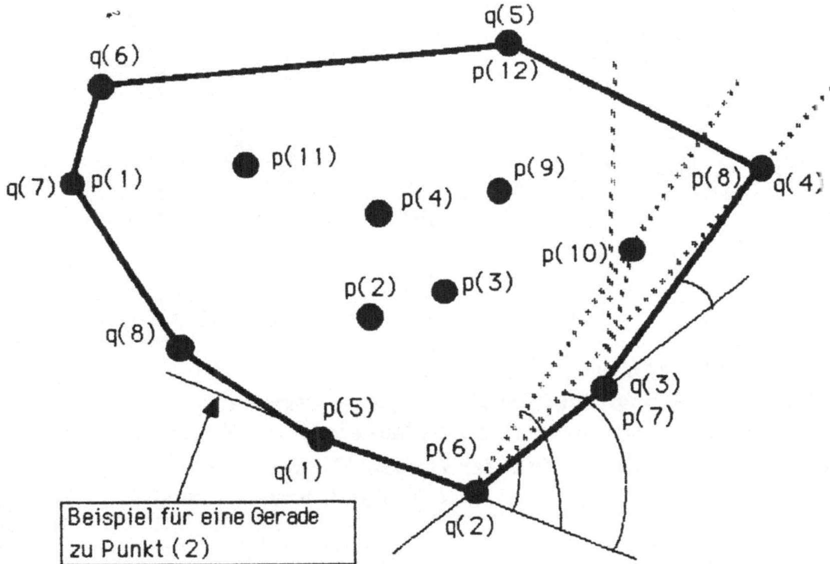

Bedingung: Die Punktmenge besteht aus mehr als zwei nicht kollinearen Punkten. Versteht man die Gerade als Hyperebene des zweidimensionalen Raumes, so kann dieser Algorithmus auf den dreidimensionalen Raum erweitert werden. Es werden dann die Ebenen gedreht, wobei es sich anbietet, die Ebenen über den Normalenvektor zu beschreiben.

Graphik 8.6

Test auf Konvexität eines ebenen, geschlossenen Polygons

Mit α(7) ergibt sich ein Monotoniewechsel, wenn die Winkel über das
Skalarprodukt berechnet werden.

Mit der Ecke p(7a) wäre das Polygon
nicht konvex, weil keine monotone
Winkelfolge vorläge.

(Überschreitung der
180-Grad-Grenze)

α(7)
α(6)
p(7b)
p(6)
α(5)
α(8)
p(7a)
p(5)
p(8)
α(4)
p(4)
α(9)
p(9)
α(3)
p(10)
p(3)
α(10)
p(2)
p(11)
p(1)
α(2)
α(11)
α(1)

entspricht quasi
der X-Achse

Für ein konvexes, ebenes Polygon gilt α (i)<= α (i+1).
Da man den Winkel über das Skalarprodukt berechnet, wird es
einen Punkt geben, ab dem sich die Monotonie der Winkel ändert,
weil über das Skalarprodukt der kleinste Winkel berechnet wird.
Dieser Übergangspunkt liegt beim Winkel π bzw. bei 180 Grad.

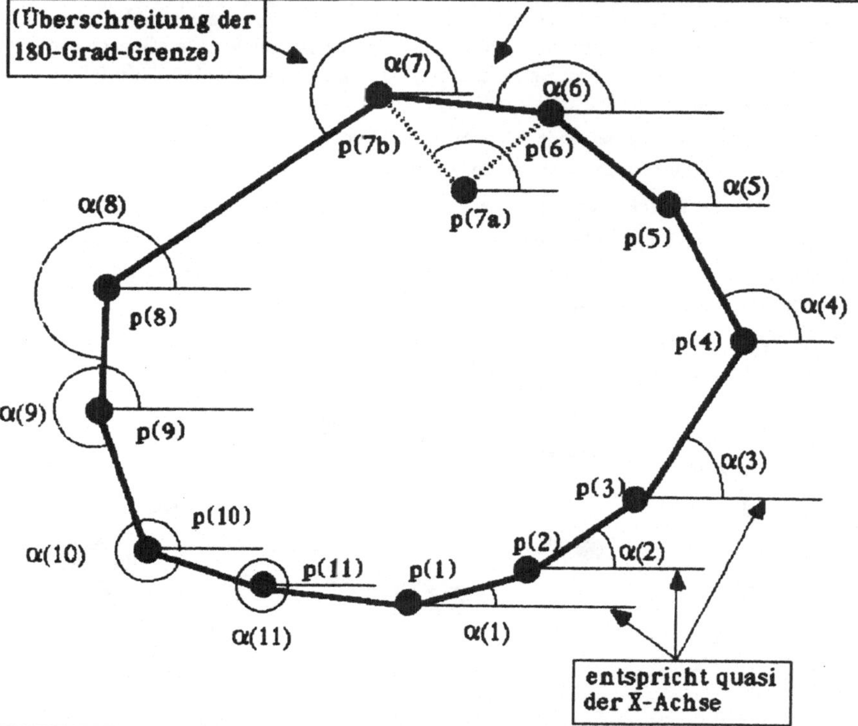

Graphik 8.7

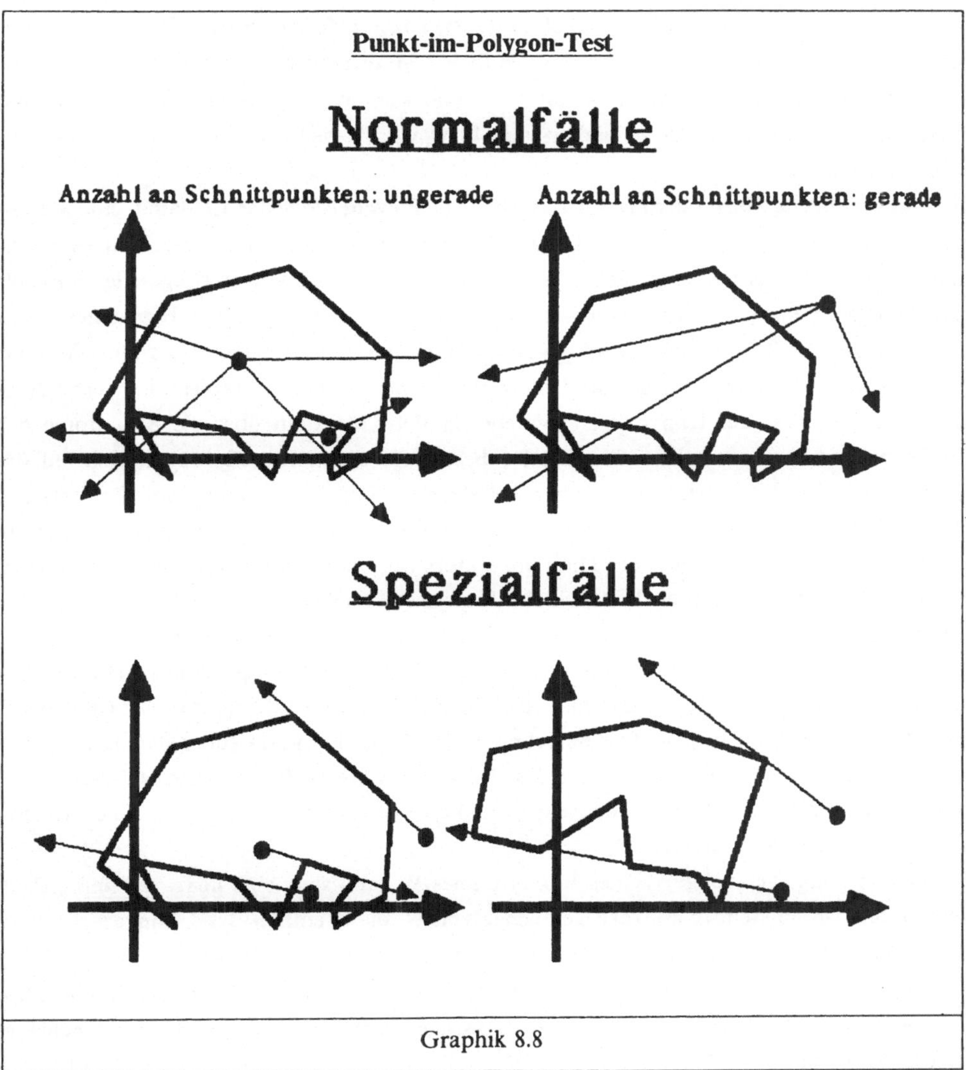

Graphik 8.8

chen und Körper mit diesen in geeigneter Weise auf eine beliebige Genauigkeit annähern lassen, z.B. Kreis, Ellipse, Kugel etc.; man bezeichnet sie aus diesem Grund gern als **geometrische Primitive**. Das Gittermodel eines PKWs, wie es mit Graphik 8.5 gegeben ist, demonstriert das sehr deutlich. Gleichfalls müssen zu Polygon und Polyeder geeignete rechnerinterne Darstellungen gefunden werden. Beidem muß es gerecht werden, dem schnellen Zugriff wie auch der strukturellen Beschreibung, vgl. Abschnitt 8.3.6 und Graphik 8.11.

Als **konvex** bezeichnet man ein Polygon oder Polyeder, präziser einen Polygonbereich, wenn alle möglichen Verbindungsstrecken zwischen den Ecken P_i (die **Diagonalen**) vollständig innerhalb des Polygons verlaufen. Auf Polyeder angewandt gilt entsprechendes, nachstehende allgemeine Definition macht das deutlich. Mathematisch exakt formuliert, ist die Teilmenge T eines Vektorraumes K konvex, wenn sämtliche Verbindungslinien (Strecken) zwischen beliebigen Punkten w_i und w_j aus T ($w_i, w_j \varepsilon$ T) -nicht nur die Diagonalen- vollständig in T liegen.

Die voranstehende Formulierung für das konvexe Polygon/Polyeder ist damit eine vereinfachte Formulierung dieser Bedingung. Nur die Strecken zwischen nicht benachbarten Ecken (die Diagonalen) werden untersucht; bei n Ecken gibt es (n/2)•(n-3) Diagonalen. Erfüllt eine Menge an Punkten diese Bedingung nicht, wird sie als **nicht-konvex** bezeichnet. Den beiden Attributen **konkav** und **nicht-konvex** liegt nicht die gleiche Bedeutung zugrunde. Der Begriff konkav wird vorrangig mit dem Verlauf eines Funktionsgraphen in Verbindung gebracht. Ein Test auf Konvexität eines ebenen Polygons kann über die Monotonie der Winkel vorgenommen werden. Graphik 8.7 beschreibt diesen Prozeß, wobei auch auf die Besonderheit der Winkelberechnung über das Skalarprodukt hingewiesen wird. Da stets der kleinste Winkel zwischen den beiden Vektoren als Ergebnis hervorgeht, muß über die Analyse der x- und y-Komponente des Differenzvektors der Quadrant bestimmt werden, in dem er liegt. Mit dem Quadranten läßt sich der berechnete Winkel über eine Korrektur in das Intervall [0,2π] legen. Zu bemerken ist, daß der Winkel nicht explizit berechnet werden muß, sondern allein die Cosinus-Funktionswerte, die mit dem Skalarprodukt berechnet werden, für den Monotonietest ausreichen (die Cosinus-Funktion fällt monoton zwischen 0° und 180° von +1 nach -1!). Die Berechnung der Arcus-Funktion (über das Taylorpolynom) benötigt zu viel Rechenzeit, und das Programm wäre zu langsam. Aus Graphik 8.7 kann weiter geschlossen werden, daß ein nicht konvexes Polygon mindestens einen Innenwinkel größer als 180° haben muß.

Um eine endliche Teilmenge T eines Vektorraumes W kann stets eine **konvexe Hülle** gelegt werden; dies ist die kleinste konvexe Teilmenge von W, die K enthält. Ist T konvex, so ist es gleichzeitig deren konvexe Hülle. Um eine beliebige, endliche Punktmenge in einer Ebene läßt sich stets ein konvexes, ebenes Polygon legen, so daß der daraus resultierende Polygonbereich konvex ist. Anschaulich wird diese Aussage, wenn man sich ein Brett mit beliebig verteilt eingeschlagenen Nägeln vorstellt. Dies sind die Punkte. Der konvexen Hülle entspricht ein Gummi, das um die äußersten Nägel gespannt wird. Ein Algorithmus zur Bildung der konvexen Hülle im Fall einer Punktmenge in der Ebene (= > Polygon) und im dreidimensionalen Raum (= > Polyeder) ist in der Graphik 8.6 dargestellt.
Punkte, die auf einer gemeinsamen Gerade liegen, werden als **kollinear** bezeichnet.

Eine weitere häufig auftretende Aufgabenstellung ist der "Punkt im Polygon"-Test (z.B. zum Auffüllen bzw. Schraffieren eines Polygonbereichs), mit dem geprüft wird, ob ein Punkt Element eines beliebigen Polygonbereichs bzw. eines Polyeders ist. Ein geeigneter Algorithmus für diesen Test läßt sich aus dem **Jordanschen Theorem** herleiten. Festgehalten wird die Anzahl S an Schnittpunkten zwischen einem Teststrahl und dem Polygon. Der Teststrahl geht vom Testpunkt P_t aus und kann eine beliebige Richtung haben. Bzgl. des Polygons bestehen ebenfalls keine Einschränkungen, dieses muß lediglich in einer gemeinsamen Ebene mit P_t und dem Teststrahl liegen. Ist die ermittelte Anzahl S ungerade, so liegt P_t im Polygon; bei gerader Anzahl ist der Punkt kein Element des Polygonbereichs. In der praktischen Anwendung treten Sonderfälle auf, wenn Kanten oder Ecken Element des Teststrahls sind (vgl. Graphik 8.8), und es empfiehlt sich nachstehende Vorgehensweise für den ″Punkt im Polygon″-Test.

(1) Es wird ein Punkt ermittelt, der nicht auf dem Teststrahl liegt. Mit diesem Punkt wird die Variable P_MERKEN initialisiert, der Umlaufsinn kann für (2) beliebig gewählt werden.

(2) Man nimmt den nächsten Punkt P_{neu} und prüft, ob dieser auf dem Teststrahl liegt. Trifft dies zu, wird er übergangen und der nächste Punkt ausgewählt. Ist der Punkt kein Element des Teststrahls, dann wird geprüft, ob die Strecke von P_{neu} zu dem in P_MERKEN festgehaltenen Punkt den Teststrahl schneidet. Existiert ein Schnittpunkt, dann wird die Anzahl S um Eins erhöht und P_MERKEN mit P_{neu} neu besetzt. Prozedurschritt (2) wird solange wiederholt, bis alle Punkte des Polygons durchlaufen sind.

Diese Methode trägt den Sonderfällen der Graphik 8.8 Rechnung, und es resultiert die korrekte Schnittanzahl. Der in Schritt (2) zugrundeliegende Gedanke besteht anschaulich beschrieben darin, daß das Polygon gestrafft und anschließend untersucht wird, ob sich die Ecke bzw. Kante, die auf dem Teststrahl liegt, von diesem weg bewegt.
Im Falle des Polyeders wird der Schnitt vom Teststrahl und den Polygonbereichen bestimmt. Diese Schnittpunktberechnung bedeutet, daß zunächst der Schnitt mit derjenigen Ebene berechnet wird, in der der jeweilige Polygonbereich liegt. Anschließend wird ein ″Punkt im Polygon″-Test auf den ermittelten Schnittpunkt angesetzt.
Grundsätzlich empfiehlt sich, den Teststrahl hinsichtlich der notwendigen Berechnungen überlegt auszuwählen; eine solche geeignete Wahl ist z.B., diesen parallel zur x-Achse verlaufen zu lassen.

Bei einigen in späteren Abschnitten beschriebenen Algorithmen wird für die Beschreibung eines Polygons ein festgelegter **Umlaufsinn** zugrundegelegt. Es ist bei der Anwendung dieser Algorithmen nicht mehr gleichgültig, ob bei der Definition des Polygons ein positiver oder ein negativer Umlaufsinn vorliegt. Auf orientierten Flächen bauen Algorithmen zur Bestimmung nicht sichtbarer Flächen (Hidden-Surface) auf; mit diesem Thema beschäftigt sich Abschnitt 8.7.
Ist ein ebenes Flächenstück F von einer **orientierten, geschlossenen Kurve** umrandet, so werden diesem Flächenstück zwei **Seiten** zugeordnet, eine **positive** und eine **negative**. Das erfolgt über den Normalenvektor $\vec{n}_F$, der senkrecht auf der Fläche steht. Seine Orientierung ist so ausgelegt, daß er von der umrandenden Kurve mit positiver Orientierung (im Gegen-

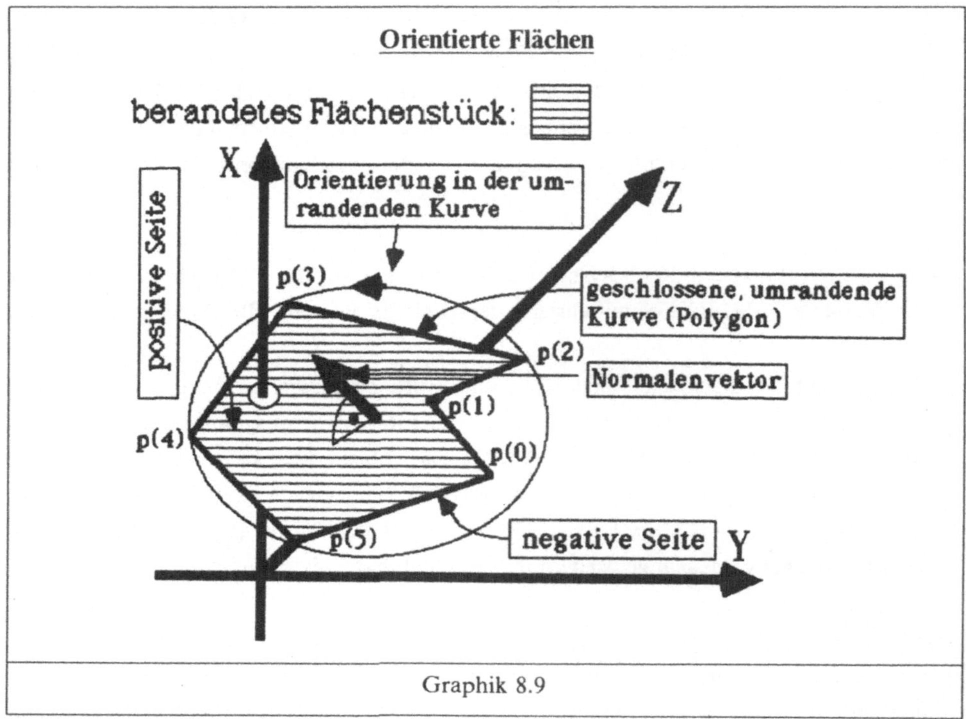

Graphik 8.9

uhrzeigersinn) umlaufen wird, vgl. Graphik 8.9. Der Normalenvektor liegt unter diesen Vorgaben auf der positiven Seite des Flächenstücks. Im Falle eines Polygons besteht die umrandende Kurve aus dem Streckenzug, der in einer bestimmten Richtung zu durchlaufen ist, wenn mit orientierten Flächen gearbeitet wird. Im Beispiel 8.2 ist ein Polyeder mit 14 berandenden Polygonbereichen dargestellt. Deren Beschreibung liegt zugrunde, daß der Normalenvektor nach innen (in das Polyeder) zeigt und damit die negativen Seiten außen liegen. Würde die Reihenfolge (der Umlaufsinn) invertiert, lägen die positiven Seiten außen.

8.3.4 FUNKTIONEN MEHRERER VARIABLEN

Eine weitere Möglichkeit zur Beschreibung von Objekten besteht in einer funktionalen Darstellung. Läßt sich die umrandende Fläche mit Hilfe einer Funktion beschreiben, so birgt dies den Vorteil in sich, daß keine Punkte gespeichert werden müssen und die Beschreibung in beliebiger Genauigkeit vorliegt.

Bei Funktionen müssen die verschiedenen Darstellungsformen unterschieden werden, nur einige haben in der Computergraphik eine praktische Bedeutung. Für Funktionen einer Variablen bzw. **Kurven** im zweidimensionalen kartesischen Koordinatensystem (= > ebene Kurven im R^2) gibt es

Kurven und Flächen zweiter Ordnung

(1) **(I) Ellipse und (II) Ellipsoid** ($a = x$-, $b = y$- und $c = z$-Achsenabschnitt):

(I-a) **implizite Form**: $[x^2/a^2] + [y^2/b^2] = 1$, $\qquad$ (8.10)

(I-b) **Parameterform**: $x = a \cdot \cos(t)$, $y = b \cdot \sin(t)$ mit $0 \leq t < 2\pi$ $\qquad$ (8.11)

(II-a) **implizite Form**: $[x^2/a^2] + [y^2/b^2] + [z^2/c^2] = 1$, $\qquad$ (8.12)

(II-b) **Parameterform**: $x = a \cdot \cos(s) \cdot \sin(t)$, $y = b \cdot \sin(s) \cdot \sin(t)$, $z = c \cdot \cos(t)$ $\qquad$ (8.13)

$\qquad\qquad$ mit $0 \leq s < 2\pi$ und $0 \leq t \leq \pi$

(2) **(I) Kreis und (II) Kugel**:

Spezialfall der Ellipse (des Ellipsoids) mit $a = b(= c)$, siehe Beispiel im Text. Nachfolgend die vier wichtigen Berechnungen eines Kreises dargestellt, die anfallen, wenn zu dessen Definition jeweils verschiedene Angaben zur Verfügung stehen.

(I-a) **drei Punkte**: Drei Punkte $Q(x_q, y_q)$, $R(x_r, y_r)$, $N(0,0)$ sind gegeben. Es ist der Kreis, präziser formuliert, der Mittelpunkt und der Radius zu bestimmen. Daß einer der Punkte der Nullpunkt sein muß, stellt keine Einschränkung dar, weil vor der Berechnung eine Verschiebung vorgenommen werden kann, so daß ein Punkt zum Nullpunkt wird. Der Mittelpunkt $M(x_m, y_m)$ ergibt sich aus dem linearen Gleichungssystem

$$2 \cdot x_q \cdot x_m + 2 \cdot y_q \cdot y_m = x_q^2 + y_q^2 \qquad (8.14)$$

$$2 \cdot x_r \cdot x_m + 2 \cdot y_r \cdot y_m = x_r^2 + y_r^2 \ . \qquad (8.15)$$

Für den Radius r gilt $r^2 = x_m^2 + y_m^2$. $\qquad$ (8.16)

(I-b) **zwei Punkte und ein Radius**: Sind die Punkte $N(0,0)$ und $R(x_r, y_r)$ sowie der Radius r gegeben, lassen sich die beiden Gleichungen

$$(x_m^2 + y_m^2) = r^2 \quad \text{und} \qquad (8.17)$$

$$(x_r - x_m)^2 + (y_r - y_m)^2 = r^2 \qquad (8.18)$$

aufstellen, in denen x_m und y_m die Koordinaten des gesuchten Mittelpunktes sind. Durch weiteres Umformen wird unmittelbar deutlich, daß die Bestimmung des Mittelpunktes auf die Lösung einer nichtlinearen Gleichung hinausläuft. Mit dem Newton-Verfahren kann x_m gemäß

$$x_m[n+1] = x_m[n] - \qquad (8.19)$$

$$((0.5 \cdot (y_r^2 + x_r^2) - y_r \cdot \sqrt{r^2 - x_m^2[n]}) \cdot (1/x_r) - x_m[n]) \ / \ [(y_r \cdot x_m[n])/(x_r \cdot \sqrt{r^2 - x_m^2}) - 1]$$

iteriert und y_m anschließend über (8.17) berechnet werden.

Teil 1 von Tabelle 8.3

Aufgrund des schmalen Definitionsbereiches muß der Startwert $x_m[0]$ für die Iteration mit Vorsicht gewählt werden. Eine grobe Lokalisierung über das Intervallhalbierungsverfahren z.B. ist zweckmäßig. Bemerkt sei, daß dieser Weg nur zu einer der beiden existierenden Lösungen führt.

(I-c) **Mittelpunkt und Tangente**: Ist der Mittelpunkt M und eine Tangente des Kreises gegeben, wird mit der im Abschnitt 8.4 aufgeführten Formel der Abstand von M zur Geraden -Tangenten- berechnet. Das ist der Radius, und die notwendigen Angaben zum Zeichnen des Kreises stehen zur Verfügung.

(II): siehe Text, sonst analog zu (I-a) bis (I-c).

(3) **(I) Hyperbel und (II) Hyperboloid** (a = x-, b = y- und c = z-Achsenabschnitt):

(I-a) **implizite Form**: $[x^2/a^2]-[y^2/b^2] = 1,$ (8.20)

(I-b) **Parameterform**: $x = \alpha \bullet a \bullet \cosh(t), \quad y = b \bullet \sinh(t)$

$\qquad$ mit $t \varepsilon R$ ($\alpha = -1 \rightarrow$ linker Ast, $\alpha = 1 \rightarrow$ rechter Ast) (8.21)

(II-a) **implizite Form**: $[x^2/a^2]+[y^2/b^2]-[z^2/c^2] = 1$ (einschalig) (8.22)

$\qquad\qquad$ $[x^2/a^2]+[y^2/b^2]-[z^2/c^2] = -1$ (zweischalig) (8.23)

(II-b) **Parameterform**: $x = a \bullet \cosh(s) \bullet \cos(t), y = b \bullet \cosh(s) \bullet \sin(t), z = c \bullet \sinh(s)$ (8.24)

$\qquad$ mit $s \varepsilon R$ und $0 \leq t < 2\pi$ (einschalig)

$\qquad$ $x = a \bullet \sinh(s) \bullet \cos(t), y = b \bullet \sinh(s) \bullet \sin(t), z = c \bullet \cosh(s)$ (8.25)

$\qquad$ mit $s \varepsilon R_0^+$ und $0 \leq t < 2\pi$ (zweischalig, obere Fläche)

(4) **(I) Parabel und (II) Paraboloid**:

(I-a) **implizite Form**: $y^2 = 4 \bullet a \bullet x$ ($a \varepsilon R$, a = konstant) (8.26)

(I-b) **Parameterform**: $x = a \bullet t^2, \quad y = 2 \bullet a \bullet t$ $(0 \leq t < \infty)$. ($a \varepsilon R$, a = konstant) (8.27)

$\qquad$ Es wird mit dieser Gleichung nur ein Zweig ausgedrückt. Zum Zeichnen empfiehlt sich, mit einem festen Inkrement Δt die Punkte der Parabel zu berechnen, wobei eine Form $x_{n+1} = f(x_n)$ Rechenzeit spart.

(II-a) **implizite Form**: $z = [x^2/a^2] + [y^2/b^2]$ (elliptisches Paraboloid) (8.28)

(II-b) **Parameterform**: $x = a \bullet s \bullet \cos(t), y = b \bullet s \bullet \sin(t), z = s^2$

$\qquad$ mit $s \varepsilon R_0^+$ und $0 \leq t < 2\pi$ (8.29)

Teil 2 (Ende) von Tabelle 8.3

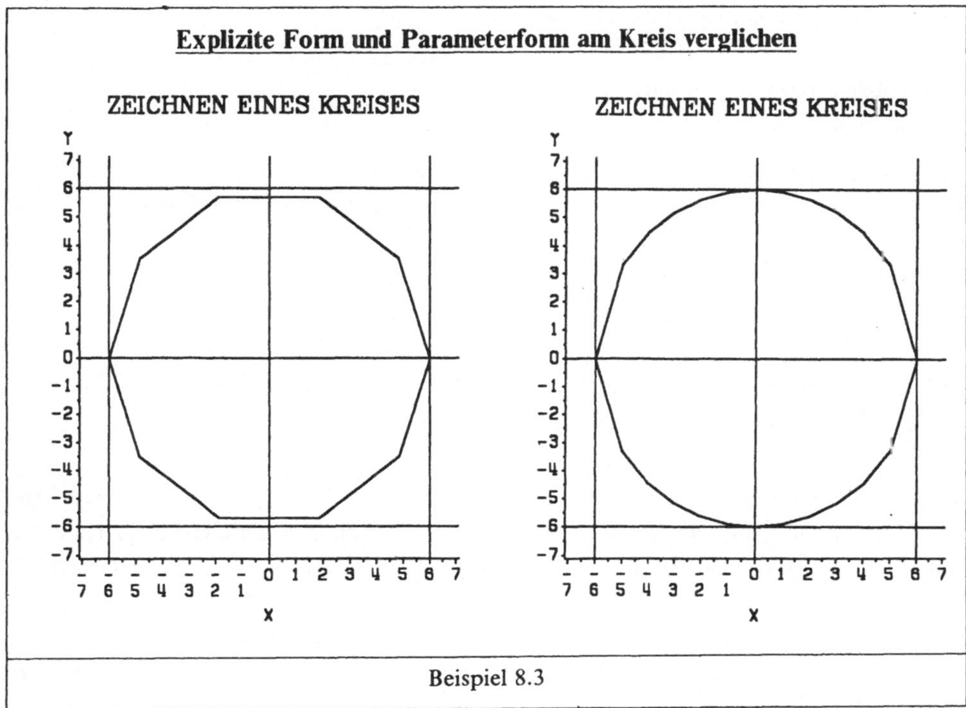

Beispiel 8.3

(1)   die **explizite** Form: $y = f(x)$,   z.B. $y = \sqrt{9-x^2}$.

(2)   die **implizite** Form: $f(x,y) = 0$,   z.B. $x^2 + y^2 - 9 = 0$.

(3)   die **Parameterform**: $x = f(t)$, $y = g(t)$,   z.B. $x = 3 \cdot \cos(t)$, $y = 3 \cdot \sin(t)$ mit $0 \leq t < 2\pi$.

(4)   die **Vektorform**: $\vec{r}(t) = x(t) \cdot \vec{e}_x + y(t) \cdot \vec{e}_y$,

z.B. $P(t) = (3 \cdot \cos(t), 3 \cdot \sin(t))$ mit $0 \leq t < 2\pi$.

Als Beispiel ist jeweils die Darstellung für den Kreis -bzw. Halbkreis- mit dem Mittelpunkt $M(0,0)$ und Radius drei angegeben. Zwischen diesen Formen kann gewechselt werden, wobei sich der Wechsel nicht immer als problemlos aufzeigt; so können sich Einschränkungen im Bild- und Definitionsbereich ergeben. Während mit einer Funktion in expliziter Form nur ein Halbkreis definiert werden kann, ermöglicht die implizite oder die Parameterform dessen vollständige Beschreibung.

Im dreidimensionalen kartesischen Koordinatensystem muß bzgl. der Funktionen unterschieden werden, ob eine **Raumkurve** oder eine **Fläche** beschrieben wird. Zunächst die Funktionsformen für Raumkurven:

(1)   **Parameterform**: $x = f(t)$, $y = g(t)$, $z = h(t)$,

z.B. $x = 3 \cdot \cos(t)$, $y = 3 \cdot \sin(t)$, $z = t$ mit $t \varepsilon R$

(2)   **Vektorform**: $\vec{r}(t) = x(t) \cdot \vec{e}_x + y(t) \cdot \vec{e}_y + z(t) \cdot \vec{e}_z$.

Flächen können dargestellt werden in der

(1) **expliziten** Form: $z = f(x,y)$,   z.B. $z = -\sqrt{x^2 + y^2 - 9}$;

(2) **impliziten** Form: $f(x,y,z) = 0$,   z.B. $x^2 + y^2 + z^2 - 9 = 0$;

(3) **Parameterform**: $x = f(s,t)$, $y = g(s,t)$, $z = h(s,t)$

    z.B. $x = 3 \bullet \cos(s) \bullet \sin(t)$, $y = 3 \bullet \sin(s) \bullet \sin(t)$, $z = 3 \bullet \cos(t)$

    mit $0 \leq s < 2\pi$ und $0 \leq t \leq \pi$;

(4) **Vektorform**: $\vec{r}(s,t) = (f(s,t), g(s,t), h(s,t))$ bzw.

    $\vec{r}(s,t) = f(s,t) \bullet \vec{e}_x + g(s,t) \bullet \vec{e}_y + h(s,t) \bullet \vec{e}_z$.

Die Beispiele beschreiben die Kugel mit dem Radius drei. Zu einigen wichtigen Funktionen ist in Tabelle 8.1 die implizite und die Parameterform angegeben.

Abschnitt 8.8 geht auf das Thema der Approximation von Funktionen über eine vorgegebene Punktmenge näher ein, insbesondere auf die Anwendung, Oberflächen mit Hilfe von Funktionen zu generieren. In den seltensten Fällen kann nämlich das gesamte Objekt mit einer einzigen Funktion (Kurve oder Fläche, gleichgültig in welcher Form) beschrieben werden. Flächen werden daher durch kleine Teilflächen (**Pflaster**) zusammengesetzt, für die jeweils eine analytische Form gegeben ist. Entsprechend werden Kurvenstücke (**Kurvensegmente**) aneinandergehängt, um eine geeignete Darstellung zu gewinnen. Liegt keine analytische Form (eine "konkrete" Funktion) vor, dann wird über Stützpunkte **interpoliert** oder **approximiert**.

Als besonders bedeutungsvoll hat sich die **Parameterform** bei der Beschreibung von Kurven und Flächen herausgestellt. Einige wesentliche Vorteile der Parameterform sind nachstehend zusammengefaßt.

(a) Geschlossene Kurven können beschrieben werden, elementare Beispiele sind Kreis, Ellipse etc. Es können somit mehrere Funktionswerte "übereinander" liegen, und zu jedem gehört ein eigener unterschiedlicher Parameterwert. Nur durch diese Eigenschaft ist es möglich, "senkrechte" Geraden (Steigung ist "unendlich") zu definieren.

(b) Der Parameter ist eindeutig bestimmt. Liegt ein Funktionswert vor, so kann der Parameter rückwirkend eindeutig bestimmt werden.

(c) Es müssen keine Gleichungen gelöst, bzw. Nullstellen bestimmt werden, wie dies bei der impliziten Form der Fall wäre (mit dieser kann gleichfalls eine geschlossene Kurve beschrieben werden).

(d) Von Kurven und Flächen lassen sich leicht Ausschnitte durch Festlegen eines bestimmten Intervalls definieren bzw. erzeugen.

Ein klassisches Beispiel, die Vorteile der Parameterform zu verdeutlichen, ist das Zeichnen eines Kreises über die Approximation mit einem Polygon. Diese Aufgabenstellung heißt es zu bewältigen, wenn eine CIRCLE-Funktion programmiert wird. Der wahrscheinlich nächstliegende Lösungsansatz ist, den Kreis aus zwei Halbkreisen aufzubauen und diese über die explizite Funktion zu berechnen. Dabei wird x in $f(x) = \sqrt{r^2 - x^2}$ mit einem festen Inkrement Δx von -r bis r durchlaufen. Das Inkrement wird zur Regelung des Rechenzeitaufwands an den Radius sowie an die Genauigkeit angepaßt. Das Resultat dieser Methode für $r = 6$ mit einem Stützpunkt pro Einheit ($=> \Delta x = 1$) ist im rechten Teil von Beispiel 8.3 abgebildet. Es ist zu erkennen, daß das gleichmäßige Inkrementieren der x-Werte nicht zu gleichmäßigen Bogenlängen auf dem Kreis führt. Gerade dies wird mit der Parameterform erreicht, indem der Parameter t das Intervall $[0;2\pi]$ in gleichen Schritten Δt durchläuft, vgl. linke Seite von Beispiel 8.3. Durch die Parameterform findet eine gleichmäßige Erhöhung der Kurvenlänge statt.

Ein Argument, das offensichtlich für die explizite Form spricht, ist der geringere Rechenzeitbedarf. Die Berechnung der transzendenten Funktionen SIN und COS sind nicht zu unterschätzen. Dieser Nachteil kann mit einem kleinen "Trick" aufgehoben werden, indem entweder eine Approximation über ein Polynom von geringem Grad (z.B. die ersten Glieder des Taylorpolynoms) verwendet wird (eine Rücksetzung von α in das genaue Intervall $[0,\pi/2]$ ist unbedingt notwendig) oder der Radiusvektor $\vec{r}$ jeweils um einen kleinen, aber konstanten Winkel gedreht wird. Die Drehung um den konstanten Winkel $\Delta\alpha$ kann mit zwei linearen Gleichungen, die über die Drehmatrix gewonnen wurden, formuliert werden und ist damit auch schneller als die Wurzelberechnung.

Ein wichtiger Begriff bei der Parameterform mit mehr als einem Parameter ist die **Parameterlinie**. Z.B. liegen der Kugeldarstellung zwei Parameter s und t zugrunde, und man spricht von den

(a) **t-Parameterlinien** (kurz s-Linien), wenn man s fest wählt (s = konstant) und t variiert,

(b) **s-Parameterlinien** (kurz t-Linien), wenn man t fest wählt (t = konstant) und s variiert.

Man kann über diesen Schritt die Funktion zweier Variablen auf n Funktionen einer Variablen zurückführen, indem n Parameterlinien jeweils "für sich" betrachtet werden. Über das Bilden von Parameterlinien kann leicht ein Netz erzeugt werden, mit dem das Funktionsbild dargestellt werden kann, vgl. Abschnitt 8.7.3.

8.3.5 AUFBAU UND BESCHREIBUNG VON TEXT

Ein Ausgabegerät neuer Art ist auch der **Laserdrucker**, der im Gegensatz zu den Ketten- oder Trommeldruckern eine besonders hohe Darstellungsqualität bietet. Dieses Buch ist mit einem Laserdrucker gefertigt worden, ebenso die Graphiken zu den Auswertungen in Kapitel 5 und 6. Beim Laserdrucker handelt es sich um einen **elektrophotographischen Drucker**. Diesem, wie auch vielen modernen Fotokopiergeräten, liegt das Prinzip der Elektrophotographie zugrunde. Eine Fotoleitertrommel wird, der Druckausgabe entsprechend, (mit

Laserlicht) belichtet, und nur an den belichteten Stellen wird das Farbpulver (der Toner) aufgenommen, nur dort bleibt es haften. Die Bezeichnung Laserdrucker liegt in der Verwendung eines Lasers als Belichtungsquelle begründet, weil dessen Lichtstrahl sich besonders stark bündeln läßt. Der Laserdrucker zerlegt, ähnlich wie ein Rasterbildschirm, die Papierfläche in einzelne Pixel. Das heißt, die im Laserdrucker aufgebaute Pixelmatrix wird beim Druckvorgang auf das Papier gebracht. Jedes dieser Pixel kann für sich gesetzt (auf schwarz oder weiß geschaltet) werden.

Ein wichtiger Begriff bei der Anwendung und beim Leistungsvergleich der Laserdrucker ist der Umfang an möglichen **Fonds** (Zeichensätze) und die Anzahl gleichzeitig anwendbarer (auf einer Seite mischbarer) Fonds. Für eine einfache Handhabung werden Laserdrucker stets mit entsprechender Software geliefert, die den Text gemäß dem gewählten Fond in die Pixelmatrix umsetzt und den Laserdrucker veranlaßt, diese auszudrucken. Ein zweites, aber seltener angewandtes Verfahren, einen Text über den Laserdrucker zu Papier zu bringen, besteht mit der Verwendung eines Dias zur Belichtung. Man kann über ein Dia z.B. feste Formulare definieren, die ohne Software erstellt (zusätzlich eingeblendet) werden. Weil Laserdrucker ein immer breiteres Anwendungsspektrum finden, wird die nachfolgende Beschreibung des Textaufbaus sowie einiger grundliegender Begriffe von allgemeinem Interesse sein.

Zur Beschreibung der einzelnen Zeichen wird der **Zeichenkörper** definiert, der als Rechteck die maximalen Maße angibt, die bei Berechnungen für die Zusammenstellung und Positionierung der Zeichen zugrundeliegen, vgl. Graphik 8.10. Die Höhe des Zeichenkörpers ist für Klein- und Großbuchstaben (Versal) gleich und muß beiden Größen gerecht werden. Dagegen kann je nach Fondtyp die Breite der Zeichenkörper innerhalb des Fonds von Zeichen zu Zeichen variieren oder ist für alle als gleich (konstant) definiert. Beides hat Vorteile; sind alle Zeichenkörper gleich breit, ist es einfach zu berechnen, wieviele Zeichen in eine Zeile passen. Dies ist bei variabler Körperbreite nicht ohne weiteres möglich, ohne die Maßangaben im einzelnen vorliegen zu haben. Andererseits gewinnt die Druckausgabe bei variabler Breite eine "schönere" Form, weil Buchstaben enger beieinander liegen. Man bezeichnet diese Schriften auch als **typographische** Schrifttypen/Fonds, weil sie analog zur typographischen Gestaltung eines Buches ein ästhetisches Äußeres ergeben. Beispiele für beide Fondtypen finden sich in diesem Buch. Den Programmen liegt ein Fond mit konstanter Körperbreite (Blockschrift) und dem Text ein solcher mit variabler Körperbreite, eine typographische Schrift zugrunde.

Die Zeichenkörperbreite des Fonds wird allgemein mit dem Maß **C**haracter **p**er **I**nch -kurz CPI- angegeben; bei variabler Breite wird ein durchschnittlicher CPI-Wert gemessen. Die Variierung der Zeichenkörperhöhe innerhalb des Fonds ist nicht üblich. Selbstverständlich können sich die Fonds untereinander in der Höhe unterscheiden (z.B. Überschriften ↔ Text in diesem Buch). Mit der Definition eines Fonds (der einzelnen Zeichen) wird über den Vergleich mit anderen Fonds festgelegt, ob dieser als kleine, große, fette oder als kursive Schrift zu bewerten ist. Beim Aneinanderreihen der Zeichen(körper) dient stets die Schriftli-

Beschreibung/Definition von Text
Mittellänge
X
Y
rechter Rand des Zeichenkörpers bei typograph. Schrift
typographische Schrift
Mittellinie
eff. Zeichenbreite
Zeichenkörper
Oberlinie
Zeichenhöhe
Schriftlinie
Serife
Versalhöhe
(Höhe der Groß-buchstaben)
Unterlänge
Bezugskoordinaten-system zur Zeichen-beschreibung
Mittellänge
X
Y
Mittellinie
Zeichenbreite
Blockschrift
Schriftlinie
Zeichenhöhe
Hj
Hj

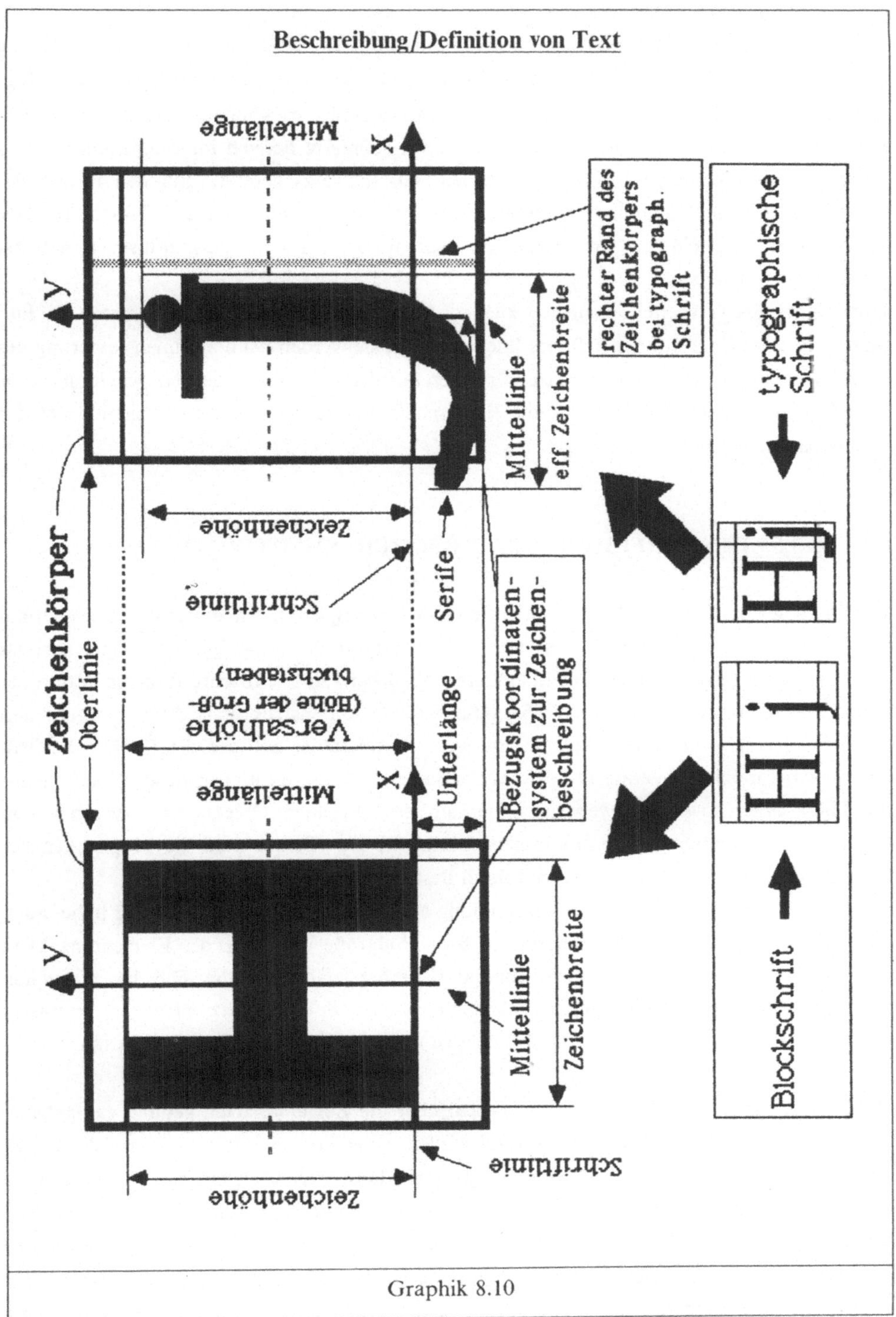

Graphik 8.10

nie als Orientierung, präziser: als Bezugslinie.

Im Zeichenkörper ist symmetrisch ein Koordinatensystem definiert, das der Beschreibung des Zeichens dient. Die Art der Beschreibung variiert vielfach. Entweder besteht die Möglichkeit, das Zeichen über ein Polygon zu definieren, oder es können Teilfunktionen (z.B. Spline-Funktionen) verwendet werden. Der damit definierte Bereich im Zeichenkörper wird mit Schwarz aufgefüllt, d.h. die Pixel werden "auf schwarz" gesetzt. Für den Prozeß der Fonddefinition und -veränderung werden dem Anwender entsprechende Software-Produkte zur Verfügung gestellt, die ein interaktives Bearbeiten der Fonds am graphischen Arbeitsplatz möglich machen.

Unter einer **Serife** versteht man den kleinen Abschlußstrich oder die Begrenzung an Fuß und Kopf eines Buchstabens (z.B. am Buchstaben j); sie werden bei der Dimensionierung des Zeichenkörpers nicht berücksichtigt und reichen aus diesem heraus. Serifen, wie in der Graphik 8.10 dargestellt, haben damit die Eigenschaft, gelegentlich in den Zeichenkörper des benachbarten Zeichens einzudringen.

8.3.6   BESCHREIBUNG GRAPHISCHER PRIMITIVE IN PASCAL

Unabhängig von der Eingabe der Daten müssen Überlegungen zur effizienten Speicherung geometrischer Daten angestellt werden; dies sowohl für den **internen** (Hauptspeicher) als auch für den **externen** (Datei, Datenbank etc.) **Speicher**. Eine effiziente Repräsentation der Objekte liegt vor, wenn sowohl die **Struktur** aus der Datenstruktur leicht hervorgeht und trotzdem der schnelle Zugriff auf die einzelnen Bestandteile, z.B. auf die Punkte, besteht; dies alles bei möglichst geringem Speicherplatzbedarf. Zur strukturellen Beschreibung gehören Hierarchien sowie Querverweise innerhalb des einzelnen Objekts und zwischen den Objekten (Beschreibung einer Zusammengehörigkeit) etc. Ferner muß die Möglichkeit der Veränderung der modellierten Welt mit ihren Bestandteilen bestehen.
Bei diesen Anforderungen liegt die Verwendung einer **dynamischen Datenstruktur** nahe, auch mit der Absicht, keine Reglementierungen bzgl. Bildgröße und bzgl. der Elementanzahl in den Objekten entstehen zu lassen, charakteristischer Nachteile, die sich bei statischen Datenstrukturen einstellen würden. Andererseits ist Speicherplatz nicht in endlosem Umfang vorhanden, so daß auch diese Resource nicht "verschwendet" werden darf.

Die **dynamische Datenstruktur** kann in Pascal über die **Zeigervariablen** genutzt (aufgebaut) werden, vgl. auch Kapitel 3. Nachfolgend wird in einer kurzen Darstellung auf die Funktionsweise der dynamischen Variablen eingegangen. Das Attribut **dynamisch** besagt, daß die Variable mit dem Eintritt in einen **Block** noch nicht existiert, sondern auf eine spezielle Anweisung hin erst angelegt werden muß und so zu jedem beliebigen Zeitpunkt wieder gelöscht werden kann. Die dynamische Variable belegt nur während ihrer effektiven Nutzungsdauer Speicherplatz, die "Lebensdauer" der Variablen bestimmt der Programmierer. Bspw. werden Felder für eine Punktliste erst dann angelegt, wenn diese für die Speicherung

Dynamische Datenstruktur mit Zeigervariablen

zyklische Liste (dynamische Datenstruktur)

logische Struktur

A
Daten
B
Daten
C
Daten
D
Daten

ELEMENT

Daten
E
Daten
F
Daten
G

ANFANG

Zeigervariable (statisch), die auf den Anfang zeigt.

ELEMENT_POINTER= ↑ELEMENT;
ELEMENT= RECORD;
    NEXT : ELEMENT_POINTER;
    DATEN : REAL;
    END;

Realisierung im Hauptspeicher

Arbeitsspeicher des Computers (fiktive Adressen und Speicherverwaltung)

Variable ANFANG

G   E   F   B   D   C   A
Daten Daten Daten Daten Daten Daten Daten

12 Bytes

15000

12492 13452 3000 8664 7992 15000 9996

Speicher-End-Adresse

Adresse
0   1020   2040 3000 7992 8664 9996 12492 13452 15000

Programmspeicher +
statische Variablen

Speicher für dynamische Variablen

(nicht maßstabsgerecht)

Pascalprogramm: Bereich für die Speicherverwaltung:

freier Speicher: Länge(Pointer)=4 Bytes, Länge(Daten)=8 Bytes

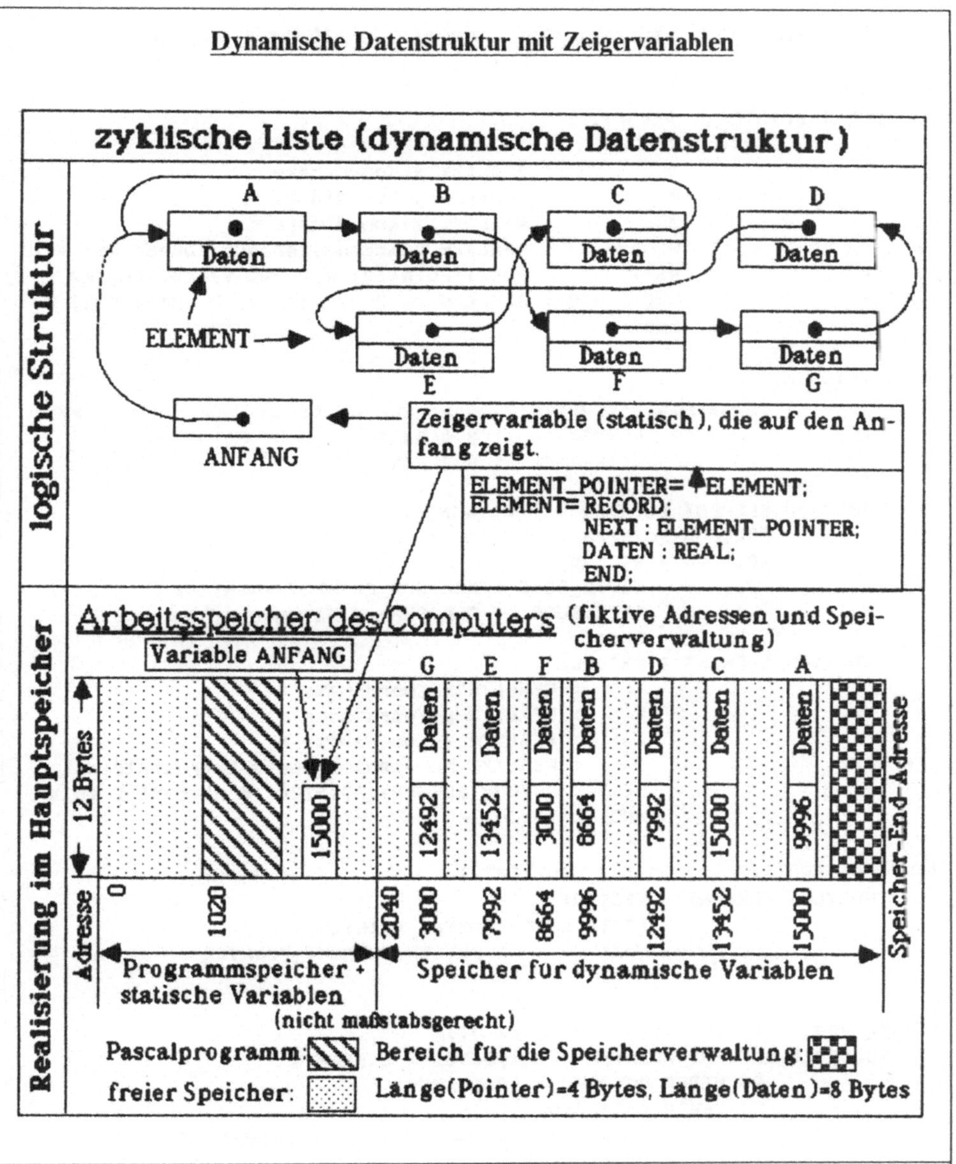

Beispiel 8.4

<u>**Definition (TYPE) von Punkt, Polygon und Polyeder in Pascal**</u>

```
(1) Punkt:
    PUNKT_POINTER = ↑PUNKT;
            PUNKT = RECORD;
                    X          : REAL;/* x-Koordinate */
                    Y          : REAL;/* y-Koordinate */
                    Z          : REAL;/* z-Koordinate */
/* ? */             H          : REAL;/* homogenisierende Koordinate */
/* ? */             NEXT       : PUNKT_POINTER;/* Punkt-Verkettung */
/* ? */             MULTI_USE  : BOOLEAN /* Punkt mehrfach verwendet? */
                    END;


(2a) Polygon:
            FLAGGEN = RECORD;/* Flaggen zur weiteren Beschreibung */
                    KONVEX     : BOOLEAN;
                    ORIENTIERT : BOOLEAN
                    END;
    POLYGON_ELEMENT_POINTER = ↑POLYGON_ELEMENT;
            POLYGON_POINTER = ↑POLYGON;
            POLYGON = RECORD;
                    ERSTE_ECKE : POLYGON_ELEMENT_POINTER;
                    ATTRIBUTE  : FLAGGEN /* Flaggen */
                    END;
    POLYGON_ELEMENT = RECORD;
                    X    : REAL;/* x-Koordinate */
                    Y    : REAL;/* y-Koordinate */
                    Z    : REAL;/* z-Koordinate */
/* ? */             H    : REAL;/* homogenisierende Koordinate */
                    NEXT : POYGON_ELEMENT_POINTER /* nächste Ecke */
                    END;


(2b) Polygon (Teile aus (1) und (2a)):
    POLYGON_ELEMENT = RECORD;
                    ERSTE_ECKE : PUNKT_POINTER;
                    NEXT       : POYGON_ELEMENT_POINTER
                    END;


(3) Polyeder (Teile aus (1) und (2a/b)):
    POLYEDER_ELEMENT_POINTER  = ↑POLYEDER_ELEMENT;
            POLYEDER_POINTER = ↑POLYEDER;
            POLYEDER = RECORD;
                    ERSTES_POLYGON : POLYEDER_ELEMENT_POINTER;
                    ATTRIBUTE      : FLAGGEN
                    END;
    POLYEDER_ELEMENT = RECORD;
                    POLYEDER_POLYGON : POLYGON_POINTER;
                    NEXT             : POYEDER_ELEMENT_POINTER
                    END;
```

Tabelle 8.2

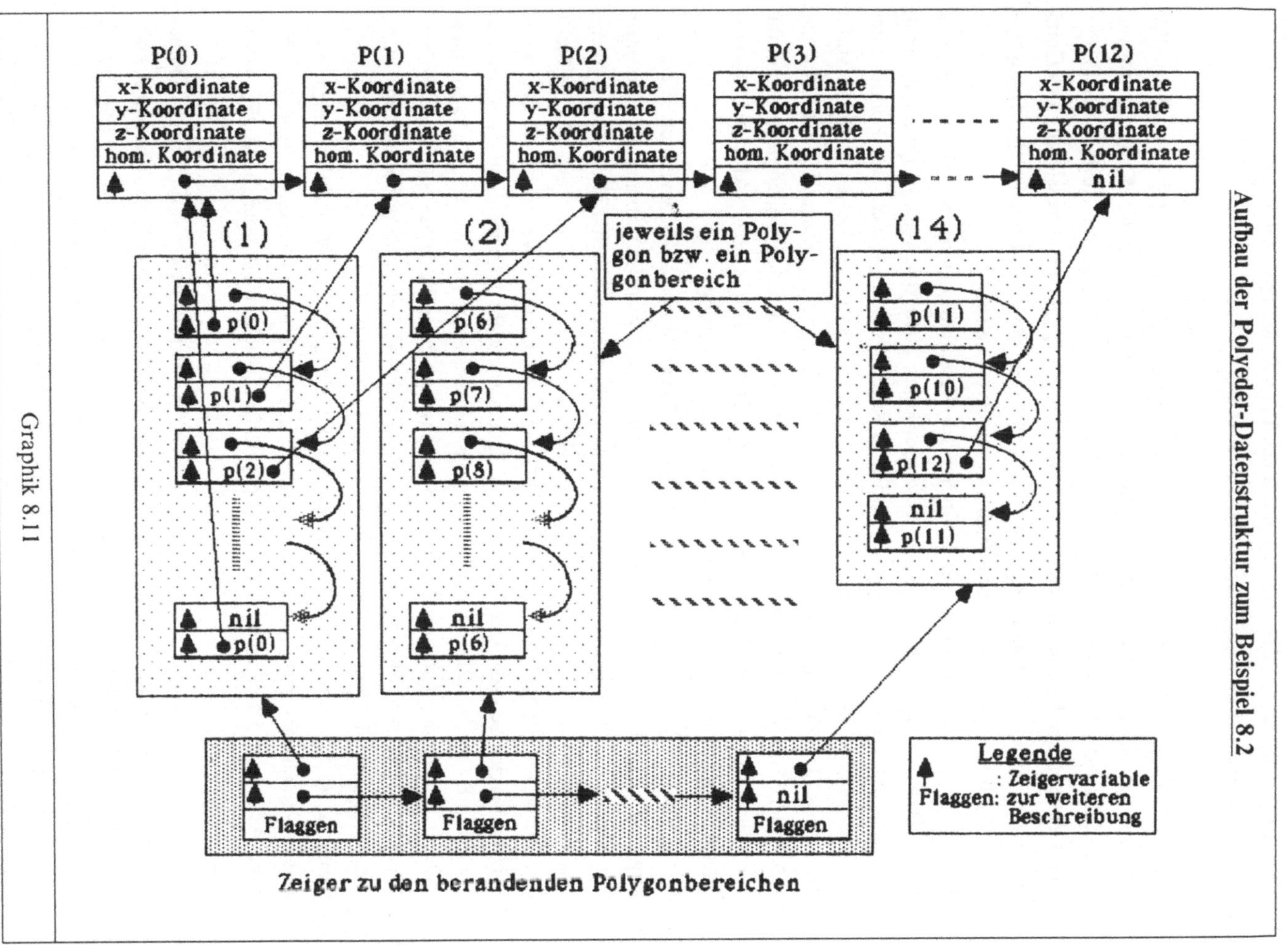
Aufbau der Polyeder-Datenstruktur zum Beispiel 8.2
P(0)
x-Koordinate
y-Koordinate
z-Koordinate
hom. Koordinate
P(1)
x-Koordinate
y-Koordinate
z-Koordinate
hom. Koordinate
P(2)
x-Koordinate
y-Koordinate
z-Koordinate
hom. Koordinate
P(3)
x-Koordinate
y-Koordinate
z-Koordinate
hom. Koordinate
P(12)
x-Koordinate
y-Koordinate
z-Koordinate
hom. Koordinate
nil
(1)
p(0)
p(1)
p(2)
nil
p(0)
(2)
p(6)
p(7)
p(8)
nil
p(6)
jeweils ein Poly-
gon bzw. ein Poly-
gonbereich
(14)
p(11)
p(10)
p(12)
nil
p(11)
Flaggen
Flaggen
nil
Flaggen
Legende
: Zeigervariable
Flaggen: zur weiteren
Beschreibung
Zeiger zu den berandenden Polygonbereichen
Graphik 8.11

eines Polygons benötigt werden. In Pascal stehen folgende Komponenten zum Aufbau einer dynamischen Datenstruktur zur Verfügung, vgl. auch [6].

(1) Die Variable vom Typ **Zeiger**, die sogenannte **Zeigervariable**. Hinter dieser Variablen verbirgt sich ein Zeiger (engl. Pointer) auf das eigentliche Datenfeld. Konkreter formuliert, enthält der Speicherbereich, den die Zeigervariable belegt, die Adresse der Daten. Die Größe dieses Speicherbereichs hängt von der Hauptspeicheradressierung des Computers ab. In Großrechnern werden Adressen mit einem Vollwort (vier Bytes) angegeben, so daß eine Pointervariable gleichfalls vier Bytes belegt.

Die Zeigervariable ist durch die Definition im Vereinbarungsteil des Blocks an einen festen Datentyp gebunden, auf den sie zeigen kann, auch **Domänentyp** genannt. Beim Arbeiten mit der Zeigervariablen ist daher zu unterscheiden, ob man den Pointer oder die Variable, auf die der Pointer zeigt, ansprechen will. In Pascal ist das über den Suffix ↑ geregelt. Ist ZEIGER eine Variable vom Typ Zeiger, so wird mit ZEIGER↑ der Inhalt der Variablen angesprochen. Dieser Zugriff ist nur möglich (definiert), wenn die Variable zu diesem Zeitpunkt angelegt ist. Im Beispiel 8.4 ist eine zyklische Liste graphisch verdeutlicht und die Schreibweise in Pascal dargestellt.

(b) Die Konstante **NIL** wird verwendet, um einer Zeigervariablen den logischen Wert "sie zeigt auf keine Daten" zuzuweisen und ist unabhängig vom Domänentyp. Wird einer Zeigervariablen der Wert NIL zugewiesen, so zeigt diese auf keine Daten; eine solche Markierung ist äußerst wichtig. Werden Daten verschoben oder Variablen gelöscht und bliebe die Zeigervariable unverändert, dann würde diese weiterhin auf den alten Speicherbereich zeigen. Der Inhalt dieses Speicherbereichs ist aber undefiniert, so daß der Zugriff über die Zeigervariable zu unvorhergesehenen Fehlern führen kann. Deshalb ist es unbedingt notwendig, nach dem Löschen einer Variablen sämtliche Pointer mit NIL zu besetzen, die auf diese verweisen (DISPOSE belegt ausschließlich die angegebene Zeigervariable mit NIL).

Ferner ist zu beachten, daß einer Zeigervariablen nur dann der Wert NIL explizit zugewiesen werden darf, wenn noch eine andere Zeigervariable auf die zugeordnete Variable zeigt. Ansonsten ist es nicht mehr möglich, diesen Speicherplatz über DISPOSE wieder freizugeben.

(c) Der Befehl **NEW** legt zu einer Zeigervariablen die entsprechende Variable vom Domänentyp im Speicher an. Bei der Ausführung des NEW-Befehls wird Speicherplatz reserviert und die Startadresse der Zeigervariablen zugewiesen. Wieviel Speicherplatz zu reservieren ist, erkennt das Pascal-System anhand der Definition der Variablen im Vereinbarungsteil. Handelt es sich z.B. um eine Integervariable und liegt eine Wortlänge von vier Bytes zugrunde, so ergibt sich ein Feld von vier Bytes Länge. Der Speicherbereich ist im übrigen **nicht** initialisiert.

(d) Der Befehl **DISPOSE** ist zu NEW invers und gibt den Speicherbereich, auf den eine Zeigervariable zeigt, wieder frei und weist dieser den Wert NIL zu.

Die Pflege von komplexen Datenstrukturen kann sehr kompliziert und aufwendig sein, wenn viele Querverweise zwischen den verschiedenen dynamischen Variablen bestehen. Ebenso muß beim Löschen von Variablen gewährleistet sein, daß nach dem DISPOSE kein Verweis auf diese Variable von einer anderen Variablen ausgeht.

Gleichzeitig kann mit einem vermehrten Aufruf der Befehle NEW und DISPOSE ein erhöhter Rechenzeitbedarf hervorgerufen werden. Dies hängt mit den komplexen Verwaltungsarbeiten zusammen, die sich mit beiden Befehlen verbinden. Die Verwaltung des eigenen Speicherbereichs ist notwendig sowie ggf. die Kommunikation mit dem Betriebssystem für die Anfrage nach zusätzlichem Speicherplatz.

In der Tabelle 8.2 sind zu den wichtigsten graphischen Primitiven Definitionen in Pascal aufgeführt. Besteht der Kommentar aus einem Fragezeichen, so wird angedeutet, daß dieses Feld nicht zum elementaren Teil der Definition gehört, also eine Erweiterung darstellt. Nachfolgend einige Bemerkungen in bezug auf die Aufstellung in Tabelle 8.2.

(a) **Punkt**: Abhängig davon, ob homogene Koordinaten der Objektbeschreibung zugrundeliegen, werden drei oder vier Realzahlen pro Punkt benötigt.

(b) **Polygon**: Das Polygon ist durch eine lineare Liste definiert; hierbei bestehen zwei Möglichkeiten. Man faßt in jedes Polygon-Element den Zeiger zum nächsten Polygon-Element und die Koordinaten des Punktes zusammen (2a). Die andere Definition zerlegt das Polygon weiter und löst die Koordinaten des Punktes aus dem Polygon-Element heraus. Dies hat zum Vorteil, daß man global Speicherplatz sparen kann, weil ein Punkt nur einmal Speicherplatz belegt. Ein Punkt belegt mit seinen drei/vier Realzahlen mehr Speicherplatz als eine Zeigervariable.

(c) **Polyeder**: Die Definition eines Polyeders macht es besonders deutlich, daß mit dem Herauslösen der Koordinaten aus dem Polygon-Element viel Speicherplatz gespart werden kann.

Diese Extraktion der Punktkoordinaten aus den Struktur-Beschreibungselementen kann konsequent betrieben werden und führt schließlich zu einer Punktmenge, auf die mit Zeigern Bezug genommen wird; jeder Punkt ist nur einmal im Speicher vertreten. Besteht die Aufgabe, das Bild auf eine Ebene zu projizieren oder allgemein zu transformieren, so muß die Transformation nur auf die Punktliste angewandt werden, und die Strukturbeschreibung muß nicht "durchlaufen" werden. Es kann daher vorteilhaft sein, zusätzlich alle Punkte über eine Zeigervariable miteinander zu verketten (siehe NEXT im PUNKT-RECORD). Eine (statische) Zeigervariable zeigt stets auf den Anfang dieser Punktliste. Weitere Überlegungen müssen bei der Veränderung des Bildes bzw. von Objekten angestellt werden. Da ein Punkt bei dieser Vorgehensweise nur einmal im Speicher vertreten ist, kann dieser Punkt bei einer Objekttransformation nicht ohne weiteres verändert werden. Es muß ein neuer Punkt angelegt werden, wenn auf diesen gleichzeitig von anderen nicht betroffenen Objekten verwiesen wird. Eine Möglichkeit festzustellen, ob ein Punkt mehrfach verwendet wird, kann mit einer zusätzlichen Flagge stattfinden. Die Flagge (MULTI_USE) wird beim Anlegen des Punktes initialisiert und durch alle folgenden Referenzen gesetzt. Liegt eine einfache Verwendung vor, kann der Punkt auch ohne Kopie verändert werden. Diese Mehrfachverwendung läßt sich auch in den nächst höheren Ebenen anwenden, indem Elemente der Objektbeschreibung von verschiedenen Objekten geteilt werden. So können die Kanten eines Polyeders von mehreren berandenden Polygonen genutzt werden. Andererseits ist die globale Verwendung einer gemeinsamen Punktmenge über alle Objekte hinweg nicht immer effizient, weil der Umfang an notwendigen Prüfungen steigt. Ein Kompromiß kann in der Form realisiert werden, daß nur über ein(zelne) Objekt(e) bzw. graphische Primitive hinweg eine gemeinsame Punktmenge genutzt wird.

Aus dieser Darstellung wird die Faustregel deutlich, daß ein Algorithmus häufig entweder in großem Umfang Speicherplatz oder viel Rechenzeit benötigt, um ein Problem bewältigen zu können ("Speicherplatzbedarf • Rechenzeitbedarf = konstant"). Beides sind grundliegende Kriterien bei der Beurteilung und dem Vergleich von Algorithmen. Bspw. kann die Bearbeitung eines Objektes sicherlich sehr schnell stattfinden, wenn "nach oben und unten" Querverweise zwischen den Datenstrukturen bestehen und viel Information festgehalten ist. Dies erfordert wiederum einen erheblichen Mehraufwand an Speicher.
Eine akzeptable Lösung kann insofern gefunden werden, wenn über Objekte eine bestimmte Basisinformation gehalten wird. Hierzu sind die Variablen vom Typ FLAGGEN gedacht. Beispiele für festzuhaltende Attribute sind konvex/nicht konvex, es besteht eine logische Verbindung zu einem anderen Polygon usw. Selbstverständlich ist man nicht an den binären Informationstyp gebunden.

Die Strukturierung des externen Speichers hängt wesentlich von der Betriebssystemumgebung ab. Entsprechend umfangreich ist das Spektrum an effizienten **Zugriffsmethoden**, unter denen eine Auswahl getroffen werden kann. Ferner muß die Programmiersprache berücksichtigt werden. Das Standardpascal sieht bspw. die Verarbeitung indexsequentieller Dateien nicht vor, die Ein- und Ausgaben basieren ausschließlich auf sequentiellem Zugriff. Die externe Speicherung der Daten während der Anwendung stellt ohne Zweifel hohe Ansprüche an den Programmierer, trotzdem wird auf dieses Problem nicht weiter eingegangen; es handelt sich um ein allgemeines Problem der Programmierung. Die Auswahl der effizientesten Zugriffsmethode und Dateiumgebung (Dateigröße, Blockgröße, Recordlänge etc.) entscheidet grundsätzlich in hohem Maß über das Laufverhalten (die Performance) einer jeden Anwendung. Die Problematik birgt sich in in den erheblichen Geschwindigkeitsunterschieden beider Speichertypen.

8.4 ANALYTISCHE GEOMETRIE MIT HOMOGENEN KOORDINATEN

Nachfolgend werden einige grundliegende Aufgabenstellungen der analytischen Geometrie mit homogenen Koordinaten beschrieben. Dies findet ausschließlich im dreidimensionalen Raum statt, Formeln für den R^2 sind leicht herleitbar ($z = 0$).

Elementare Transformationen sind **Translation** (Verschiebung), **Skalierung** (**Stauchung**, **Streckung**,), **Scherung**, **Spiegelung** an einer Ebene sowie **Drehung** (Rotation) um x-, y-, z- und um eine beliebige Achse im Raum. Diese Abbildungen haben gemeinsam, daß Matrizen zu deren Beschreibung aufgebaut werden können. Da mit homogenen Koordinaten gearbeitet wird, handelt es sich um 4×4-Matrizen. Bei näherer Untersuchung der allgemeinen Transformationsmatrix läßt sich diese in vier Abschnitte (Untermatrizen) unterteilen, denen jeweils eine bestimmte Funktion zugeordnet ist. Dies sind die **linearen Abbildungen** (Drehung, Scherung, Skalierung), die Translation (z.B. für eine Verschiebung des Koordinatensystems), die perspektivische und die Parallelprojektion sowie eine globale Skalierung im Sinne der homogenen Koordinaten. Tabelle 8.3 gibt zu den geläufigen Transformationen die Matrizen an und beschreibt deren Anwendung. Beispiel 8.5 zeigt zu einigen der Matrizen die Auswirkung auf. Zur Matrix für die Drehung um eine beliebige Ursprungsgerade sei bemerkt, daß diese für einen positiven Drehsinn ausgelegt ist (vgl. Abschnitt 8.3.1), und die Drehungen um $\vec{v}$ und um $-\vec{v}$ unterschiedliche Resultate hervorbringen. Die Drehung bei einem positiven Drehsinn ist für das Links- und das Rechtssystem in der Graphik 8.2 dargestellt. Es ist von Vorteil, sich an Beispielen die Auswirkung der Drehung im Links- und Rechtssystem sowie die Abhängigkeit von der Richtung der Drehachse zu verdeutlichen.

Liegen den Objektbeschreibungen gewöhnliche Koordinaten zugrunde, muß bei Transformationen lediglich die homogenisierende Koordinate mit Eins besetzt werden. Nach dem Transformationsschritt, dessen Resultat ein Punkt in homogenen Koordinaten ist, nimmt man unmittelbar über die Division gemäß (8.5) die Rücktransformation in die gewöhnlichen Koordinaten vor.

Eine Transformation kann rückgängig gemacht werden, indem die Bildpunkte mit der inversen Transformationsmatrix multipliziert werden. Eine besondere Gruppe von Transformationen bilden in diesem Zusammenhang die **orthogonalen Transformationen**, die weder Längen noch Winkel zwischen Geraden bzw. Strecken verändern. Diese Eigenschaft führt dazu, daß die inverse Matrix einer orthogonalen Transformation der transponierten Matrix entspricht und keine arithmetischen Operationen für die Matrixinversion notwendig sind. Beispiele für orthogonale Transformationen sind die Verschiebung (Translation) und die Drehung um einen festen Winkel α.

Die Formulierung der Transformationen mittels Matrizen ermöglicht auch eine einfache Verkettung von Operationen; die entsprechenden Matrizen müssen lediglich miteinander multipliziert werden. Dabei ist zu beachten, daß die **Matrizenmultiplikation** keine kommutative Operation ist und die Reihenfolge wesentlich das Resultat bestimmt. Ist T_1 die erste, T_2 die zweite, ... und T_n die n-te Transformation, so ergibt sich T_{gesamt} bei Zeilenvektoren

Transformationsmatrizen

Bei der Beschreibung der Transformationen mit Matrizen muß zunächst eine Übereinkunft getroffen werden, wie <u>Punkte</u> und <u>Vektoren</u> dargestellt werden. Nachstehend sind die Matrizen für die Transformation von Punkten, präziser von Zeilenvektoren angegeben. Es wird $\vec{p}' = \vec{p} * T$ berechnet, wenn $\vec{p} = (p_1, p_2, p_3, p_h)$ der Zeilenvektor ist und T die Matrix. Die entsprechende Matrix für Spaltenvektoren erhält man mit der Transponierten $\overline{T}$ der Matrix T, und es ist $\vec{p}' = \overline{T}*\vec{p}$.

Die 4×4-Matrix T, die für die praktisch angewandten Transformationen von Punkten in homogenen Koordinaten Verwendung findet, läßt sich in vier funktionale Teile (Untermatrizen) untergliedern:

$$T = \begin{pmatrix} a_{11} & a_{12} & a_{13} & b_1 \\ a_{21} & a_{22} & a_{23} & b_2 \\ a_{31} & a_{32} & a_{33} & b_3 \\ c_1 & c_2 & c_3 & d \end{pmatrix},$$

$$\vec{p}' = \vec{p} * T \longmapsto (p_1 a_{11} + p_2 a_{21} + p_3 a_{31} + p_h c_1, \dots, \dots, p_1 b_1 + p_2 b_2 + p_3 b_3 + p_h d).$$

Die 3×3-Untermatrix A der Matrix T dient für <u>lineare Transformationen</u>, wie Drehung, Scherung, Streckung usw. Mit der 3×1-Matrix B werden <u>perspektivische Transformationen</u> beschrieben. Eine Verschiebung mit einem Verschiebungsvektor $\vec{c}$ kann mit der 1×3-Untermatrix C festgelegt werden, es ist (mit $d=1$) $\vec{c} = (c_1, c_2, c_3)$. Die Zahl d übt schließlich eine globale Skalierung aus, indem die homogenisierende Koordinate mit d multipliziert wird. Nachfolgend werden die Matrizen zu den verschiedenen -häufig angewandten- Transformationen aufgeführt.

(1) Unter der <u>Translation</u> ist die Verschiebung eines Punktes um einen Verschiebungsvektor $\vec{v} = (v_1, v_2, v_3)$ zu verstehen. Daß die Translation mit einer Matrix nur in homogenen Koordinaten beschrieben werden kann, läßt sich leicht zeigen. Bei einer 3×3-Matrix ($\rightarrow$ gewöhnliche Koordinaten) würde der Nullpunkt wieder in den Nullpunkt abgebildet und dessen Verschiebung wäre nicht möglich (Eigenschaft der linearen Abbildung). Zwei Matrizen T_a und T_b mit

$$T_{trans1} = \begin{pmatrix} 1 & 0 & 0 & 0 \\ 0 & 1 & 0 & 0 \\ 0 & 0 & 1 & 0 \\ v_1 & v_2 & v_3 & 1 \end{pmatrix}, \quad T_{trans2} = \begin{pmatrix} a & 0 & 0 & 0 \\ 0 & a & 0 & 0 \\ 0 & 0 & a & 0 \\ av_1 & av_2 & av_3 & a \end{pmatrix} \quad (\vec{p}' = (p_1, p_2, p_3, p_h)T)$$

können für die Translation Verwendung finden. Matrix T_{trans2} hilft dabei, die Komponenten in "geeignete" Zahlenintervalle zu legen.

(2) Nun zu den beiden <u>linearen</u> Abbildungen Skalierung (Streckung) und <u>Scherung</u>. Die Abbildungsmatrizen lauten:

$$T_{Skalierung} : \begin{pmatrix} x & 0 & 0 & 0 \\ 0 & y & 0 & 0 \\ 0 & 0 & z & 0 \\ 0 & 0 & 0 & 1 \end{pmatrix}, \quad T_{Scherung} : \begin{pmatrix} 1 & a & b & 0 \\ c & 1 & d & 0 \\ e & f & 1 & 0 \\ 0 & 0 & 0 & 1 \end{pmatrix} \quad (\vec{p}' = (p_1, p_2, p_3, p_h)T).$$

Teil 1 von Tabelle 8.3

Bei der Streckung wird für jede Achse ein Streckfaktor angegeben. Sind alle drei Faktoren gleich ($x = y = z$), dann handelt es sich um eine <u>zentrische</u> Streckung. Will man von einem beliebigen Streckzentrum aus operieren, muß zuvor eine Verschiebung der Punkte um $-\vec{z}$ stattfinden, wenn $\vec{z}$ der Ortsvektor des Streckzentrums ist.

(3) Auch Spiegelungen an der Ebene werden mit der Untermatrix A definiert, wobei für die

$$x - y - \text{Ebene} : \begin{pmatrix} 1 & 0 & 0 & 0 \\ 0 & 1 & 0 & 0 \\ 0 & 0 & -1 & 0 \\ 0 & 0 & 0 & 1 \end{pmatrix}, x - z - \text{Ebene} : \begin{pmatrix} 1 & 0 & 0 & 0 \\ 0 & -1 & 0 & 0 \\ 0 & 0 & 1 & 0 \\ 0 & 0 & 0 & 1 \end{pmatrix},$$

$$x - y - \text{Ebene} : \begin{pmatrix} 1 & 0 & 0 & 0 \\ 0 & 1 & 0 & 0 \\ 0 & 0 & -1 & 0 \\ 0 & 0 & 0 & 1 \end{pmatrix}, T_{bE} : \begin{pmatrix} -n_1 n_1 & -n_1 n_2 & -n_1 n_3 & 0 \\ -n_2 n_1 & -n_2 n_2 & -n_2 n_3 & 0 \\ -n_3 n_1 & -n_3 n_2 & -n_3 n_3 & 0 \\ (\vec{n}\vec{p})n_1 & (\vec{n}\vec{p})n_2 & (\vec{n}\vec{p})n_3 & (\vec{n}\vec{n})/2 \end{pmatrix}$$

gilt. Eine Spiegelung an einer beliebigen Ebene mit obiger Matrix T_{bE} ist folgendermaßen vorzunehmen. Der Punkt P mit dem Ortsvektor $\vec{p}$ ist Element der Spiegelebene, und $\vec{n}$ ist deren Normalenvektor. Ist ein Punkt X mit $\vec{x} = (x_1, x_2, x_3, 1)$ (die homogenisierende Koordinate muß Eins sein) an der Ebene zu spiegeln, so wird der Verschiebungsvektor $\vec{v}$ über $\vec{v} = \vec{x} T_{bE}$ berechnet, d.h., $\vec{x}' = \vec{x} + \vec{v}$.

(4) Die Rotation im dreidimensionalen Raum findet um eine Dreh- bzw. Rotationsachse statt, wobei ein Punkt besonders ausgezeichnet ist, das Rotationszentrum. Man kann dies mit dem Richtungsvektor und dem Ortsvektor zur Definition einer Geraden vergleichen. Die Drehachse ist weiter eine Fixgerade, weil sie von einer Drehung unberührt bleibt. Für die Drehung eines Punktes um eine Koordinatenachse im <u>positiven</u> <u>Drehsinn</u> mit dem Winkel α lauten die Matrizen für die

$$x - \text{Achse} : \begin{pmatrix} 1 & 0 & 0 & 0 \\ 0 & \cos(\alpha) & \sin(\alpha) & 0 \\ 0 & -\sin(\alpha) & \cos(\alpha) & 0 \\ 0 & 0 & 0 & 1 \end{pmatrix}, y - \text{Achse} : \begin{pmatrix} \cos(\alpha) & 0 & -\sin(\alpha) & 0 \\ 0 & 1 & 0 & 0 \\ \sin(\alpha) & 0 & \cos(\alpha) & 0 \\ 0 & 0 & 0 & 1 \end{pmatrix},$$

$$z - \text{Achse} : \begin{pmatrix} \cos(\alpha) & \sin(\alpha) & 0 & 0 \\ -\sin(\alpha) & \cos(\alpha) & 0 & 0 \\ 0 & 0 & 1 & 0 \\ 0 & 0 & 0 & 1 \end{pmatrix}.$$

Bei einer beliebigen Drehachse, die durch den Ursprung geht und den Richtungseinheitsvektor $\vec{v} = (v_1, v_2, v_3)$ besitzt ($|\vec{v}| = 1$), lautet die Matrix bei positivem Drehsinn

$$\begin{pmatrix} v_1^2 + (1 - v_1{}^2)\cos(\alpha) & v_1 v_2 (1 - \cos(\alpha)) + v_3 \sin(\alpha) & v_1 v_3 (1 - \cos(\alpha)) - v_2 \sin(\alpha) & 0 \\ v_1 v_2 (1 - \cos(\alpha)) - v_3 \sin(\alpha) & v_2^2 + (1 - v_2{}^2)\cos(\alpha) & v_2 v_3 (1 - \cos(\alpha)) + v_1 \sin(\alpha) & 0 \\ v_1 v_3 (1 - \cos(\alpha)) + v_2 \sin(\alpha) & v_2 v_3 (1 - \cos(\alpha)) - v_1 \sin(\alpha) & v_3^2 + (1 - v_3{}^2)\cos(\alpha) & 0 \\ 0 & 0 & 0 & 1 \end{pmatrix}.$$

Die Bedingung, daß die Drehachse durch den Nullpunkt geht, kann durch eine vorangehende Verschiebung der Punkte mit $-\vec{p}$ vorgenommen werden, wenn $\vec{p}$ der Ortsvektor des Rotationszentrums und $\vec{v}$ der Richtungsvektor der Rotationsachse ist.

Teil 2 (Ende) von Tabelle 8.3

Auswirkung der Transformationsmatrizen

Translation

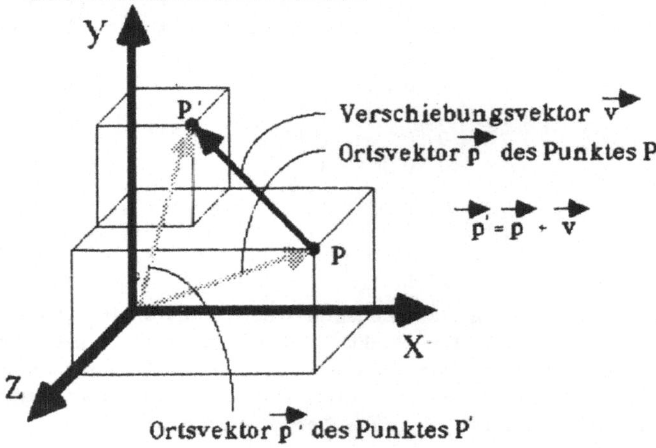

zentrische Streckung

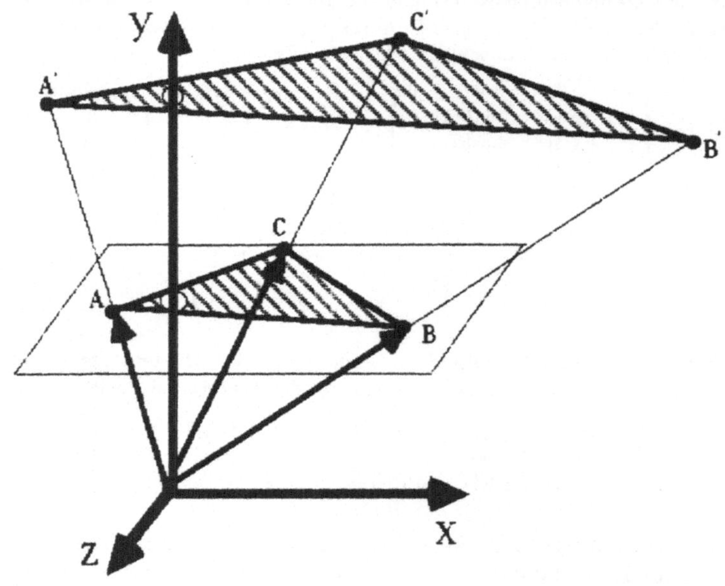

Teil 1 von Beispiel 8.5

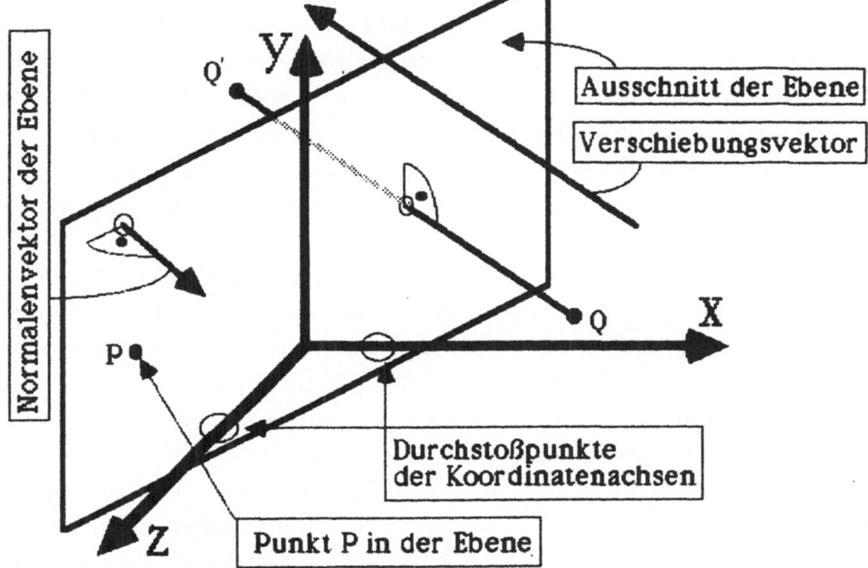

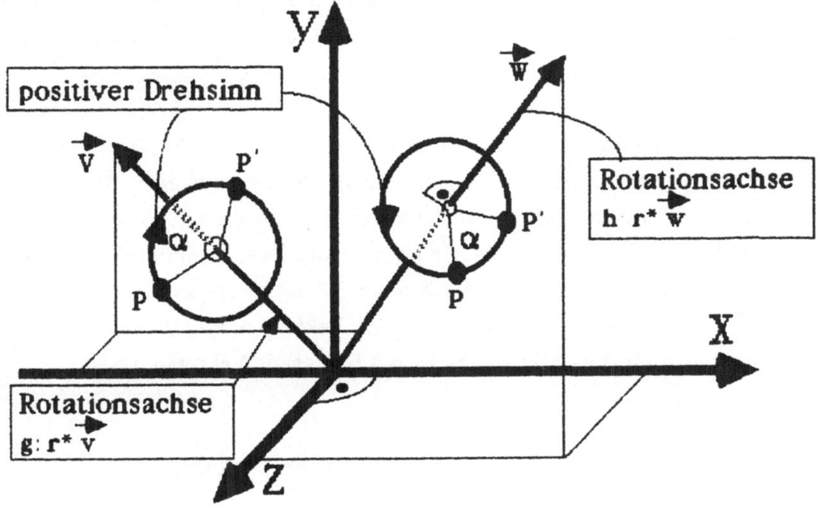

Teil 2 (Ende) von Beispiel 8.5

gemäß

$$T_{gesamt} = T_1 T_2 \cdots T_n. \tag{8.30}$$

Wichtig ist, daß zwischen der Transformation des Koordinatensystems und der Transformation eines Punktes unterschieden wird. Bei der Transformation des Koordinatensystems bleibt die absolute Lage des Punktes in der "Welt" unverändert, er wird nur von einem anderen Bezugssystem aus beschrieben, z.B. die Transformation in die Augenkoordinaten. Wird der Punkt selbst transformiert, so ändert sich seine absolute Position in der "Welt", vgl. hierzu Graphik 8.4. Beide Transformationen, die des Punktes und die des Koordinatensystems, sind zueinander invers. Bei der Drehung des Koordinatensystems um 90° im Gegenuhrzeigersinn muß -90° in die Drehmatrix eingesetzt werden; eine entsprechende Anwendung findet im Abschnitt 8.5.4 statt.

Bei der programmtechnischen Umsetzung obiger Transformationen ist es aus Gründen der Rechenzeitminderung notwendig, für jede spezielle Transformationsgruppe eine eigene Routine zu schreiben. Der Sachverhalt ist, daß in vielen Transformationsmatrizen ein hoher Anteil an Elementen mit Null besetzt ist. Die Multiplikation ist nicht notwendig und kann durch die spezielle Behandlung der einzelnen Transformationen vermieden werden. Es wäre ein wenig effizientes Verfahren, lediglich eine Funktion zur allgemeinen Multiplikation eines Zeilenvektors mit einer Matrix für obige Transformationen zur Verfügung zu stellen. Rechenzeit kann zusätzlich gespart werden, wenn die Transformationsroutine gleich ganze Objekte verarbeitet. Der Overhead, bedingt durch den Funktionsaufruf (Initialisierung, Retten der Rücksprungadresse etc.), wird gemindert. Parallel dazu können Optimierungen bei der Berechnung der Matrixelemente durch geeignete Approximation der transzendenten Funktionen stattfinden, sofern deren Berechnung einen relevanten Teil der Gesamtrechenzeit ausmachen.

Nachfolgend werden häufig angewandte Berechnungen (wie der "Punkt in der Ebene"-Test usw.) in der analytischen Geometrie behandelt. Insbesondere werden die Rechenschritte beschrieben, die bei Punkten, Geraden und Ebenen in homogenen Koordinaten durchzuführen sind. Daß für die Garantie von "geeigneten" Zahlen ein Mehraufwand an Rechenzeit aufgebracht werden muß, ist bereits im Abschnitt 8.3.2 aufgezeigt worden. Elementar ist die Berechnung des **Skalar**- und des **Vektorprodukts** (letzteres gibt es nur im R^3). Sind $\vec{a} = (a_1, a_2, a_3, a_h)$ und $\vec{b} = (b_1, b_2, b_3, b_h)$ homogene Vektoren, so ist

$$r = \vec{a} \bullet \vec{b} = [1/(a_h \bullet b_h)] \bullet [a_1 \bullet b_1 + a_2 \bullet b_2 + a_3 \bullet b_3] \quad und \tag{8.31}$$

$$\vec{c} = \vec{a} \times \vec{b} = (a_2 \bullet b_3 - a_3 \bullet b_2, \ a_3 \bullet b_1 - a_1 \bullet b_3, \ a_1 \bullet b_2 - a_2 \bullet b_1, \ a_h \bullet b_h)^T. \tag{8.32}$$

Der Vektor $\vec{c}$, der aus dem Vektorprodukt resultiert, bildet in der Reihenfolge $\vec{a}$ (Daumen), $\vec{b}$ (Zeigefinger) und $\vec{c}$ (Mittelfinger) ein Rechtssystem. Zu den beiden Winkelformeln

$$\cos(\alpha) = [\vec{a} \bullet \vec{b}] / [|\vec{a}| \bullet |\vec{b}|] \quad und \tag{8.33}$$

$$\sin(\alpha) = |\vec{a} \times \vec{b}| / [|\vec{a}| \bullet |\vec{b}|] \tag{8.34}$$

ist zu bemerken, daß mit jeder der beiden Formeln stets der kleinste Winkel zwischen den beiden Vektoren $\vec{a}$ und $\vec{b}$ berechnet wird: es gilt $0 \leq \alpha \leq 180$ bzw. $0 \leq \alpha \leq \pi$. Erst beide zusammen ergeben bzgl. der Ausrichtung beider Vektoren eine eindeutige Aussage.

(1) <u>**"Punkt auf der Geraden?"**</u>: Zur Beantwortung der Frage, ob ein Punkt P auf einer Geraden g liegt, muß die Darstellungsform der Geraden berücksichtigt werden.

    (a) <u>**Ursprungsgerade**</u>: Hier lautet die Bedingung bei gewöhnlichen und bei homogenen Koordinaten

$$[p_1/v_1] = [p_2/v_2] = [p_3/v_3] \quad , \qquad\qquad (8.35)$$

    wobei $\vec{p}$ der Ortsvektor von P und $\vec{v}$ der Richtungsvektor von g ist.

    (b) <u>**keine Ursprungsgerade**</u>: Hier muß unterschieden werden, ob die Gerade in der impliziten oder der Vektorform angegeben ist. Mit der impliziten Form der Geraden im R^3 ist gemeint, daß die Gerade als Schnitt zweier Ebenen definiert ist, und diese in impliziter Form vorliegen. Zwei Gleichungen $a \bullet x + b \bullet y + c \bullet z = d$ und $e \bullet x + f \bullet y + g \bullet z = k$ definieren als Gleichungssystem ($= >$ Schnitt) die Gerade in gewöhnlichen Koordinaten. Das heißt beide Gleichungen müssen erfüllt sein.
Liegt ein Punkt $P(p_1,p_2,p_3,p_h)$ vor, so werden p_1, p_2, p_3 für x, y und z eingesetzt, dies mit dem Unterschied, daß die rechte Seite dann nicht mehr $"= d"$ bzw. $"= k"$, sondern $"= d \bullet p_h"$ bzw. $"= k \bullet p_h"$ lautet.
In der Vektorform ist die Gerade g durch einen Ortsvektor $\vec{r}$ und einen Richtungsvektor $\vec{v}$ mit g: $\vec{p} = \vec{r} + a \bullet \vec{v}$ ($a \varepsilon R$) definiert. Sind $\vec{p}\,'$, $\vec{r}\,'$ und $\vec{v}\,'$ entsprechend Vektoren/Punkte in homogenen Koordinaten, so ist zu überprüfen, ob $\vec{p}\,'$ ein Punkt auf der Geraden g' ist. Es liegt nahe, die Gerade zu einer Ursprungsgeraden zu transformieren und gemäß (1a) zu bearbeiten. Geht man dabei den direkten Weg der Transformation, dann würden die homogenen in die gewöhnlichen Koordinaten transformiert und mit diesen gerechnet werden. Bei diesem Rechenschritt entstehen Terme der Form $x_i = [(p_i'/p_h')-(r_i'/r_h')]$ für $i = 1,2,3$ ($\vec{x}$ ist der Differenzvektor in gewöhnlicher Darstellung). Da bei der Berechnung dieses Terms die Vorteile der Skalierung verloren gehen (in den Zwischenergebnissen), empfiehlt es sich, diesen Schritt z.B. gemäß $x_i' = [(p_i' \bullet r_h')-(r_i' \bullet p_h')]$ vorzunehmen. Der Vektor $\vec{x}\,'$ liegt in homogenen Koordinaten vor, und es gilt $x_h' = r_h' \bullet p_h'$. Es ist wahrscheinlicher, daß die (Zwischen-)Ergebnisse in "genauen" Zahlenintervallen bleiben.

(2) <u>**"Punkt in der Ebene?"**</u>: Ist die Ebene durch eine Funktion in impliziter Form definiert, so ist analog zu (1b) vorzugehen. Wird die Ebene durch einen Ortsvektor $\vec{r}$ und zwei Richtungsvektoren $\vec{v}$, $\vec{w}$ definiert, so empfiehlt sich die Umwandlung in die <u>**Hessesche Normalform**</u>. Hierzu wird der Normalenvektor über das Vektorprodukt $\vec{v} \times \vec{w}$ berechnet, die Hesseform gebildet, und mit (4) der Abstand auf Null überprüft.

(3) **Abstand Punkt-Gerade**: Die Darstellungsformen der Geraden sind bereits unter (1) beschrieben worden, es wird hier der Fall der Vektorform behandelt. Der Abstand d eines Punktes $P(p_1, p_2, p_3)$ von der Geraden mit dem Ortsvektor $\vec{r} = (r_1, r_2, r_3)$ und dem Richtungsvektor $\vec{v} = (v_1, v_2, v_3)$ beträgt

$$d = \sqrt{a/b} \quad \text{mit} \tag{8.36}$$

$$a = [(p_1\text{-}r_1)\bullet v_2\text{-}(p_2\text{-}r_2)\bullet v_1]^2 + [(p_2\text{-}r_2)\bullet v_3\text{-}(p_3\text{-}r_3)\bullet v_2]^2 + [(p_3\text{-}r_3)\bullet v_1\text{-}(p_1\text{-}r_1)\bullet v_3]^2 \text{ und}$$

$$b = [v_1{}^2 + v_2{}^2 + v_3{}^2].$$

Handelt es sich bei den Vektoren $\vec{p}$, $\vec{r}$ und $\vec{v}$ nun um homogene Vektoren, so ist die nachstehende Formel anzuwenden.

$$d = \sqrt{a/b} \quad \text{mit} \tag{8.37}$$

$$a = [(p_1\bullet r_h\text{-}r_1\bullet p_h)\bullet v_2\text{-}(p_2\bullet r_h\text{-}r_2\bullet p_h)\bullet v_1]^2 + [(p_2\bullet r_h\text{-}r_2\bullet p_h)\bullet v_3\text{-}(p_3\bullet r_h\text{-}r_3\bullet p_h)\bullet v_2]^2 +$$

$$[(p_3\bullet r_h\text{-}r_3\bullet p_h)\bullet v_1\text{-}(p_1\bullet r_h\text{-}r_1\bullet p_h)\bullet v_3]^2 \quad \text{und}$$

$$b = [v_1{}^2 + v_2{}^2 + v_3{}^2].$$

Es stellt keine Schwierigkeit dar, diese auf den ersten Blick sehr rechenintensiven Formeln durch Vermeidung von Doppelberechnungen diesbezüglich auf ein Minimum an Operationen zu optimieren.

(4) **Abstand Gerade-Gerade**: Unterschiedliche Lagen können zwei Geraden g_1 und g_2 im R^3 zueinander haben. Sie sind **parallel** oder **windschief** zueinander, wobei letztere Lage auch den Fall eines gemeinsamen Punktes umfaßt. Wird $g_1(g_2)$ durch einen Ortsvektor $\vec{m}(\vec{n})$ und einen Richtungsvektor $\vec{v}(\vec{w})$ definiert, dann ist der Abstand $|d|$ im windschiefen Fall mit

$$|d| = |(\vec{v} \times \vec{w}) \bullet (\vec{m}\text{-}\vec{n})| \,/\, |(\vec{v} \times \vec{w})| \tag{8.38}$$

und bei parallelen Geraden mit

$$|d| = |\vec{v} \times (\vec{m}\text{-}\vec{n})| \,/\, |\vec{v}| \tag{8.39}$$

gegeben (homogene Koordinaten unterstellt, vgl. (8.31) und (8.32)).

(5) **Abstand Punkt-Ebene**: Zur Lösung dieses Problems erweist sich die **Hessesche Normalform** als sehr praktisch, indem die Ebene E durch ihren **Normaleneinheitsvektor** $\vec{n}_0$ ($|\vec{n}_0| = 1$; $|\vec{n}_0| = \vec{n}/|\vec{n}|$) und durch den Abstand d zum Nullpunkt definiert ist, wobei d positiv und negativ sein kann. Für jeden Punkt P der Ebene muß in

$$[\vec{n}_0 \bullet \vec{p}] \text{-} d = \alpha \tag{8.40}$$

$\alpha = 0$ sein. Um den Abstand eines beliebigen Punktes X zur Ebene festzustellen, muß in (8.40) für $\vec{p}$ der Ortsvektor $\vec{x}$ eingesetzt werden, und $|\alpha|$ entspricht dem Abstand zur

Ebene. Das Vorzeichen von α gibt über die Lage von X relativ zur Ebene zusätzlich Auskunft. Liegen der Nullpunkt und der Punkt X auf je einer Seite von E, so ist α positiv; wenn beide auf derselben Seite liegen, ist α negativ.

Sind $\vec{n}_0$ und $\vec{p}$ Vektoren in homogenen Koordinaten, dann berechnet man (8.40) mit Rücksicht auf die endliche Genauigkeit gemäß

$$[1/(n_h \bullet p_h)] \bullet [n_1 \bullet p_1 + n_2 \bullet p_2 + n_3 \bullet p_3] - d = \alpha \quad . \tag{8.41}$$

(6) **Abstand paralleler Ebenen**: Der Abstand zweier paralleler Ebenen E_1 und E_2 wird mit (4) berechnet, indem der Abstand zwischen einem Punkt der anderen Ebene berechnet wird.

(7) **Schnitt Gerade-Ebene**: Ist die Ebene in der Hesseschen Normalform mit $\vec{n} \bullet \vec{x} - d = 0$ und die Gerade mit $\vec{p} + a \bullet \vec{v}$ gegeben, so ergibt sich der Schnittpunkt (die Zahl a) gemäß

$$a = [d - (\vec{n} \bullet \vec{p})] / (\vec{n} \bullet \vec{v}) \quad . \tag{8.42}$$

(8) **Schnitt Ebene-Ebene**: Sind zwei Ebenen E_1 und E_2 mit jeweils einem Punkt P_i und ihrem Normalenvektor $\vec{n}_i$ (i = 1,2) definiert, und sind diese nicht parallel bzw. identisch, so ergibt sich die Schnittgerade g: $\vec{r} + a \bullet \vec{v}$ gemäß

$$\vec{r} = [(\vec{p} \bullet \vec{n}) \bullet (\vec{m} \bullet \vec{n}) - (\vec{q} \bullet \vec{m}) \bullet \vec{n}^2] / [(\vec{m} \bullet \vec{n})^2 - \vec{m}^2 \bullet \vec{n}^2] \bullet \vec{m} + \tag{8.43}$$

$$[(\vec{q} \bullet \vec{m}) \bullet (\vec{m} \bullet \vec{n}) - (\vec{p} \bullet \vec{n}) \bullet \vec{m}^2] / [(\vec{m} \bullet \vec{n})^2 - \vec{m}^2 \bullet \vec{n}^2] \bullet \vec{n} \quad \text{und}$$

$$\vec{v} = \vec{m} \times \vec{n}. \tag{8.44}$$

(9) **Winkel Gerade-Gerade**: Man kann diesen Winkel allgemein formulieren, so daß er auch definiert ist, wenn sich die beiden Geraden nicht schneiden. Es ist stets der Winkel zwischen den beiden Richtungsvektoren zu berechnen, wobei deren Richtungen berücksichtigt werden müssen.

(10) **Winkel Gerade-Ebene**: Hierzu wird der Winkel zwischen dem Normalenvektor der Ebene und dem Richtungsvektor der Geraden berechnet.

(11) **Winkel Ebene-Ebene**: Der Winkel zwischen zwei Ebenen ist mit dem Winkel zwischen deren Normalenvektoren definiert.

(12) **"Schneiden sich zwei Strecken?"**: Eine häufig auftretende Fragestellung im R^2 ist, ob sich zwei vorgegebene Strecken $S_1 = \overline{PQ}$ und $S_2 = \overline{RT}$ in einem gemeinsamen Punkt schneiden.
Betrachtet man die Gerade als Hyperebene des R^2, kann für sie gemäß (5) die Hessesche Normalform aufgestellt werden. Eine zusätzliche Information, die bei der

Berechnung des Abstandes abfällt, ist die Lagebeziehung zum Nullpunkt. Das Vorzeichen gibt Auskunft, ob der Punkt mit dem Nullpunkt auf einer gemeinsamen Seite liegt oder nicht. Untersucht man die Lagebeziehungen bei den beiden Strecken näher, ergibt sich als Kriterium für einen Schnittpunkt, daß sich die beiden Punkte P und Q bzgl. S_2 auf unterschiedlichen Seiten **und** die Punkte R und T bzgl. S_1 auf unterschiedlichen Seiten befinden müssen. Als unterschiedliche Lage ist auch zu werten, wenn einer der Punkte auf der entsprechenden Strecke liegt. Wird die Lage gemäß der Hesseform berechnet und das Produkt α beider "Abstände" gebildet, so liegen beide Punkte auf unterschiedlichen Seiten, wenn das Vorzeichen negativ oder $\alpha = 0$ ist, ansonsten nicht.

Bzgl. der arithmetischen Vergleiche wird darauf hingewiesen, daß die Abfrage "x = y" bzw. "x-y = 0" über eine Genauigkeitabfrage formuliert werden sollte ($|x-y| \leq \varepsilon$). Die Schranke ε setzt man der zugrundeliegenden Rechengenauigkeit entsprechend. Es handelt sich hier um ein typisches Problem der numerischen Mathematik, vgl. Kapitel 4.

8.5 PROJEKTIONEN

Die **perspektivische Projektion** und die **Parallelprojektion** sind die am häufigsten angewandten darstellenden Abbildungen des dreidimensionalen Raumes auf die Bildebene. Auf beide wird nachfolgend eingegangen, und es werden Matrizen für den allgemeinen Fall angegeben. Das heißt, daß Parallelprojektionen auf beliebige Ebenen und die perspektivische Betrachtung von einem frei wählbaren Standpunkt aus möglich sein werden.

8.5.1 PARALLELPROJEKTION

Definiert ist die Parallelprojektion durch die Projektionsebene E_p mit dem Normalenvektor $\vec{n}_e$ und dem Projektionsvektor $\vec{v}_e$; beide können beliebig gewählt werden, allein die Bedingung $\vec{v}_e \cdot \vec{n}_e \neq 0$ muß erfüllt sein. Mit jedem Punkt P des zu projizierenden Objekts bzw. mit dessen Ortsvektor und dem Vektor $\vec{v}_e$ wird eine Gerade g_p: $\vec{p} + r \cdot \vec{v}_e$ im R^3 definiert. Der Bildpunkt P′ des Urbildpunktes P entspricht dem Schnittpunkt zwischen g_p und E_p. Die Bezeichnung "Parallelprojektion" beruht auf der Parallelität der Projektionsgeraden bzw. -strahlen, weil diese $\vec{v}_e$ als Richtungsvektor haben.
Ist der **Projektionsstrahl** -gebildet mit $\vec{v}_e$- **orthogonal** (senkrecht) zur Projektionsebene ($\vec{v}_e = \alpha \cdot \vec{n}_e, \alpha \varepsilon R$), so handelt es sich um eine **orthographische Parallelprojektion**. Die orthographische Parallelprojektion ergibt sich besonders einfach, wenn E_p die Gleichung $x = \beta$, $y = \beta$ oder $z = \beta$ annimmt ($\beta \varepsilon R$).
Aus orthographischen Parallelprojektionen auf die drei Ebenen $x = \alpha_1$, $y = \alpha_2$, $z = \alpha_3$ mit entsprechend gewählten α_i gewinnt man die **Hauptrisse** (Aufriß, Kreuzriß und Grundriß) des

Objektes. Es werden bei diesen Projektionen meistens nur die äußeren Konturen aufgenommen; der Begriff **Draufsicht** läßt dies deutlicher werden. Insgesamt ergeben sich bis zu sechs Abbildungen, weil das Objekt jeweils von links/rechts, hinten/vorne und oben/unten betrachtet (projiziert) werden kann, vgl. Graphik 8.12.

In der Graphik 8.13 wird die orthographische Parallelprojektion auf die Projektionsebene $z = z_0$ verdeutlicht. Der Rechenschritt ist sehr einfach, der Urbildpunkt $P(x,y,z)$ erhält den Bildpunkt $P'(x',y',z')$ mit

$$x' = x, \quad y' = y \quad \text{und} \quad z' = z_0 \; . \tag{8.45}$$

Bei der nicht orthographischen Parallelprojektion ist der Projektionsvektor $\vec{v}_e$ kein Vielfaches des Normalenvektors, sondern mit $\vec{v}_e = (x_e, y_e, z_e)$ definiert. Für den Bildpunkt $P'(x',y',z')$ des Urbildpunktes $P(x,y,z)$ (vgl. Graphik 8.14) gilt

$$x' = x + [z_0\text{-}z] \bullet [x_e/z_e], \quad y' = y + [z_0\text{-}z] \bullet [y_e/z_e], \quad z' = z_0 \; . \tag{8.46}$$

Graphik 8.14 verdeutlicht gleichzeitig den Sinn eines Sichtvolumens, das über die sechs Schranken x_{min}, x_{max}, ..., z_{max} und dem Projektionsvektor bestimmt ist. Es werden nur Punkte projiziert, die sich im Sichtvolumen befinden; auf diese Aufgabenstellung geht Abschnitt 8.8.6 in ausführlicher Form ein. Bei der Parallelprojektion mit einem beliebigen Vektor $\vec{v}_e$ ist das Sichtvolumen ein **Parallelepiped**. Dieser nimmt bei der orthographischen Parallelprojektion die Form eines Quaders an, und die sechs Schranken x_{min} bis z_{max} genügen zu dessen eindeutiger Beschreibung. Die Realisierung einer Parallelprojektion auf eine beliebige Ebene im Raum wird im Abschnitt 8.5.4 vorgestellt.

Nachstehend sind einige wichtigste Eigenschaften der allgemeinen Parallelprojektion aufgeführt.

(1) Längen und Winkel können verfälscht werden, womit keine **ähnliche** Abbildung garantiert ist, sofern die Urbildpunkte nicht in einer gemeinsamen Ebene parallel zur Projektionsebene liegen.

(2) Eine Gerade wird wieder auf einer Geraden abgebildet, d.h. die Gerade wird nicht gekrümmt.

(3) Die Parallelität bei Geraden bleibt unverändert.

8.5.2 PERSPEKTIVISCHE PROJEKTION

Für die **perspektivische Abbildung**, auch **Zentralperspektive** genannt, wird ein Betrachtungspunkt A (das Auge) und eine Projektionsebene E_p ausgewählt. Den Bildpunkt P' zu P erhält man als Schnittpunkt zwischen der Ebene E_p und der Geraden durch die beiden Punkte P und A. Der Punkt A bildet das **Projektionszentrum** für die **Zentralprojektion**. Hervorzuheben wäre: mit dem Begriff Zentralprojektion wird der Typ der Projektion beschrieben, und

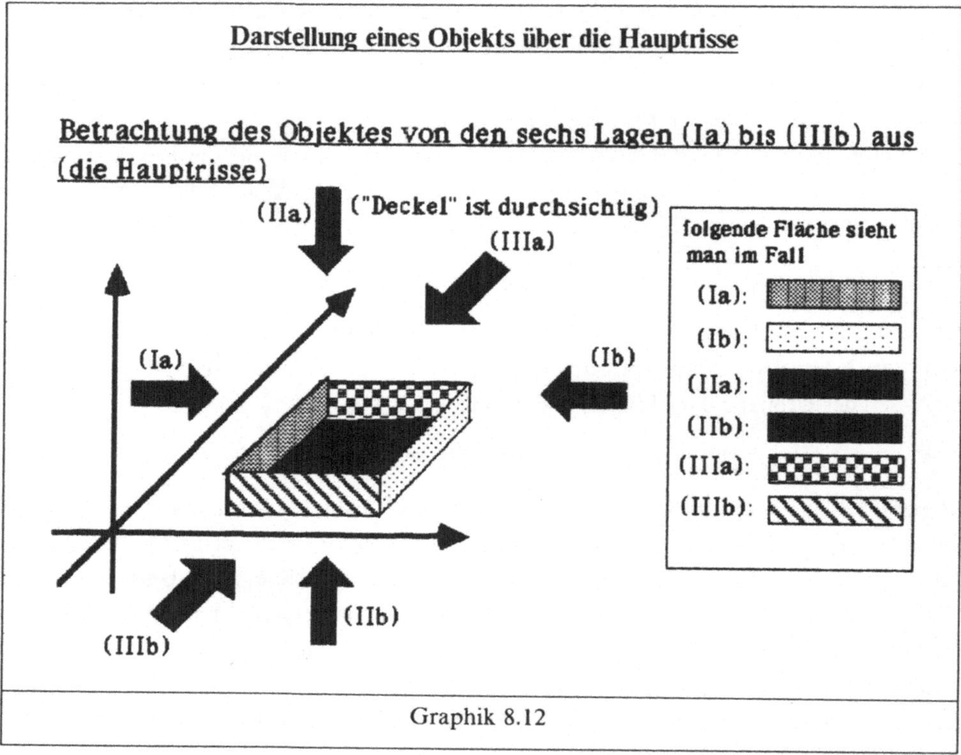

Graphik 8.12

mit dem Begriff Zentralperspektive wird die Art der darstellenden Abbildung genannt. Beide Begriffe werden häufig alternativ zueinander verwendet. In den Graphiken 8.15 und 8.16 wird die perspektivische Projektion am einfachen Fall beschrieben, da E die Ebene $z = z_0$ ($z_0 > 0$) ist und A im Ursprung liegt: Welt- und Augenkoordinatensystem decken sich. Der Urbildpunkt $P(x,y,z,\alpha)$ wird in den Bildpunkt $P'(x',y',z',h')$ mit

$$x' = x \cdot (z_0/z), \quad y' = y \cdot (z_0/z), \quad z' = z_0, \quad h' = 1 \quad <=> \quad x' = x, \quad y' = y, \quad z' = z, \quad h' = (z/z_0) \quad (8.47)$$

abgebildet. Zu diesem Ergebnis führt der Strahlensatz, es gilt z.B. $y/z = y'/z_0$. Die homogenen Koordinaten müssen deshalb nicht in die gewöhnlichen Koordinanten transformiert werden, weil sich die homogenisierende Koordinate α wieder "herauskürzt". Die homogenisierende Koordinate α des Urbildpunktes hat keinen Einfluß auf die Lage des Bildpunktes. Dies ist eine Bestätigung der bereits im Abschnitt 8.3.2 gemachten Aussage, daß mit den homogenen Koordinaten (x,y,z fest und h frei wählbar) eine Menge von Punkten beschrieben wird. Es handelt sich dabei genau um die Punkte, die bei der Zentralprojektion mit dem Ursprung als Projektionszentrum denselben Bildpunkt haben.

Des weiteren kann von Vorteil sein, die rechte Seite in (8.47) zu wählen und die Divisionen bis zur endgültigen Ausgabe hinauszuschieben, um Rechenzeit zu sparen.

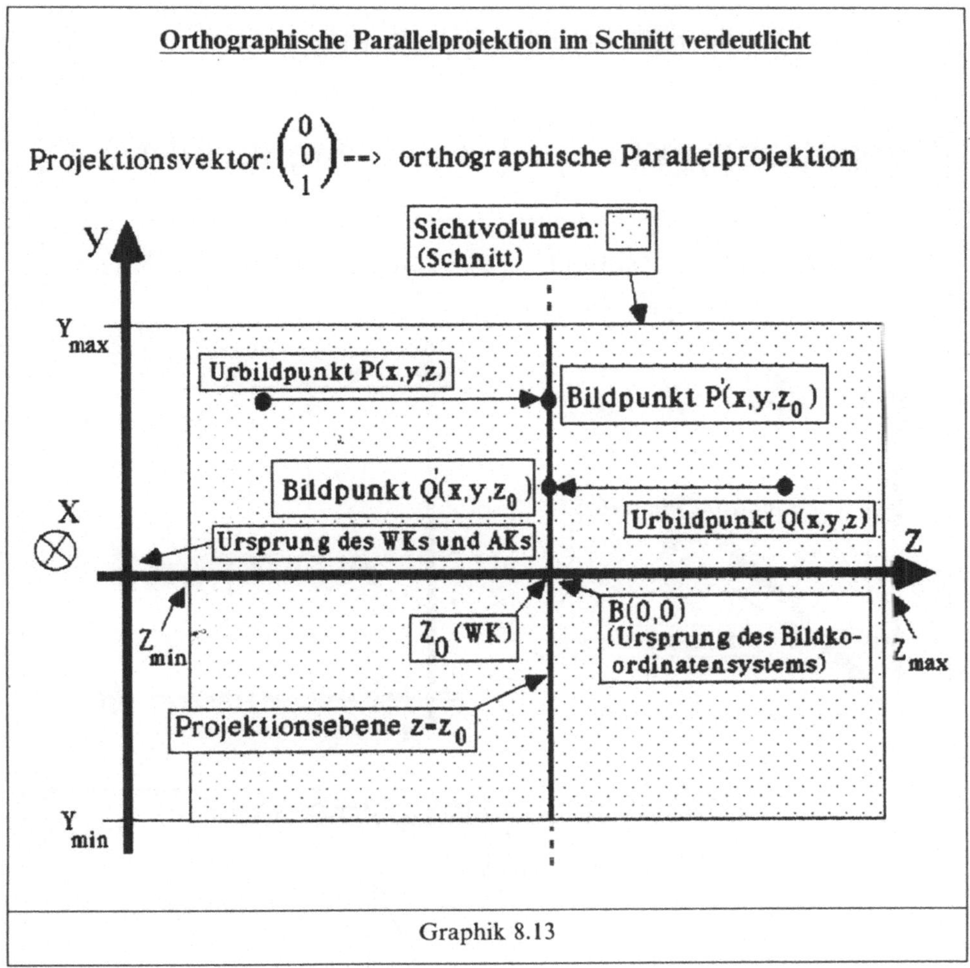

Graphik 8.13

Ein Grund zur Wahl der perspektivischen Projektion ist die Eigenschaft, daß die Darstellung bzgl. der Tiefe an Darstellungskraft gewinnt, auch treffen sich parallele Linien am Horizont in einem gemeinsamen Punkt. Diese letzte Eigenschaft führt zum Thema der **Fluchtpunkte**. Alle parallelen Geraden und Strahlen treffen sich in der Ferne bei der perspektivischen Projektion in einem gemeinsamen Punkt der Bildebene, im Fluchtpunkt. Ist $G_{\vec{v}}$ die Geradenschar, bestehend aus den Geraden mit einem beliebigen Ortsvektor $\vec{r}=(r_1,r_2,r_3)$ und dem Richtungsvektor $\vec{v}=(v_1,v_2,v_3)$ mit $v_3>0$ (das Auge sieht in positive z-Richtung), so gilt gemäß (8.47) z.B. für $p_1{}'$, der ersten Koordinate des Bildpunktes $P'(p_1{}',p_2{}',p_3{}')$

$$p_1{}' = \lim_{a\to\infty} [(r_1+a\bullet v_1)\bullet[z_0/(r_3+a\bullet v_3)]] = \lim_{a\to\infty} z_0\bullet[(r_1/a)+v_1]/[(r_3/a)+v_3]=z_0\bullet v_1/v_3.$$

Offensichtlich treffen sich alle parallelen Geraden mit dem Richtungsvektor $\vec{v}=(v_1,v_2,v_3)$ ($v_3\neq0$) im Fluchtpunkt $F(z_0\bullet[v_1/v_3], z_0\bullet[v_2/v_3],z_0)$. Berechnet man weiter die Fluchtpunkte zu Geraden, die in parallelen Ebenen liegen ($v_3\neq0 =>$ nicht in den Hauptebenen),

Parallelprojektion mit beliebigem Projektionsvektor

Projektionsvektor: (2 1 3), Urbildpunkt P(4,2,4)

perspektivische Betrachtung

(I): Projektion auf die y-z-Ebene

Projektionsebene z=10

X
(I)
Z
Bildpunkt P'(8,4,10)
Urbildpunkt P(x,y,z)
Y

Z
9
7
5
3
1
Bildpunkt P'(8,4,10)
Urbildpunkt P(4,2,4)
1 3 5 7 9
Y

(II)

(II): Projektion auf die x-y-Ebene

X
6
4
2
Bildpunkt P'(8,4,10)
Urbildpunkt P(4,2,4)
Y
1 3 5 7

sichtbarer Teil der Projektionsebene
(Sichtvolumen unterstellt)

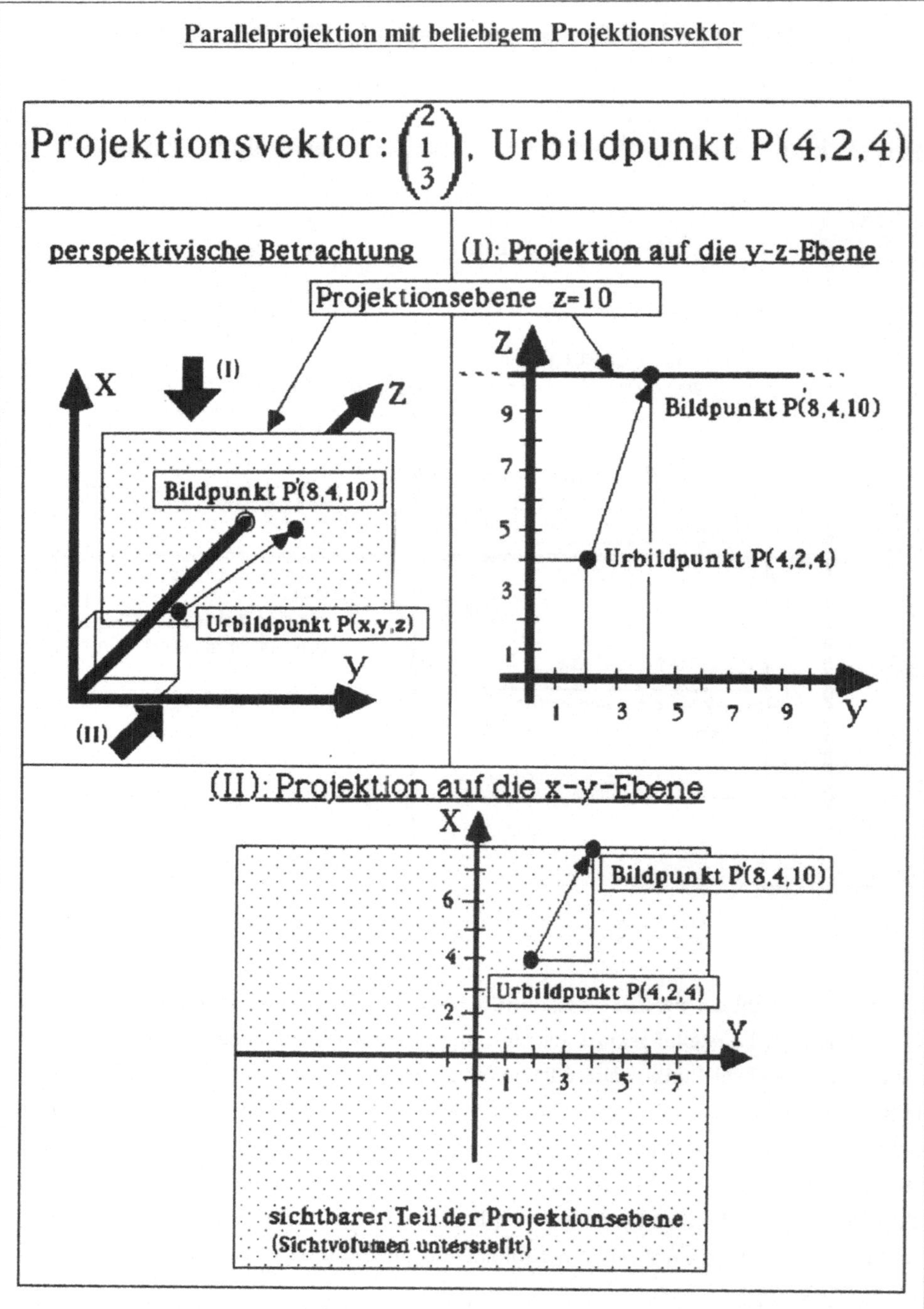

Graphik 8.14

so sind die Fluchtpunkte dieser Geraden **kollinear**. Es liegt nahe, einen Zusammenhang zwischen den Fluchtpunkten und den Fernpunkten aus Abschnitt 8.3.2 zu suchen. Werden die Koordinaten des Fernpunktes $F(x,y,z,0)$ in (8.47) eingesetzt, so erhält man den Fluchtpunkt der Geraden mit dem Richtungsvektor $\vec{v} = (x,y,z)$, d.h., die Bildpunkte der Fernpunkte sind die Fluchtpunkte. Fluchtpunkte können zu einer erhöhten Darstellungskraft verhelfen, indem eine (Teil-)Strecke bis zum Fluchtpunkt der entsprechenden Geraden (gestrichelt) verlängert wird. Man beschränkt sich dabei gerne auf eine bestimmte Vorzugsrichtung, z.B. auf Strecken, die parallel zur z-Achse verlaufen.

Weiterhin kann die Parallelprojektion aus Abschnitt 8.5.1 als Grenzfall der Zentralprojektion angesehen werden. Wandert das Projektionszentrum A immer weiter in die Ferne $(z \to -\infty)$ -damit wird A zum Fernpunkt-, wird aus der Zentralprojektion die Parallelprojektion. Dies kann leicht gezeigt werden: ist a die z-Koordinate des Projektionszentrums $A(0,0,a)$ und z_0 der Abstand der Projektionsebene $z = z_0$ vom Ursprung, dann gilt für x' und y' des Bildpunktes $P(x',y',z')$

$$x' = \lim_{a \to -\infty} [(z_0\text{-}a)/(z\text{-}a)] \bullet x = x, \qquad y' = \lim_{a \to -\infty} [(z_0\text{-}a)/(z\text{-}a)] \bullet x = y, \qquad z' = z_0 \ . \qquad (8.48)$$

Aus diesem Grund erhält die Parallelprojektion häufig die Bezeichnung **Fernbild**.

In der Graphik 8.15 ist die Definition eines Sichtkegels erläutert. Neben der Einschränkung $z > 0$, womit Urbildpunkte hinter dem Auge ausgeschlossen werden, muß/kann dem Auge auch ein **Sichtkegel** zugeordnet werden. Dieser Kegel beschreibt den **sichtbaren** Raum und kann diesen gleichzeitig in die Ferne $(0 \leq z \leq z_{max})$ beschränken; man definiert allgemein ein **Sichtvolumen**. Ebenso kann die Bedingung $0 < z_{min} \leq z \leq z_{max}$ für die Anwendung von praktischem Nutzen sein, und man definiert einen **Kegelstumpf** als Sichtvolumen.
Die allgemeine Definition des **Kegels** ist der Raum, der durch eine **Kegelfläche** mit geschlossener **Leitkurve** und einer Grundfläche begrenzt ist. Die Kegelfläche entsteht in Verbindung mit der Leitlinie, indem eine Gerade, die durch einen festen Punkt, den Betrachtungspunkt, geht, längs der Leitlinie gleitet. Der Kreiskegel ist ein Spezialfall, die Leitlinie ist ein Kreis. In der Graphik 8.16 stellt der Sichtkegel eine **Sichtpyramide** dar (Rechteck als Leitlinie) und mit der Grenze $z_{min} > 0$ einen **Pyramidenstumpf**. Die Ebenen parallel zur Projektionsebene werden als **Hauptebenen** bezeichnet; die Ebenen $z = z_{min}$ und $z = z_{max}$ sind Beispiele für Hauptebenen. Liegen die Urbildpunkte in einer gemeinsamen Hauptebene, so resultiert mit der Zentralprojektion eine **ähnliche Abbildung**.
Nachstehend sind in einer Aufstellung einige wichtige Eigenschaften der Zentralprojektion aufgeführt, wobei von den in der Graphik 8.15 und der Gleichung (8.47) dargestellten Verhältnissen ausgegangen wird.

(1)   Längen und Winkel werden verfälscht, und es ist keine **ähnliche** Abbildung, sofern die Urbildpunkte nicht in einer gemeinsamen Hauptebene liegen.

(2)   Eine Gerade wird wieder auf eine Gerade abgebildet, d.h. die Gerade wird nicht

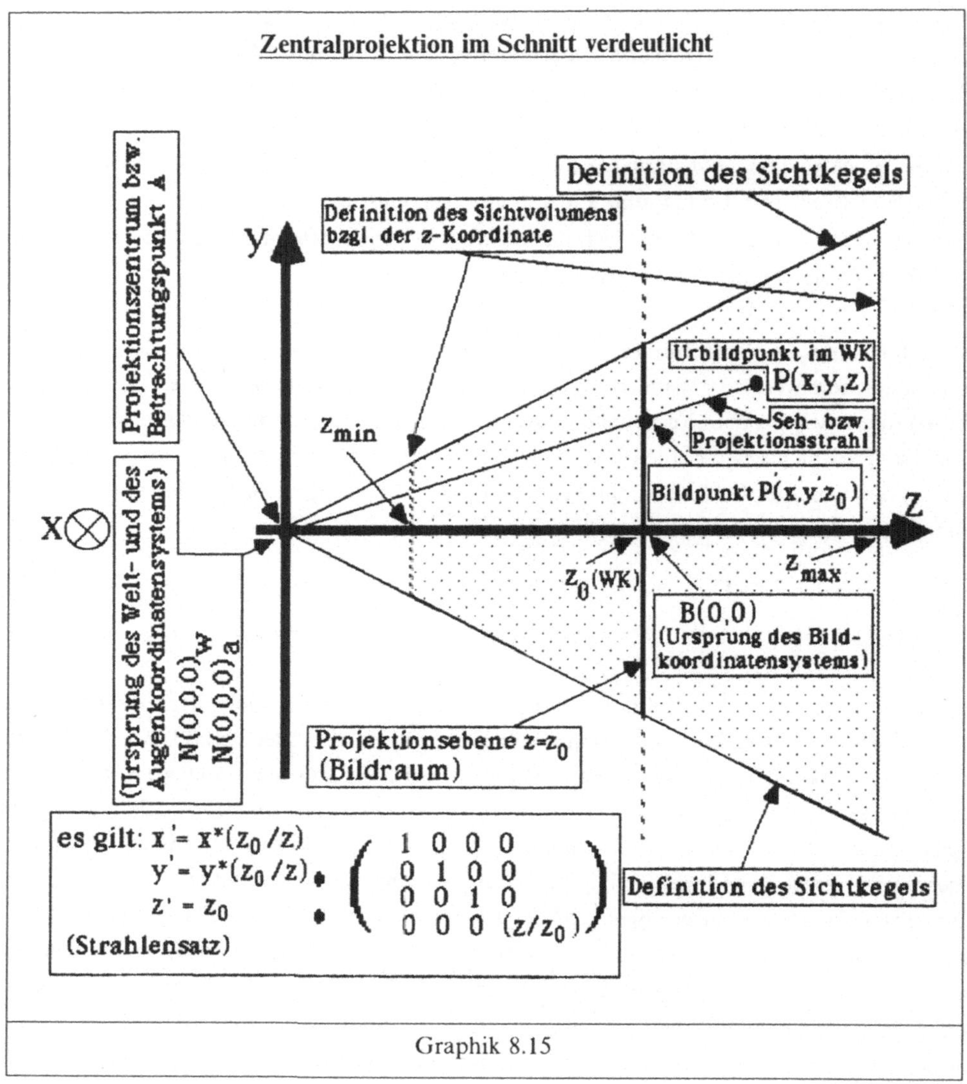

Graphik 8.15

gekrümmt.

(3) Die Geraden, die parallel zur x- oder y-Achse verlaufen, bleiben auch in der Bildebene parallel zu den entsprechenden Achsen im Bildraum.

Auf die perspektivische Projektion (Betrachtung) von einem beliebigen Punkt aus geht Abschnitt 8.5.4 ein.

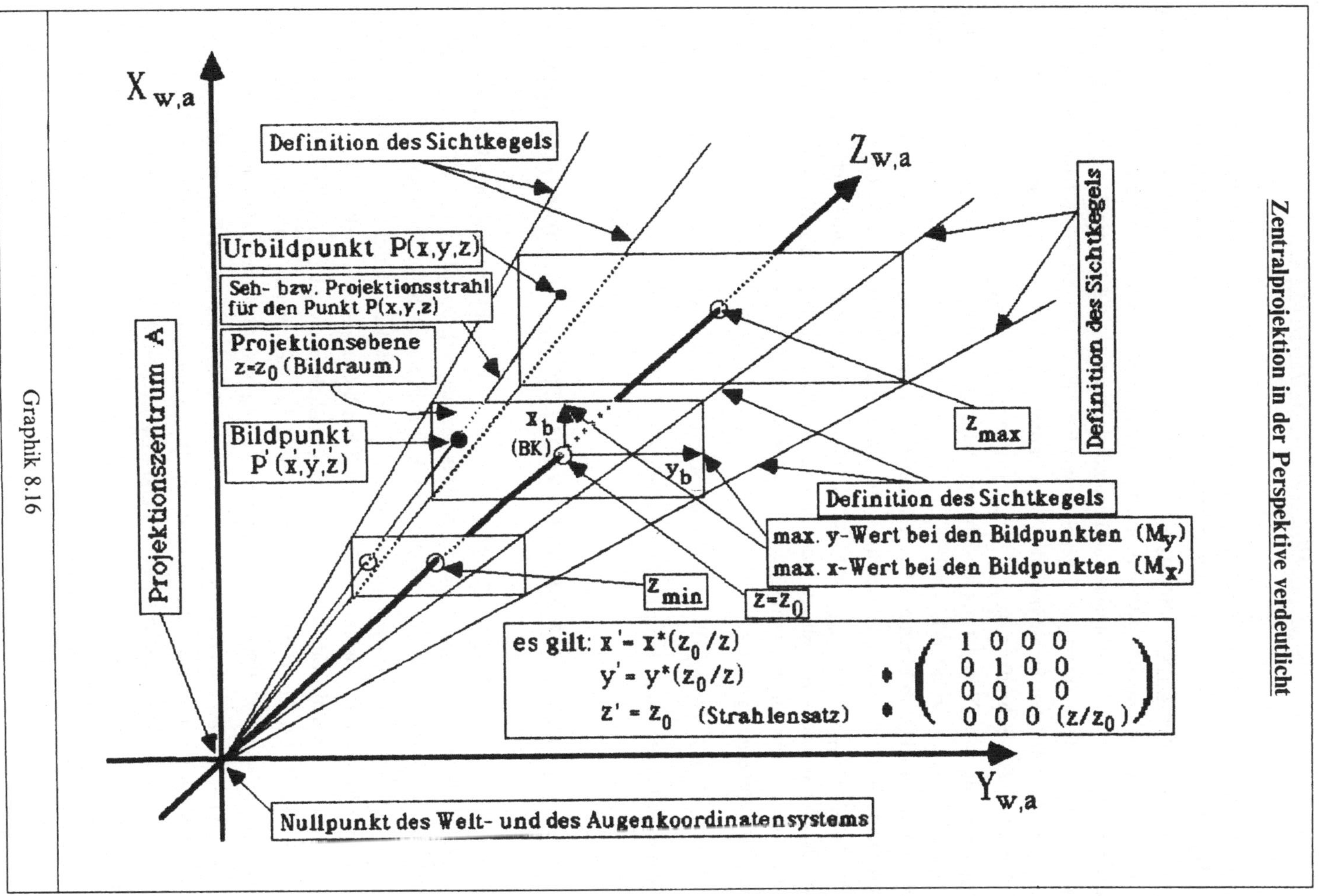

Zentralprojektion in der Perspektive verdeutlicht
$X_{w,a}$
Definition des Sichtkegels
$Z_{w,a}$
Definition des Sichtkegels
Urbildpunkt P(x,y,z)
Seh- bzw. Projektionsstrahl für den Punkt P(x,y,z)
Projektionsebene $z=z_0$ (Bildraum)
z_{max}
Projektionszentrum A
Bildpunkt P'(x,y,z)
x_b (BK)
y_b
Definition des Sichtkegels
max. y-Wert bei den Bildpunkten (M_y)
max. x-Wert bei den Bildpunkten (M_x)
z_{min}
$z=z_0$
es gilt: $x' = x*(z_0/z)$
$y' = y*(z_0/z)$
$z' = z_0$ (Strahlensatz)
$\begin{pmatrix} 1 & 0 & 0 & 0 \\ 0 & 1 & 0 & 0 \\ 0 & 0 & 1 & 0 \\ 0 & 0 & 0 & (z/z_0) \end{pmatrix}$
$Y_{w,a}$
Nullpunkt des Welt- und des Augenkoordinatensystems
Graphik 8.16

8.5.3 NORMIERTE KOORDINATEN

Eine besondere, zusätzliche Skalierung der Bildpunkte in **normierte Bildpunkte** ist häufig eine Voraussetzung für allgemein gefaßte Algorithmen bzw. Prozeduren; die Punkte werden einer **Normierungstransformation** unterzogen. Im GKS z.B. werden Transformationen vorrangig für normierte Koordinaten (für ein solches normiertes Koordinatensystem) zur Verfügung gestellt. Der Sichtkegel schneidet die Projektionsebene, so daß für die x- und y-Koordinate der Bildpunkte feste Intervalle angegeben werden können, in denen sie liegen werden. Im Falle einer zentrierten Sichtpyramide (vgl. Graphik 8.16) existieren für die Koordinaten der Bildpunkte die Schranken $|x_{max}| = |x_{min}|$ und $|y_{max}| = |y_{min}|$, so daß $|x| \le x_{max}$ und $|y| \le y_{max}$ gilt. Eine Normierung ist dahingehend möglich, daß der x- und y-Wert eines jeden Bildpunktes P'(x,y) zusätzlich durch $|x_{max}|$ bzw. $|y_{max}|$ dividiert wird. Die erzeugten Bildpunkte liegen dann im Normrechteck mit der Seitenlänge 2 (von -1 bis +1), wobei die Achsen unterschiedlich skaliert sein können. Im Falle, daß der Sichtkegel als Begrenzungsfläche ein Quadrat ($|x_{max}| = |y_{max}|$) hat, liegen zur weiteren Vereinfachung noch gleiche Faktoren für die x- und y-Koordinate vor, so daß eine Normierung über die homogenisierende Koordinate vorgenommen werden kann. Es gilt mit $S = |x_{max}| = |y_{max}|$ (ohne die z-Koordinate zu berücksichtigen)

$$x' = [x \cdot (z_0/z)]/S, \ y' = [y \cdot (z_0/z)]/S, \ z' = z_0/S, \ h' = 1 \quad < = > \quad x' = x, \ y' = y, \ z' = z, \ h' = (z/(z_0 \cdot S)). \ (8.49)$$

Analog ist bei der Parallelprojektion vorzugehen.

8.5.4 BELIEBIG DEFINIERTE PROJEKTIONEN (BETRACHTUNGEN)

Was ist zu tun, wenn das **Augenkoordinatensystem** (AK) nicht mit dem Weltkoordinatensystem (WK) übereinstimmt, d.h. der Betrachter befindet sich irgendwo im WK? Eine praktische Beschreibung des Betrachtungspunktes A liegt in seinen Kugelkoordinaten (α, β, r), vgl. Abschnitt 8.3.1. Dies ist insofern praktisch, als daß bei der nachfolgenden Herleitung der Transformationsmatrix für das Wechseln des Koordinatensystems (WK = > AK) Drehungen verwendet werden. Ein solcher Wechsel ist deshalb notwendig, weil die Berechnung des Bildpunktes P' bei einer beliebigen Ebene und bei beliebigem Betrachtungspunkt ohne Basiswechsel sehr viel Rechenzeit benötigt (Lösung von Gleichungssystemen). Über den Basiswechsel, die gezielte Ausrichtung des AKs, werden "Umstände" geschaffen, die eine Berechnung leicht machen. Dies ist mit den Begebenheiten in den Graphik 8.13 und 8.15 sowie den kurzen Rechenschritten (8.47) und (8.45) verdeutlicht. Die Matrizen zu den notwendigen Transformationsschritten (a) bis (d) sind in Tabelle 8.4 aufgeführt, und in der Graphik 8.17 sind deren Auswirkung zusätzlich graphisch dargestellt. In dieser Anwendung

Teilschritte bei der Herleitung der allgemeinen Betrachtungsmatrix

(1) Verschiebung des AK-Ursprungs nach $P(r\cos(\alpha)\sin(\beta), r\sin(\alpha)\sin(\beta), r\cos(\beta))$**:**

$$
T_1(r,\alpha,\beta) = \begin{pmatrix}
1 & 0 & 0 & 0 \\
0 & 1 & 0 & 0 \\
0 & 0 & 1 & 0 \\
-r*\cos(\alpha)\sin(\beta) & -r*\sin(\alpha)\sin(\beta) & -r*\cos(\beta) & 1
\end{pmatrix}
$$

(2) Drehung des Koordinatensystems mit dem Winkel ϑ **um die z-Achse:**

$$
T_2(\vartheta) = \begin{pmatrix}
\cos(-\vartheta) & \sin(-\vartheta) & 0 & 0 \\
-\sin(-\vartheta) & \cos(-\vartheta) & 0 & 0 \\
0 & 0 & 1 & 0 \\
0 & 0 & 0 & 1
\end{pmatrix} = \begin{pmatrix}
\cos(\vartheta) & -\sin(\vartheta) & 0 & 0 \\
\sin(\vartheta) & \cos(\vartheta) & 0 & 0 \\
0 & 0 & 1 & 0 \\
0 & 0 & 0 & 1
\end{pmatrix}
$$

$$
\vartheta = 270 + \alpha : T_2(270+\alpha) = \begin{pmatrix}
\sin(\alpha) & \cos(\alpha) & 0 & 0 \\
-\cos(\alpha) & \sin(\alpha) & 0 & 0 \\
0 & 0 & 1 & 0 \\
0 & 0 & 0 & 1
\end{pmatrix}
$$

(3) Drehung des Koordinatensystems mit dem Winkel γ **um die x-Achse:**

$$
T_3(\gamma) = \begin{pmatrix}
1 & 0 & 0 & 0 \\
0 & \cos(-\gamma) & \sin(-\gamma) & 0 \\
0 & -\sin(-\gamma) & \cos(-\gamma) & 0 \\
0 & 0 & 0 & 1
\end{pmatrix} = \begin{pmatrix}
1 & 0 & 0 & 0 \\
0 & \cos(\gamma) & -\sin(\gamma) & 0 \\
0 & \sin(\gamma) & \cos(\gamma) & 0 \\
0 & 0 & 0 & 1
\end{pmatrix}
$$

$$
\gamma = 180 - \beta : T_3(180-\beta) = \begin{pmatrix}
1 & 0 & 0 & 0 \\
0 & -\cos(\beta) & -\sin(\beta) & 0 \\
0 & \sin(\beta) & -\cos(\beta) & 0 \\
0 & 0 & 0 & 1
\end{pmatrix}
$$

(4) Spiegelung an der y-z-Ebene:

$$
T_4 = \begin{pmatrix}
-1 & 0 & 0 & 0 \\
0 & 1 & 0 & 0 \\
0' & 0 & 1 & 0 \\
0 & 0 & 0 & 1
\end{pmatrix}
$$

(1)+(2)+(3)+(4): gesamte Transformation $T_{wk\to ak}(r,\alpha,\beta,\vartheta,\gamma)$**:**

$$
T_1(r,\alpha,\beta)T_2(\vartheta)T_3(\gamma)T_4 = \begin{pmatrix}
-\cos(\vartheta) & -\sin(\vartheta)\cos(\gamma) & \sin(\vartheta)sin(\gamma) & 0 \\
-\sin(\vartheta) & \cos(\vartheta)\cos(\gamma) & -\cos(\vartheta)sin(\gamma) & 0 \\
0 & \sin(\gamma) & \cos(\gamma) & 0 \\
A & B & C & 1
\end{pmatrix}
$$

$A = r \star \cos(\alpha)\sin(\beta)\cos(\vartheta) + r \star \sin(\alpha)\sin(\beta)\sin(\vartheta)$

$B = r \star \cos(\alpha)\sin(\beta)\sin(\vartheta)\cos(\gamma) - r \star \sin(\alpha)\sin(\beta)\cos(\vartheta)\cos(\gamma) - r \star \cos(\beta)\sin(\gamma)$

$C = -r \star \cos(\alpha)\sin(\beta)\sin(\vartheta)\sin(\gamma) + r \star \sin(\alpha)\sin(\beta)\cos(\vartheta)\sin(\gamma) - r \star \cos(\beta)\cos(\gamma)$

$$
T_{wk\to ak}(r,\alpha,\beta,270+\alpha,180-\beta) = \begin{pmatrix}
-\sin(\alpha) & -\cos(\alpha)\cos(\beta) & -\cos(\alpha)\sin(\beta) & 0 \\
\cos(\alpha) & -\sin(\alpha)\cos(\beta) & -\sin(\alpha)\sin(\beta) & 0 \\
0 & \sin(\beta) & -\cos(\beta) & 0 \\
0 & 0 & r & 1
\end{pmatrix}
$$

Umformungsregeln: $\sin(180-\alpha) = \sin(\alpha)$, $\cos(180-\alpha) = -\cos(\alpha)$, $\sin(270+\alpha) = -\cos(\alpha)$
und $\cos(270+\alpha) = \sin(\alpha)$**.**

Tabelle 8.4

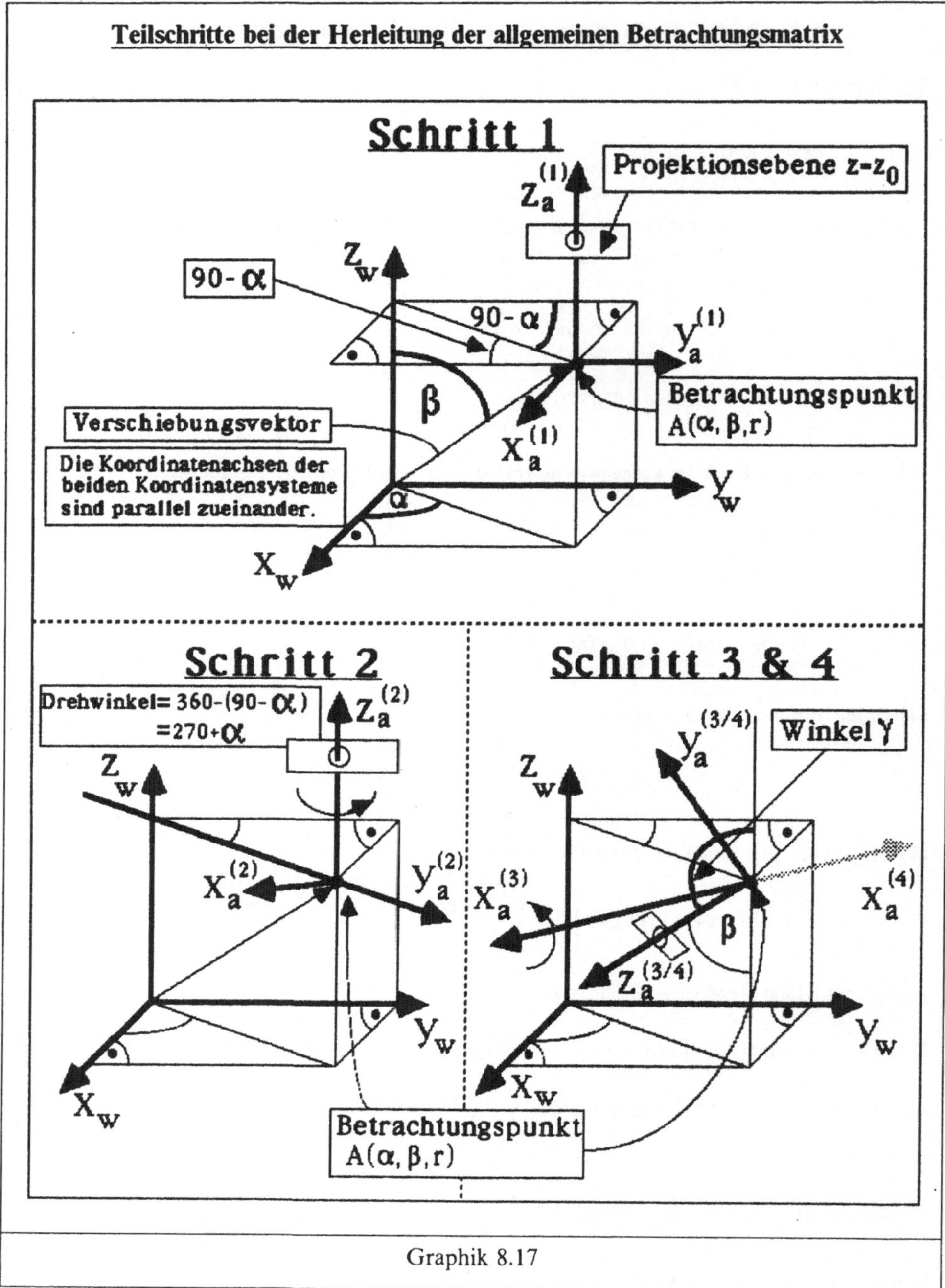

Teilschritte bei der Herleitung der allgemeinen Betrachtungsmatrix
Schritt 1
Projektionsebene z-z_0
Z_a^(1)
90-α
90-α
Z_w
β
y_a^(1)
Betrachtungspunkt A(α, β, r)
X_a^(1)
Verschiebungsvektor
Die Koordinatenachsen der beiden Koordinatensysteme sind parallel zueinander.
α
Y_w
X_w
Schritt 2
Drehwinkel= 360-(90-α)
=270+α
Z_a^(2)
Z_w
X_a^(2)
y_a^(2)
y_w
X_w
Betrachtungspunkt A(α, β, r)
Schritt 3 & 4
y_a^(3/4)
Winkel γ
Z_w
X_a^(3)
X_a^(4)
β
Z_a^(3/4)
y_w
X_w
Graphik 8.17

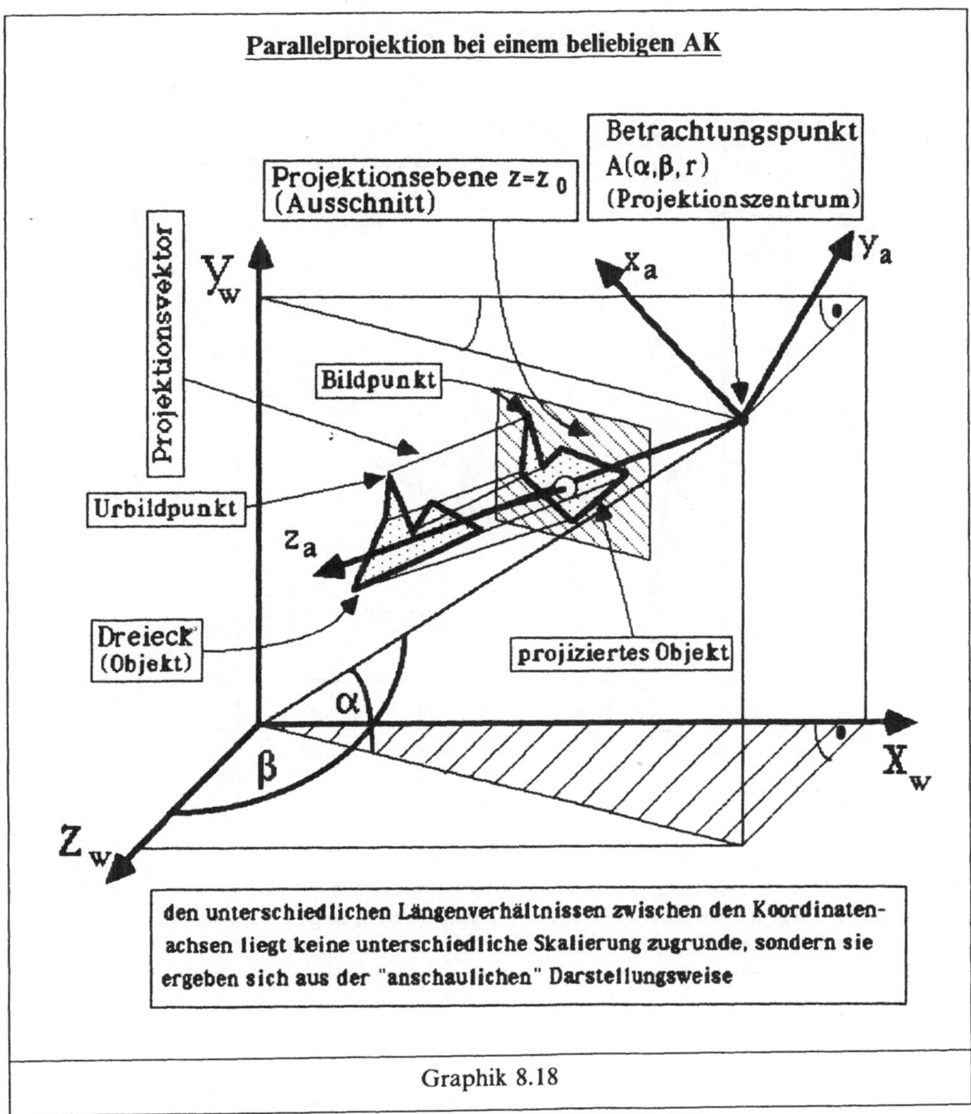

Graphik 8.18

wird der bereits im Abschnitt 8.4 angedeutete Unterschied zwischen der Transformation eines Punktes und der eines Koordinatensystems deutlich. Den Matrizen liegt stets die inverse Punkttransformation zugrunde.

(a) Von Graphik 8.17 ausgehend, besteht der erste Schritt im Verschieben des AK-Ursprungs zum Punkt A(α,β,r). Das heißt, der Punkt A in der "Welt" wird im AK die Darstellung (0,0,0) und im absoluten WK (α,β,r) haben, vgl. Abschnitt 8.4. Mit dieser Verschiebung ist jedoch die Richtung der Koordinatenachsen nicht verändert worden,

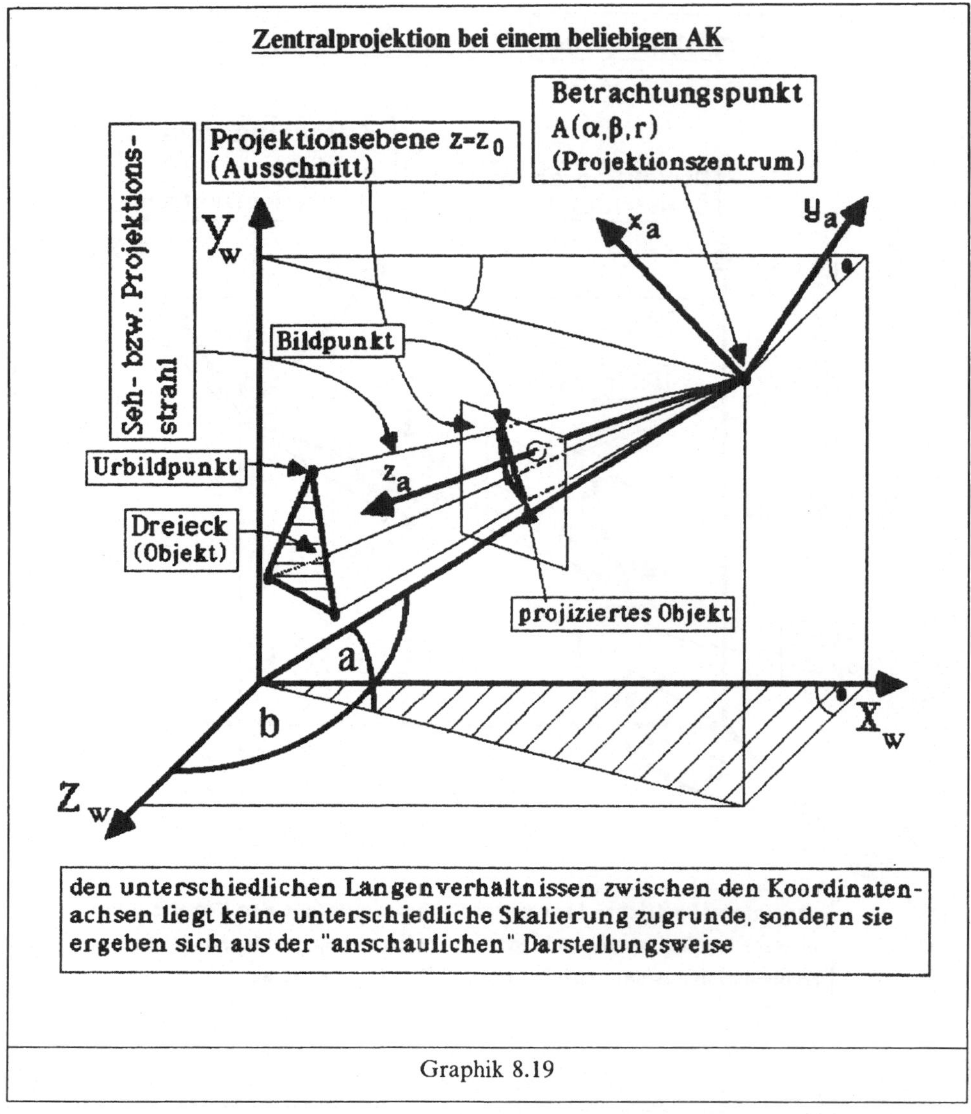

Graphik 8.19

die Basisvektoren im AK sind noch dieselben wie im WK. Damit sind die Koordinatenachsen x_a, y_a und z_a des AKs parallel zu den Achsen x_w, y_w und z_w im WK. Würde
an dieser Stelle abgebrochen und auf die Ebene $z = d$ für $d > 0$ (z in Augenkoordinaten)
projiziert (davon ausgegangen, daß das Objekt in der Nähe bzw. um den WK-Null-
punkt angeordnet ist), wäre nichts zu sehen; man sieht in die falsche Richtung. Daher
muß als nächstes das AK so gedreht werden, daß die z_a-Achse wieder in Richtung des
Objektes zeigt.

(b)   Das AK wird mit dem Winkel ϑ um die z_a-Achse gedreht. Eine übliche Wahl von ϑ ist

$\vartheta = 360° - (90° - \alpha) = 270° + \alpha$, so daß die y_a-Achse die z_w-Achse des WKs schneidet. An dieser Drehung wird auch die Auswirkung des positiven Drehsinns deutlich, der Drehwinkel beträgt nicht $90° - \alpha$.

(c) Wie in der Graphik 8.15 dargestellt, ist es für den einfachen Rechenschritt von Vorteil, die Projektionsebene so zu legen, daß diese $\vec{e}_z$ als Normalenvektor hat (= > Ebene parallel zur x-y-Ebene). Die Lage der Projektionsebene wird somit über die Ausrichtung der z_a-Achse festgelegt, indem das AK um die x-Achse gedreht wird, dies mit einem Winkel γ. Üblich ist $\gamma = 180° - \beta$ zu wählen, so daß die z_a-Achse auf den Ursprung des WKs zeigt. Das resultierende Koordinatensystem ist ein Rechtssystem, dessen z-Achse senkrecht zur Projektionsebene $z = z_0$ (z, z_0 in Augenkoordinaten) steht.

(d) Um im BK ein "gewohntes" Koordinatensystem vorliegen zu haben, in dem die x-Achse nach rechts zeigt, wird zum Abschluß eine Spiegelung an der y_a-z_a-Ebene vorgenommen.

Wie im Abschnitt 8.4 bereits aufgezeigt, können die Matrizen T_i der einzelnen Transformationen zu einer Matrix $T_{wk \to ak} = T_1 \bullet T_2 \bullet T_3 \bullet T_4$ zusammengefaßt werden, dies spart Rechenzeit. Ist der Nullpunkt des Augenkoordinatensystems in Kugelkoordinaten gegeben und die Ausrichtung über die beiden Winkel ϑ und γ definiert, so müssen folgende Teilschritte durchgeführt werden.

(1) Die absoluten Weltkoordinaten des zu projizierenden Punktes P(x,y,z,h) werden in Koordinaten des mit $T_{wk \to ak}$ definierten AKs transformiert

$$P' = P \bullet T_{wk \to ak} = (x', y', z', h'). \qquad (8.50)$$

(2a) **Parallelprojektion**: Die Projektionsebene $z = z_0$ ist mit z_0 eindeutig beschrieben (diese steht senkrecht zur z_a-Achse), so daß sich der endgültige Bildpunkt $P''(x'', y'', z'')$ bei einem Projektionsvektor $\vec{v}_e = (x_e, y_e, z_e)$ gemäß

$$x'' = x' + [z_0 - z'] \bullet [x_e/z_e], \qquad y'' = y' + [z_0 - z'] \bullet [y_e/z_e], \qquad z'' = z_0' \qquad (8.51)$$

berechnen läßt. Durch die Tatsache, daß die Lage des Koordinatensystems beliebig über A, ϑ und γ bestimmt werden kann, empfiehlt sich, dann nur orthographische Abbildungen zu verwenden. In späteren Algorithmen wird ausschließlich diese weiter berücksichtigt, denn durch geeignete Wahl der drei Parameter kann die gewünschte Projektion mit wenig Aufwand erzielt werden.

(2b) **perspektivische Projektion**: Da im AK die Perspektivebene $z = z_0$ parallel zur x_a-y_a-Ebene ist, und das Projektionszentrum (das Auge) im Nullpunkt liegt, kann die Berechnung des endgültigen Bildpunktes $P'' = (x'', y'', z'', \alpha)$ analog zu (8.47) gemäß

$$x'' = x' \bullet (z_0/z'), y'' = y' \bullet (z_0/z'), z'' = z_0', h'' = 1 \, < = > \, x'' = x', y'' = y', z'' = z_0', h'' = (z'/z_0) \quad (8.52)$$

vorgenommen werden.

Der Ursprung des BKs liegt in beiden Fällen im Schnittpunkt der Projektionsebene und der z-Achse des AKs, so daß das BK das um den Abstand z_0 verschobene AK ohne z-Achse darstellt. Aus dieser Achsenanordnung ergibt sich, daß im BK durch Schritt (4) die x-Achse schließlich nach rechts zeigt.

Bietet man die freie Wahl des Punktes A im WK sowie eine beliebige Betrachtungsrichtung -über ϑ und γ- an, so kann es durchaus passieren, daß man sich im Objekt selbst befindet oder am Objekt vorbei sieht; eine überlegte Wahl von A ist daher notwendig.
Da meistens nur ein Teil des Bildraumes (entsprechend der Bildschirm- bzw. Blattgröße) ausgegeben werden kann, wird es notwendig sein, Teile des Objektes auszublenden; mit diesem Thema befaßt sich Abschnitt 8.6.

8.5.5   TIEFENINFORMATION BEI DER PROJEKTION

Mit dem Rechenschritt (8.47) bzw. (8.45) geht auch die Tiefeninformation der Punkte verloren, weil die z-Koordinate mit z_0 besetzt wird. Nach diesem Schritt ist es nicht mehr möglich, aus zwei gleichen Bildpunkten -die Urbildpunkte liegen auf einem gemeinsamen Seh- bzw. Projektionsstrahl- rückwirkend zu bestimmen, welcher Punkt hinter dem anderen, d.h. näher beim Betrachter liegt. Unbedingt notwendig ist die Tiefeninformation aber für Algorithmen zur Eliminierung nicht sichtbarer Linien bzw. Flächen (Hidden-Line und Hidden-Surface-Algorithmen). Ohne diese Information können keine wirklichkeitsgetreuen Darstellungen erzeugt werden.
Da wiederum die z-Koordinate aller Bildpunkte z_0 beträgt, also konstant ist, kann dieses Feld für die Aufbewahrung der Tiefeninformation genutzt werden. In Abhängigkeit der darstellenden Abbildung wird die z-Koordinate bei der

(1) **Parallelprojektion** in (8.46) mit z
(2) **perspektivischen Transformation** mit z (linke Seite) bzw. $[z^2/z_0]$ (rechte Seite) in (8.47)

besetzt. Derjenige Punkt, der über den kleineren z-Wert verfügt, liegt näher beim Betrachter. Es sei darauf hingewiesen, daß bei dieser Lagebewertung nur Punkte auf einem gemeinsamen Projektionsstrahl betrachtet werden. Ein allgemeiner Tiefenvergleich führt selbstverständlich zur Vektorlänge.
Wird die z-Koordinate gemäß obiger Angabe beibehalten, so ist es z.B. leicht möglich, die Tiefe eines beliebigen Streckenpunktes zu berechnen, wenn von beiden Endpunkten die z-Koordinate bekannt ist. Mit den zwei Punkten $P(p_1,p_2,p_3)$ und $Q(q_1,q_2,q_3)$ wird eine Strecke im AK definiert. Die Koordinaten der Streckenpunkte $X(x_1,x_2,x_3)$ genügen der Bedingung

$$x_1 = q_1 + r \cdot v_1, \quad x_2 = q_2 + r \cdot v_2 \quad \text{und} \quad x_3 = q_3 + r \cdot v_3 \quad \text{mit } 0 \le r \le 1, \tag{8.53}$$

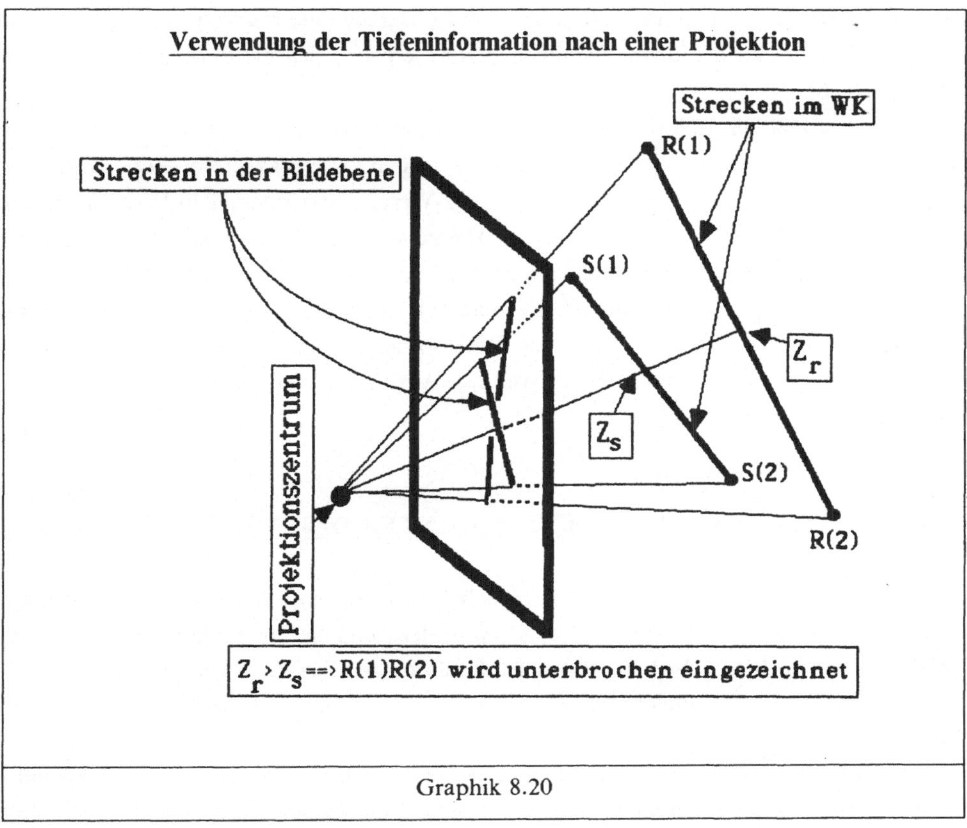

Graphik 8.20

wobei $\vec{v}$ der Differenzvektor $\overrightarrow{PQ}$ ist. Werden die beiden Punkte P und Q z.B. über eine perspektivische Projektion in das BK abgebildet und die z-Koordinate beibehalten, so ergibt sich x_1', x_2' und x_3' gemäß

$$x_1' = [z_0 \bullet q_1/q_3] + r \bullet [z_0 \bullet v_1/v_3], \ x_2' = [z_0 \bullet q_2/q_3] + r \bullet [z_0 \bullet v_2/v_3], \ x_3' = q_3 + r \bullet v_3. \qquad (8.54)$$

Man kann x_1' und x_2' direkt als Bildkoordinaten verwenden und berücksichtigt x_3' (die z-Koordinate) zunächst nicht. Wäre die Tiefeninformation ohne Interesse, könnte nach der Abbildung in die Bildebene alles weitere im R^2 berechnet werden, z.B. der Schnittpunkt zweier Strecken s_1 und s_2. Welche Möglichkeiten ergeben sich mit der Tiefeninformation? Eine einfache Anwendung als Beispiel: schneiden sich zwei Geraden bzw. Strecken, die in die Bildebene projiziert wurden, dann kann eine eindeutigere Lagebeschreibung dadurch vorgenommen werden, daß die hintere Gerade in einem schmalen Bereich um den Schnittpunkt unterbrochen gezeichnet wird. Man deutet damit an, daß sie hinter der anderen Geraden liegt (von dieser überdeckt wird). Schneiden sich die beiden Strecken in einem Punkt, so liegen die beiden Urbildpunkte, die nach der Projektion den Schnittpunkt in der Bildebene ergeben, auf einem gemeinsamen Seh- bzw. Projektionsstrahl. Man setzt das berechnete r in (8.53) beider Geraden ein und kann über die "z-Koordinaten" feststellen, welcher Punkt hinter dem anderen liegt und welche Gerade unterbrochen gezeichnet werden muß, vgl. Graphik 8.20. Für die Parallelprojektion ergeben sich die Rechenschritte zusätzlich vereinfacht.

Der Tiefentest läßt läßt sich problemlos auf die Ebene erweitern. Zu deren Definition liegen drei Punkte P, Q und R bzw. der Punkt P und die beiden Differenzvektoren $\overrightarrow{PQ}$ und $\overrightarrow{PR}$ vor. Sehr oft wird vorgeschlagen, eine Skalierung der z-Werte in das Intervall [0,1] vorzunehmen, analog zur Normierung der Bildkoordinaten. Hierzu werden die Schranken z_{min} und z_{max} herangezogen und eine entsprechende Transformation von z vorgenommen, daß z bei z_{min} zu Null und bei z_{max} zu Eins wird. Dies sollte jedoch nur dann angewandt werden, wenn ein Algorithmus (eine Prozedur) normierte Tiefenwerte erwartet oder das Datenmaterial es erfordert (betragsmäßig sehr kleine z-Werte). Ansonsten stellt sich nur ein erhöhter Rechenzeitaufwand ein.

8.5.6   PROJEKTION GANZER OBJEKTE

Zur Begrenzung des Rechenaufwands werden bei Projektionen nur die Kanten-Endpunkte der Polygone, Polyeder oder anderer Objekte projiziert, und die Bildpunkte werden entsprechend verbunden. Die "Erlaubnis" hierzu ist durch die gemeinsame Eigenschaft beider Projektionen gegeben, daß nämlich die Gerade ihre Form behält und wieder in eine Gerade abgebildet wird.

Bei der programmtechnischen Realisierung kann es vorteilhaft sein, einer Projektionsfunktion ein ganzes Objekt -beschrieben in einer definierten dynamischen Datenstruktur- zu übergeben, so daß als Resultat das projizierte Objekt zurückgegeben wird. Der Aufruf einer Funktion für jeden einzelnen Punkt birgt teilweise sehr viel Overhead in sich (Verwaltung/Initialisierungen in der Funktion).

8.6   CLIPPING

Bei der Arbeit an einem Bildschirm ist es praktisch, diesen in mehrere Abschnitte -Fenster- unterteilen zu können. Ein Fenster steht z.B. zur Eingabe von Graphikbefehlen zur Verfügung, und ein anderes nutzt man zum Betrachten der Graphik.

Die Aufgabe des Graphiksystems ist es, einen Teil des Bildraumes (z.B. Ausschnitt der Projektionsebene) auf einen bestimmten Teil des Bildschirms auszugeben. Zwei Begriffe werden für die Trennung beider Bereiche verwendet. Ein Teilraum im Bildraum, d.h. allgemein in Weltkoordinaten, wird als **Window** bezeichnet und ist im Falle eines Rechtecks durch jeweils ein Intervall für x-, y- und z-Werte innerhalb des Bezugskoordinatensystems (AK, BK, WK) definiert. Da es sich üblicherweise um eine Bildebene handelt, gilt $z = z_0$. Analog zum Window wird im Gerätekoordinatensystem, das auf der Bildschirm- bzw. Papieroberfläche "liegt", ein Teilraum definiert, der **Viewport**. Ein Window wird damit in einen Viewport

Window-Viewport-Transformation
geschaffene Welt
(Weltkoordinaten)
Beschreibung der Ausgabeebene
(Gerätekoordinaten)
Window-Viewport-Transformation
Projektionsebene
Darstellungsfläche
Window 1
Window 2
Viewport 1
Viewport 2
Viewport 3
Bildkoordinatensystem
(in der Bild- bzw. Projektionsebene)
Weltkoordinatensystem (WK) mit
vorrangig reellen Koordinaten
Gerätekoordinatensystem (GK) mit vor-
rangig "nur" diskreten Koordinaten
(Pixel)

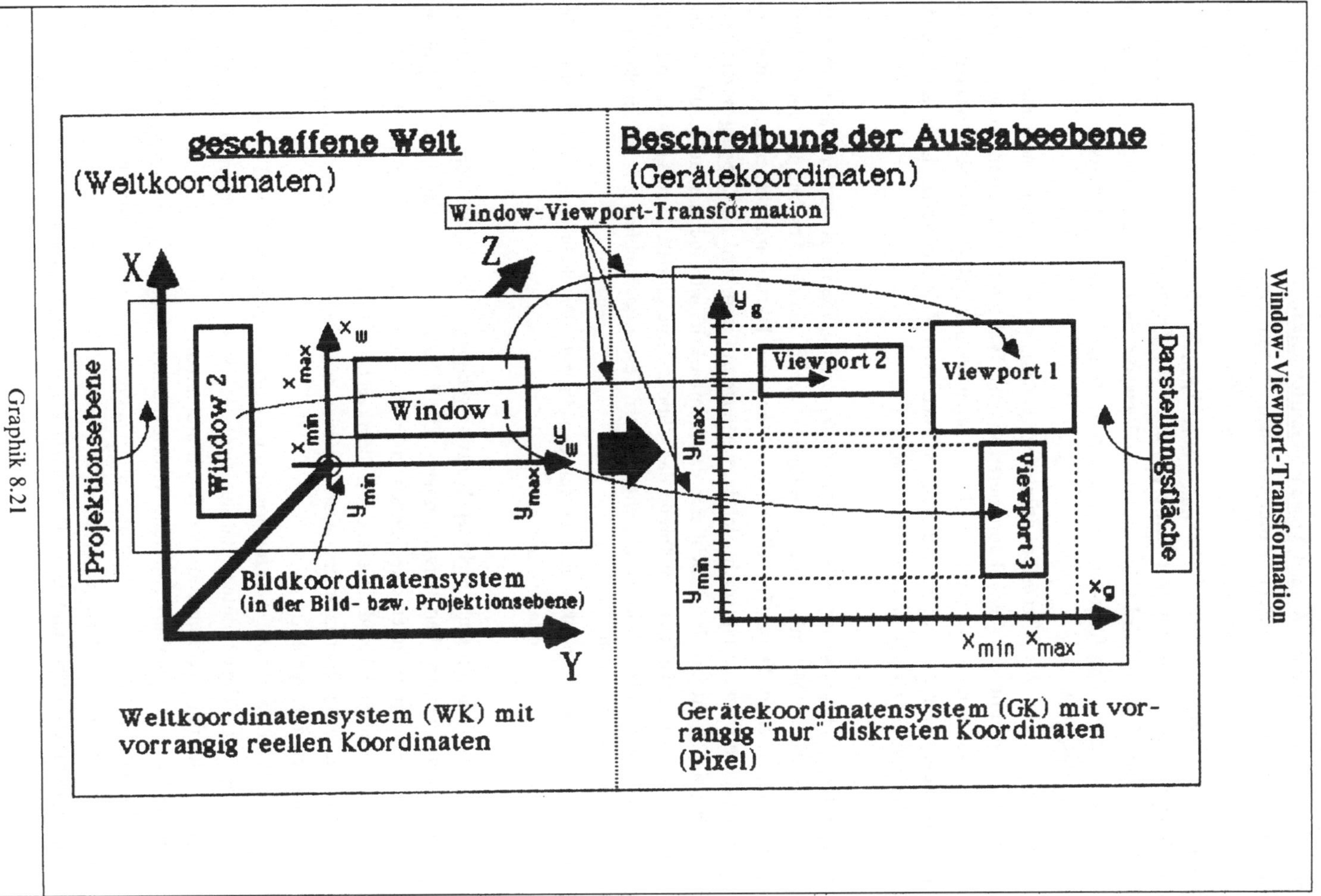

Graphik 8.21

abgebildet, die sogenannte **Window-Viewport-Transformation**, vgl. Graphik 8.21. In beiden Bereichen können mehrere solcher Abschnitte definiert sein, und es kann mehrere Windows in der Bildebene sowie mehrere Viewports auf dem Bildschirm geben. Jeder Abschnitt wird im ebenen Fall durch die vier Werte x_{min}, x_{max}, y_{min} und y_{max} definiert. Mit der Window-Viewport-Transformation läßt sich bspw. auch das **Zoomen** (Ausschnittsvergrößerung) nachbilden; das Window wird kleiner, und der Viewport bleibt unverändert. Neben dieser gleichmäßigen Skalierung für x- und y-Achse ist auch die Verzerrung (unterschiedliche Skalierung) leicht möglich.

Die Problematik der W→V-Transformation liegt vorrangig in den unterschiedlichen Eigenschaften des Bild- und des Gerätekoordinatensystems. Während ersteres mit reellen Zahlen beschrieben wird, können bei den Gerätekoordinaten oft nur **diskrete** Werte verwendet werden. Aus diesem Grund mußten z.B. Algorithmen zum Zeichnen einer Linie auf einem Rasterbildschirm entwickelt werden, vgl. Graphik 8.1.

Da ein Window -bzgl. seiner rechteckigen Maße- beliebig definiert werden kann, müssen effiziente Verfahren -Algorithmen- zur Verfügung stehen, die ein Abschneiden am Fensterrand möglich machen. Dieser Prozeß teilt die Menge an Darstellungselementen -Primitive- in eine sichtbare sowie in eine nicht sichtbare Menge auf und wird als **Clipping** bezeichnet. Dieser Test auf Sichtbarkeit ist nicht mit der Sichtbarkeitsuntersuchung aufgrund verdekkender Flächen zu verwechseln. Während das Clipping eine globale Festlegung ermöglicht, welcher Teilraum sichtbar sein wird, dient letzterer Test ausschließlich zur wirklichkeitsgetreuen Darstellung der Welt.

Zwei prinzipielle Ansatzpunkte gibt es für den Prozeß der Sichtbarkeitsüberprüfung in Bezug auf ein Sichtfenster oder -volumen.

(1) Durch die Definition eines **Sichtkegels** bzw. **-volumens** wird bereits vor der Projektion der Test auf Sichtbarkeit vorgenommen. Die Bildebene umfaßt dann nur diejenigen Punkte, die auch in die entsprechenden Intervalle -in das Sichtvolumen- fallen. Schneidet bspw. eine Strecke oder Gerade den Sichtkegel, so wird nur der sichtbare Teil in die Projektionsebene übernommen. Der Kriterientest wird mit dreidimensionalen Weltkoordinaten durchgeführt.

(2) Bei der Window-Viewport-Transformation werden die Punkte bzw. Linien gegen die Fenstergrenzen abgeschnitten, und nur dieser Teil wird in den Viewport gebracht; man arbeitet hier mit zweidimensionalen Bildkoordinaten. Auch dies führt dazu, daß Strekken und Geraden notfalls unterteilt werden müssen. Das Abschneiden an den Viewport-Grenzen kann auf das Clipping am Window zurückgeführt werden. Clipping an den Viewport-Grenzen kann ggf. aber den Vorteil mit sich bringen, daß mit Integerzahlen gerechnet wird, und damit Rechenzeit gespart werden kann.

Nachfolgend wird der Algorithmus zur Bewältigung beider Prozesse beschrieben, d.h., das Clipping im drei- und im zweidimensionalen Raum.

8.6.1 2D-CLIPPING

Das zweidimensionale Fenster -Viewport oder Window- wird durch die vier Werte x_{min}, x_{max}, y_{min} und y_{max} definiert. Die Überprüfung, ob ein Punkt P(x,y) in das Fenster fällt, läßt sich einfach über einen Koordinatenvergleich

$$x_{min} \leq x \leq x_{max} \quad \textbf{und} \quad y_{min} \leq y \leq y_{max} \tag{8.55}$$

feststellen. Etwas umfangreicher gestaltet sich der Test bei Strecken; bei diesen sind mehrere Fälle zu unterscheiden, einige davon sind in der Graphik 8.23 dargestellt.

Ein "Standardalgorithmus" zum Abschneiden von Strecken am Fensterrand ist der Algorithmus von Cohen und Sutherland. Der Algorithmus gliedert sich in zwei Abschnitte auf, in einen **Test**- und einen **Zerlegungsteil**. Insgesamt handelt es sich um eine Iteration, wobei die beiden Endpunkte Q und R der Strecke die Startwerte Q_1 ($=Q$) und R_1 ($=R$) darstellen.

Für den Test wird die Bildebene, in der das Fenster liegt, in acht Abschnitte unterteilt, siehe Graphik 8.22. Die Punkte der einzelnen Abschnitte genügen bestimmten Ungleichungen bzgl. der Fenstergrenzen. Mit den vier Werten x_{min} bis y_{max} und den Koordinaten des Punktes P(x,y) lassen sich folgende vier Ungleichungen formulieren

$$(1)\; x < x_{min}, \quad (2)\; x > x_{max}, \quad (3)\; y < y_{min}, \quad (4)\; y > y_{max} \; . \tag{8.56}$$

Im Falle homogener Koordinaten ist die rechte Seite jeweils mit der homogenisierenden Koordinate zu multiplizieren. Für einen konkreten Punkt ergeben sich mit (8.56) vier binäre Aussagewerte, ein vier-stelliges **Binärmuster**, das den Ausgang der vier Vergleiche beschreibt. Es wird nachstehend als Lagecode LC(P) des Punktes P bezeichnet, und Bit b_i des Binärmusters $b_1b_2b_3b_4$ vertritt den Ausgang der Ungleichung (i) in (8.56). Ein Punkt im Fenster besitzt den Lagecode 0000, ansonsten sind im LC eines Punktes bis zu zwei Bits gleich Eins. Der Graphik 8.22 kann der Lagecode für jeden der Abschnitte entnommen werden. In der nachstehenden prozeduralen Beschreibung wird der Testschritt und das Zerlegen der Strecke dargelegt. Die Eingabe ist durch die Strecke mit den beiden Endpunkten $Q_1(x,y)$ und $R_1(x,y)$ gegeben. Das Resultat des Algorithmus ist entweder der sichtbare Teil der Strecke (zwei "neue" Endpunkte), oder die Strecke wurde als nicht sichtbar gewertet.

(1) **TEST**: Liegen beide Endpunkte im Fenster ($LC(Q_i) = LC(R_i) = 0000$), so wird die Strecke unverändert übernommen und ist vollständig sichtbar. Ist dies nicht der Fall, so werden $LC(Q_i)$ und $LC(R_i)$ UND-verknüpt (vgl. Kapitel 1) und das Resultat

$$X = [LC(Q_i) \; \& \; LC(R_i)] \tag{8.57}$$

untersucht. Ist $X \neq 0000$, so kann die Strecke vollständig verworfen werden. In diesem Fall liegen nämlich beide Endpunkte bzgl. einer Koordinate gemeinsam auf einer Seite (z.B. beide oberhalb von y_{max}). Daß die Strecke dann den Fensterrand schneidet, ist ausgeschlossen, Graphik 8.23. Ist $X = 0000$, so **kann** die Strecke den Fensterrand schneiden, der durch die entsprechenden Abschnitte auf den vier Geraden $x = x_{min}$,

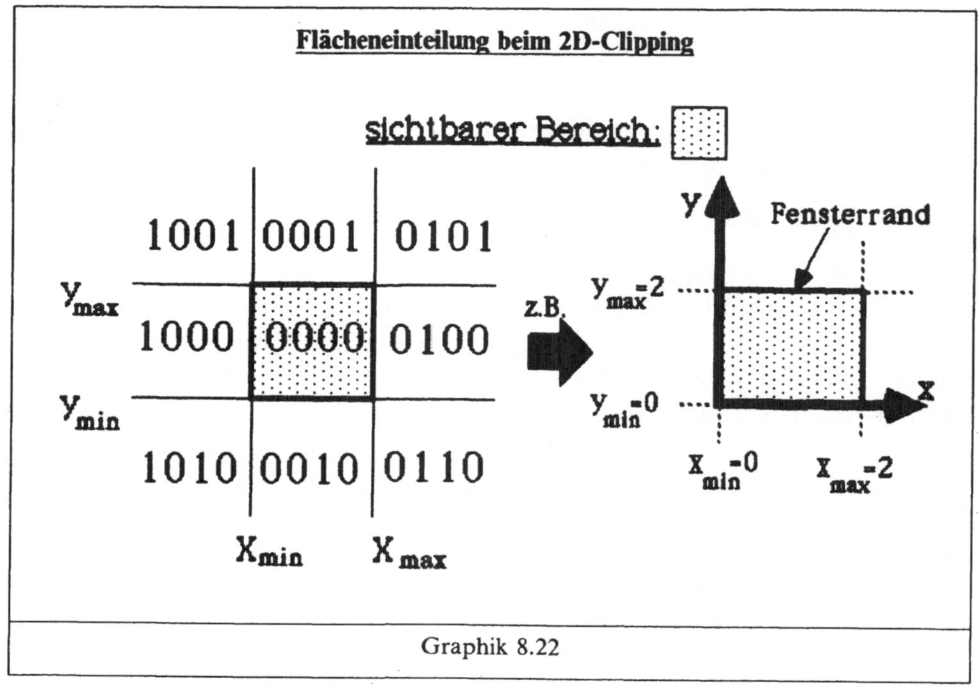

$x = x_{max}$, $y = y_{min}$ und $y = y_{max}$ definiert ist. In jedem Fall aber schneidet bei $X = 0000$ (und $LC(Q_i) \neq LC(R_i)$) die Strecke $\overline{Q_i R_i}$ eine dieser Geraden. Den Schnittpunkt zu bestimmen und die Strecke um den "sicher nicht sichtbaren" Teil zu verkürzen, ist Aufgabe des zweiten Teils des Algorithmus.

(2) **ZERLEGUNG**: Der Schnittpunkt zwischen der Strecke $\overline{Q_i R_i}$ und einer der vier Geraden ist leicht berechenbar, wobei vier Fälle zu unterscheiden sind. Für jeden einzelnen Fall muß der Schnittpunkt mit einer bestimmten der vier Geraden berechnet werden. Man wählt einen der beiden Endpunkte Q_i und R_i beliebig aus, dessen Lagecode ungleich 0000 ist, und orientiert sich an diesem. Die Wahl ist deshalb frei, weil durch $X = 0000$ gewährleistet ist, daß der andere Punkt eine entsprechende geforderte Lage hat. Ist $b_1 b_2 b_3 b_4$ der Lagecode des ausgewählten Punktes, so ist bei

(a) $b_1 = 1$ der Schnittpunkt $S_{x_{min}}$ zwischen der Geraden $x = x_{min}$
(b) $b_2 = 1$ der Schnittpunkt $S_{x_{max}}$ zwischen der Geraden $x = x_{max}$
(c) $b_3 = 1$ der Schnittpunkt $S_{y_{min}}$ zwischen der Geraden $y = y_{min}$
(d) $b_4 = 1$ der Schnittpunkt $S_{y_{max}}$ zwischen der Geraden $y = y_{max}$

und der Strecke $\overline{Q_i R_i}$ zu berechnen. Unabhängig von der Anzahl an gesetzten Bits im Lagecode ist diese Liste von (a) bis (d) zu durchlaufen, und nur der ersten zutref-

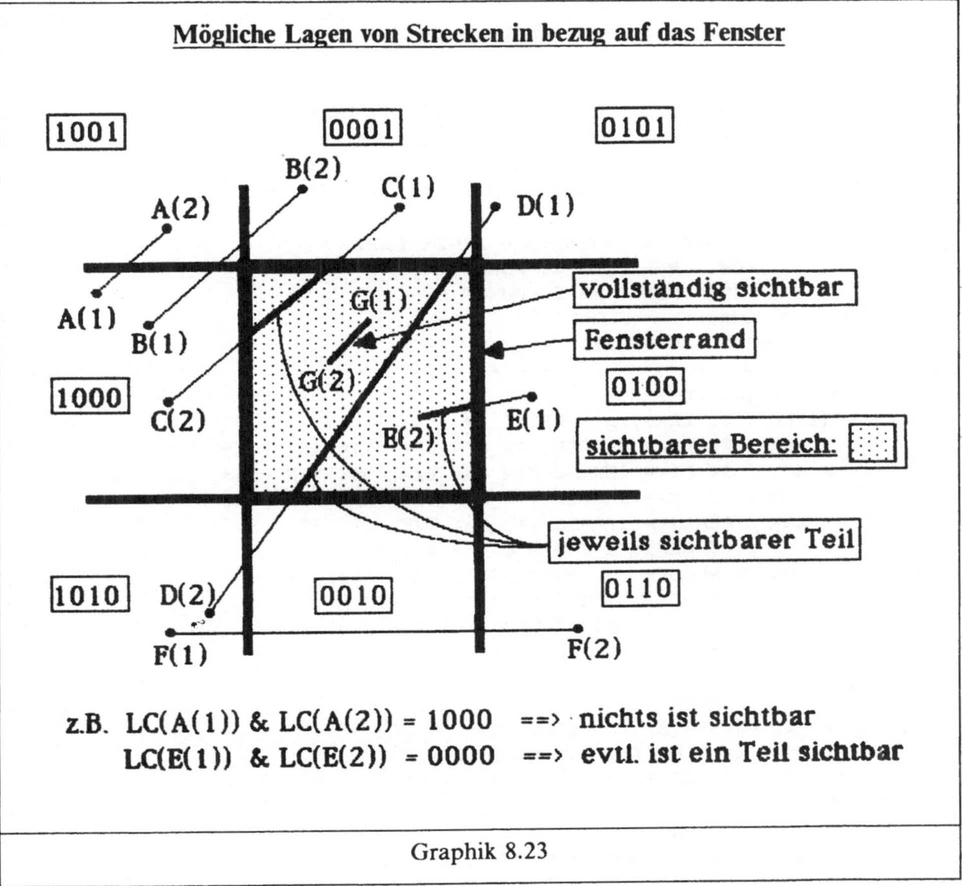

Graphik 8.23

fenden Bedingung wird gefolgt. Das heißt es werden nicht zwei Schnittpunkte berechnet, wenn zwei Bits gesetzt sind, vgl. Flußdiagramm 8.1. Für die Berechnung des Schnittpunkts bietet sich die vektorielle Form der Geraden an, weil gleichfalls mit "senkrechten" bzw. "waagerechten" Strecken zu rechnen ist. Für eine einfachere Formulierung sei $\vec{v}=(v_1,v_2)$ der Differenzvektor $\overrightarrow{Q_iR_i}$ (der Richtungsvektor) und $\vec{q}=(q_1,q_2)$ der Ortsvektor des Punktes Q_i. Der Schnittpunkt S_α zwischen der Strecke und der Geraden

(a) $x = x_{min}$ ergibt sich mit $q_1+a\bullet v_1=x_{min}$ $<=>$ $a=(x_{min}-q_1)/v_1,$ (8.58)

(b) $x = x_{max}$ ergibt sich mit $q_1+a\bullet v_1=x_{max}$ $<=>$ $a=(x_{max}-q_1)/v_1,$ (8.59)

(c) $y = y_{min}$ ergibt sich mit $q_2+a\bullet v_2=y_{min}$ $<=>$ $a=(y_{min}-q_2)/v_2,$ (8.60)

(d) $y = y_{max}$ ergibt sich mit $q_2+a\bullet v_2=y_{max}$ $<=>$ $a=(y_{max}-q_2)/v_2$ (8.61)

Der jeweilige Wert a muß im Intervall [0,1] liegen, wenn die Strecke die Gerade schnei-

<u>2D-Clipping</u>

```
PROGRAM ALGORITHMUS_VON_COHEN_UND_SUTHERLAND (INPUT,OUTPUT);
TYPE  PUNKT = RECORD /* PUNKT - DEFINITION */
                X : REAL;/* X-KOORDINATE */
                Y : REAL /* Y-KOORDINATE */
                END;
      STRECKE = RECORD /* STRECKEN - DEFINITION */
                VON : PUNKT;/* 1. PUNKT */
                BIS : PUNKT /* 2. PUNKT */
                END;
VAR PROBE_STRECKE : STRECKE;
/*- - - - - - - - - - - - - - - - - - - - - - - - - - - - - - - - - - - -*/
FUNCTION CLIPPING_2D
(BILD_STRECKE : STRECKE;/* STRECKE */
       X_MIN : REAL;/* GERADE X=X_MIN BZW. LINKER  FENSTERRAND */
       X_MAX : REAL;/* GERADE X=X_MAX BZW. RECHTER FENSTERRAND */
       Y_MIN : REAL;/* GERADE Y=Y_MIN BZW. UNTERER FENSTERRAND */
       Y_MAX : REAL)/* GERADE Y=Y_MAX BZW. OBERER  FENSTERRAND */
             : STRECKE;/* E R G E B N I S */
TYPE LAGE_CODE = RECORD /* LAGECODE EINES PUNKTES */
                X_MIN : BOOLEAN;/* X < X_MIN */
                X_MAX : BOOLEAN;/* X > X_MAX */
                Y_MIN : BOOLEAN;/* Y < Y_MIN */
                Y_MAX : BOOLEAN /* Y < Y_MAX */
                END;
VAR LC_STP_1, LC_STP_2, X : LAGE_CODE;
    STP_1, STP_2, SCHNITT, DMY : PUNKT;
    NICHTS_IST_SICHTBAR, STRECKE_IST_SICHTBAR : BOOLEAN;
    A : REAL;
        FUNCTION LAGECODE
        (BILD_PUNKT : PUNKT)/* PUNKT */
                    : LAGE_CODE;/* E R G E B N I S */
        CONST DELTA = 0.0001;/* GENAUIGKEIT */
        BEGIN;
        IF (BILD_PUNKT.X - X_MIN) < -DELTA
           THEN LAGECODE.X_MIN := TRUE
           ELSE LAGECODE.X_MIN := FALSE;
        IF (BILD_PUNKT.X - X_MAX) >  DELTA
           THEN LAGECODE.X_MAX := TRUE
           ELSE LAGECODE.X_MAX := FALSE;
        IF (BILD_PUNKT.Y - Y_MIN) < -DELTA
           THEN LAGECODE.Y_MIN := TRUE
           ELSE LAGECODE.Y_MIN := FALSE;
        IF (BILD_PUNKT.Y - Y_MAX) >  DELTA
           THEN LAGECODE.Y_MAX := TRUE
           ELSE LAGECODE.Y_MAX := FALSE
        END;
BEGIN;
STP_1 := BILD_STRECKE.VON;/* START-PUNKT FESTLEGEN */
STP_2 := BILD_STRECKE.BIS;/* END-PUNKT   FESTLEGEN */
```

Teil 1 von Programm 8.1

```
NICHTS_IST_SICHTBAR   := FALSE;
STRECKE_IST_SICHTBAR := FALSE;
REPEAT;
LC_STP_1 := LAGECODE(STP_1);
LC_STP_2 := LAGECODE(STP_2);
X.X_MIN := LC_STP_1.X_MIN AND LC_STP_2.X_MIN;
X.X_MAX := LC_STP_1.X_MAX AND LC_STP_2.X_MAX;
X.Y_MIN := LC_STP_1.Y_MIN AND LC_STP_2.Y_MIN;
X.Y_MAX := LC_STP_1.Y_MAX AND LC_STP_2.Y_MAX;
IF (X.X_MIN OR X.X_MAX OR X.Y_MIN OR X.Y_MAX)
    THEN NICHTS_IST_SICHTBAR := TRUE
    ELSE IF NOT (LC_STP_1.X_MIN OR LC_STP_1.X_MAX OR
                 LC_STP_1.Y_MIN OR LC_STP_1.Y_MAX OR
                 LC_STP_2.X_MIN OR LC_STP_2.X_MAX OR
                 LC_STP_2.Y_MIN OR LC_STP_2.Y_MAX)
            THEN STRECKE_IST_SICHTBAR := TRUE
            ELSE BEGIN;
                IF NOT (LC_STP_1.X_MIN OR LC_STP_1.X_MAX OR
                        LC_STP_1.Y_MIN OR LC_STP_1.Y_MAX)
                    THEN BEGIN;/* => LC(STP_1) <> 0000 */
                        DMY := STP_1; STP_1 := STP_2; STP_2 := DMY;
                        X:=LC_STP_1;LC_STP_1:=LC_STP_2;LC_STP_2:=X
                        END;
                IF LC_STP_1.X_MIN
                    THEN BEGIN;/* SCHNITTPUNKT BERECHNEN */
                        A := (X_MIN - STP_1.X) / (STP_2.X-STP_1.X);
                        SCHNITT.X := X_MIN;
                        SCHNITT.Y := STP_1.Y + A * (STP_2.Y-STP_1.Y);
                        IF STP_1.X < X_MIN /* TEIL-STRECKE VERWERFEN */
                            THEN STP_1 := SCHNITT
                            ELSE STP_2 := SCHNITT
                        END
                    ELSE IF LC_STP_1.X_MAX
                        THEN BEGIN;
                            A := (X_MAX - STP_1.X)/(STP_2.X-STP_1.X);
                            SCHNITT.X := X_MAX;
                            SCHNITT.Y := STP_1.Y+A*(STP_2.Y-STP_1.Y);
                            IF STP_1.X > X_MAX
                                THEN STP_1 := SCHNITT
                                ELSE STP_2 := SCHNITT
                            END
                        ELSE IF LC_STP_1.Y_MIN
                            THEN BEGIN;
                                A := (Y_MIN - STP_1.Y) /
                                    (STP_2.Y-STP_1.Y);
                                SCHNITT.Y := Y_MIN;
                                SCHNITT.X := STP_1.X+ A *
                                        (STP_2.X-STP_1.X);
                                IF STP_1.Y < Y_MIN
                                    THEN STP_1 := SCHNITT
                                    ELSE STP_2 := SCHNITT
                                END
```

Teil 2 von Programm 8.1

```
                                   ELSE IF LC_STP_1.Y_MAX
                                           THEN BEGIN;
                                                   A := (Y_MAX - STP_1.Y) /
                                                       (STP_2.Y-STP_1.Y);
                                                   SCHNITT.Y := Y_MAX;
                                                   SCHNITT.X := STP_1.X + A *
                                                       (STP_2.X-STP_1.X);
                                                   IF STP_1.Y > Y_MAX
                                                       THEN STP_1 := SCHNITT
                                                       ELSE STP_2 := SCHNITT
                                                   END
                   END;/* ELSE BEGIN - END */
WRITELN('DAZWISCHEN: ', STP_1.X:10:5,STP_1.Y:10:5,
                        STP_2.X:10:5,STP_2.Y:10:5) /* TEST */
UNTIL NICHTS_IST_SICHTBAR  OR  STRECKE_IST_SICHTBAR;
IF STRECKE_IST_SICHTBAR
    THEN BEGIN;/* ERMITTELTE SICHTBARE STRECKE UEBERNEHMEN */
        CLIPPING_2D.VON := STP_1;
        CLIPPING_2D.BIS := STP_2
        END
    ELSE BEGIN;/* STRECKE IST DER LINKE UNTERE ECKPUNKT */
        CLIPPING_2D.VON.X := X_MIN;
        CLIPPING_2D.VON.Y := Y_MIN;
        CLIPPING_2D.BIS.X := X_MIN;
        CLIPPING_2D.BIS.Y := Y_MIN
        END
END;/* FUNCTION - END */
/*- - - - - - - - - - - - - - - - - - - - - - - - - - - - - - - - -*/
BEGIN;/* MAIN - BEGIN */
WITH PROBE_STRECKE DO
    BEGIN;
    READ   (VON.X,VON.Y,BIS.X,BIS.Y);
    WRITELN('VORHER: ', VON.X:10:5,VON.Y:10:5,BIS.X:10:5,BIS.Y:10:5);
    PROBE_STRECKE := CLIPPING_2D(PROBE_STRECKE, -5, 5, -3, 3);
    WRITELN('NACHHER: ',VON.X:10:5,VON.Y:10:5,BIS.X:10:5,BIS.Y:10:5)
    END /* WITH BEGIN - END */
END.
```

Beispiel einer Eingabe

```
-10 -6  15 9
```

dazugehörende Ausgabe

```
VORHER:   -10.00000  -6.00000  15.00000   9.00000
DAZWISCHEN:    -5.00000  -3.00000  15.00000   9.00000
DAZWISCHEN:     5.00000   3.00000  -5.00000  -3.00000
DAZWISCHEN:     5.00000   3.00000  -5.00000  -3.00000
NACHHER:     5.00000   3.00000  -5.00000  -3.00000
```

Teil 3 (Ende) von Programm 8.1

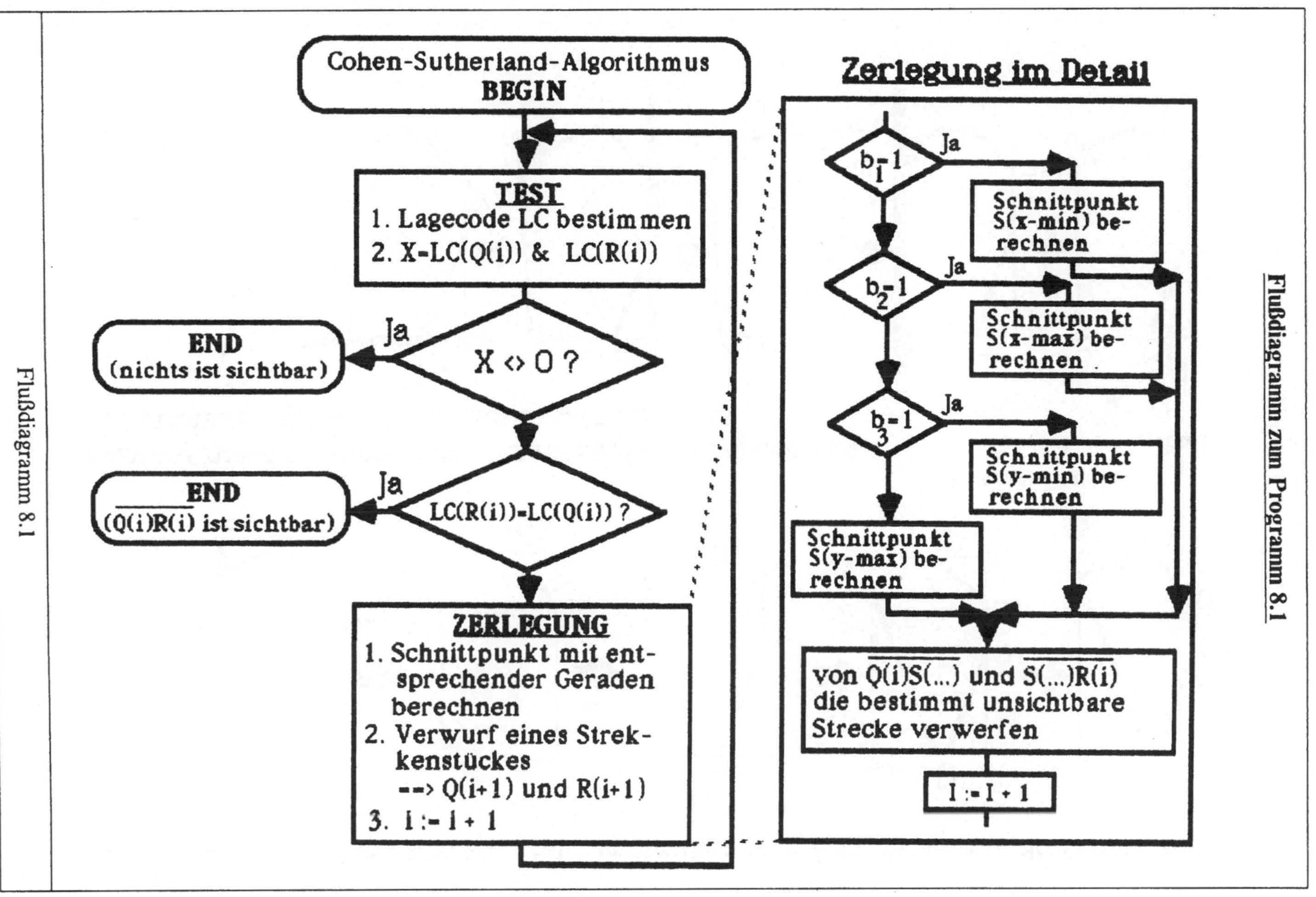

Flußdiagramm 8.1

Polygon-Clipping (konvex)
Clippen der einzelnen Kanten und Verbindung von Austritts- und Eintrittspunkt
Kantenweises Clippen aller Strecken des Polygons und Verbindung von Austritts- und Eintrittspunkt
schlechtes Ergebnis
korrektes Ergebnis
Y_max
Y_min X_min X_max
(1) (2) (3) (4) (5) (6) (7)

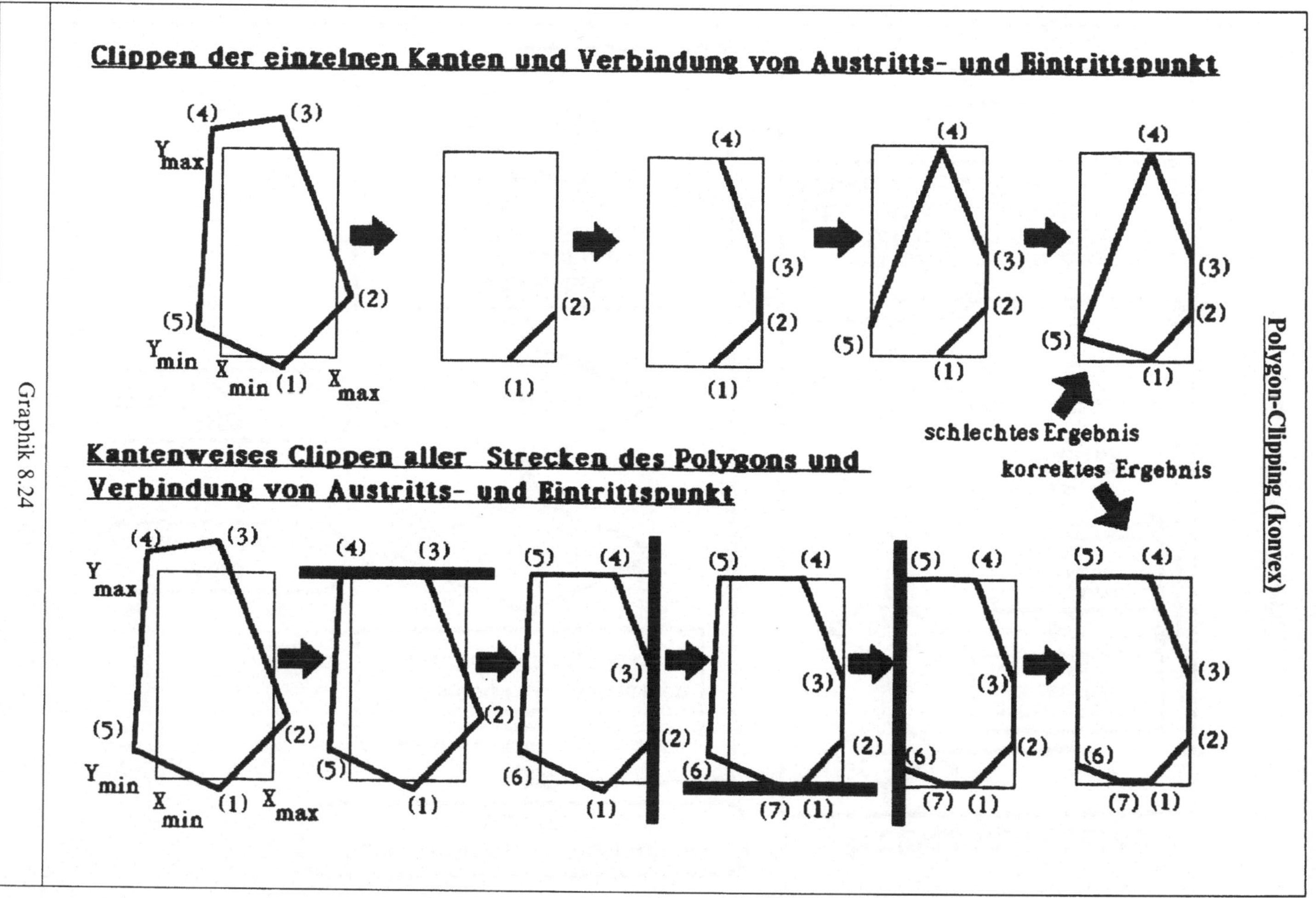

Graphik 8.24

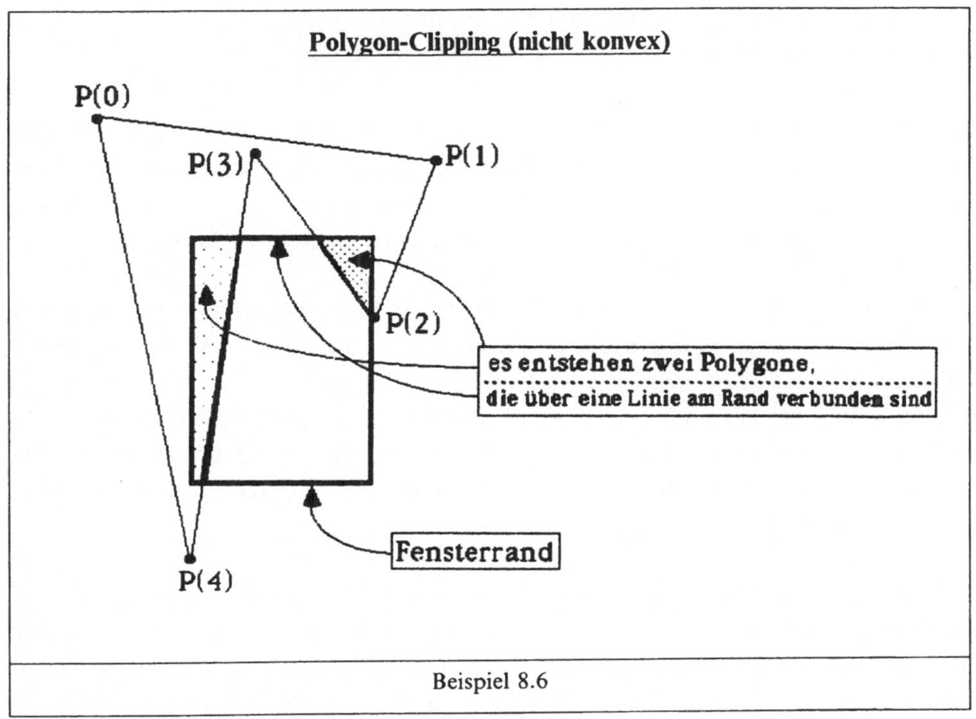

Beispiel 8.6

det; durch die gezielte Auswahl der Geraden ist der Schnittpunkt bereits garantiert. Mit der Zerlegung (mit der Berechnung des Schnittpunktes S_α) resultieren drei **kollineare** Punkte Q_i, S_α, R_i, wobei eine der beiden Streckenhälften $Q_i S_\alpha$ und $S_\alpha R_i$ verworfen werden muß. In Abhängigkeit davon, welcher Schnittpunkt bestimmt wurde, ist nach der Berechnung des Schnittpunktes

(a) $S_{x_{min}}$ von Q_i und R_i derjenige Punkt mit $x < x_{min}$

(b) $S_{x_{max}}$ von Q_i und R_i derjenige Punkt mit $x > x_{max}$

(c) $S_{y_{min}}$ von Q_i und R_i derjenige Punkt mit $y < y_{min}$

(d) $S_{y_{max}}$ von Q_i und R_i derjenige Punkt mit $y > y_{max}$

zu verwerfen. Das Resultat dieses Schrittes sind zwei Punkte Q_{i+1} und R_{i+1}, wobei einer der Schnittpunkt S_α und der andere entweder Q_i oder R_i ist.

Mit den beiden Punkten Q_{i+1} und R_{i+1} geht man nun wieder in den Test und verfährt entsprechend. Die Termination des Algorithmus ist garantiert, und als Resultat ergeben sich entweder zwei Endpunkte für den sichtbaren Teil der Strecke oder die Tatsache, daß die Strecke nicht sichtbar ist und auch kein Teil in das Fenster fällt.
Soll allgemein bzgl. einer Koordinate keine Einschränkung bestehen, (das Sichtvolumen ist

nicht endlich, sondern zu einer oder mehreren Seiten offen), dann ist der entsprechende Vergleich zu übergehen und das entsprechende Bit im Lagecode konstant auf 0 zu setzen.

Eine rekursive Formulierung des Algorithmus ist aus zwei Gründen nicht angebracht. Zum einen ist der Grad an Rekursion nicht besonders hoch, und andererseits gilt es in der Computergraphik, die Programme bzgl. der Rechenzeit zu optimieren. Sonst verlieren diese Programme beim Anwender aufgrund zu langer Bearbeitungszeiten an Akzeptanz, und der effektive Nutzen schwindet.
Flußdiagramm 8.1 zeigt den Ablauf detailliert auf, und Programm 8.1 stellt die programmtechnische Umsetzung dar; es wird auf die Wichtigkeit der Konstanten DELTA hingewiesen, vgl. Abschnitt 8.4.
Die Verwertung der Tiefeninformation wurde im Abschnitt 8.5.5 beschrieben. Geht diese bei Punkten nicht verloren, so kann auch beim 2D-Clipping bzgl. eines Intervalls für die Tiefe entschieden werden, ob der Punkt in das Bild übernommen wird. Man definiert quasi nachträglich ein Sichtvolumen.

Obwohl ein **Polygon** lediglich die Verkettung mehrerer Strecken darstellt, müssen beim **Polygon-Clipping** einige wenige Besonderheiten beachtet werden. Die Graphik 8.24 verdeutlicht die Schwierigkeiten; es werden zwei unterschiedliche Bearbeitungsmöglichkeiten, die falsche und die richtige, vorgestellt. Die naheliegende, aber schlechte Methode geht von Punkt P_1 aus und clippt die Kanten nacheinander am gesamten Fenster; ein bestimmter Umlaufsinn muß der Beschreibung des Polygons nicht zugrundeliegen. Im Falle, daß die Kante das Fenster verläßt, werden Austritts- und Eintrittspunkt miteinander verbunden.
Die sich einstellenden Fehler können bei konvexen Polygonen vermieden werden, wenn das Polygon **nacheinander** an den vier Geraden abgeschnitten wird. Das Polygon, das aus dem n-ten Clipping-Prozeß resultiert, ist die Eingabe für den $(n+1)$-ten Clipping-Prozeß $(n=1,2,3)$, wie dies in der Graphik 8.24 dargestellt ist. Dabei kann die Anzahl an Ecken von Schritt zu Schritt variieren. Nicht konvexe Polygone bedürfen zusätzlicher Bearbeitungsschritte, weil vom Austritts- zum Wiedereintrittspunkt auf dem Rand "gewandert" werden muß, vgl. Beispiel 8.6. In Abhängigkeit von der inneren Struktur des Graphiksystems muß ferner festgehalten werden, daß das Resultat des Clippings in Beispiel 8.6 aus zwei Polygonen besteht. Es ist wichtig, die Zusammengehörigkeit beider Polygone festzuhalten. Besteht bspw. der Wunsch, dieses zu schattieren, dann müssen beide Polygone schattiert werden.

Beim Abschneiden von **Text** am Fensterrand bestehen zwei Möglichkeiten. Ein Weg besteht darin, daß um den Buchstaben ein Rechteck (der Zeichenkörper) gelegt wird, und dieses auf Sichtbarkeit hin überprüft wird. Nur wenn das Rechteck vollständig in das Fenster fällt, ist auch der gesamte Buchstabe sichtbar. Bei diesem Test kann man sich auf die Überprüfung der Diagonalen des Rechtecks beschränken, weil der Fensterrand horizontal bzw. vertikal ist (das Fenster ist nicht "schief"). Eine feinere Methode untersucht die einzelnen Bestandteile des Zeichens auf Sichtbarkeit und gibt von diesen nur die sichtbaren aus, jedoch lohnt sich dieser höhere Rechenzeitaufwand meistens nicht. Soll trotzdem der "feine Abschnitt" des Textes vorgenommen werden, empfiehlt es sich, zuvor den Diagonalentest durchzuführen und bei nur teilweiser Sichtbarkeit das genaue aufwendige Verfahren anzuwenden.

8.6.2 3D-CLIPPING

Im Abschnitt 8.5 wurden zwei Projektionen im dreidimensionalen Raum vorgestellt, die **Parallel**- und die **perspektivische Projektion**. Bei beiden wurde ein Sichtvolumen definiert, so daß nachfolgend auf das Clipping an beiden Sichtvoluminatypen eingegangen wird.
Zur "Einbettung" des 3D-Clippings in eine Projektionsfunktion muß darauf hingewiesen werden, daß bei einem beliebigen AK alle Punkte zunächst in das AK transformiert werden müssen und auch das Sichtvolumen in Augenkoordinaten zu definieren ist.

Clipping bei der Parallelprojektion: Das Sichtvolumen wird allgemein (bei beliebigem Projektionsvektor) durch einen **Parallelepiped** begrenzt, vgl. Graphik 8.25. Ist die Abbildung orthographisch, so handelt es sich um einen **Quader**. Nachfolgend wird allein auf den Fall des Quaders eingegangen, weil durch die gezielte Positionierung und Ausrichtung des AKs eine orthographische Parallelprojektion ausreicht, vgl. Abschnitt 8.5.4.
Der Test, ob ein Punkt im Quader liegt, wird über einen Vergleich der x-, y- und z-Koordinate bzgl. der jeweiligen Schranken vorgenommen. Wird eine der Ungleichungen nicht erfüllt, fällt der Punkt auch nicht in das Sichtvolumen.
Etwas komplizierter gestaltet sich der Test und Abschnitt von Strecken bzgl. eines Quaders. Der Algorithmus von Cohen und Sutherland aus Abschnitt 8.6.1 wird für die zusätzliche Dimension um zwei weitere Ungleichungen bzw. um die Bits b_5 und b_6 gemäß

$$(5)\ z < z_{min}, \quad (6)\ z > z_{max} \tag{8.62}$$

ergänzt. Im Lagecode eines Punktes sind damit maximal drei Bits auf Eins gesetzt. Gilt für die beiden Endpunkte Q_i und R_i $LC(Q_i) = LC(R_i) = 000000$, so liegen beide Punkte und damit die Strecke im Sichtvolumen. Ist die logische UND-Verknüpfung

$$X = [LC(Q_i)\ \&\ LC(R_i)] \tag{8.63}$$

beider Lagecodes ungleich 000000, so liegen beide Endpunkte bzgl. einer Koordinate auf einer Seite; ein Schnittpunkt mit einer der begrenzenden Flächen (Polygonbereiche) ist nicht möglich. Im Falle $X = 000000$ (und $LC(Q_i) \neq LC(R_i)$) ist bei

(a) $b_1 = 1$ der Schnittpunkt $S_{x_{min}}$ zwischen der Ebene $x = x_{min}$
(b) $b_2 = 1$ der Schnittpunkt $S_{x_{max}}$ zwischen der Ebene $x = x_{max}$
(c) $b_3 = 1$ der Schnittpunkt $S_{y_{min}}$ zwischen der Ebene $y = y_{min}$

Sichtvolumen bei der Parallelprojektion
Sichtvolumen bei einem beliebigen Projektionsvektor
X
Z
Projektionsvektor
Y
Sichtvolumen bei der orthographischen Parallelprojektion
sichtbarer Teil der Strecke
010000
000001
Z
z_{max}
Q
X
die Decke ist durchsichtig
001000
000100
R
z_{min}
000010
100000
x_{max}
x_{min}
Y_{min}
Y
Legende: Lagecode

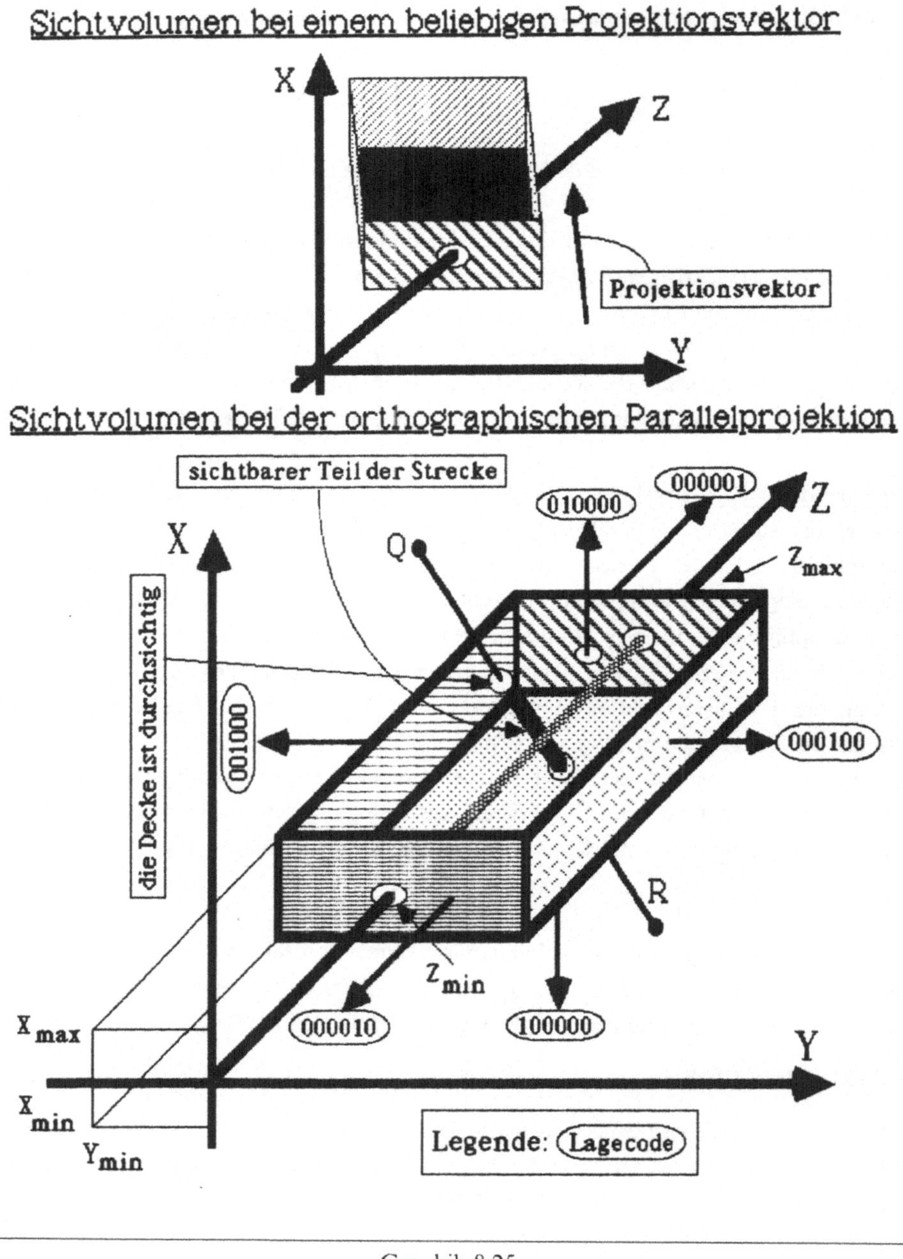

Graphik 8.25

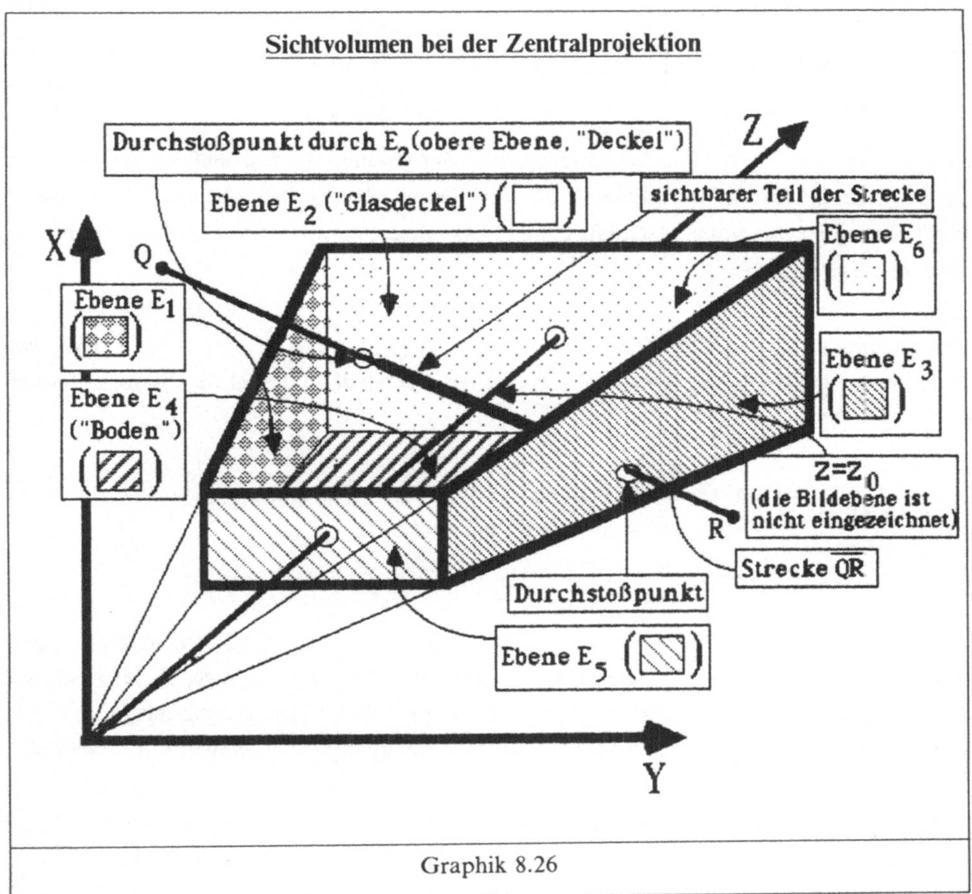

Graphik 8.26

(d) $b_4 = 1$ der Schnittpunkt $S_{y_{max}}$ zwischen der Ebene $y = y_{max}$

(e) $b_5 = 1$ der Schnittpunkt $S_{z_{min}}$ zwischen der Ebene $z = z_{min}$

(f) $b_6 = 1$ der Schnittpunkt $S_{z_{max}}$ zwischen der Ebene $z = z_{max}$

und der Strecke $\overline{Q_i R_i}$ zu berechnen; dabei ist $b_1 ... b_6$ der Lagecode des ausgewählten Punktes mit $LC \neq 000000$. Analog zum 2D-Clipping wird nur der erste zutreffende Fall bearbeitet, so daß nicht mehrere Schnittpunkte auf einmal berechnet werden. Durch die beiden Punkte Q_i und R_i ist eine Gerade g mit

$$\vec{x} = \vec{q}_i + a \cdot \overrightarrow{Q_i R_i} \quad (a \varepsilon R) \tag{8.64}$$

eindeutig definiert. Setzt man weiter für a das Intervall [0,1] fest, so handelt es sich um die Strecke $\overline{Q_i R_i}$. Es sei zwecks einer einfacheren Formulierung $\vec{v} = (v_1, v_2, v_3)$ der Differenzvektor $\overrightarrow{Q_i R_i}$ (der Richtungsvektor) und $\vec{q} = (q_1, q_2, q_3)$ der Ortsvektor des Punktes Q_i. Der Schnittpunkt S_α zwischen der Strecke und der Ebene

(a) $x = x_\beta$ ergibt sich mit $q_1 + a \cdot v_1 = x_\beta$ $< = >$ $a = (x_\beta - q_1)/v_1$,   (8.65)

(b) $y = y_\beta$ ergibt sich mit $q_2 + a \cdot v_2 = y_\beta$ $< = >$ $a = (y_\beta - q_2)/v_2$,   (8.66)

(c) $z = z_\beta$ ergibt sich mit $q_3 + a \cdot v_3 = z_\beta$ $< = >$ $a = (y_\beta - q_3)/v_3$,   (8.67)

wobei für β "min" bzw. "max" einzusetzen ist. Der jeweilige Wert a muß im Intervall [0,1] liegen, wenn die Strecke diese Ebene schneidet. Durch obige gezielte Auswahl der Ebene ist der Schnittpunkt garantiert, so daß a in (8.64) eingesetzt wird und der Schnittpunkt S_α berechnet ist.

Mit diesem Schritt liegen die drei kollinearen Punkte Q_i, S_α und R_i vor, wobei eine der beiden Streckenhälften $\overline{Q_i S_\alpha}$ und $\overline{S_\alpha R_i}$ verworfen werden muß. Nach der Berechnung des Schnittpunktes

(a) $S_{x_{min(max)}}$ ist von Q_i und R_i derjenige Punkt mit $x < (>) x_{min(max)}$

(b) $S_{y_{min(max)}}$ ist von Q_i und R_i der Punkt mit $y < (>) y_{min(max)}$

(c) $S_{z_{min(max)}}$ ist von Q_i und R_i der Punkt mit $z < (>) z_{min(max)}$

zu verwerfen, und man erhält die neue Strecke $\overline{Q_{i+1} R_{i+1}}$. Analog zum 2D-Clipping wiederholt sich diese Prozedur, bestehend aus Test und Zerlegung, solange, bis feststeht, daß die Strecke entweder nicht sichtbar, oder der sichtbare Teil der Strecke ermittelt ist.
Programm 8.1 muß für das Clipping am Quader nur in geringem Umfang erweitert werden.

Clipping bei der perspektivischen Projektion: Auch bei der perspektivischen Projektion findet das Clipping mit dem Algorithmus von Cohen und Sutherland statt. Aus diesem Grund wird nachfolgend nur auf Änderungen in bezug auf das Clipping am Quader eingegangen. Der Unterschied zum Clippen am Quader birgt sich darin, daß an "schiefen Ebenen" abgeschnitten werden muß und die Ebenen nicht mehr allein durch eine Konstante und einer Koordinate definiert werden (z.B. $x = 5$). In der Graphik 8.26 ist der Sachverhalt dargestellt, angelehnt an Graphik 8.25. Die sechs Bedingungen für die Festlegung des Lagecodes des Punktes P(x,y,z) lauten

(1) $x < -[M_x/z_0] \cdot z$,   (2) $x > [M_x/z_0] \cdot z$,   (3) $y < -[M_y/z_0] \cdot z$,   (8.68)

(4) $y > [M_y/z_0] \cdot z$,   (5) $z < z_{min}$,   (6) $z > z_{max}$.

In (1) bis (4) ist M_x bzw. M_y der maximale x- bzw. y-Wert in der Bildebene. Dabei wird unterstellt, daß das AK und das BK gleich skaliert sind und das Sichtvolumen um die z-Achse zentriert (symmetrisch) angeordnet ist. Aus den sechs Vergleichen ergibt sich der Lagecode $b_1...b_6$ eines Punktes. Bedingt durch die nicht so einfache Darstellung der begrenzenden Ebenen ändert sich die Berechnung der Schnittpunkte. Die sechs Ebenen E_1 bis E_6 (vgl. Graphik 8.26) sind gemäß

E_1: $y = -[M_y/z_0] \cdot z$; E_2: $x = [M_x/z_0] \cdot z$; E_3: $y = [M_y/z_0] \cdot z$;   (8.69)

$$E_4: x = -[M_x/z_0] \bullet z; \qquad E_5: z = z_{min}; \qquad E_6: z = z_{max} \qquad (8.70)$$

definiert. Ist eine **Strecke** mit zwei Punkten $Q = (x_1, y_1, z_1)$ und $R = (x_2, y_2, z_2)$ gegeben, so sind die Koordinaten x, y und z der Punkte auf dieser **Geraden** mit

$$x = a \bullet (x_2 - x_1) + x_1, \quad y = a \bullet (y_2 - y_1) + y_1 \text{ und } z = a \bullet (z_2 - z_1) + z_1 \quad (a \varepsilon R)$$

beschrieben. Die Berechnung des Schnittpunktes mit einer der sechs Ebenen, d.h. der Zahl a, lautet für

(a) $E_1: a \bullet (y_2 - y_1) + y_1 = -[M_y/z_0] \bullet z \leftrightarrow a = [-[M_y/z_0] \bullet z_1 - y_1]/[(y_2 - y_1) + [M_y/z_0] \bullet (z_2 - z_1)]$ (8.71)

(b) $E_2: a \bullet (x_2 - x_1) + x_1 = [M_x/z_0] \bullet z \leftrightarrow a = [[M_x/z_0] \bullet z_1 - x_1]/[(x_2 - x_1) - [M_x/z_0] \bullet (z_2 - z_1)]$ (8.72)

(c) $E_3: a \bullet (y_2 - y_1) + y_1 = [M_y/z_0] \bullet z \leftrightarrow a = [[M_y/z_0] \bullet z_1 - y_1]/[(y_2 - y_1) - [M_y/z_0] \bullet (z_2 - z_1)]$ (8.73)

(d) $E_4: a \bullet (x_2 - x_1) + x_1 = -[M_x/z_0] \bullet z \leftrightarrow a = [[-M_x/z_0] \bullet z_1 - x_1]/[(x_2 - x_1) + [M_y/z_0] \bullet (z_2 - z_1)]$ (8.74)

(e) $E_5: a \bullet (z_2 - z_1) + z_1 = z_{min} \leftrightarrow a = [(z_{min} - z_1)/(z_2 - z_1)]$ (8.75)

(f) $E_6: a \bullet (z_2 - z_1) + z_1 = z_{max} \leftrightarrow a = [(z_{max} - z_1)/(z_2 - z_1)]$ (8.76)

An diesen Formeln ist der Vorteil der **normierten Bildkoordinaten** zu erkennen; der Wert M_α wird zu Eins und der Term vom Umfang wesentlich reduziert.

8.6.3   2D-CLIPPING UND 3D-CLIPPING IM VERGLEICH

Es stellt sich bei der praktischen Anwendung die Frage, welche Reihenfolge man wählt, ob entweder erst projiziert und an einem Fenster in der Bildebene oder im dreidimensionalen Raum am Sichtvolumen vor der Projektion das Clipping vorgenommen wird. Welches der beiden Verfahren effektiver sein wird, hängt vorrangig von der Punktmenge ab. Während man mit dem 3D-Clipping bewirkt, daß nur die entscheidenden Punkte der Projektion unterzogen werden, benötigt das Vorgehen mehr Rechenzeit.

Wird dagegen in der Bildebene geclippt, so hat man zunächst alle Punkte in diese zu transformieren und kann dann erst über deren Sichtbarkeit entscheiden (evtl. höherer Speicherplatzbedarf). Wird die Tiefeninformation mitgeführt, kann diese ferner herangezogen werden, um nachträglich am Sichtvolumen zu clippen.

In welcher Dimension bzw. Stufe des Bildaufbaus das Clipping vorgenommen wird, bleibt eine Entscheidungsfrage, die in Abhängigkeit von der Komplexität des zu verarbeitenden Bildes sowie der Anwendung getroffen werden muß. Soll in einem Graphiksystem z.B. die Möglichkeit bestehen, das Sichtfenster am Bildschirm schnell zu verschieben, dann ist es von Vorteil, bereits alle Punkte (einer näheren Umgebung) projiziert zu haben. Die Verschiebung des Fensters erbringt keinen Mehraufwand, weil nicht zu jeder neuen Fensterpositionierung die gesamten Projektionen durchzuführen sind.

8.7   SICHTBARKEITSUNTERSUCHUNG

Ein zentrales Problem der 3D-Graphik ist die **Sichtbarkeitsuntersuchung**. Algorithmen werden benötigt, mit denen man feststellen kann, ob ein Objekt überhaupt bzw. welche Teile davon sichtbar sind und nicht verdeckt werden. Erst mit einer Eliminierung der nicht sichtbaren Teile der Darstellungselemente besteht ein Weg zur **wirklichkeitsgetreuen** Darstellung der modellierten Welt.

8.7.1   GEOMETRISCHE MODELLE

Bei den Algorithmen zur Überprüfung der **Sichtbarkeit** (der Visibilität) muß zwischen den verschiedenen **Modellen** unterschieden werden, in denen die Modellierung vorgenommen wird. Von diesen ist es abhängig, was gesehen werden kann, und ob sich überhaupt Objekte gegenseitig überdecken können. Das Darstellungselement Text bleibt in nachstehender Beschreibung unberücksichtigt, auch aus dem Grund, daß es sich aus den behandelten Primitiven zusammensetzt und sich die notwendige Behandlung leicht herleiten läßt.

(1) **Drahtmodell**: Im Drahtmodell werden die Objekte allein aus den Darstellungselementen Punkt und Strecke aufgebaut. Dem Namen entsprechend, hat man sich die Objekte als aus Draht geformte Modelle vorzustellen. Damit ergibt sich gleichzeitig, daß alles zu sehen ist, weil es keine verdeckenden Flächen gibt. Es ist das einfachste aller Modelle und bietet kaum eine geeignete Grundlage für Anwendungen auf höherer Ebene. Mit komplexen Operationen, wie der Schnitt von Körpern, ist ein hoher Aufwand verbunden, damit aus den geschnittenen Teilen wieder korrekte geschlossene Objekte entstehen.

(2) **Flächenmodell**: Im Flächenmodell gibt es als Darstellungselemente den Punkt, die Strecke sowie die ebene und gekrümmte Fläche. Ein Objekt wird aus diesen Bausteinen zusammengesetzt. Dabei werden die Einzelbausteine nicht unter dem Aspekt, einen Körper mit einem Innern (Volumen) zu definieren, in Objekteinheiten zusammengefaßt. Ausschließlich die begrenzenden Flächen (die Oberfläche) werden betrachtet. Die Flächen werden entweder durch analytische Funktionen (z.B. Kreis, Ellipse) beschrieben oder durch Polygone bzw. Polygonnetze approximiert.

Da Flächen als undurchsichtig definiert sind, wird dieses Modell im Vergleich zum Drahtmodell der realistischeren Darstellungsweise einer modellierten Welt gerecht. Ein Testverfahren kann auf die Bestandteile des Bildes (die einzelnen Flächen) angesetzt werden, um deren Sichtbarkeit zu prüfen bzw. den sichtbaren Teil jedes Objekts zu bestimmen.

Auch ist es denkbar, daß eine Zusammenfassung der Flächen zu einer Objekteinheit ausbleibt. Dann ist eine Fläche nicht an ein bestimmtes Objekt gebunden, sondern erfährt allein mit deren Lage (der Positionierung durch den Betrachter bzw. Zeichner)

<u>Volumenmodell am Beispiel eines Roboterarmes</u>

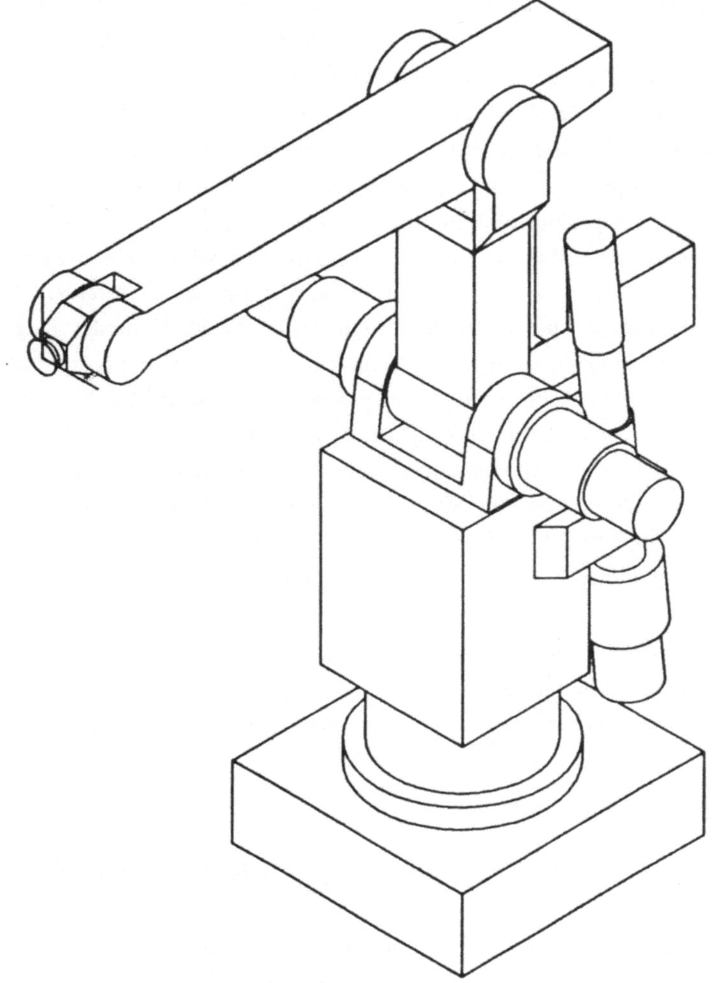

Erzeugt mit dem CAD-System CATIA.

Beispiel 8.7

die Zugehörigkeit zum Objekt.

Die meisten auf Personal Computern realisierten Graphiksysteme basieren auf dem (2D-)Flächenmodell und stellen Operationen auf Flächen zur Verfügung. Flächenoperationen sind z.B. das Färben und Schattieren, die Zuordnung einer Lage in Relation zu anderen Flächen (Prioritätenverfahren) etc. Mit der letzten Funktion kann in diesen Systemen das gegenseitige Verdecken der Flächen bestimmt werden.

(3) **Volumenmodell**: In diesem Modell werden schließlich die verschiedenen Darstellungselemente insbesondere die Flächen, aus denen ein Objekt zusammengestellt ist, in eine übergeordnete Einheit gebracht, nämlich in die Definition eines dreidimensionalen Körpers. Ein Körper besitzt ein Inneres, z.B. kann das Volumen mit dem Graphiksystem aufgrund der Objektdefinition leicht berechnet werden. Zum Aufbau eines Körpers werden Darstellungselemente (Bausteine) von unterschiedlicher Form verwendet. Werden allgemein Polyeder zugrundegelegt, erleichtert der einheitliche Bausteintyp die Umsetzung vieler Algorithmen wesentlich. Andererseits können viele Berechnungen (z.B. von Schnittlinien) über analytische Beschreibungen schneller und effizienter vorgenommen werden. Um die Modellierung möglichst einfach zu gestalten, kann über ein breites Spektrum an Darstellungselementen verfügt werden (Zylinder, Kugel, Würfel etc.). Mit der Vereinigung(smenge) der Teilkörper wird der gesamte Körper definiert.

Auch im Volumenmodell entscheiden die Flächen über die Sichtbarkeit der Objekte. Bzgl. der Sichtbarkeitsalgorithmen stellen sich keine oder nur wenige Änderungen im Vergleich zum Flächenmodell ein. Erweiterungen und zusätzlicher Aufwand ist bei der Beschreibung der Objekte bzw. in der Darstellung der strukturellen Zusammenhänge zu betreiben. Z.B. muß eine Funktion für die Vereinigung und eine für den Schnitt von Körpern -allgemein für Mengenoperationen- zur Verfügung stehen.

Zweifelsfrei steigert sich der programmtechnische und theoretische Aufwand von (1) bis (3) stetig. Aus diesem Grund besteht auch ein enger Zusammenhang zwischen der Rechnerkapazität und dem geometrischen Modell, das von einem Graphiksystem verarbeitet werden kann.

8.7.2 SICHTBARKEITSUNTERSUCHUNG BEI KONVEXEN KÖRPERN

Viele dreidimensionale Objekte haben die Eigenschaft der Konvexität bzw. lassen sich in konvexe Teilkörper zerlegen. Für einen konvexen Körper besteht ein Ansatz zur Ermittlung und Unterdrückung nicht sichtbarer Flächen über die Normalenvektoren der begrenzenden Fläche. Grundsätzlich können konvexe dreidimensionale Körper über konvexe Polyeder approximiert werden, so daß die einzelnen Polygonbereiche untersucht werden und nicht die Tangentialebenen.

Der Beschreibung der einzelnen Polygonbereiche muß eine festgelegte Orientierung zugrundeliegen, so daß deren Normalenvektoren nachfolgend nach außen gerichtet sind.

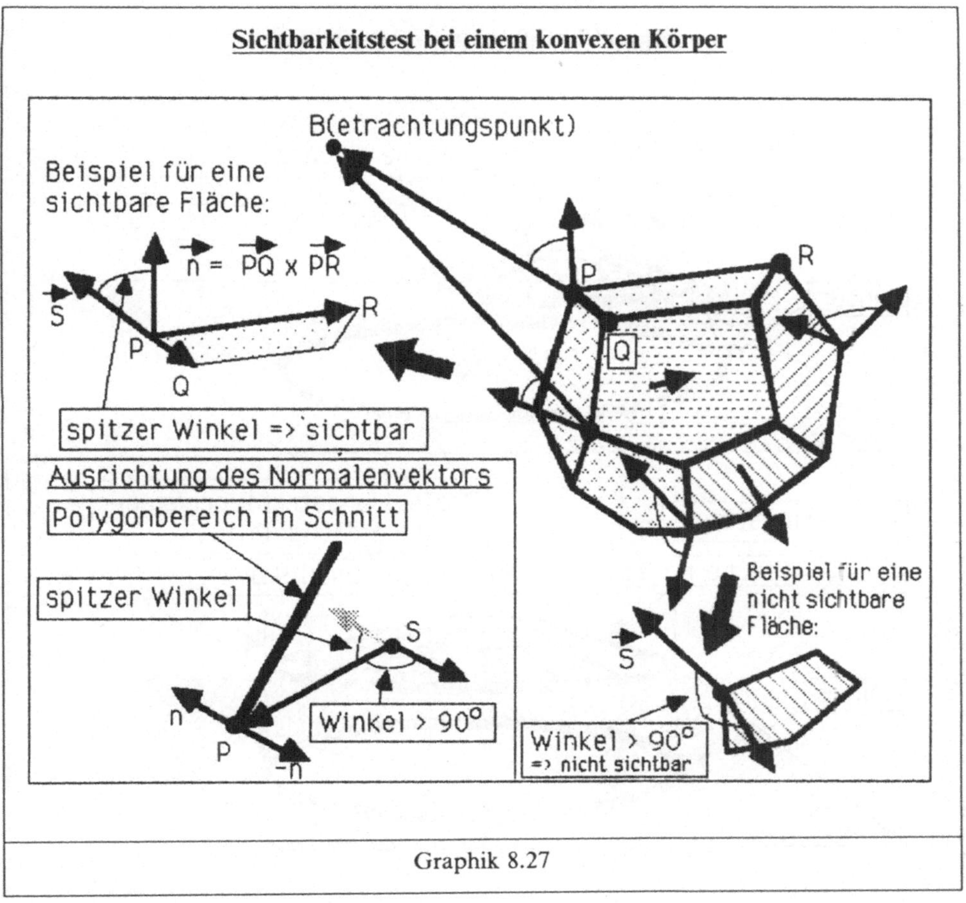

Graphik 8.27

Graphik 8.27 verdeutlicht die Sachlage an einem beliebigen Vielflach. Zur Untersuchung der Sichtbarkeit jeder einzelnen Fläche werden zwei Vektoren benötigt, der **Normalenvektor** $\vec{n}_f$ der Fläche und der **Sichtvektor** $\vec{s}$. Der Sichtvektor $\vec{s}$ ist definiert als der Differenzvektor $\vec{s} = \overrightarrow{EB}$, er zeigt von einer beliebigen Ecke E des Polygonbereichs zum Betrachtungspunkt B, vgl. Graphik 8.27. Ist der Normalenvektor $\vec{n}_f$ der Fläche nach außen gerichtet, dann ist

$$[\vec{n}_f \bullet \vec{s}] > 0 \tag{8.77}$$

die Bedingung für die Sichtbarkeit der Fläche. Eine Fläche ist nur dann sichtbar, wenn der Winkel zwischen Sichtvektor $\vec{s}$ und dem Normalenvektor $\vec{n}_f$ kleiner als 90° (spitz) ist. Dieses Kriterium wird auf jede einzelne Fläche des Polyeders angewandt, und nur die sichtbaren werden in die Bildebene übernommen. Die Erlaubnis ist mit der Tatsache gegeben, daß bei konvexen Körpern eine Fläche entweder vollständig oder überhaupt nicht sichtbar ist.

Die Bedingung (8.77) ist eine praktische Formulierung insofern, als daß nicht exakt der Cosinus des zwischen beiden Vektoren liegenden Winkels gemäß Formel (8.31) berechnet wird. Da die Vektorlänge positiv ist und nur der Vorzeichenwechsel der Cosinus-Funktion

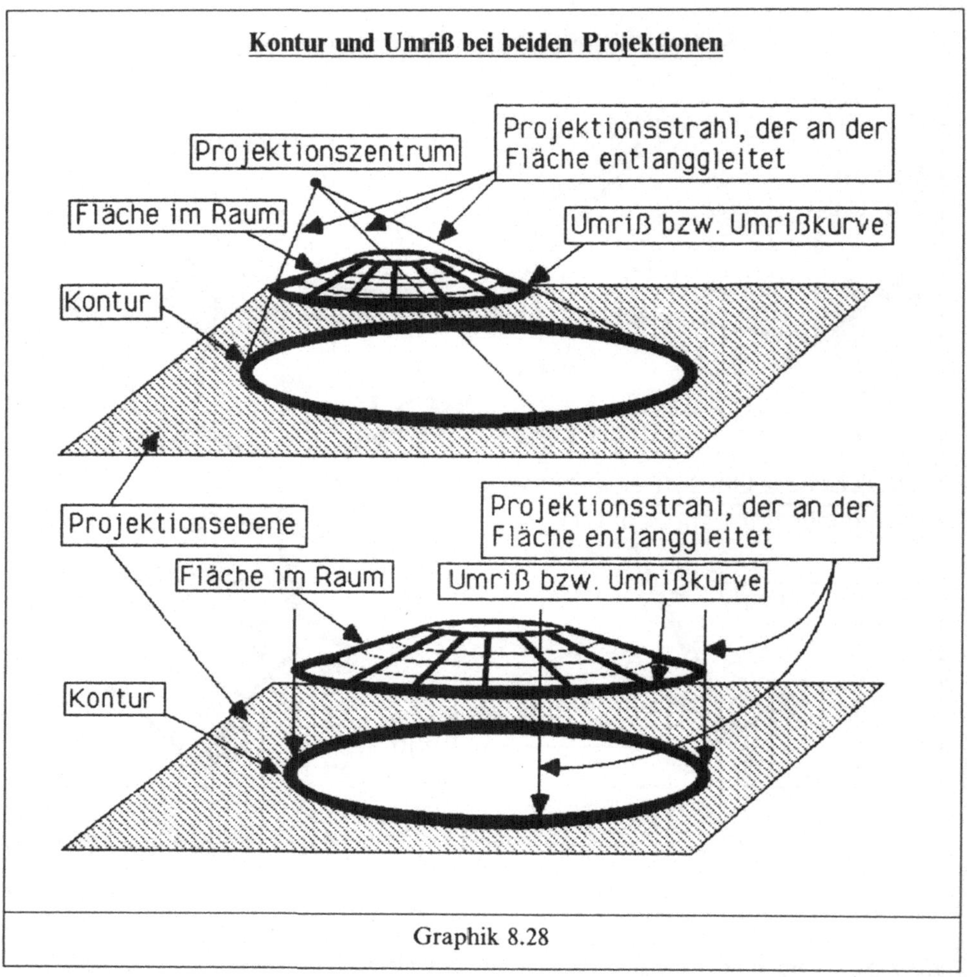

Graphik 8.28

bei $90°$ interessiert, ist die exakte Berechnung nicht notwendig.

Vielfach besteht ein Problem in der Ausrichtung des Normalenvektors, insbesondere dann, wenn kein fester Umlaufsinn zugrundeliegt. Jedes begrenzende Polygon umfaßt mindestens drei nicht kollineare Punkte P, Q und R, so daß sich mit den beiden Differenzvektoren $\vec{v} = \overrightarrow{PQ}$ und $\vec{w} = \overrightarrow{PR}$ der Normalenvektor $\vec{n}$ über das Vektorprodukt $\vec{n} = \vec{v} \times \vec{w}$ berechnen läßt. Ob dieser nach außen oder innen gerichtet ist, hängt von der Reihenfolge ab, indem $\vec{v}$, $\vec{w}$ und $\vec{n}$ in dieser Reihenfolge ein Rechtssystem aufbauen. Eine Möglichkeit, den berechneten Normalenvektor nach außen auszurichten, besteht über einen Lagevergleich mit dem Schwerpunkt S des konvexen Polyeders, vgl. Graphik 8.27; dieser liegt stets im Innern. Es wird der Winkel zwischen dem berechneten Vektor $\vec{n}$ und dem Differenzvektor $\overrightarrow{SP}$ berechnet. Ist der Winkel größer als $90°$, dann muß die Richtung des Normalenvektors über eine Multiplikation mit -1 invertiert werden. Auch hier bietet sich obige Formulierung zur Minderung des Rechenzeitbedarfs an.

Geeignete Objekte, bei denen die Sichtbarkeit mit diesem Verfahren bestimmt werden kann, sind z.B. Kugel, Ellipsoid etc. Dies darf nicht zum Trugschluß führen, daß allgemein Funktionsbilder bearbeitet werden können. Dies aus folgendem Grund: bei einem beliebigen Funktionsbild können zwischen der beschriebenen Fläche und dem Sehstrahl mehr als zwei Schnittpunkte auftreten. Bei geeigneter Betrachtung kann die Fläche mit dem ungeraden Schnittpunkt wieder sichtbar sein, diese Möglichkeiten sind bei konvexen Körpern ausgeschlossen.

Zwei wichtige Begriffe bei späteren Tests auf Sichtbarkeit ist der **Umriß** und die **Kontur**. Abhängig von der Projektionsart läßt man einen Projektionsstrahl am Körper (an der Fläche) entlanggleiten, vgl. Graphik 8.28. Die Kurve am Rande des Körpers bzw. der Oberfläche bildet die **Umrißkurve**, kurz Umriß. Die Kurve in der Bildebene, die mit dem Entlanggleiten des Projektionstrahls entsteht, bezeichnet man als Kontur; die Kontur ist das Bild des Umrisses. Die Kontur stellt die Grenze zwischen dem vom Objekt verdeckten und dem nicht verdeckten Teil der Bildebene dar. Im Falle eines konvexen Körpers ist der Umriß und die Kontur stets ein konvexes Polygon. Die Aufgabenstellung, die Kontur eines projizierten Polyeders zu bestimmen, kann auf die Bildung der konvexen Hülle zurückgeführt werden, vgl. Abschnitt 8.3.3. Die zugrundeliegende ebene Punktmenge besteht aus den Bildpunkten aller Ecken des Polyeders. Mit dem Einzeichnen der Kontur -vielleicht mit einer besonderen Strichart- kann die Darstellungskraft der Graphik oft wesentlich gesteigert werden.

8.7.3 ZEICHNUNG DREIDIMENSIONALER FUNKTIONEN

Mit der Aufgabenstellung, das Funktionsbild einer Funktion zweier Variablen in expliziter Form $z = f(x,y)$ zu zeichnen, wird eine Variante der sogenannten **Rastermethode** vorgestellt. Da es sich bei dem Flächenverlauf nicht um einen konvexen Körper handelt, ist offensichtlich, daß andere Algorithmen anzuwenden sind, um die Sichtbarkeit zu überprüfen.

Zunächst wird zu prüfen sein, wie die Funktion definiert ist. Im Abschnitt 5.1 wurden die Möglichkeiten aufgezeigt, eine Funktion der Form $y = f(x)$ zu definieren. Analog zu dortiger Aufstellung sind auch bei $z = f(x,y)$ diese Darstellungsmöglichkeiten zu unterscheiden. Zwei davon fallen in die nähere Auswahl für das Zeichnen der Funktion.

(1) Die Funktion ist in einer numerisch berechenbaren Form gegeben, und der Funktionswert z kann an den Punkten des Definitionsbereiches bestimmt werden. Beispiele sind Polynome oder Funktionen, die sich über Polynome nähern lassen (SIN, COS etc.).

(2) Die Funktion ist über eine Funktionswertetabelle definiert.

Prinzipielle Vorgehensweise beim Zeichnen des Funktionsbildes
Orientierung in den einzelnen Polygonen
Beispiel für ein Polygonnetz, das aus den x/y-Paaren einer Wertetabelle mit äquidistanten (regelmäßigen) Stützstellen resultiert.
jeweils ein Polygon
X
Y
Das Polygonnetz wird auf die Fläche gelegt. Wie sich das Netz legt, hängt von den z-Werten ab.
N = V x W
V
W
insgesamt m t-Parameterlinien
Y
X
Z
Beispiel für ein Polygonnetz, das aus den x/y-Paaren einer Wertetabelle mit nicht äquidistanten Stützstellen resultiert.
X
Y
insgesamt sind n+m Parameterlinien zu zeichnen
insgesamt n s-Parameterlinien
Parameterform der Funktion z=f(x,y):
x=s, y=t, z=f(s,t)

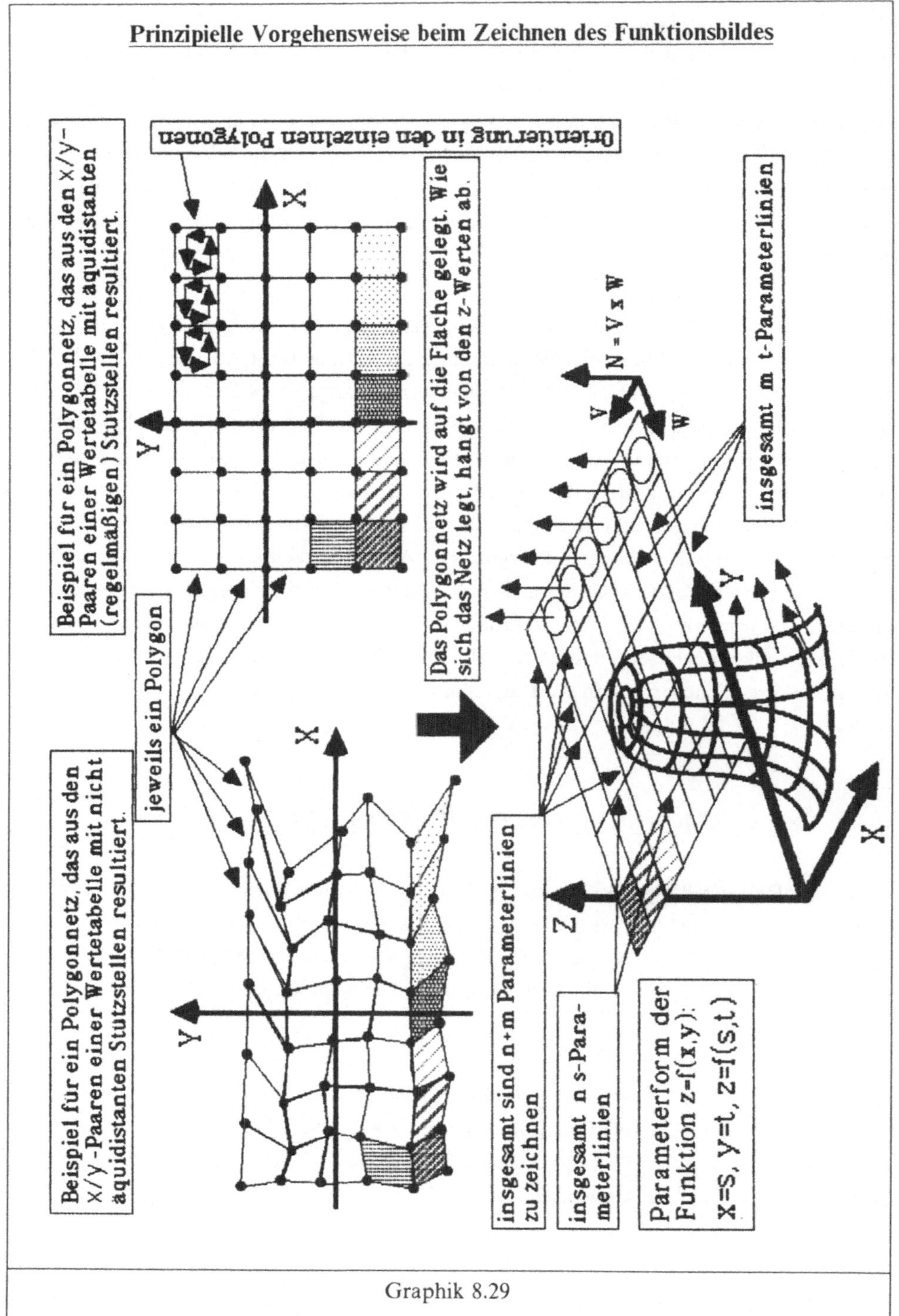

Graphik 8.29

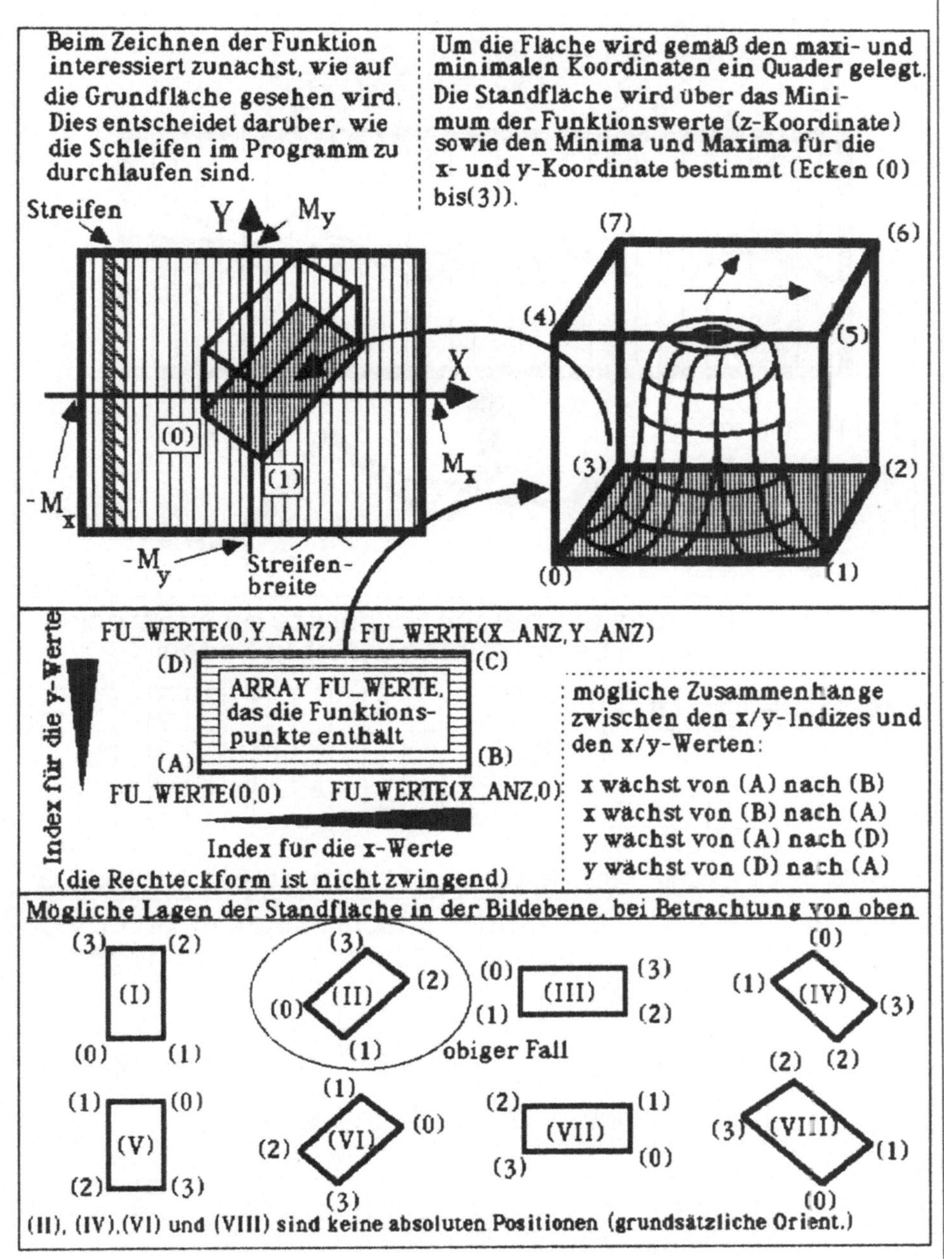

Zusammenhänge zwischen Funktion, Wertetabelle und Betrachtungspunkt

Beim Zeichnen der Funktion interessiert zunächst, wie auf die Grundfläche gesehen wird. Dies entscheidet darüber, wie die Schleifen im Programm zu durchlaufen sind.

Um die Fläche wird gemäß den maxi- und minimalen Koordinaten ein Quader gelegt. Die Standfläche wird über das Minimum der Funktionswerte (z-Koordinate) sowie den Minima und Maxima für die x- und y-Koordinate bestimmt (Ecken (0) bis (3)).

Streifen
Y
M_y
X
M_x
- M_x
- M_y
Streifenbreite
(0)
(1)

(7)
(6)
(4)
(5)
(3)
(2)
(0)
(1)

Index für die y-Werte
FU_WERTE(0,Y_ANZ)
FU_WERTE(X_ANZ,Y_ANZ)
(D)
(C)
ARRAY FU_WERTE,
das die Funktions-
punkte enthält
(A)
(B)
FU_WERTE(0,0)
FU_WERTE(X_ANZ,0)
Index für die x-Werte
(die Rechteckform ist nicht zwingend)

mögliche Zusammenhänge zwischen den x/y-Indizes und den x/y-Werten:

x wächst von (A) nach (B)
x wächst von (B) nach (A)
y wächst von (A) nach (D)
y wächst von (D) nach (A)

Mögliche Lagen der Standfläche in der Bildebene, bei Betrachtung von oben

(3)
(2)
(I)
(0)
(1)

(3)
(2)
(0)
(II)
(1)
obiger Fall

(0)
(3)
(III)
(1)
(2)

(0)
(1)
(IV)
(3)
(2)
(2)

(1)
(0)
(V)
(2)
(3)

(1)
(2)
(VI)
(0)
(3)

(2)
(1)
(VII)
(3)
(0)

(3)
(VIII)
(1)
(0)

(II), (IV),(VI) und (VIII) sind keine absoluten Positionen (grundsätzliche Orient.)

Graphik 8.30

Lagemöglichkeiten zweier Punkte im Raster
jeweils ein Streifen
Darstellungsfläche
drei Parameterlinien:
(3)
(2)
(1)
(i): Reihenfolge
Mögliche Lagen der beiden Endpunkte einer Strecke,
wenn beide in benachbarten Streifen liegen:
(I) (II) (III) (IV) (V) (VI) (VII) (VIII)
(analog dazu 8 symmetrische Fälle, in denen der Punkt● im zweiten Streifen liegt)
Mögliche Lagen der beiden Endpunkte einer Strecke,
wenn beide in einem gemeinsamen Streifen liegen:
(I) (II) (III) (IV) (V) (VI) (VII)
● : P_1
o : P_2

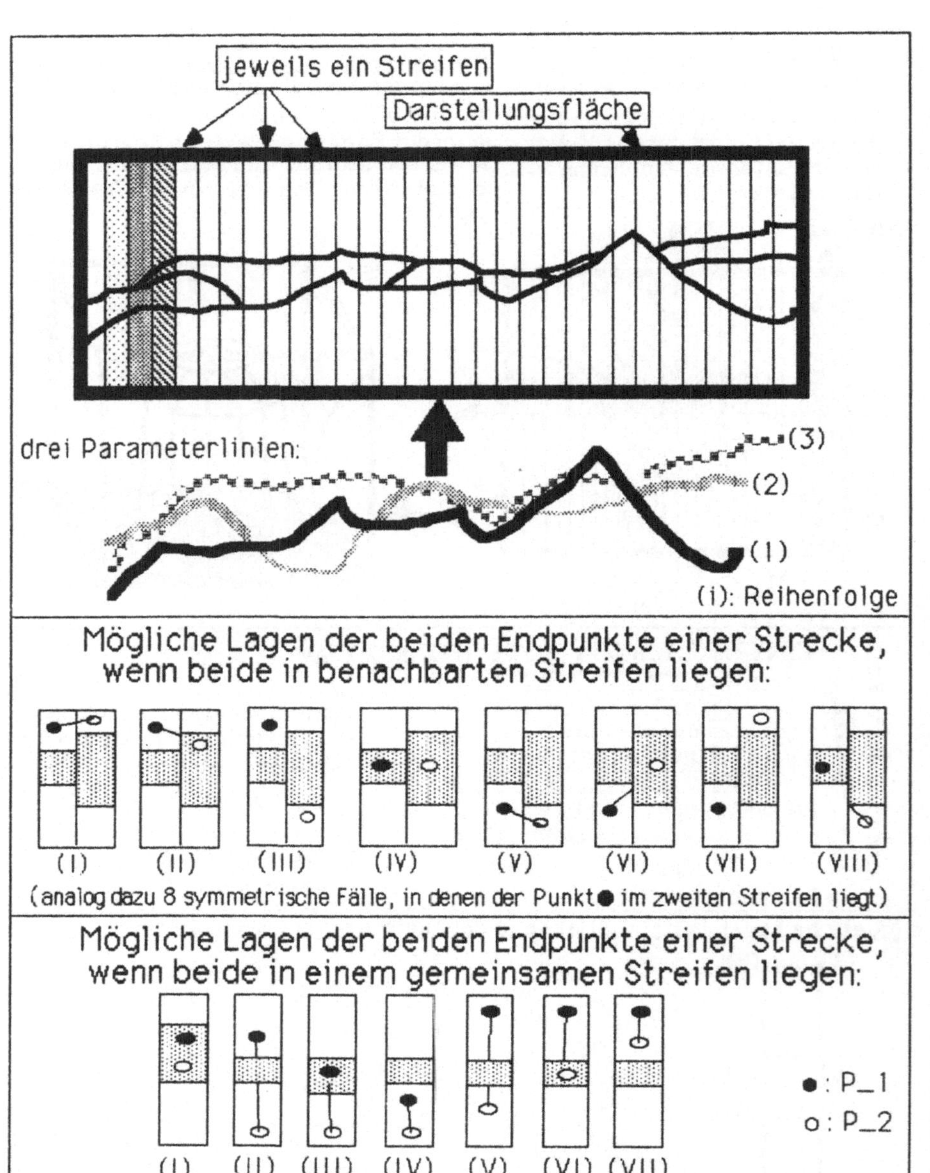

Graphik 8.31

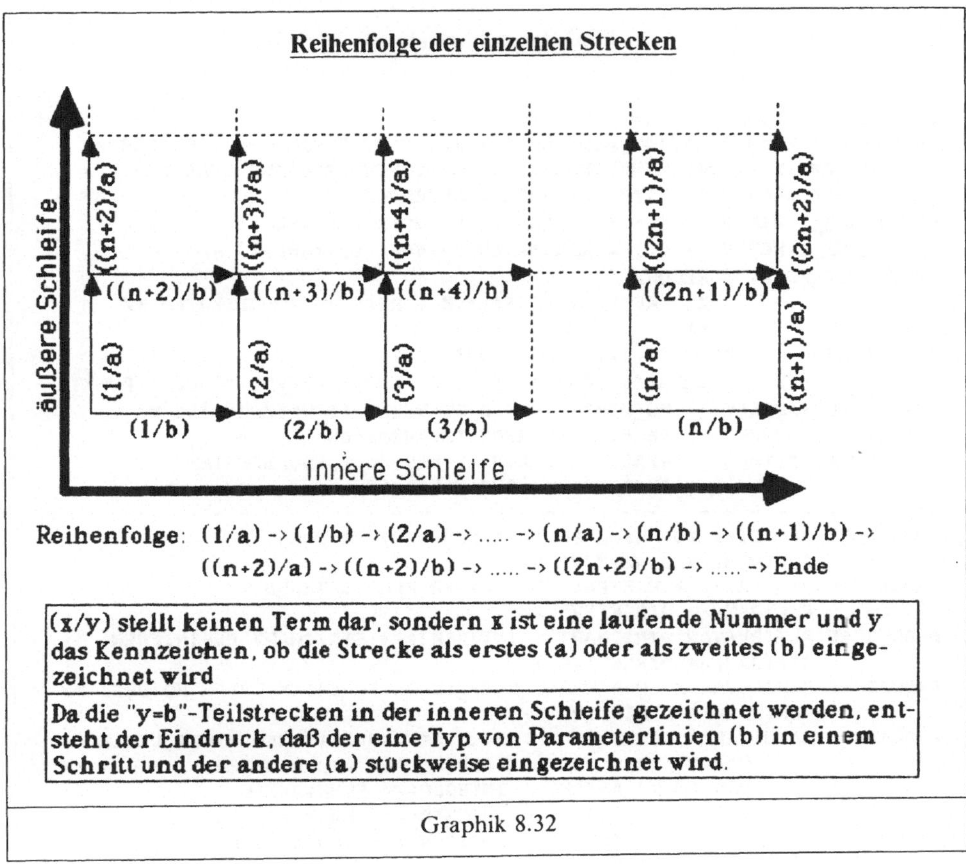

Graphik 8.32

Beide Darstellungsformen bilden eine gute Ausgangsbasis zum Zeichnen des Funktionsbildes. Bei Form (2) ist Bedingung, daß genügend viele Funktionswerte gegeben sind und diese
bzgl. der Stützstellen ein möglichst regelmäßiges "Muster" ergeben. Ausschließlich der
Form (2) soll nachstehend das Interesse gelten, aus folgender Begründung: eine Funktion in
Form (1) kann über die gezielte Aufstellung einer Wertetabelle jederzeit in Form (2) überführt werden.

Zu zeichnen ist das Funktionsbild einer Funktion der Form $z = f(x,y)$, wobei durch Form (2)
für x- und y-Werte jeweils ein definiertes Intervall zugrundeliegt. Funktionen der Form
$z = f(x,y)$ haben die Eigenschaft, daß das Funktionsbild keine geschlossene Fläche ergibt und
keine Funktionspunkte "übereinander" liegen. Die Funktion definiert eine Fläche im R^3,
und der Vergleich mit einer Berglandschaft liegt sehr nahe, vgl. Abschnitt 8.3.4. Die Zeichnung einer solchen Funktion findet vorrangig zur Veranschaulichung des globalen Funktionsverlaufes Anwendung. Solchen Zeichnungen werden keine Funktionswerte entnommen, wie dies im Falle der Funktionen $y = f(x)$ üblich ist, aus dem einfachen Grund, daß es

Funktionsbild zeichnen

```
PROGRAM FUNKTION_PLOTTEN (INPUT,OUTPUT);
/* DAS PROGRAMM FUNKTION_PLOTTEN GENERIERT ZU EINER FUNKTION DER */
/* FORM Z=F(X,Y) DAS FUNKTIONSBILD. IN DIESEM PROGRAMM WIRD DIE  */
/* BENSON/CALCOMP-PLOTTER-SOFTWARE ANGEWENDET.                   */
CONST ANZ_X_WERTE  = 50;/* MAXIMALER X-INDEX (ANZAHL-1) */
      ANZ_Y_WERTE  = 50;/* MAXIMALER Y-INDEX (ANZAHL-1) */
TYPE WELT_PUNKT = RECORD
                  X : REAL; Y : REAL; Z : REAL /* KOORDINATEN */
                  END;
     FELD        = ARRAY[1..2] OF SHORTREAL;
     FU_WERTE    = ARRAY[0..ANZ_X_WERTE,0..ANZ_Y_WERTE] OF WELT_PUNKT;
VAR WERTE_TABELLE  : FU_WERTE;/* WERTETABELLE (STUETZPUNKTE) */
    X, Y , DUMMY   : REAL;    /* ARBEITSVARIABLEN          */
    ALPHA, BETA    : REAL;    /* WINKEL DER KUGELKOORDINATEN  */
    I, J           : INTEGER;/* LAUF-VARIABLEN             */
/*- - - - - - - - - - - - - - - - - - - - - - - - - - - - - - - -*/
PROCEDURE PLOTS;/* ZUR EROEFFNUNG EINER PLOT-SITZUNG  */
          FORTRAN;/* DIREKTIVE */
PROCEDURE FINTRA;/* ZUR BEENDIGUNG EINER PLOT-SITZUNG */
          FORTRAN;/* DIREKTIVE */
PROCEDURE PLTIRV(VAR STRICHART : INTEGER);/* STRICHART DEFINIEREN */
          FORTRAN;/* DIREKTIVE */
PROCEDURE FINIM(VAR X:SHORTREAL; VAR Y:SHORTREAL);/* URSPRUNG DEF. */
          FORTRAN;/* DIREKTIVE */
PROCEDURE DASH(VAR X_KOORD       : FELD;/* ZUM ZEICHNEN EINER LINIE */
               VAR Y_KOORD       : FELD;/* AUF DEM PLOTTER          */
               VAR PUNKT_ANZAHL  : INTEGER;/* PUNKTANZAHL           */
               VAR START_INDEX   : INTEGER;/* INDEX (1. PUNKT)      */
               VAR INDEX_INK     : INTEGER);/* INDEX-INKREMENT      */
          FORTRAN;/* DIREKTIVE */
/*- - - - - - - - - - - - - - - - - - - - - - - - - - - - - - - -*/
PROCEDURE FUNKTION_ZEICHNEN
(VAR FU_TAB : FU_WERTE;/* GEORDNETE WERTETABELLE (STUETZSTELLEN)    */
      X_ANZ : INTEGER; /* MAXIMALER INDEX BEI DEN X_WERTEN IN FU_TAB */
      Y_ANZ : INTEGER; /* MAXIMALER INDEX BEI DEN Y_WERTEN IN FU_TAB */
BILD_BREITE : REAL;    /* BREITE DES BILDES IN CM */
 BILD_HOEHE : REAL;    /* HOEHE  DES BILDES IN CM */
 URSPRUNG_X : REAL;    /* X-KOORDINATE DER LINKEN UNTEREN ECKE IN CM */
 URSPRUNG_Y : REAL;    /* Y-KOORDINATE DER LINKEN UNTEREN ECKE IN CM */
      ALPHA : REAL;    /* ALPHA UND BETA SIND DIE BEIDEN WINKEL DER  */
       BETA : REAL);   /* KUGELKOORDINATEN DES BETRACHTUNGSPUNKTES   */
CONST STRFN_ANZAHL = 4000;/* ANZAHL AN STREIFEN IM BK */
TYPE  LAGE_CODE = RECORD /* LAGECODE EINES PUNKTES */
                  MAX : BOOLEAN;/* TRUE ==> OBERHALB  DES MAX_WERTES */
                  MIN : BOOLEAN /* TRUE ==> UNTERHALB DES MIN_WERTES */
                  END;
VAR   ECKEN, B_ECKEN : ARRAY[0..7] OF WELT_PUNKT;
      STRFN_MIN : ARRAY[0..STRFN_ANZAHL] OF REAL;/* MIN( S[I] ) */
      STRFN_MAX : ARRAY[0..STRFN_ANZAHL] OF REAL;/* MAX( S[I] ) */
```

Teil 1 von Programm 8.2

```
    LGCD_P_1,   LGCD_P_2                  : LAGE_CODE;/* LAGECODES */
    LGCD_STP_1, LGCD_STP_2, LGCD_STP_3 : LAGE_CODE;/* LAGECODES */
    X_START, X_ENDE, X_I1,   X_I2  : INTEGER;/* PARAMETER(X-INDEX) */
    Y_START, Y_ENDE, Y_I1,   Y_I2  : INTEGER;/* PARAMETER(Y-INDEX) */
    MAX_X,   MAX_Y,  MIN_X, MIN_Y : REAL;    /* MIN UND MAX IM BK  */
    LINKE_ECKE, UNTERE_ECKE, OBERE_ECKE, RECHTE_ECKE : INTEGER;
    X_BILD_MIN, X_BILD_MAX,  Y_BILD_MIN, Y_BILD_MAX  : REAL;
    X_MIN_IND,  X_MAX_IND,   Y_MIN_IND, Y_MAX_IND   : INTEGER;
    Z_MINIMUM,  Z_MAXIMUM : REAL;/* MIN(Z) UND MAX(Z) */
    STP_1, STP_2, STP_3 : WELT_PUNKT;/* ZWISCHEN-PUNKTE   */
    STRFN_NR__P_1, STRFN_NR__P_2 : INTEGER;/* STREIFEN-NUMMERN */
    DELTA_X,  DELTA_Y  : REAL;/* INKREMENTE BEI DEN TEIL-STRECKEN */
    P_1, P_2, P_3, DMY : WELT_PUNKT;
    STRICHART  : INTEGER;/* ARBEITSVARIABLE */
    EINS, ZWEI : INTEGER;/* ZWECKS INTER LANGUAGE COMMUNICATION */
    STRFN_BREITE :   REAL;/* STREIFEN-BREITE */
    SIN_A, COS_A, SIN_B, COS_B : REAL;     /* WERTE FUER WK -> AK  */
    SKALLIERUNG_X, SKALLIERUNG_Y : REAL;    /* SKALLIERUNG (WK->GK) */
    I, J, DUMMY_INT, DELTA_STRFN : INTEGER;/* ARBEITSVARIABLEN   */
    AUGE_UNTER_DER_FLAECHE, LAST_ONE_INNEN, LAST_ONE_AUSSEN: BOOLEAN;
    ENDE1, ENDE2 : BOOLEAN;/* FUER REPEAT - UNTIL */
/*- - - - - - - - - - - - - - - - - - - - - - - - - - - - - - - -*/
    FUNCTION AUGEN_KOORD /* WK -> AK - TRANSFORMATION */
    (PUNKT : WELT_PUNKT) /* PUNKT IN WELTKOORDINATEN  */
            : WELT_PUNKT;/* E R G E B N I S */
    /* DIE GLOBALEN VARIABLEN SIN_A, SIN_B, SIN_A, COS_A WERDEN IN */
    /* DER PROZEDUR FUNKTION_ZEICHNEN DEN WERTEN ALPHA UND BETA    */
    /* ENTSPRECHEND BESETZT.                                       */
    BEGIN;
    AUGEN_KOORD.X := -(PUNKT.X * SIN_A)          + (PUNKT.Y * COS_A);
    AUGEN_KOORD.Y := -(PUNKT.X * COS_A * COS_B) + (PUNKT.Z * SIN_B)
                     -(PUNKT.Y * SIN_A * COS_B)
    /* DIE Z-KOORDINATE HAT NACHFOLGEND KEINE BEDEUTUNG */
    END;/* FUNCTION - END */
/*- - - - - - - - - - - - - - - - - - - - - - - - - - - - - - - -*/
    PROCEDURE MIN_MAX_SETZEN
      (PUNKT : WELT_PUNKT;/* PUNKT IN DER BILDEBENE */
    STRFN_NR : INTEGER); /* STREIFEN-NUMMER */
    BEGIN;
    /* MAX( S(I) ) UND MIN( S(I) ) NEU SETZEN */
    IF STRFN_MIN[STRFN_NR] > PUNKT.Y
       THEN  STRFN_MIN[STRFN_NR] := PUNKT.Y;
    IF STRFN_MAX[STRFN_NR] < PUNKT.Y
       THEN  STRFN_MAX[STRFN_NR] := PUNKT.Y
    END;/* PROCEDURE - END */
/*- - - - - - - - - - - - - - - - - - - - - - - - - - - - - - - -*/
    FUNCTION LAGECODE
      (PUNKT : WELT_PUNKT;/* PUNKT IN DER BILDEBENE */
    STRFN_NR : INTEGER)   /* STREIFEN-NUMMER */
            : LAGE_CODE; /* E R G E B N I S */
    BEGIN;
    IF PUNKT.Y >= STRFN_MAX[STRFN_NR] /* PUNKT OBERHALB  VON MAX?? */
```

Teil 2 von Programm 8.2

```
        THEN LAGECODE.MAX := TRUE
        ELSE LAGECODE.MAX := FALSE;
IF PUNKT.Y <= STRFN_MIN[STRFN_NR] /* PUNKT UNTERHALB VON MIN?? */
   · THEN LAGECODE.MIN := TRUE
        ELSE LAGECODE.MIN := FALSE
END;/* FUNCTION - END */
/*- - - - - - - - - - - - - - - - - - - - - - - - - - - - -*/
PROCEDURE LINE
(P_1 : WELT_PUNKT; /* 1. PUNKT */
 P_2 : WELT_PUNKT);/* 2. PUNKT */
VAR PUNKT_X, PUNKT_Y : FELD;
BEGIN;
PUNKT_X[1] := (P_1.X - MIN_X) * SKALLIERUNG_X;
PUNKT_X[2] := (P_2.X - MIN_X) * SKALLIERUNG_X;
PUNKT_Y[1] := (P_1.Y - MIN_Y) * SKALLIERUNG_Y;
PUNKT_Y[2] := (P_2.Y - MIN_Y) * SKALLIERUNG_Y;
DASH(PUNKT_X, PUNKT_Y, ZWEI, EINS, EINS)
END;/* FUNCTION - END */
/*- - - - - - - - - - - - - - - - - - - - - - - - - - - - -*/
PROCEDURE STRECKE_ZEICHNEN(P_1:WELT_PUNKT;P_2:WELT_PUNKT);
VAR K :INTEGER;
BEGIN;
STRFN_NR__P_1 := TRUNC( (P_1.X - MIN_X) / STRFN_BREITE );
STRFN_NR__P_2 := TRUNC( (P_2.X - MIN_X) / STRFN_BREITE );
IF STRFN_NR__P_1 = STRFN_NR__P_2
    THEN BEGIN;/* BEIDE PUNKTE SIND IN EINEM STREIFEN */
        IF P_1.Y < P_2.Y /* ==> P_1 LIEGT OBEN */
            THEN BEGIN;
                DMY := P_1; P_1 := P_2; P_2 := DMY
                END;
        LGCD_P_1 := LAGECODE(P_1,STRFN_NR__P_1);
        LGCD_P_2 := LAGECODE(P_2,STRFN_NR__P_2);
        IF (LGCD_P_1.MAX OR LGCD_P_1.MIN) OR
           (LGCD_P_2.MAX OR LGCD_P_2.MIN)
            THEN BEGIN;
                IF (LGCD_P_1.MAX)
                    THEN IF (LGCD_P_2.MAX)
                            THEN LINE(P_1,P_2) /* FALL VII */
                            ELSE BEGIN;/* FALL II, V, VI */
                                DMY.Y := STRFN_MAX
                                        [STRFN_NR__P_1];
                                DMY.X := P_1.X;
                                LINE(P_1,DMY)
                                END;
                IF (LGCD_P_2.MIN)
                    THEN IF (LGCD_P_1.MIN)
                            THEN LINE(P_1,P_2) /* FALL IV */
                            ELSE BEGIN;/* FALL II, III, V */
                                DMY.Y := STRFN_MIN
                                        [STRFN_NR__P_1];
                                DMY.X := P_1.X;
                                LINE(P_1,DMY)
```

Teil 3 von Programm 8.2

```
                              END
                  END;/* THEN BEGIN - END */
              /* MAX( S(I) ) UND MIN( S(I) ) NEU SETZEN */
          MIN_MAX_SETZEN(P_1,STRFN_NR__P_1);
          MIN_MAX_SETZEN(P_2,STRFN_NR__P_2)
          END /* THEN BEGIN - END */
    ELSE BEGIN;/* BEIDE PUNKTE SIND IN VERSCHIEDENEN STREIFEN */
          IF STRFN_NR__P_1 > STRFN_NR__P_2
              THEN BEGIN;/* ==> P_1 LIEGT LINKS VON P_2 */
                      DMY := P_1; P_1 := P_2; P_2 := DMY;
                      DUMMY_INT := STRFN_NR__P_2;
                      STRFN_NR__P_2 := STRFN_NR__P_1;
                      STRFN_NR__P_1 := DUMMY_INT
                      END;
          /* DIE STRECKE WIRD IN TEIL-STRECKEN ZERLEGT UND DIESE */
          /* EINZELN AUF SICHTBARKEIT HIN UEBERPRUEFT            */
          DELTA_STRFN := (STRFN_NR__P_2 - STRFN_NR__P_1);
          DELTA_X     := (P_2.X - P_1.X) / DELTA_STRFN;
          DELTA_Y     := (P_2.Y - P_1.Y) / DELTA_STRFN;
          K       :=   1;/* SCHLEIFEN-INDEX     INIT. */
          STP_1 := P_1;/* ERSTEN STUETZPUNKT INIT. */
          REPEAT
          STP_2.X := STP_1.X + DELTA_X;/* NAECHSTEN STUETZ- */
          STP_2.Y := STP_1.Y + DELTA_Y;/* PUNKT BERECHNEN   */
          LGCD_STP_1 := LAGECODE(STP_1,STRFN_NR__P_1+(K-1));
          LGCD_STP_2 := LAGECODE(STP_2,STRFN_NR__P_1+K);
          IF (LGCD_STP_1.MAX OR LGCD_STP_1.MIN)    AND
             ((LGCD_STP_1.MIN AND LGCD_STP_2.MIN) OR
              (LGCD_STP_1.MAX AND LGCD_STP_2.MAX))
              THEN IF K = DELTA_STRFN /* FALL I UND V */
                      THEN BEGIN;
                          LINE(STP_1,STP_2);
                          MIN_MAX_SETZEN(STP_1,STRFN_NR__P_1+K-1);
                          MIN_MAX_SETZEN(STP_2,STRFN_NR__P_1+K)
                          END
                      ELSE BEGIN;
                          MIN_MAX_SETZEN(STP_1,STRFN_NR__P_1+K-1);
                          STP_3 := STP_2;
                          REPEAT STP_2 := STP_3;
                                  MIN_MAX_SETZEN(STP_2,
                                             STRFN_NR__P_1+K);
                                  K := K + 1;
                                  STP_3.X := STP_3.X + DELTA_X;
                                  STP_3.Y := STP_3.Y + DELTA_Y;
                                  LGCD_STP_3 := LAGECODE(STP_3,
                                             STRFN_NR__P_1+K);
                                  ENDE1 := NOT((LGCD_STP_3.MIN AND
                                             LGCD_STP_1.MIN) OR
                                             (LGCD_STP_3.MAX AND
                                             LGCD_STP_1.MAX));
                                  ENDE2 := ( K >= DELTA_STRFN )
                          UNTIL  ENDE1 OR ENDE2;
```

Teil 4 von Programm 8.2

```
                                    IF ENDE1
                                       THEN BEGIN;
                                             K := K - 1;/* KORREKTUR */
                                             LINE(STP_1,STP_2)
                                             END
                                       ELSE BEGIN;
                                             LINE(STP_1,STP_3);
                                             MIN_MAX_SETZEN(STP_3,
                                                         STRFN_NR__P_1+K)
                                             END
                                    END /* ELSE BEGIN - END */
                         ELSE BEGIN;
                            IF (LGCD_STP_1.MAX OR LGCD_STP_1.MIN) OR
                               (LGCD_STP_2.MAX OR LGCD_STP_2.MIN)
                               THEN BEGIN;/* ==> NICHT FALL (IV) */
                                  IF (LGCD_STP_1.MAX) AND
                                     NOT (LGCD_STP_2.MIN)
                                     THEN BEGIN;/* FALL II */
                                         DMY.X := STP_1.X + 0.5 * DELTA_X;
                                         DMY.Y := STP_1.Y + 0.5 * DELTA_Y;
                                         LINE(STP_1,DMY);
                                         MIN_MAX_SETZEN(STP_1,
                                                      STRFN_NR__P_1+K-1)
                                         END;
                                  IF (LGCD_STP_1.MIN) AND
                                     NOT (LGCD_STP_2.MIN)
                                     THEN BEGIN;/* FALL VI */
                                         DMY.X :=STP_1.X + 0.5 * DELTA_X;
                                         DMY.Y :=STP_1.Y + 0.5 * DELTA_Y;
                                         LINE(STP_1,DMY);
                                         MIN_MAX_SETZEN(STP_1,
                                                      STRFN_NR__P_1+K-1)
                                         END;
                                  IF (LGCD_STP_2.MIN) AND
                                     NOT (LGCD_STP_1.MAX)
                                     THEN BEGIN;/* FALL VIII */
                                         DMY.X := STP_2.X-0.5*DELTA_X;
                                         DMY.Y := STP_2.Y-0.5*DELTA_Y;
                                         LINE(STP_2,DMY);
                                         MIN_MAX_SETZEN(STP_2,
                                                      STRFN_NR__P_1+K)
                                         END
                                  END /* THEN BEGIN - END */
                            END;/* ELSE BEGIN - END */
               STP_1 := STP_2;
               K := K + 1
               UNTIL NOT (K <= DELTA_STRFN)
               END /* ELSE BEGIN - END */
       END;/* PROCEDURE - END */
/*- - - - - - - - - - - - - - - - - - - - - - - - - - - - - - - - - - -*/
BEGIN;
IF (ALPHA/90) = TRUNC(ALPHA/90)
```

Teil 5 von Programm 8.2

```
      THEN ALPHA := ALPHA + 0.00012345678;/* SIEHE TEXT */
Z_MINIMUM := FU_TAB[0,0].Z;/* MINIMUM BELIEBIG INIT. */
Z_MAXIMUM := FU_TAB[0,0].Z;/* MAXIMUM BELIEBIG INIT. */
FOR I := 0 TO X_ANZ DO /* MINIMUM UND MAXIMUM VON Z BESTIMMEN */
    FOR J := 0 TO Y_ANZ DO
        IF FU_TAB[I,J].Z < Z_MINIMUM
           THEN Z_MINIMUM := FU_TAB[I,J].Z
           ELSE IF FU_TAB[I,J].Z > Z_MAXIMUM
                   THEN Z_MAXIMUM := FU_TAB[I,J].Z;
SIN_A := SIN(ALPHA); COS_A := COS(ALPHA);/* WERTE FUER DIE FUNKTION */
SIN_B := SIN(BETA);  COS_B := COS(BETA); /* AUGEN_KOORD BERECHNEN   */
/* MIT X_MIN_IND BIS Y_MAX_IND WERDEN DER START- UND END-INDEX FUER */
/* DIE X- UND Y-WERTE FESTGEHALTEN.  ==>                            */
/* X WAECHST, WENN DER X-INDEX VON X_MIN_IND NACH X_MAX_IND LAEUFT  */
/* Y WAECHST, WENN DER Y-INDEX VON Y_MIN_IND NACH Y_MAX_IND LAEUFT  */
IF FU_TAB[0,0].X < FU_TAB[X_ANZ,0].X
   THEN BEGIN;
        X_MIN_IND := 0;      X_MAX_IND := X_ANZ
        END
   ELSE BEGIN;
        X_MIN_IND := X_ANZ; X_MAX_IND := 0
        END;
IF FU_TAB[0,0].Y < FU_TAB[0,Y_ANZ].Y
   THEN BEGIN;
        Y_MIN_IND := 0;      Y_MAX_IND := Y_ANZ
        END
   ELSE BEGIN;
        Y_MIN_IND := Y_ANZ; Y_MAX_IND := 0
        END;
/* MIT ECKEN(0) BIS ECKEN (3) WERDEN DIE ECKEN DES "MINIMUM- */
/* FLAECHENSTUECKS" (STANDFLAECHE) DEFINIERT.                */
/* MIT ECKEN(4) BIS ECKEN (7) WERDEN DIE ECKEN DES "MAXIMUM- */
/* FLAECHENSTUECKS" (DECKFLAECHE) DEFINIERT.                 */
ECKEN[0] := FU_TAB[X_MIN_IND,Y_MIN_IND]; ECKEN[0].Z := Z_MINIMUM;
ECKEN[1] := FU_TAB[X_MAX_IND,Y_MIN_IND]; ECKEN[1].Z := Z_MINIMUM;
ECKEN[2] := FU_TAB[X_MAX_IND,Y_MAX_IND]; ECKEN[2].Z := Z_MINIMUM;
ECKEN[3] := FU_TAB[X_MIN_IND,Y_MAX_IND]; ECKEN[3].Z := Z_MINIMUM;
ECKEN[4] := FU_TAB[X_MIN_IND,Y_MIN_IND]; ECKEN[4].Z := Z_MAXIMUM;
ECKEN[5] := FU_TAB[X_MAX_IND,Y_MIN_IND]; ECKEN[5].Z := Z_MAXIMUM;
ECKEN[6] := FU_TAB[X_MAX_IND,Y_MAX_IND]; ECKEN[6].Z := Z_MAXIMUM;
ECKEN[7] := FU_TAB[X_MIN_IND,Y_MAX_IND]; ECKEN[7].Z := Z_MAXIMUM;
FOR I := 0 TO 7 DO
    B_ECKEN[I] := AUGEN_KOORD(ECKEN[I]);
/* MIT DER PROZEDUR FINIM WIRD DER NEUE ABSOLUTE NULLPUNKT NEU DEFI- */
/* NIERT; DIES RELATIV ZUM AKTUELLEN ABSOLUTEN URSPRUNG (NULLPUNKT). */
/* ZU BEGIN DER PLOT-SITZUNG BEFINDET SICH DIESER IN DER LINKEN,     */
/* UNTEREN ECKE.                                                     */
FINIM (URSPRUNG_X,URSPRUNG_Y);
STRICHART := 1;   /* ==> DURCHGEZOGENER STRICH */
PLTIRV(STRICHART);/* STRICHART DEFINIEREN      */
EINS := 1; ZWEI := 2;/* FUER DIE PROZEDUR DASH */
```

Teil 6 von Programm 8.2

```
X_BILD_MIN := B_ECKEN[0].X; Y_BILD_MIN := B_ECKEN[0].Y;
X_BILD_MAX := B_ECKEN[0].X; Y_BILD_MAX := B_ECKEN[0].Y;
LINKE_ECKE := 0; RECHTE_ECKE := 0; UNTERE_ECKE := 0; OBERE_ECKE := 0;
FOR I := 1 TO 7 DO /* DIE LINKE, RECHTE, UNTERE UND OBERE */
    BEGIN;            /* ECKE DES QUADERS BESTIMMEN           */
    IF B_ECKEN[I].X > X_BILD_MAX
        THEN BEGIN;
            X_BILD_MAX  := B_ECKEN[I].X;
            RECHTE_ECKE := I
            END
        ELSE IF B_ECKEN[I].X < X_BILD_MIN
                THEN BEGIN;
                    X_BILD_MIN := B_ECKEN[I].X;
                    LINKE_ECKE := I
                    END;
    IF B_ECKEN[I].Y < Y_BILD_MIN
        THEN BEGIN;
            Y_BILD_MIN  := B_ECKEN[I].Y;
            UNTERE_ECKE := I
            END
        ELSE IF B_ECKEN[I].Y > Y_BILD_MAX
                THEN BEGIN;
                    Y_BILD_MAX := B_ECKEN[I].Y;
                    OBERE_ECKE := I
                    END
    END;
/* RAND BESTIMMEN UND 2% ZUSCHLAG (ZUSAETZLICHER RAND) */
MAX_X := B_ECKEN[RECHTE_ECKE].X + 0.02 * ABS(B_ECKEN[RECHTE_ECKE].X);
MIN_X := B_ECKEN[LINKE_ECKE ].X - 0.02 * ABS(B_ECKEN[LINKE_ECKE ].X);
MAX_Y := B_ECKEN[OBERE_ECKE ].Y + 0.02 * ABS(B_ECKEN[OBERE_ECKE ].Y);
MIN_Y := B_ECKEN[UNTERE_ECKE].Y - 0.02 * ABS(B_ECKEN[UNTERE_ECKE].Y);
SKALLIERUNG_X := BILD_BREITE / (MAX_X-MIN_X);
SKALLIERUNG_Y := BILD_HOEHE  / (MAX_Y-MIN_Y);
/* X_START     = START-INDEX IM ARRAY FU_TAB                      */
/* X_ENDE      = END-INDEX   IM ARRAY FU_TAB                      */
/* X_I1, X_I2 = INKREMENT FUER DIE INNERE UND DIE AEUSSERE SCHLEIFE */
/* FUER Y_START, Y_I1, Y_I2 UND Y_ENDE GILT ENTSPRECHENDES         */
AUGE_UNTER_DER_FLAECHE := FALSE;
LINKE_ECKE := (LINKE_ECKE MOD 4); RECHTE_ECKE := (RECHTE_ECKE MOD 4);
OBERE_ECKE := (OBERE_ECKE MOD 4); UNTERE_ECKE := (UNTERE_ECKE MOD 4);
IF (LINKE_ECKE = 0) AND ((UNTERE_ECKE = 0) OR (UNTERE_ECKE = 1))
    THEN BEGIN;/* LAGE (I) UND (II) */
        X_START := X_MAX_IND; X_ENDE := X_MIN_IND; X_I1 := 0;
        IF X_MAX_IND > X_MIN_IND
            THEN X_I2 := -1
            ELSE X_I2 :=  1;
        Y_START := Y_MIN_IND; Y_ENDE := Y_MAX_IND; Y_I2 := 0;
        IF Y_MAX_IND > Y_MIN_IND
            THEN Y_I1 :=  1
            ELSE Y_I1 := -1;
        WRITELN('LAGE I/II ') /* TEST */
```

Teil 7 von Programm 8.2

```
            END
     ELSE IF (LINKE_ECKE = 1) AND ((UNTERE_ECKE = 1) OR (UNTERE_ECKE=2))
           THEN BEGIN;/* LAGE (III) UND (IV) */
                X_START := X_MAX_IND; Y ENDE := X_MIN_IND; X_I2 := 0;
                IF X_MAX_IND > X_MIN_IND
                    THEN X_I1 := -1
                    ELSE X_I1 :=  1;
                Y_START := Y_MAX_IND; Y_ENDE := Y_MIN_IND; Y_I1 := 0;
                IF Y_MAX_IND > Y_MIN_IND
                    THEN Y_I2 := -1
                    ELSE Y_I2 :=  1;
                WRITELN('LAGE III/IV ') /* TEST */
                END
           ELSE IF (LINKE_ECKE = 2) AND
                   ((UNTERE_ECKE = 2) OR (UNTERE_ECKE = 3))
                   THEN BEGIN;/* LAGE (V) UND (VI) */
                        X_START := X_MIN_IND; X_ENDE := X_MAX_IND;
                        X_I1 := 0;
                        IF X_MAX_IND > X_MIN_IND
                            THEN X_I2 :=  1
                            ELSE X_I2 := -1;
                        Y_START := Y_MAX_IND; Y_ENDE := Y_MIN_IND;
                        Y_I2 := 0;
                        IF Y_MAX_IND > Y_MIN_IND
                            THEN Y_I1 := -1
                            ELSE Y_I1 :=  1;
                        WRITELN('LAGE V/VI ') /* TEST */
                        END
                   ELSE IF (LINKE_ECKE = 3) AND
                           ((UNTERE_ECKE = 3) OR (UNTERE_ECKE = 0))
                           THEN BEGIN;/* LAGE (VII) UND (VIII) */
                                X_START:=X_MIN_IND;X_ENDE:=X_MAX_IND;
                                X_I2 := 0;
                                IF X_MAX_IND > X_MIN_IND
                                    THEN X_I1 :=  1
                                    ELSE X_I1 := -1;
                                Y_START:=Y_MIN_IND;Y_ENDE:=Y_MAX_IND;
                                Y_I1 := 0;
                                IF Y_MAX_IND > Y_MIN_IND
                                    THEN Y_I2 :=  1
                                    ELSE Y_I2 := -1;
                                WRITELN('LAGE VII/VIII ') /* TEST */
                                END
                           ELSE AUGE_UNTER_DER_FLAECHE := TRUE;
X_ENDE := X_ENDE + X_I1 + X_I2;/* KORREKTUR WEGEN SCHLEIFENAUFBAU */
Y_ENDE := Y_ENDE + Y_I1 + Y_I2;/* KORREKTUR WEGEN SCHLEIFENAUFBAU */
IF NOT AUGE_UNTER_DER_FLAECHE
   THEN BEGIN;
        FOR I := 0 TO STRFN_ANZAHL DO
            BEGIN;
            STRFN_MIN[I] := MAX_Y;/* MIN MIT OBEREM  RAND INIT. */
```

Teil 8 von Programm 8.2

```
                    STRFN_MAX[I] := MIN_Y /* MAX MIT UNTEREM RAND INIT. */
                    END;
            STRFN_BREITE := (MAX_X-MIN_X) / STRFN_ANZAHL;
            LAST_ONE_AUSSEN := FALSE;
            REPEAT I := X_START;/* START-WERTE FUER DIE */
                    J := Y_START;/* SCHLEIFEN FESTLEGEN  */
                    IF ((X_START+X_I2 = X_ENDE) OR (Y_START+Y_I2 = Y_ENDE))
                        THEN LAST_ONE_AUSSEN := TRUE;
                    P_1 := AUGEN_KOORD(FU_TAB[I,J]);
                    LAST_ONE_INNEN := FALSE;
                    REPEAT
                    IF NOT LAST_ONE_AUSSEN
                        THEN BEGIN;
                                P_3 := AUGEN_KOORD(FU_TAB[I+X_I2,J+Y_I2]);
                                STRECKE_ZEICHNEN(P_1,P_3)
                                END;
                    I := I + X_I1;/* INNERE SCHLEIFEN-INDIZES ERHOEHEN */
                    J := J + Y_I1;
                    IF ((I = X_ENDE) OR (J = Y_ENDE))
                        THEN LAST_ONE_INNEN := TRUE;
                    IF NOT LAST_ONE_INNEN
                        THEN BEGIN;
                                P_2 := AUGEN_KOORD(FU_TAB[I,J]);
                                STRECKE_ZEICHNEN(P_1,P_2)
                                END;
                    P_1 := P_2
                    UNTIL  LAST_ONE_INNEN;
                    X_START := X_START + X_I2;
                    Y_START := Y_START + Y_I2
            JNTIL  LAST_ONE_AUSSEN;
            STRICHART := 30;  /* ==> GESTRICHELTE LINIE */
            PLTIRV(STRICHART);/* STRICHART DEFINIEREN   */
            FOR I := 0 TO 3 DO /* STANDFLAECHE EINZEICHNEN */
                LINE (B_ECKEN[I MOD 4], B_ECKEN[(I+1) MOD 4]);
            FOR I := 0 TO 3 DO /* DECKFLAECHE  EINZEICHNEN */
                LINE (B_ECKEN[(I MOD 4)+4],B_ECKEN[((I+1) MOD 4)+4]);
            FOR I := 0 TO 3 DO /* VERBINDUNG BEIDER FLAECHEN */
                LINE (B_ECKEN[I],B_ECKEN[I+4])
            END /* THEN BEGIN - END */
    ELSE WRITELN('BETRACHTUNGSPUNKT IST UNTERHALB DER FUNKTION ');
END;/* PROCEDURE - END */
/*- - - - - - - - - - - - - - - - - - - - - - - - - - - - - - - - - - - - -*/
BEGIN;/* MAIN -BEGIN */
X :=  5;
FOR I := 0 TO 50 DO /* X-KOORDINATE UND X-INDEX */
    BEGIN;
    Y := -5;
    FOR J := 0 TO 50 DO /* Y-KOORDINATE UND Y-INDEX */
        BEGIN;
        WERTE_TABELLE[I,J].X := X;
```

Teil 9 von Programm 8.2

```
            WERTE_TABELLE[I,J].Y := Y;
            WERTE_TABELLE[I,J].Z := SIN( SQRT(X*X+Y*Y) );
            Y := Y + (10/50)
            END;
      X := X - (10/50)
      END;
   PLOTS; /* MIT DER PROZEDUR PLOTS WIRD DIE PLOT-SITZUNG EROEFFNET. */
   READLN(ALPHA, BETA);/* WINKEL EINLESEN */
   FUNKTION_ZEICHNEN (WERTE_TABELLE, 50, 50, 15, 15, 1, 1, ALPHA, BETA);
   FINTRA /* PLOT-SITZUNG ABSCHLIESSEN */
   END.
```

Beispiel einer Eingabe

1.2   1.56

dazugehörende Ausgabe (nur der File OUTPUT)

LAGE III/IV

Teil 10 (Ende) von Programm 8.2

nicht möglich ist.

Der Funktionsgraph wird über ein **Netz** dargestellt, wobei zwischen den Punkten ein bestimmter Abstand gewährleistet sein muß. Daß grundsätzlich nur ein Netz zur Darstellung des Funktionsverlaufes über den Funktionshügel gelegt wird, ist offensichtlich. Würde man nämlich alle Punkte zeichnen, wäre das gesamte Blatt (die Kontur) schwarz ausgefüllt und der Verlauf der Funktion nicht erkennbar, sofern nicht mit verschiedenen Graustufen gearbeitet wird.

Um aus den einzelnen Punkten der Wertetabelle ein Netz zu formen, müssen diese in der definierten Reihenfolge mit ihren Nachbarpunkten verbunden werden, es resultiert ein **Polygonnetz**, vgl. Abschnitt 8.3.4. Dem Aufbau des Polygonnetzes liegt eine **lineare** Interpolation zugrunde, weil die Stützpunkte über gerade Strecken verbunden werden. Die Funktionswertetabelle stellt die Stützpunkte für die Interpolation zur Verfügung. Im Abschnitt 8.8 wird auf die Interpolation und Approximation im Dreidimensionalen eingegangen. Nachfolgend wird ausschließlich die lineare Interpolation behandelt, ein Wechsel könnte jederzeit nachträglich stattfinden. Dies ist jedoch nur dann notwendig, wenn die Wertetabelle viele Lücken hat und das Datenmaterial keine geeignete Struktur besitzt. Verwendet man die höhergradigen Interpolationsfunktionen auch für den Zeichenvorgang (anstatt der Verbindung über Strecken), so wird aus dem Polygonnetz eine aus gekrümmten Teilflächen (Pflaster) zusammengesetzte Fläche, die dann abgebildet wird. Es stellt sich dabei ein erheblicher Mehraufwand ein, weil die alleinige Betrachtung der Endpunkte einer Strecke

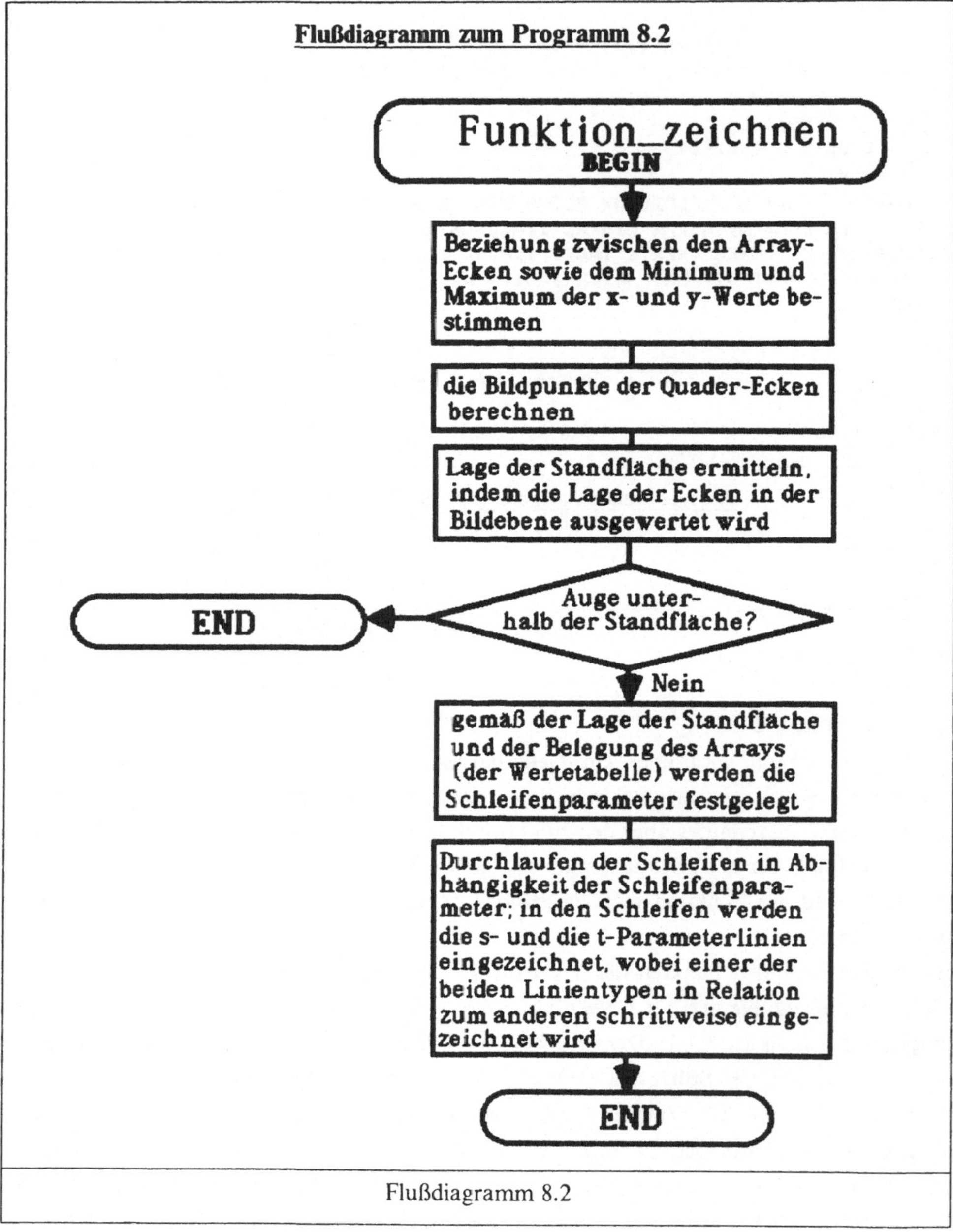

Flußdiagramm 8.2

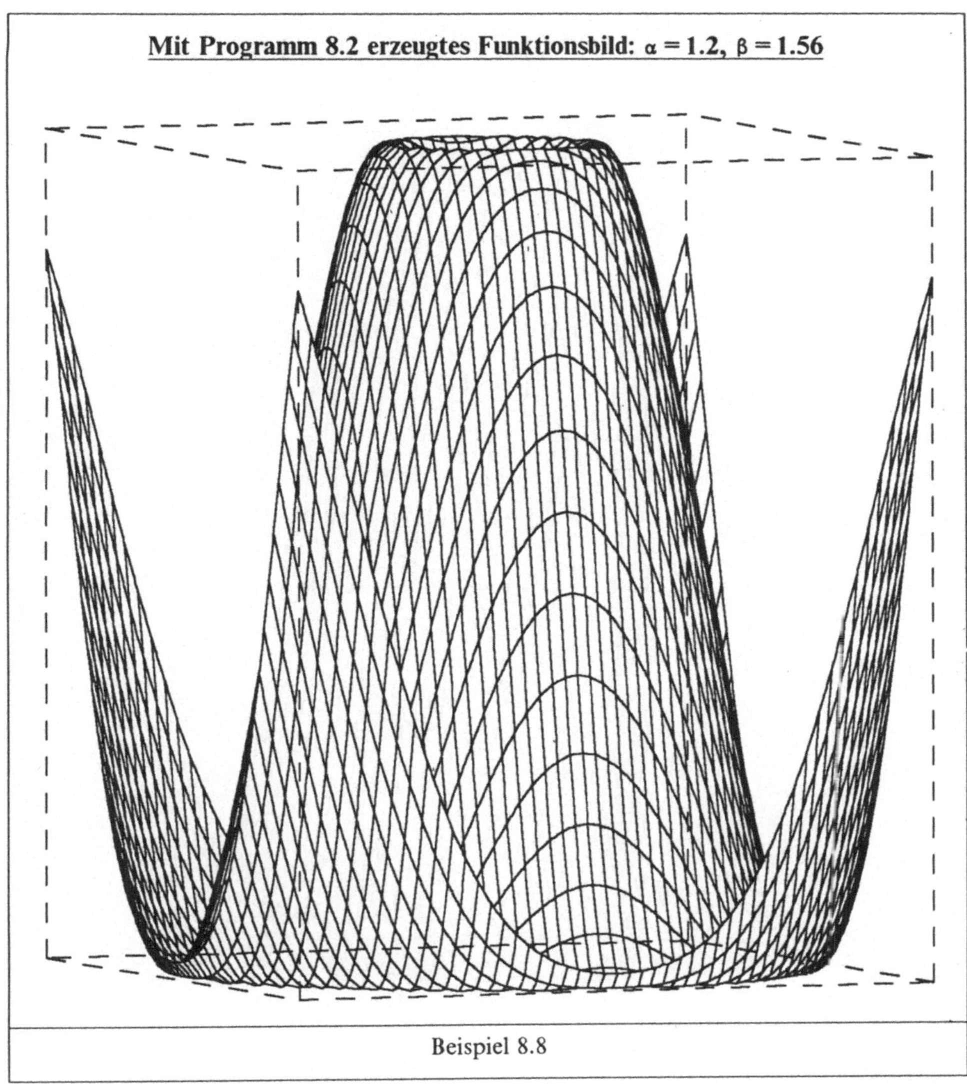

Beispiel 8.8

nicht mehr ausreicht; die gewonnene zusätzliche Aussagekraft steht bei dieser Anwendung in keinem guten Verhältnis zum notwendigen Mehraufwand. Bis zu diesem Punkt ist die grundliegende Vorgehensweise auch in Graphik 8.29 dargestellt, wobei zusätzlich der Unterschied zwischen äquidistanten und nicht äquidistanten Stützstellen verdeutlicht wird.

Es liegt nahe, den Netzaufbau mit dem Bilden der Parameterlinien zu vergleichen; diesem Vorgehen liegt die Parameterform $x = s$, $y = t$, $z = f(s,t)$ der Funktion $z = f(x,y)$ und bzgl. der Parameterwerte regelmäßige -äquidistante- Stützpunkte zugrunde, vgl. Graphik 8.29. Mit dem Verbinden der Stützpunkte ergibt sich dann eine lineare Interpolation der Parameterlinien. Umfaßt die Wertetabelle $x_{anz} \cdot y_{anz}$ Stützpunkte, so wird das Funktionsbild aus x_{anz}

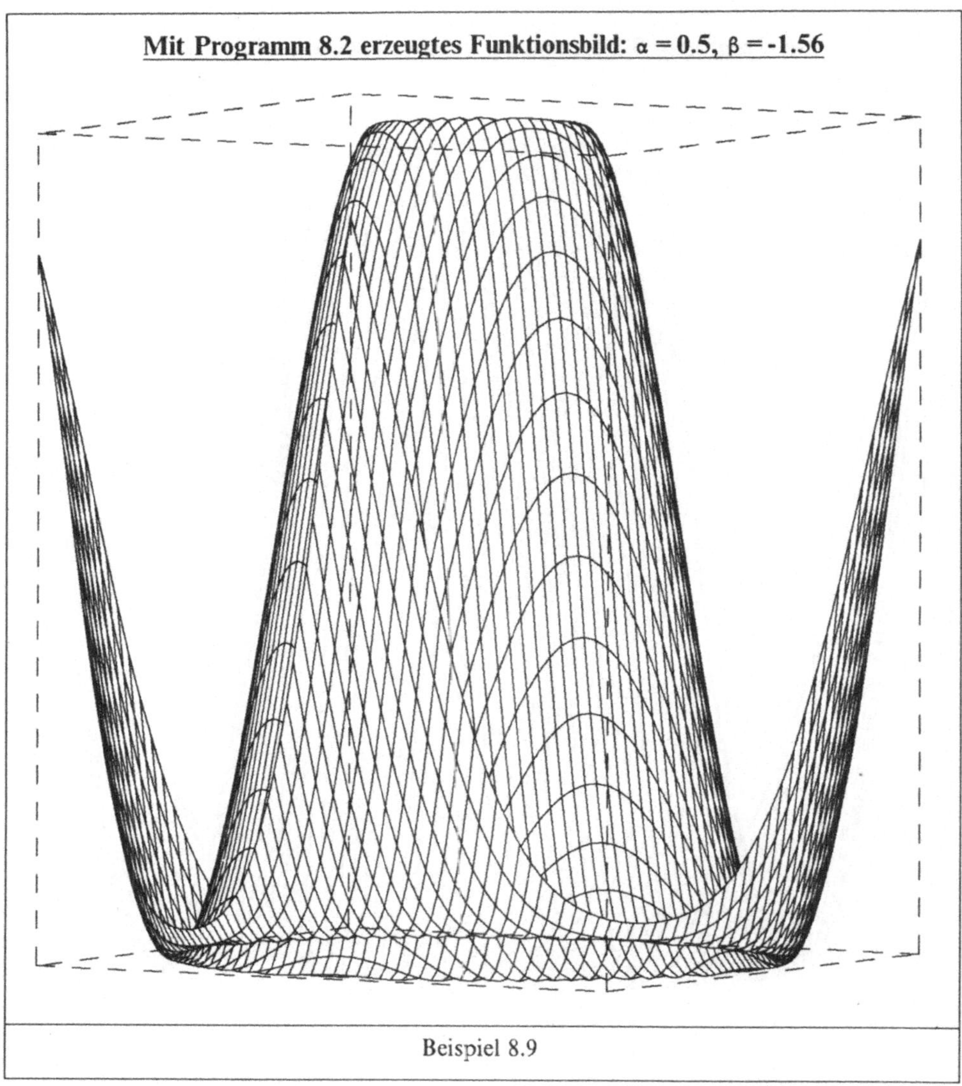

Beispiel 8.9

t-Parameterlinien und y_{anz} s-Parameterlinien bestehen.

Mit der perspektivischen und der Parallelprojektion sind Abbildungen auf die Bildebene gegeben, es wird nachfolgend nur von der zweiten Gebrauch gemacht. Weiter kann gemäß Abschnitt 8.5.4 die Betrachtung von einem beliebigen Punkt aus vorgenommen werden. Das zu betrachtende Objekt ist die mit der Funktion beschriebene Hügellandschaft, so daß über die Variation des Betrachtungspunktes bildlich ausgedrückt ein Rundflug um die Hügellandschaft vorgenommen werden kann. Die Lage der Fläche im Weltkoordinatensystem ist ohne Bedeutung, entsprechend müssen die Betrachtungsparameter gewählt oder die

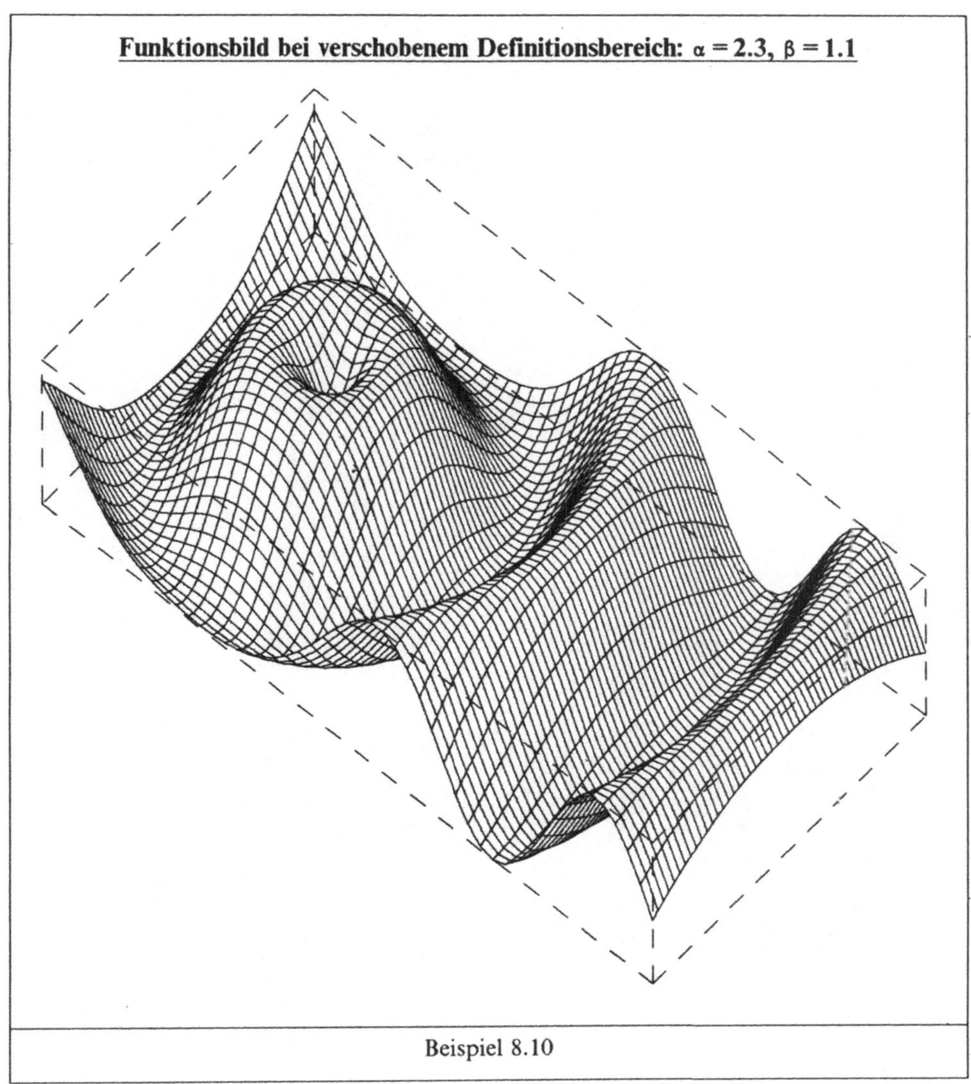

Beispiel 8.10

Funktion geeignet skaliert werden.

Der Prozeß zum Zeichnen der Funktion basiert auf einem von Watkins entwickelten Verfahren. Die Bildebene (Projektionsebene) ist gemäß Graphik 8.31 in einzelne **vertikale Streifen** unterteilt; eine **Rasterung** wird vorgenommen. Die Streifenbreite Δs legt die Genauigkeit fest, auf die Festlegung dieses Wertes wird später noch genauer eingegangen. Beim Zeichnen der einzelnen Parameterlinien wird geprüft, ob deren Verlauf bzgl. der y-Koordinate (BK) oberhalb der bisher obersten Punkte im Streifen verläuft, nur dann wird die (Teil-)Strecke eingezeichnet. Da der Funktionshügel von vorne nach hinten (von "nahe"

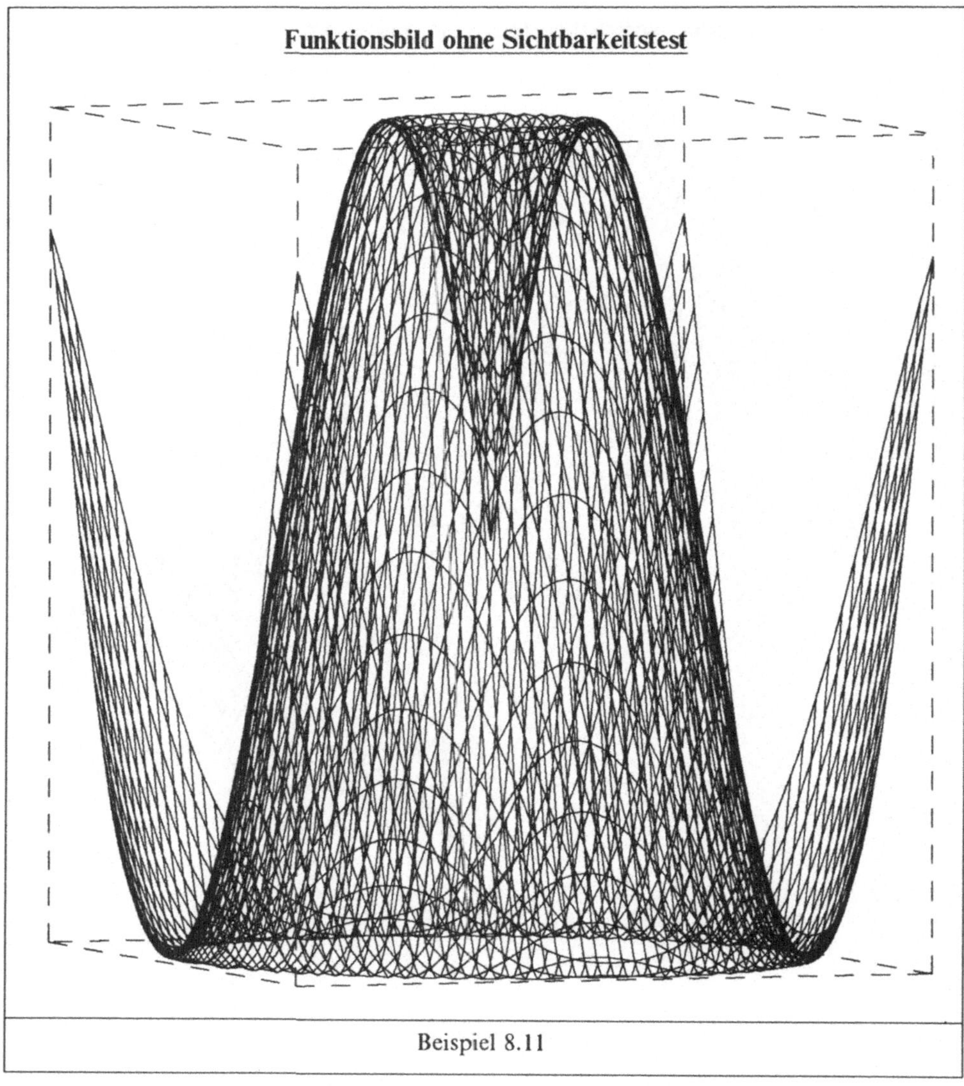

Beispiel 8.11

nach "fern") gezeichnet wird (werden muß), bedeutet eine Unterschreitung dieser Schwelle, daß der Hügel, der gerade gezeichnet wird, hinter dem vorderen (bereits gezeichneten) Hügel verschwindet; der vordere Hügel verdeckt alle dahinterliegenden. Analog dazu wird der Verlauf nach unten kontrolliert, so daß das "Tal" sichtbar wird, wenn dieses tief genug nach unten reicht. Diese Regelung trägt dem natürlichen Sehprozeß Rechnung. Beim Aufsetzen des Zeichenvorgangs muß daher gewährleistet sein, daß mit demjenigen Rand des Funktionshügels begonnen wird, der am nächsten beim Betrachter (bei der Projektionsebene) liegt.

Um diese Kante zu bestimmen, wird mit den vier Eckpunkten $(x_{min}, y_{min}, z_{min})$,

$(x_{min},y_{max},z_{min})$, $(x_{max},y_{min},z_{min})$ und $(x_{max},y_{max},z_{min})$ die "Standfläche" der Funktion beschrieben. Analog zu den Eckpunkten bzgl. der Funktionswerte können die Eckpunkte in dem zweidimensionalen Array FU_WERTE betrachtet werden. Dies ist notwendig, weil die Startindizes und die Inkremente für die beiden geschachtelten Schleifen bestimmt werden müssen, um den bereits beschriebenen realistischen Eindruck ("von vorne nach hinten") zu erzielen. Zwei ineinander geschachtelte Schleifen sind notwendig, weil eine "Bewegung" sowohl in x- als auch in y-Richtung stattfindet. Unter der Bedingung, daß die Fläche von oben betrachtet wird, kann die Standfläche acht verschiedene Lagen in der Bildebene einnehmen, wobei zu jeweils zwei Lagen definierte Schleifenparameter notwendig sind, vgl. Graphik 8.30. Die Betrachtung der "Array-Ecken" befreit von einer sonst notwendigen Konvention, daß die Monotonie der x- und y-Werte in einer **festen** Beziehung zu den Indizes stehen müssen; z.B. daß die x- und y-Werte mit dem entsprechenden Index aufsteigen müssen. Als alleinige Bedingung bleibt, daß die Wertetabelle geordnet und eine **beliebige** Monotonie bzgl. der x- und y-Werte in Verbindung mit den Indizes bestehen muß; notfalls ist das Datenmaterial einer Sortierung zu unterziehen. Die wahlfreie Betrachtung wird durch die Berücksichtigung der verschiedenen Lagen realisiert, indem der Start- und Endwert sowie das Inkrement jeder Schleife der Betrachtung angepaßt werden, um den realistischen Eindruck "von vorne nach hinten" zu erzielen. Ferner wird mit den Schleifenparametern festgelegt, welche Parameterlinie in der inneren und welche in der äußeren Schleife gezeichnet wird.

Mit welcher Begründung werden die Schleifenparameter der Betrachtung entsprechend gewählt und nicht das Objekt in eine feste Lage gedreht, so daß eine statische Schleifenstruktur Anwendung finden kann? Der alleinige Grund ist, Rechenzeit zu sparen, weil die Transformation der $x_{anz} \cdot y_{anz}$ Punkte über eine Drehmatrix sehr viel mehr Rechenzeit benötigt als die einmalige Berechnung der Schleifenparameter.

Wie verläuft der Zeichenprozeß im einzelnen? Der erste Schritt besteht in der Berechnung der Bildpunkte zu den Eckpunkten des Quaders, der mit der Wertetabelle (dem Array) sowie dem Minimum und Maximum der z-Werte beschrieben ist, vgl. Graphik 8.30. Über die Lage der "Standfläche" (Ecken (0) bis (3)) des Quaders in der Bildebene kann bestimmt werden, wie die Schleifen zu durchlaufen sind. Aus der Untersuchung der acht Ecken des Quaders können die maximalen x'- und y'-Werte im BK bestimmt werden. Man erhält für x'- und y'-Koordinaten der Bildpunkte ein festes Intervall und kann die Parameter der **Window-Viewport-Transformation** festlegen; das sind die Skalierungsfaktoren für die x- und y-Werte zur Anpassung an Breite, Höhe und Lage des GKs auf der Darstellungsfläche. Koordinaten im BK sind nachfolgend mit einem ' versehen.

Nach der Festlegung der globalen Parameter beginnt das Zeichnen der Parameterlinien. Für den Zeichenprozeß werden im Bildkoordinatensystem zwei Funktionen definiert, die Minimum-Funktion $MIN(s_i)$ und die Maximum-Funktion $MAX(s_i)$. Beide Funktionen besitzen für jeden Streifen (Punkt) s_i einen Funktionswert, der dem maximalen bzw. minimalen y-Wert in diesem Streifen entspricht. Die Funktion MAX wird am Anfang mit dem unteren Rand des Sichtfensters besetzt, $MAX(s_i) = y'_{min}$. Entsprechend ist die Funktion MIN mit y'_{max} zu initialisieren. In der Graphik 8.30 gilt $M_y = \max\{|y'_{min}|, |y'_{max}|\}$ und entsprechendes für M_x. Zu einem Urbildpunkt $P(x,y,z = f(x,y))$ des Funktionshügels (WK) werden zunächst die Augenkoordinaten bestimmt und dieser Punkt anschließend projiziert. Die Lage der Projektionsebene ist über die Betrachtungsparameter bestimmt. Für die Übernahme des Bildpunktes $P'(x',y')$ in die Bildebene ist zu prüfen, ob für $P'(x',y')$

$$y' \geq MAX(s_\alpha) \quad \underline{oder} \quad y' \leq MIN(s_\alpha) \tag{8.78}$$

zutrifft, wobei s_α den Streifen angibt, in den $P'(x',y')$ fällt. Wird die Bedingung (8.78) nicht erfüllt, darf der Punkt nicht in die Bildebene übernommen werden, weil er hinter einem bereits gezeichneten Hügel verschwindet. Die beiden Ungleichungen erinnern an das 2D-Clipping aus Abschnitt 8.6, so daß die Einführung eines **Lagecodes** zur Beschreibung der Lage des Punktes relativ zu den Werten $MAX(s_i)$ und $MIN(s_i)$ naheliegt. Der Lagecode $LC(P)$ umfaßt zwei Bits, die den Ausgang obiger Ungleichungen (8.78) vertreten. Wurde der Punkt eingezeichnet, ist gleichzeitig auch der neue nun gültige Funktionswert $MIN(s_\alpha)$ bzw. $MAX(s_\alpha)$ mit der y'-Koordinate zu besetzen,

$$MAX(s_\alpha) = y', \text{ wenn } y' \geq MAX(s_\alpha) \text{ ist.} \tag{8.79}$$

$$MIN(s_\alpha) = y', \text{ wenn } y' \leq MIN(s_\alpha) \text{ ist.} \tag{8.80}$$

Da von vorne nach hinten gezeichnet wird und bei jedem einzelnen Zeichenvorgang die Funktionen MIN und MAX neu gesetzt werden, ist der gewünschte Effekt gewährleistet, daß die vorderen Hügel die hinteren verdecken.

Gibt S die Anzahl der Streifen s_i an und sind x'_{min}, x'_{max} die untere und die obere Schranke bei den x'-Werten, so gilt

$$\Delta s = [x'_{max} - x'_{min}]/S \quad \text{bzw.} \quad \Delta s = [2 \cdot M_x]/S \quad \text{bei einem symmetrischen Fenster.} \tag{8.81}$$

Hat ein Bildpunkt die Koordinate x', dann ist die Streifennummer α mit

$$TRUNC([x' - x'_{min}]/\Delta S) \quad \text{bzw.} \quad TRUNC([x' + M_x]/\Delta S) \tag{8.82}$$

gegeben. Bisher ist nur das Kriterium für einzelne Punkte beschrieben worden. Da aus Gründen der Effizienz nicht jeder einzelne Punkt betrachtet wird, sondern jeweils nur die Endpunkte einer (Teil-)Strecke, muß für die Strecke ein entsprechendes Kriterium hergeleitet werden, das über deren Aufnahme in die Zeichnung (Bildebene) entscheidet. Welche zusätzlichen Prüfungen bzw. Berechnungen ergeben sich, wenn eine lineare Interpolation stattfindet und die Punkte über Strecken miteinander verbunden werden? Der Test erstreckt sich über die gesamte Strecke zwischen zwei Punkten $P_i(x_i,y_i)$ und $P_{i+1}(x_{i+1},y_{i+1})$. Mit der Wahl des Wertes Δs bestimmt man, wieviele Tests für eine solche Strecke durchzuführen sind. Liegt P_i bspw. im Streifen fünf und P_{i+1} im Streifen zehn, so ist die Sichtbarkeit der Strecke für jeden der fünf Streckenabschnitte gemäß der Streifeneinteilung vorzunehmen. In diesem konkreten Beispiel sind fünf Teilstrecken auf Sichtbarkeit zu überprüfen, indem jeweils die beiden Endpunkte gemäß den obigen Bedingungen auf Sichtbarkeit hin geprüft werden. Beim Zeichnen dieser Strecke muß die Minimum- und Maximum-Funktion für jeden der Streifen neu gesetzt werden, wenn eine (Teil-)Strecke gezeichnet wird. Die verschiedenen Bearbeitungsfälle, die beim Zeichnen einer Teilstrecke auftreten können, sind in der Graphik 8.31 dargestellt. Reicht die Berücksichtigung dieser 15 Fälle aus? Die Argumentation findet an dieser Stelle in Anlehnung an die der Infinitesimalrechnung statt. Es wird mit einem sehr kleinen Δs argumentiert wird, durch das viele der speziellen Fälle auf die 15 trivialen Fälle zurückgeführt werden können, vgl. Graphik 8.31.

Der hier beschriebene Algorithmus findet seine ursprüngliche Anwendung bei Rasterbildschirmen, deren Auflösung (Pixelanzahl) den Wert Δs unmittelbar festlegt. Liegt dem Ausgabegerät keine direkte Rasterung zugrunde, so nimmt man diese eigenständig vor, indem gemäß der gewünschten Darstellungsqualität eine solche festgelegt wird. Eine Rasterung ist praktisch nur auf die x-Koordinate anzusetzen, weil mit den Funktionen MAX und MIN eine "reelle Rasterung" bzgl. der y-Koordinate vorgenommen wird. Die programmtechnische Realisierung der Rasterung besteht in zwei Arrays MIN und MAX, die zu jedem Streifen die Funktionswerte aufnehmen. Ist eine hohe Genauigkeit der Wunsch, sollte andererseits die Spaltenbreite Δs der Auflösung der Augen und des Ausgabegerätes sowie der Rechengenauigkeit und Kapazität des Rechners angepaßt sein.

Mit Programm 8.2 ist obiger Algorithmus programmtechnisch umgesetzt worden, Flußdiagramm 8.2 beschreibt den Programmablauf näher. Als Graphiksystem liegt das Unterprogrammpaket der Firm CalComp bzw. Benson zugrunde. Neben den Prozeduren zur Eröffnung und Beendigung einer Plot-Sitzung (PLOTS und FINTRA) werden nur eine Prozedur zum Zeichnen einer Linie (DASH) und zum Festlegen der Strichart (PLTIRV) genutzt. Ein Übergang zu einem anderen Graphiksystem ist aus diesem Grund ohne Schwierigkeiten möglich. Zusätzlich wurden die Aufrufe der Graphik-Prozeduren konzentriert, indem ausschließlich die Prozedur LINE zum Zeichnen einer Linie dient. Den Skalierungen (der Window-Viewport-Transformation) liegt zugrunde, daß eine Einheit im GK (im Plotterkoordinatensystem) ein Zentimeter ist.

Die Parameterliste der Plot-Prozeduren verwendet den Datentyp SHORTREAL, und dem Prozedurkopf folgt die Direktive FORTRAN, beides sind Erweiterungen im Rahmen des IBM-PASCAL\VS-COMPILERs. Die Plot-Prozeduren obiger Firmen stehen als FORTRAN-Unterprogrammpaket zur Verfügung. Damit eine Kommunikation -der (Unter-)Programmaufruf mit einer Parameterübergabe- zwischen unterschiedlichen Programmiersprachen möglich ist, gibt es z.B. bei den IBM-Compilern eine **Compiler-Compiler-Schnittstelle** (Inter Language Communication). Diese ist über Konventionen zum Programmaufruf und der Parameterübergabe realisiert. Die Direktive FORTRAN signalisiert dem Pascalcompiler, daß sich diese Prozedur nicht in dem zu compilierenden Quellenprogramm befindet, sondern außerhalb (**external**) und ein FORTRAN-Unterprogramm ist. Entsprechend wird die interne Übergabe der Parameter gestaltet, und die Nutzung z.B. der (häufig nur) in FORTRAN vorliegenden Graphik-Software ist möglich. Der Typ

SHORTREAL gibt den Genauigkeitstyp der Gleitkommavariablen an, in diesem Fall soll sie -im Gegensatz zum normalen REAL- nicht acht, sondern nur vier Bytes betragen, womit sich eine kürzere Mantisse ergibt; den Unterprogrammen liegt die kürzere Gleitkommadarstellung zugrunde. Für die Parameterübergabe an die Prozedur DASH sind auch die beiden Variablen EINS und ZWEI notwendig.

Nachfolgend einige Erläuterungen zum Programmablauf. Im ersten Schritt wird aus der Wertetabelle der Quader aufgebaut. Die Variablen X_MIN_IND bis Y_MAX_IND befreien von der Bedingung, daß die Monotonie der x- und y-Werte mit den Indizes in einem **festen** Zusammenhang stehen muß, vgl. oben. Nachdem zu den Ecken des Quaders die Bildpunkte berechnet wurden, werden dessen Lage bestimmt und die Schleifenparameter festgelegt. Im Programm 8.2 sind zum Test die WRITE-Anweisungen enthalten, die den Lagetyp ausgeben. Mit den Variablen X_START, X_I1, ..., Y_ENDE werden die beiden ineinander geschachtelten Schleifen gesteuert, es sind die oben beschriebenen Schleifenparameter. Die Reihenfolge, in der die Punkte miteinander verbunden werden, ist in der Graphik 8.32 dargestellt. Ob die x- oder die y-Indizes in der inneren oder der äußeren Schleife erhöht werden, wird mit den Variablen X_I1, ..., Y_I2 gesteuert. Entsprechend wird die eine mit dem Inkrement und die andere mit Null besetzt.

Die Funktion STRECKE_ZEICHNEN verarbeitet die in der Graphik 8.31 dargestellten Fälle, wie die Endpunkte einer (Teil-)Strecke zueinander liegen können. Der Symmetrie wird Rechnung getragen, indem beide Punkte notfalls vertauscht werden, und nur die eine Hälfte an Möglichkeiten muß berücksichtigt werden. Die Ausgabe einer mit Programm 8.2 dargestellten Funktion ist in den Beispielen 8.8, 8.9 und 8.10 aufgeführt. Mit Beispiel 8.11 wird der Unterschied zwischen einer Funktionszeichnung mit und ohne die Unterdrückung nicht sichtbarer Flächen aufgezeigt; die Prozedur STRECKE_ZEICHNEN wurde für diesen Schritt durch die Prozedur LINE ersetzt. Bei bestimmten Parameterbesetzungen können "schlechtere" Bilder entstehen, bspw. wenn man $\alpha = 0$ wählt. Diese sind teilweise mit der Rechenungenauigkeit zu begründen. Hierin findet die erste IF-Anweisung in der Prozedur FUNKTION_ZEICHNEN ihre Funktion. Ist $\alpha \varepsilon \{...,-90,0,90,180,270,...\}$, so kann die Berechnung ergeben, daß sich das Auge unterhalb der Funktion befindet, obwohl dies nicht der Fall ist. Die Addition dieser kleinen Zahl nimmt eine kleine (unsichtbare) Drehung vor, die in der resultierenden Zeichnung durch das Auge nicht wahrgenommen werden kann oder vom Zeichengerät nicht darstellbar ist. Der Fehler, bedingt durch die Rechenungenauigkeit, tritt nicht auf. Ferner werden der Prozedur FUNKTION_ZEICHNEN nur die beiden Winkel α, β und **kein** Radius übergeben. Die WK→AK-Transformation wird ausschließlich über die Winkel α und β und nicht über den Radius r parametrisiert, so daß die z_a-Achse stets zum Nullpunkt des WKs zeigt, wenn obige Intervalle eingehalten werden. Bei der Wahl für α liegt das Intervall von 0 bis 2π und für β das Intervall 0 bis π nahe. Der Radius ist ohne Bedeutung, eine Tiefeninformation muß nicht genutzt werden. Programm 8.2 ist für eine Betrachtung von oben konzipiert, und es wird eine Fehlermeldung ausgegeben, falls sich der Betrachtungspunkt unterhalb der Standfläche befindet. Festgestellt wird dies nicht über den

Winkel β, sondern über eine nicht mögliche Lage der Standfläche in der Bildebene. Die Lagen der Standfläche bei einem Betrachtungspunkt unterhalb der Standfläche entstehen aus denen der Graphik 8.30, indem jeweils der obere mit dem unteren Punkt vertauscht werden. Den Winkel β größer als π zu wählen, führt auf den zuvor beschriebenen Lagefehler. Eine besondere Wahl liegt für $\beta \varepsilon [-\pi/2, 0]$ vor, weil dann die Figur "umgedreht" (quasi von unten betrachtet) wird. Dies geht aus der Matrix für die WK→AK-Transformation hervor, vgl. Abschnitt 8.6. Vollzieht man die einzelnen Transformationen mit $\beta < 0$, so erkennt man, daß die y_a-Achse nach unten gerichtet ist und die z_a-Achse nicht zum WK-Ursprung zeigt.

Ein wichtiger Gesichtspunkt bei der Implementierung des Programms ist der verfügbare Speicherplatz. Allein die Wertetabelle umfaßt $x_{anz} \cdot y_{anz} \cdot 3$ Realvariablen, so daß sich bei einem Kleinrechner schnell Einschränkungen ergeben können. Auch aus diesem Grund ist der Parameter FU_TAB in der Parameterliste als Variablenparameter vereinbart. Es wird damit vermieden, daß eine Kopie übergeben und doppelt soviel Speicherplatz benötigt wird. Neben den Anforderungen an internem Speicher kann sich (bei einer umfangreichen Graphik) zugleich eine große Datenmenge einstellen. Es handelt sich hier um ein passives Graphiksystem, und der Output wird nicht unmittelbar dem Ausgabegerät übergeben, sondern in einer Datei zwischengespeichert. Dies ist unter anderem notwendig und eine Voraussetzung für den Einsatz auf einem Großrechner, weil für viele Benutzer der Zugriff gewährleistet sein muß. Die Serialisation erfolgt über eine Ausgabe-Warteschlange (output queue). Jeder DASH-Prozeduraufruf erzeugt eine Ausgabe in Form eines Datensatzes. Um die Datenmenge zu beschränken, wird in der Prozedur STRECKE_ZEICHNEN in den Fällen I und V versucht, ein möglichst langes sichtbares Streckenstück mit einem einzigen DASH-Prozeduraufruf vorzunehmen und Teilstrecken zusammenzufassen; ohne Zweifel spart dies auch Rechenzeit.

Eine gesteigerte Aussagekraft erfährt die Funktionszeichnung, wenn man die beiden Seiten der Fläche verdeutlicht. Dies führt zu den Normalenvektoren auf den einzelnen Polygonen des Polygonnetzes. Man berechnet den Normalenvektor bei einem einheitlich festgelegten Umlaufsinn und prüft, ob er zum Betrachter zeigt oder nicht, vgl. Graphik 8.29. Wählt man für beide Fälle unterschiedliche Farben, wird der Verlauf der Funktion noch deutlicher. Im Programm 8.2 wurde auf diese Erweiterung verzichtet, auch aus dem Grund, daß keine farbigen Abbildungen im Manuskript möglich waren. Diese Erweiterung muß in die "Kernschleife" der Prozedur FUNKTION_ZEICHNEN integriert werden, indem ein Stiftwechsel entsprechend vorgenommen wird.

Abschließend eine kurze Bemerkung zu einigen Variablennamen in Programm 8.2. Selbst wenn Pascal "keine" Reglementierungen bzgl. der Namenlänge vorschreibt, ist es grundsätzlich praktisch, diese kurz zu halten. Es muß ein Kompromiß zwischen der Aussagekraft des Namens und dessen Länge gefunden werden. Ein Verfahren zur geeigneten Wahl des

Namens besteht in der teilweisen oder auch vollständigen Unterlassung der Vokale. Die Wahrscheinlichkeitsstruktur von Schrift und Sprache ermöglicht die **Sinnrekonstruktion**. Unterstützt wird dieser Vorgang durch einen geeigneten Kommentar, der das Wort in ausgeschriebener Form enthält. Mit der Variablen LGCD wird über diesen Effekt stets der Lagecode assoziiert.

8.7.4 SICHTBARKEITSUNTERSUCHUNG IM ALLGEMEINEN FALL

In den beiden vorangehenden Abschnitten wurde die Sichtbarkeitsuntersuchung für spezielle Anwendungen vorgestellt, bei konvexen Körpern und bei Funktionsbildern. Wie ist bei einer frei modellierten Welt vorzugehen? Zwei Lösungsansätze werden nachfolgend vorgestellt, dies ausschließlich in Form einer prozeduralen Beschreibung, d.h. ohne die programmtechnische Umsetzung.

(1) **Dem Modell liegen Polyeder und Polygone zugrunde:**

    (a) Jedes Polyeder wird für sich dem Normalenvektor-Test unterzogen, so daß grundsätzlich nicht sichtbare Flächen keine weitere Beachtung finden müssen. Nicht konvexe Polyeder werden ggf. in konvexe unterteilt und entsprechend behandelt.

    (b) Mit Schritt (a) liegt eine Menge an ebenen Flächen vor, deren gegenseitige Überdeckung zu betrachten ist. Ein Teil der Flächen stammt nicht aus Schritt (a) sondern aus der Verwendung des Darstellungselements Fläche. Für die Ermittlung der gegenseitigen Überdeckung wird zunächst die **Kontur** einer jeden Fläche (ein Polygon in der Bildebene) betrachtet.

    Mit dem sogenannten **Min-Max-Test** wird ein Vortest auf jeweils zwei Polygone P_1 und P_2 vorgenommen; dies mit dem Vergleich der maximalen und minimalen x- und y-Koordinaten gemäß

$$x_{max}(P_1) < x_{min}(P_2), \quad x_{max}(P_2) < x_{min}(P_1),$$

$$y_{max}(P_1) < y_{min}(P_2), \quad y_{max}(P_2) < y_{min}(P_1) \ . \tag{8.83}$$

    Mit dem Zutreffen einer einzigen Bedingung kann die gegenseitige Überdeckung ausgeschlossen werden. Andererseits ist diese auch nicht garantiert, wenn keine Bedingung erfüllt wird; es bedarf weiterer Tests. Drei Fälle sind möglich: (1) keine Überlappung, (2) beide Polygone überlappen sich zum Teil (3) oder eines das andere vollständig. Für (2) bedient man sich dem "Schneiden sich zwei Strecken?"-Test aus Abschnitt 8.4, indem die Kanten paarweise auf einen Schnitt hin überprüft werden. Fall (3) läßt sich mit dem "Punkt im Polygon"-Test nachweisen; das vollständig überdeckte Polygon kann verworfen werden. Welches Polygon hinten liegt und nicht sichtbar ist, wird über die Tiefeninformation bestimmt, vgl. Abschnitt 8.5.5. Fall (1) ergibt sich aus dem Nicht-Zutreffen der Fälle (2) und (3). Analog wird mit dem Darstellungselement Strecke und Punkt verfahren, wobei bei der Strecke eine schrittweise Untergliederung in Teilstrecken stattfinden kann.

(2) **Rastermethode (Tiefen-Puffer-Algorithmus):**
Dieser Algorithmus basiert auf dem Charakter des Rasterbildschirms. Nachfolgend wird in Anlehnung an Abschnitt 8.7.3 diese Umgebung nachgebildet. Es werden die beiden zweidimensionalen Arrays TIEFE $[0..x_{max},0..y_{max}]$ und BILD_PUNKTE $[0..x_{max},0..y_{max}]$ angelegt, wobei x_{max} und y_{max} die maximale Streifennummer angeben; der Ausschnitt der Bildebene wird in horizontale und vertikale Streifen unterteilt. Man erkennt, daß im Gegensatz zum Abschnitt 8.7.3 eine Rasterung bzgl. beider Koordinaten vorgenommen wird; dies begründet sich im weiteren Vorgehen. Zunächst wird das Array TIEFE mit der größtmöglichen z-Koordinate und BILD_PUNKTE mit Null (mit der Hintergrundfarbe) initialisiert. Anschließend wird eine sogenannte **Scan-Line** (Abtastlinie) gebildet, mit der eine **Abtastung** stattfindet. Mit dem unteren linken Punkt der Rasterfläche wird z.B. begonnen. Da die Rasterfläche auf der Bildebene aufliegt, bildet man mit dem entsprechenden Punkt der Bildebene und dem Projektionsvektor eine Gerade. Anschließend wird diese Gerade mit sämtlichen Polygonen geschnitten. Dabei wird der kleinste z-Wert (die kleinste Distanz zum Betrachtungspunkt) in TIEFE und in BILD_PUNKTE die Farbe dieses Polygons festgehalten. Die Tiefe wird auch hier mit der Tiefeninformation der Punkte berechnet, vgl. Abschnitt 8.5.5. Liegt eine Schwarz-Weiß-Umgebung vor, so wird BILD_PUNKTE z.B. auf weiß gesetzt, wenn der Schnittpunkt innerhalb des Polygons liegt, d.h. nicht Element einer Kante ist. Bei einem Punkt auf der Kante ist BILD_PUNKTE auf schwarz zu setzen. Es wird mit diesem Verfahren die gesamte Welt zeilenweise abgetastet, so daß am Ende in BILD_PUNKTE das abgetastete Bild enthalten ist und ausgegeben werden kann. Bei der programmtechnischen Umsetzung bieten sich zahlreiche Möglichkeiten der Optimierung an, so daß dieser Algorithmus insbesondere auch auf kleineren Rechnern eingesetzt werden kann.

8.8 KURVEN UND FLÄCHEN

Gerade bei der Konstruktion liegen selten analytische Funktionen zur Oberflächenbeschreibung vor. Das Graphiksystem muß das Modellieren von Kurven und Flächen über Stützpunkte und anderen Angaben, wie Steigungen, Tangenten etc., ermöglichen; man spricht von **Freiformkurven** bzw. **-flächen**. Verschiedene Verfahren mit jeweils unterschiedlichen Anwendungsspektren und Eigenschaften werden nachstehend vorgestellt.

8.8.1 RAUMKURVEN IN PARAMETERFORM ÜBER INTERPOLATION

Die Vorzüge und der hohe Stellenwert der Parameterform ist bereits im Abschnitt 8.3.4 aufgezeigt worden. Es ist daher von Interesse, für eine gegebene Wertetabelle eine Parameterdarstellung zu bestimmen. In Kapitel 5 wurde die Interpolation einer Funktion $y = f(x)$ vorgestellt. Da Kurven einer Parameterdarstellung auch geschlossen sein können, muß eine
Abwandlung in bezug auf das Gleichungssystem (5.2) stattfinden.

Vorgegeben ist eine Wertetabelle mit $n+1$ Punkten $P_i(x_i,y_i)$ $(i = 0,1,...,n)$. Nachdem ein
Parameterintervall $[t_{min};t_{max}]$ frei festgelegt wurde, unterteilt man dieses in n beliebige
Teilintervalle, deren Grenzen die Parameterwerte t_0 bis t_n sind. Für jedes x_i wird der
Ansatz

$$x_i = a_0 + a_1 \bullet t_i + a_2 \bullet t_i^2 + a_3 \bullet t_i^3 + ... + a_n \bullet t_i^n \tag{8.84}$$

gemacht, indem jedem x_i ein t_i zugeordnet und die Gleichung aufgestellt wird. Die Zuordnung sollte mit einer gewissen Systematik stattfinden, damit die gewünschte Kurvenform
resultiert, vgl. Beispiel 8.12. Mit den $n+1$ x_i-Werten sowie den $n+1$ t_i-Parameterwerten
resultiert ein Gleichungssystem, bestehend aus $n+1$ Gleichungen mit den $n+1$ Unbekannten a_0 bis a_n. Aus diesem gewinnt man die Koeffizienten a_i des "x-Parameter-Interpolati-
onspolynoms"

$$x = a_0 + a_1 \bullet t + a_2 \bullet t^2 + a_3 \bullet t^3 + ... + a_n \bullet t^n. \tag{8.85}$$

Analog wird zur Gewinnung des y-Parameter-Polynoms vorgegangen, indem für den Ansatz

$$y = b_0 + b_1 \bullet t + b_2 \bullet t^2 + b_3 \bullet t^3 + ... + b_n \bullet t^n \tag{8.86}$$

die Koeffizienten b_i berechnet werden. Dabei muß selbstverständlich die bereits bei den x_i
getroffene Zuordnung übernommen werden, denn zu jedem t_i gehört ein Stützpunkt P_j.

Aus dem Lösen beider Gleichungssysteme erhält man die Parameterform $x = I(t)$, $y = J(t)$,
wobei I und J die Interpolationspolynome sind. Die Parametergrenzen t_{min} und t_{max}
-nicht die verhältnismäßige Aufteilung in die Teilintervalle- können frei festgelegt werden, an
der eigentlichen Kurvenform findet keine Veränderung statt; die Wahl $t_{min} = -1$ und
$t_{max} = 1$ ist naheliegend. In Beispiel 8.12 wird für eine Ellipse obige Berechnung bei zwei
unterschiedlichen Zuordnungen vorgeführt. Bemerkt wird, daß für geschlossene Kurven ein
Punkt zweimal Verwendung findet, einmal als Startpunkt und zum anderen als Endpunkt.
Für eine Raumkurve muß obiger Schritt lediglich auf das z-Parameter-Polynom erweitert
werden.

Gleichzeitig besteht die Möglichkeit, die Kurve nicht ausschließlich nur über Punkte, sondern auch über Ableitungen (Tangentenvektoren) zu beschreiben; man spricht von der **Her-
mite-Interpolation**, vgl. Abschnitt 5.1.1. Ein häufig angewandter Polynomtyp ist das kubi-
sche Hermitesche Interpolationspolynom, zu dessen Bestimmung z.B. zwei Punkte und die
Ableitungen an diesen beiden Stellen vorliegen können. Die vier Koeffizienten a_0 bis a_3 des
x-Parameter-Polynoms berechnen sich mit den beiden Punkten $Q(q_x,q_y)$, $R(r_x,r_y)$ sowie den

Raumkurve zu einer vorgegebenen Wertetabelle

Die vier Stützpunkte P_i für die Ellipse sind: $P_0(-5,0)$, $P_1(0,3)$, $P_2(5,0)$ und $P_3(0,-3)$. Nachstehend wird das Interpolationspolynom für zwei unterschiedliche Zuordnungen (Parameterwert→Punkt) (a) und (b) berechnet. Die erheblichen Unterschiede zwischen den interpolierten Kurven selbst und zwischen der Ellipse lassen sich an den beiden Funktionsgraphen deutlich erkennen. Es bietet sich daher nicht an, die Ellipse unmittelbar mit dieser Methode zu zeichnen, sondern die Symmetrie sollte genutzt werden.

(a) $t_0 = -1 \quad \rightarrow \quad P_0(-5,0)$

       $t_1 = -0.5 \quad \rightarrow \quad P_1(0,3)$

       $t_2 = 0 \quad \rightarrow \quad P_2(5,0) \qquad => x(t) = 5 - (70/3) \cdot t^2 + (40/3) \cdot t^4,$

       $t_3 = 0.5 \quad \rightarrow \quad P_3(0,-3) \qquad\quad y(t) = -8 \cdot t + 8 \cdot t^3$

       $t_4 = 1 \quad \rightarrow \quad P_0(-5,0)$

(b) $t_0 = -1 \quad \rightarrow \quad P_2(5,0)$

       $t_1 = -0.5 \quad \rightarrow \quad P_0(-5,0)$

       $t_2 = 0 \quad \rightarrow \quad P_3(0,-3) \qquad => x(t) = (20/3) \cdot t - 15 \cdot t^2 - (20/3) \cdot t^3 + 20 \cdot t^4,$

       $t_3 = 0.5 \quad \rightarrow \quad P_1(0,3) \qquad\quad y(t) = -3 + 4 \cdot t + 23 \cdot t^2 - 4 \cdot t^3 - 20 \cdot t^4$

       $t_4 = 1 \quad \rightarrow \quad P_2(5,0)$

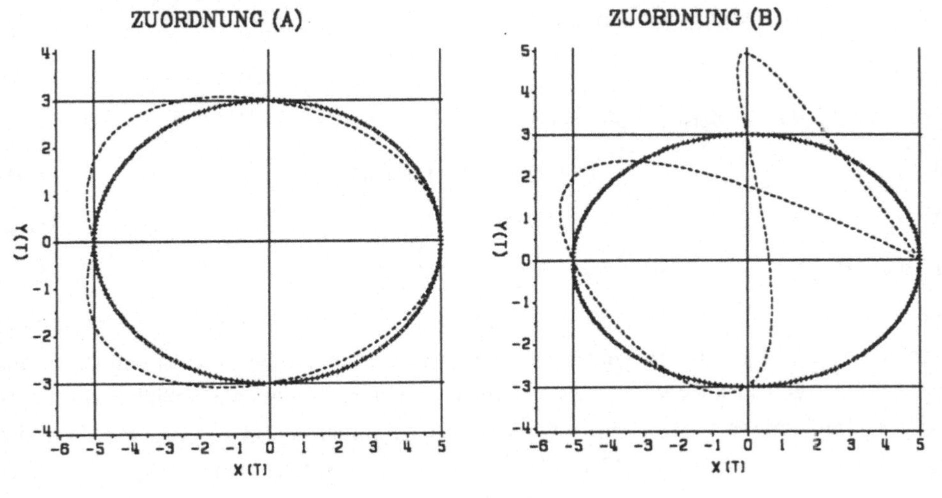

Beispiel 8.12

beiden Tangentenvektoren $\vec{q}\,' = (q_{x'}, q_{y'})$ und $\vec{r}\,' = (r_{x'}, r_{y'})$ gemäß

$$
\begin{aligned}
q_x &= & & & & & a_0 \\
r_x &= & a_3 + & & a_2 + & & a_1 + & & a_0 \ , \\
q_{x'} &= & & & & & a_1 \\
r_{x'} &= & 3 \bullet a_3 + & & 2 \bullet a_2 + & & a_1
\end{aligned}
\tag{8.87}
$$

wobei für den Parameter t das Intervall $[0,1]$ gewählt wurde ($[t_0 = 0] \mapsto Q$, $[t_1 = 1] \mapsto R$). Analog ergibt sich das Polynom für den y-Parameter. Auch lassen sich die in Kapitel 5 vorgestellten Interpolationen (Newton, Lagrange) hier unmittelbar anwenden.

8.8.2 FREIFORMKURVEN

Häufig möchte der Anwender mit der Vorgabe einiger Punkte den Verlauf der Kurve nur **global** bestimmen, so daß diese nicht unbedingt durch die spezifizierten Punkte verlaufen müssen; es wird approximiert. Nachfolgend wird ein solcher Kurventyp vorgestellt, die **Bezier-Kurve**. Sie ist bei $n+1$ Punkten $P_i(x_i, y_i)$ durch

$$
\vec{x}(t) = \sum_{i=0}^{n} [\ n!/[i! \bullet (n-i)!] \bullet t^i \bullet (1-t)^{n-i} \bullet \vec{p}_i\ ] \quad \text{bzw.}
\tag{8.88}
$$

$$
\vec{x}(t) = (1-t)^n \bullet [(t/(1-t)) \bullet (\sum_{i=1}^{n} \binom{n}{i} \bullet (t/(1-t))^{i-1} \bullet \vec{p}_i) + \vec{p}_0] \quad \text{mit } 0 \le t \le 1
\tag{8.89}
$$

definiert. Der Faktor, mit dem $\vec{p}_i$, der Ortsvektor des Stützpunktes P_i, multipliziert wird, entspricht dem **Bernsteinpolynom** $B_{i,n}$ mit

$$
B_{i,n}(t) = n!/[i! \bullet (n-i)!] \bullet t^i \bullet (1-t)^{n-i} \ .
\tag{8.90}
$$

Die Eigenschaften des Bernsteinpolynoms

$$
\text{(a)} \quad \sum_{i=0}^{n} B_{i,n}(t) = 1 \qquad \text{(Zerlegung der Einheit)}
\tag{8.91}
$$

$$
\text{(b)} \quad B_{i,n}(t) = B_{n-i,n}(1-t) \qquad \text{(Symmetrie)}
\tag{8.92}
$$

$$
\text{(c)} \quad \max\{B_{i,n}(t)\} \quad \text{liegt bei} \quad t = i/n \quad \text{für} \quad 1 \le i \le n-1
\tag{8.93}
$$

prägen gleichzeitig den Kurvenlauf. Die Bezier-Kurve verläuft stets durch den Start- und Endpunkt P_0 und P_n. Die Tangenten in diesen beiden Punkten entsprechen den End-Kanten des umschreibenden Polygons, das aus der geordneten Punktmenge gebildet wird. Das Maß der Einflußnahme eines jeden Punktes am gesamten Kurvenverlauf wird mit der Gegenüberstellung in Beispiel 8.13 deutlich, in dem die Bernsteinpolynome $B_{i,4}$ mit aufgeführt sind. Es fällt auf, daß jedes der Polynome zwar nur in einer gewissen Umgebung eine starke Einflußnahme ausübt, diese jedoch nie verschwindet, da $B_{i,n} > 0$ für $t \neq 0,1$ ist. Man spricht von einer **globalen Kontrolle**, die man mit der Verlagerung eines Punktes ausüben kann, weil eine Änderung am gesamten Kurvenverlauf hervorgerufen wird. Bildet man die konvexe Hülle der Stützpunktmenge, so ist garantiert, daß die Kurve innerhalb dieser ver-

Bezier-Kurven

(1) $P_0(-5,0)$, $P_1(-4,4)$, $P_2(2,3)$, $P_3(5,-2)$, $P_4(-5,0)$

(2) $P_0(-5,0)$, $P_1(-4,4)$, $P_2(2,3)$, $P_3(5,-2)$, $P_4(0,0)$

(3) $P_0(-5,0)$, $P_1(-4,4)$, $P_2(2,3)$, $P_3(5,-2)$, $P_4(10,2)$

(4) $P_0(-5,0)$, $P_1(-4,4)$, $P_2(8,3)$, $P_3(5,-2)$, $P_4(10,2)$

(5) $P_0(-5,0)$, $P_1(8,3)$, $P_2(8,3)$, $P_3(10,2)$, $P_4(10,2)$

(6) $P_0(-5,0)$, $P_1(8,3)$, $P_2(-6,0)$, $P_3(10,2)$, $P_4(0,5)$

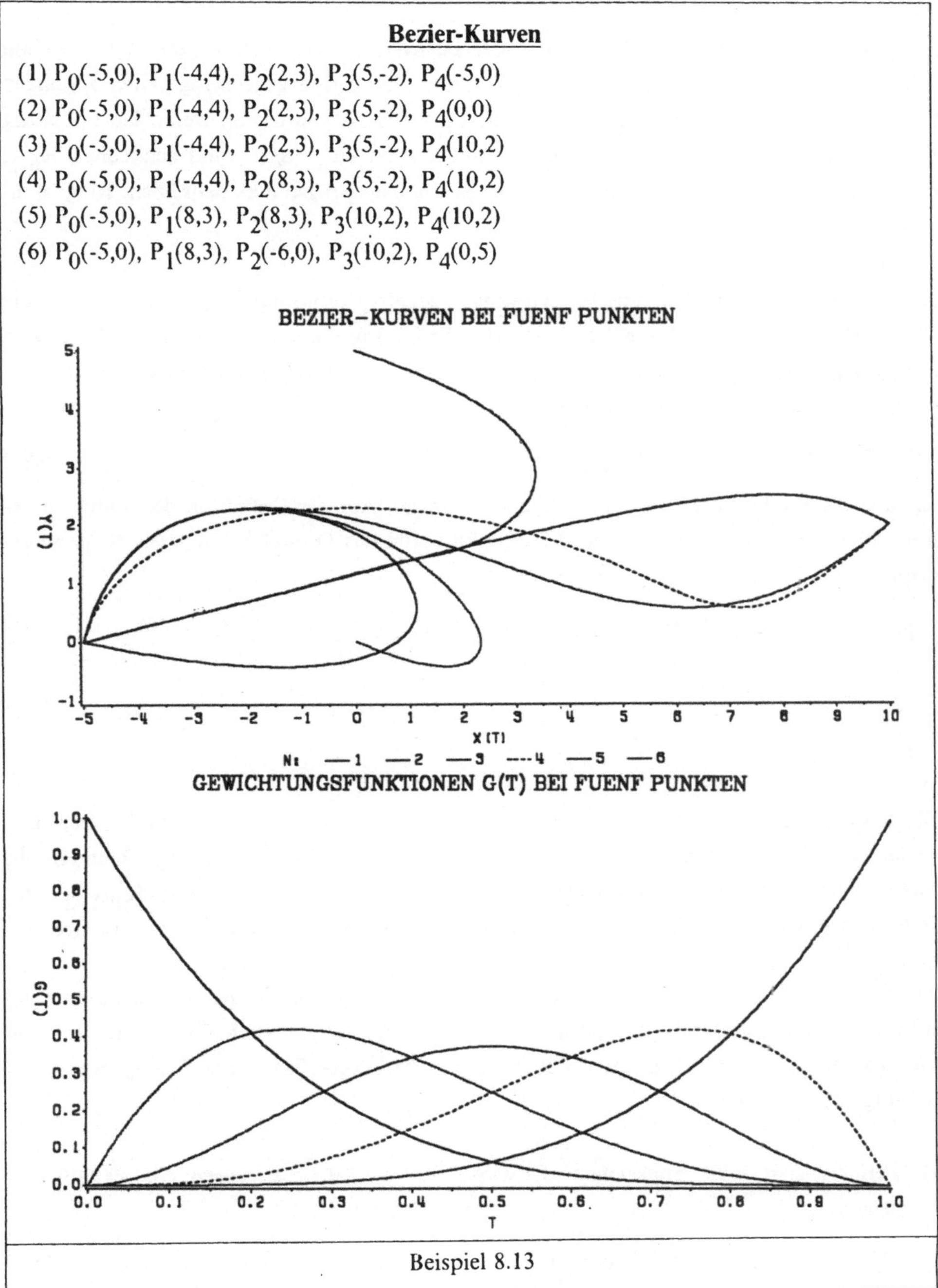

Beispiel 8.13

laufen wird.

Sollen in Anlehnung an die Spline-Funktionen Bezier-Kurven aneinandergereiht werden und ggf. ein differenzierbarer Kurvenübergang vorliegen, dann sind gegenseitige Überlappungen bzgl. der Randpunkte vorzunehmen. Die Stetigkeit ist gewährleistet, wenn der Endpunkt R_n des einen Polygons Startpunkt S_0 des anderen ist ($R_n = S_0$). Sind schließlich R_{n-1}, $R_n = S_0$ und S_1 kollinear, haben beide Kurven im Übergangspunkt denselben Tangentenvektor usw.

Die Generierung von Kurven bei vorrangig **lokalen Kontrollmöglichkeiten** bieten die B-Splinekurven. Ohne auf die Thematik der Spline-Funktionen näher einzugehen, wird nachfolgend deren Berechnung allein von der praktischen Seite aus beschrieben. Analog zu den Bezier-Kurven liegt der allgemeine Ansatz

$$\vec{x}(t) = \sum_{i=0}^{n} N_{i,k}(t) \cdot \vec{p}_i \qquad (8.94)$$

vor, und die Funktion(en) $N_{i,k}(t)$ sind zu bestimmen. Auf der Definition der Spline-Funktion aufbauend, berechnet man die B-Spline-Funktion des Grades k-1 mit der Rekursionsformel

$$N_{i,k}(t) = [(t-t_i) \cdot N_{i,k-1}(t)]/[t_{i+k-1}-t_i] + [(t_{i+k}-t) \cdot N_{i+1,k-1}(t)]/[t_{i+k}-t_{i+1}] \text{ für } k>1, \qquad (8.95)$$

wobei als Rekursionsstartbedingung

$$N_{i,1}(t) = \begin{cases} 1 & \text{falls } t_i \leq t < t_{i+1} \\ 0 & \text{sonst} \end{cases} \qquad (8.96)$$

gilt; dieser Formulierung liegt die Konvention $[0/0] = 0$ zugrunde. Analog zu den vorangehenden Verfahren wird ein Intervall $I = [a,b]$ mit den Werten $t_0 = a$ bis $t_n = b$ unterteilt, wobei aufeinanderfolgende t_i identisch gewählt sein können. Man bezeichnet $[t_0,t_1,t_2,...,t_n]$ als **Knotenvektor**. Über die Wiederholung der Knoten wird wesentlich der Kurvenverlauf gesteuert.

Zwei Größen gilt es für die Kurve zu bestimmen: die Zahl n gibt die Anzahl an Punkten an und k ist der Polynomgrad. Die Größe k muß in Verbindung mit der Knotenanzahl und den Wiederholungen entsprechend gewählt werden. Zwei geläufige Knotenbelegungen sind nachfolgend aufgeführt.

(a) **Periodische B-Spline-Funktionen**: Es wird $t_i = i$ für $i = 0,1,...,n$ gesetzt, und es läßt sich zeigen, daß

$$N_{i,k}(t) = N_{0,k} ([t-i+n+1] \bmod [n+1]) \qquad \text{für} \qquad t = 0,1,2,...,(n+1) \qquad (8.97)$$

gilt. Die $N_{i,k}$ entstehen somit durch eine zyklische Verschiebung von $N_{0,k}$.

(b) **Nicht-periodische B-Spline-Funktionen**: Die Werte t_i werden gemäß

$$t_i = 0 \qquad \text{für } i < k$$

$$t_i = i-k+1 \qquad \text{für } k \leq i \leq n \qquad\qquad (8.98)$$

$$t_i = n-k+2 \qquad \text{für } i > n$$

besetzt. Diese Besetzung bewirkt, daß der Start- und Endpunkt jeweils k-mal gewichtet wird.

8.8.3 FREIFORMFLÄCHEN

Analog dazu, eine Raumkurve über eine Menge an Punkten zu beschreiben und eine Interpolation durchzuführen, besteht diese Möglichkeit bei Flächen. Ein Punkt der Fläche mit der Parameterform $x = f(s,t)$, $y = g(s,t)$, $z = h(s,t)$ wird durch die beiden Parameter s und t eindeutig beschrieben; $P(s,t)$ symbolisiert den Punkt $P(x,y,z)$. Die Interpolation einer Fläche unterscheidet sich von der einer Raumkurve darin, daß die Interpolation in "zwei Richtungen" stattfindet. Hierzu muß man sich auf Parameterlinien bewegen, die aus den Stützpunkten gebildet werden. Eine Parameterlinie wird gebildet, indem der eine Parameter fest und der andere variabel gewählt wird. Das hat zur Bedingung, daß die $(n+1) \bullet (m+1)$ Punkte P_i bzgl. des s- und des t-Parameters ein regelmäßiges Muster (ein Rechteck) ergeben, analog zum regelmäßigen Polygonnetz, vgl. Graphik 8.33. Es wird darauf hingewiesen, daß aus den regelmäßigen s- und t-Parametern nicht regelmäßige x-, y- oder z-Koordinaten resultieren; dies hängt schließlich von den Funktionen f, g und h ab. Mit den $(n+1) \bullet (m+1)$ Parameterkombinationen ergeben sich bei $n = m = 3$ für $x = f(s,t)$ das umfangreiche Gleichungssystem

$$f(s_0,t_0) = a_0 \bullet s_0^3 \bullet t_0^3 + a_1 \bullet s_0^3 \bullet t_0^2 + a_2 \bullet s_0^3 \bullet t_0^1 + a_3 \bullet s_0^3 \bullet t_0^0 + ... + a_{4 \bullet 4-2} \bullet t_0^1 + a_{4 \bullet 4-1}$$

$$f(s_0,t_1) = a_0 \bullet s_0^3 \bullet t_1^3 + a_1 \bullet s_0^3 \bullet t_1^2 + a_2 \bullet s_0^3 \bullet t_1^1 + a_3 \bullet s_0^3 \bullet t_1^0 + ... + a_{4 \bullet 4-2} \bullet t_1^1 + a_{4 \bullet 4-1}$$

$$-------- \qquad\qquad\qquad , \qquad\qquad (8.99)$$

$$f(s_3,t_3) = a_0 \bullet s_3^3 \bullet t_3^3 + a_1 \bullet s_3^3 \bullet t_3^2 + a_2 \bullet s_3^3 \bullet t_3^1 + a_3 \bullet s_3^3 \bullet t_3^0 + ... + a_{4 \bullet 4-2} \bullet t_3^1 + a_{4 \bullet 4-1} \; ,$$

das aus 16 Gleichungen und Unbekannten besteht. Für $g(s,t)$ und $h(s,t)$ sind entsprechend große Gleichungssysteme zu lösen.

Auch bei Flächen lassen sich andere Wege der Definition finden, wie z.B. über Tangentenvektoren und Punkte. Werden kleinere Teilflächen aneinandergereiht, so können entsprechend an den Berührungskanten Stetigkeit und Differenzierbarkeit durch gemeinsame Randpunkte erzielt werden.

Wie hat man sich diese "Interpolation in beide Richtungen" vorzustellen? Betrachtet man z.B. die t-Parameterlinie, die mit den Punkten $P(s_0,t_i)$ durch eine Interpolation entsteht, so kann man diese in t-Richtung wandern lassen. Die Bewegung dieser t-Parameterlinie wird durch die s-Parameterlinien bestimmt. Ist der Punkt $P(a,b)$ zu berechnen, muß zunächst die t-Parameterlinie mit $s = a$ interpoliert werden. Mit Stützpunkten auf dieser ermittelten

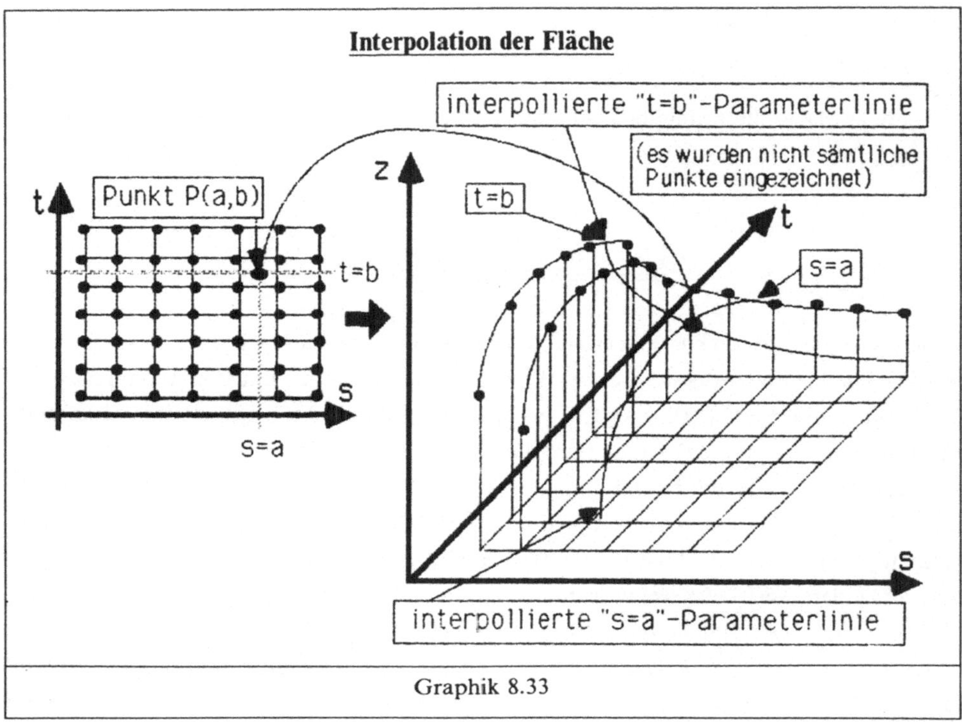

Graphik 8.33

"s = a"-Linie läßt sich entsprechend der gesuchte Punkt P(a,b) der Fläche interpolieren, vgl.
Graphik 8.33. Mit dem Lagrangeschen Interpolationspolynom als Grundlage gilt

$$P(s,t) = \sum_{i=0}^{n} [\ [\sum_{j=0}^{m} P(s_i,t_j) \bullet L_{j,m}(t)] \bullet L_{i,n}(s)\ ], \qquad (8.100)$$

wobei P(s,t) für den Punkt (f(s,t),g(s,t),h(s,t)) steht. Bei der konkreten Berechnung sind für
die x-, y- und die z-Koordinate die Interpolationen vorzunehmen. Obiger Formulierung
liegt die Definition

$$L_{q,r}(z) = \sum_{i=0,i\neq q}^{r} [(z-z_q)/(z_i-z_q)] \qquad (8.101)$$

zugrunde (z="x", "y", "z"), vgl. auch Abschnitt 5.1.1.

Mit einer entsprechenden Vorgehensweise läßt sich die Bezier- und B-Spline-Fläche herleiten:

Bezier: $P(s,t) = \sum_{i=0}^{n} [\ [\sum_{j=0}^{m} P(s_i,t_j) \bullet B_{j,m}(t)] \bullet B_{i,n}(s)\ ]$

B-Spline: $P(s,t) = \sum_{i=0}^{n} [\ [\sum_{j=0}^{m} P(s_i,t_j) \bullet N_{j,m}(t)] \bullet N_{i,n}(s)\ ].$

LITERATURVERZEICHNIS

[1] Knuth, Donald E.: The art of computer programming volume 2. Addison-Wesley (1981).

[2] Elliott Mendelson: Boolesche Algebra und logische Schaltungen (Schaum). Mc Graw-Hill (1982).

[3] V. Schmidt: Digitalelektronisches Praktikum. Teubner Studienskripten (1977).

[4] H. Weber: Einführung in die Wahrscheinlichkeitsrechnung und Statistik für Ingenieure. Teubner Studienskripten (1983).

[5] M. Fisz: Wahrscheinlichkeitsrechnung und mathematische Statistik. VEB Deutscher Verlag der Wissenschaften (1978).

[6] K. Däßler, M. Sommer: Pascal - Einführung in die Programmiersprache Pascal, DIN-Norm 66256, Erläuterungen. Springer New York Heidelberg Berlin (1983).

[7] G. Engeln-Müllges,F. Reuter: Formelsammlung zur Numerischen Mathematik mit Standard-Fortran-Programmen. Bibliographisches Institut (1984).

[8] H.R. Schwarz: Numerische Mathematik. B. G. Teubner Stuttgart (1986).

[9] Seymour Lipschutz: Lineare Algebra (Schaum). Mc Graw-Hill (1977).

[10] Bronstein, Semendjajew: Taschenbuch der Mathematik. Verlag Harri Deutsch (1979).

[11] N.B. Seliger: Kodierung und Datenübertragung. R. Oldenbourg Verlag München Wien (1975).

[12] Birkhoff,Bartee: Angewandte Algebra. R. Oldenbourg Verlag München Wien (1973).

[13] Patrick Horster: Kryptologie. Bibliographisches Institut (1985).

[14] W.Heise, P.Quattrocchi: Informations- und Codierungstheorie. Bibliographisches Institut (1983).

[15] H.Exner, N.Schmitz: Zufallszahlen für Simulationen (Skripten zur Mathematischen Statistik). Institut für Angewandte Mathematik der Universität Bonn.

[16] K.Heidler,H.Hermes,F.-K.Mahn: Rekursive Funktionen. Bibliographisches Institut (1977).

[17] Perl: Rekursive Programmierung. Carl Hanser Verlag München Wien (1979).

[18] Barron: Rekursive Techniken in der Programmierung. Carl Hanser Verlag München Wien (1971).

[19] Halder, Heisse: Kombinatorik. Carl Hanser Verlag München (1976).

[20] Kohler,H. (Hrsg.)(Autoren: Hefendehl/ Lausmann/ Tropp/ Wickinger): FORTRAN Gleichungen-Systeme-Matrizen, Vieweg Programmothek Band 1. Vieweg, Braunschweig 1984.

[21] Kohler,H. (Hrsg.)(Autoren: Jacob/ Jancar): BASIC Gleichungssyteme-Eigenwerte, Vieweg Programmothek Band 3. Vieweg, Braunschweig 1985.

[22] Björck, Dahlquist: Numerische Methoden. R.Oldenburg Verlag (1972).

[23] E.Isaacson, H.B.Keller: Analyse numerischer Verfahren. Verlag Harri Deutsch (1973).

[24] Francis Scheid: Numerische Analysis. Mc Graw-Hill (1979).

[25] Joachim Swoboda: Codierung zur Fehlerkorrektur und Fehlererkennung. R.Oldenbourg Verlag München Wien (1973).

[26] W. Wesley Peterson: Prüfbare und korrigierbare Codes. R.Oldenbourg Verlag München Wien (1967).

[27] W. Patrick Horster: Kryptologie. Bibliographisches Institut Mannheim/Wien/Zürich (1985).

[28] W. Norbert Ryska, Siegfried Herda: Kryptographische Verfahren in der Datenverarbeitung. Springer-Verlag Berlin Heidelberg New York (1980).

[29] W. David Rogers, J. Alan Adams: Mathematical Elements for Computer Graphics. Mc Graw-Hill (1976).

[30] William M. Newman, Robert F. Sproull: Grundzüge der interaktiven Computergraphik. Mc Graw-Hill (1986).

[31] Becker, Dreyer, Haacke, Nabert: Numerische Mathematik für Ingenieure. B. G. Teubner Stuttgart (1985).

[32] A. Meier: Methoden der grafischen und geometrischen Datenverarbeitung. B. G. Teubner Stuttgart (1985).

[33] Chan S. Park: Interactive Microcomputer Graphics. Addison-Wesley (1985).

[34] J. Encarnacao, W. Straßer: Computer Graphics. R. Oldenbourg Verlag München Wien (1986).

[35] G. Glaeser: 3D-Programmierung mit Basic. B. G. Teubner Stuttgart (1986).

[36] Helmut Schauer (Hrsg.)(Autor: Werner Purgathofer): Graphische Datenverarbeitung. Springer-Verlag Berlin Heidelberg New York (1985).

[37] J. D. Foley, A. Van Dam: Fundamentals of Interactive Computer Graphics. Addison-Wesley (1984).

[38] DIN 66252, Teil 1: Graphisches Kernsystem (GKS), Funktionale Beschreibung. Beuth Verlag GmbH Berlin (1983).

[39] DIN 66252, Teil 2: Graphisches Kernsystem (GKS), Erweiterung für 3D-Graphik, Funktionale Beschreibung. Beuth Verlag GmbH Berlin (1983).

[40] F.P. Preparata, M. I. Shamos: Computational Geometry, an Introduction. Springer New York Heidelberg Berlin (1985).